"十三五"普通高等教育本科规划教材

自动控制理论

主编　尤小军
参编　朱　宁　童　佳
　　　王瑞明　赵巧娥

中国电力出版社
CHINA ELECTRIC POWER PRESS

内 容 提 要

本书主要介绍自动控制理论中分析和设计反馈控制系统的经典理论和应用方法。全书共分8章和2个附录，内容包括自动控制与自动控制系统的基本概念，控制系统的数学模型，控制系统的时域分析法，根轨迹法，控制系统的频域分析法，控制系统的综合与校正，非线性控制系统，离散控制系统，MATLAB软件工具在控制系统分析和综合中的应用等。在每章后均有一定数量的习题并配有部分习题参考答案，为读者提供一个自主学习的闭环条件，便于读者学习和巩固所学知识，以帮助其准确理解控制系统的基本概念并正确掌握控制系统的分析设计方法。

本书主要面向本科机、电类专业的“自动控制理论”课程教学，对专科和少学时本科专业教学可适当调整内容和学时数。读者通过本书的使用学习，在掌握经典控制理论分析与设计自动控制系统方法的同时，在使用计算机辅助工具（MATLAB）对控制系统进行分析和设计的能力也能有所提高。

图书在版编目（CIP）数据

自动控制理论/尤小军主编. —北京：中国电力出版社，2016.12

“十三五”普通高等教育本科规划教材

ISBN 978-7-5123-9061-4

Ⅰ.①自… Ⅱ.①尤… Ⅲ.①自动控制理论—高等学校—教材 Ⅳ.①TP13

中国版本图书馆CIP数据核字（2016）第048278号

中国电力出版社出版、发行

（北京市东城区北京站西街19号 100005 http://www.cepp.sgcc.com.cn）

北京市同江印刷厂印刷

各地新华书店经售

*

2016年12月第一版 2016年12月北京第一次印刷

787毫米×1092毫米 16开本 17印张 415千字

定价 **36.00** 元

前　言

自动控制理论属于技术基础性课程，其知识内容体系与高等数学类似，相对稳定，理论性较强，同时又是指导控制工程实际应用的基础，实践性较强。为此，在教材编写中注重理论与实际的结合，强调基本知识、基本概念、基本分析方法的叙述表达清晰准确，符合学生的认知心理，力求达到教与学的和谐统一，以使学生很好地掌握自动控制理论并具备将其运用到自动控制工程实际中的能力。

本书针对培养应用型高级工程技术人才的目标要求，围绕自动控制理论的基本概念、基本知识内容体系这条主线，对自动控制系统数学模型的建立、性能分析、综合校正方法做了详细介绍。其中对实际控制工程中常见的线性定常连续控制系统的稳定性、暂态性能和稳态性能的分析方法和综合校正方法做了重点介绍，对非线性系统和当前日见增多的离散系统的分析方法也做了较深入的讨论。此外，为培养学生具有掌握应用新知识新技术手段解决自动控制工程问题的能力，具备在以后工作中独立分析研究问题的素质，在附录 A 中编排了用于自动控制系统分析和综合的计算机辅助工具——MATLAB 的内容介绍及应用。本书中例题和习题的编排从体系结构和内容覆盖上都进行了优化，所编排习题附有参考答案，形成闭环学习模式，便于学生对学习内容掌握状态进行自我检查反馈、自主控制纠偏。本书可读性较强，便于自学，也可供从事自动控制工程领域工作的工程技术人员参考。

参加本书编写的有：嘉兴学院尤小军（第 1 章，第 2 章的部分内容，第 6 章的部分内容）、朱宁（第 2 章的部分内容）、童佳（第 3 章，第 5 章，第 6 章的部分内容，附录 A）、王瑞明（第 8 章），山西大学工程学院赵巧娥（第 4 章，第 7 章）。全书由尤小军任主编并担任统稿工作。

本书由上海电力学院杨平教授主审，主审老师对书稿提出了不少宝贵的修改意见和建议，在此深表感谢。

限于编者水平，书中难免存在不足之处，恳请广大读者和同行专家批评指正。

编　者

2016 年 12 月

目录

第1章　概　　述

本章介绍自动控制的基本概念、自动控制系统的基本组成、自动控制理论的发展简史及基本内容，使读者对自动控制学科所涉及的问题有一个较为基本的认识。

1.1　自动控制基本概念

人们为了把自己从繁重的甚至危险的生产劳动中解放出来，以及为了使生活更加方便等目的，在很早以前就产生了使机械本身自动工作而不需要人工控制的想法，并且在某些实践中获得了成功。例如我国古代计时用的铜壶漏滴、记录地震用的地动仪、西方国家近代航海舰船的大舵控制、蒸汽机的调速等，都是在某些方面实现了不需人的干预而能自动工作的例子。

在现代，随着科学技术的迅猛发展，工农业的大规模、高速度、高效率生产，人类物质生活水平的提高，改造与驾驭自然世界能力的提高，所有这些所涉及的范围之广、领域之深，仅靠人本身的体力、精力和反应能力已经远远不能适应了，越来越多的工作需要交给机器才能完成。如无人驾驶飞机、导弹、人造卫星、电子计算机、无人工厂，以及化工厂、炼油厂、核电站的某些设备，它们都有一个明显的特点——工作时没有人参与，自动地进行。这种方式就称为自动控制。

确切地说，自动控制就是应用控制装置自动地、有目的地控制或操纵机器设备或过程，使之具有一定的状态和性能。

被控制的机器或物体称为被控对象；所用的控制装置称为控制器。

例 1.1　水位自动控制的分析。

图1-1是一个水位自动控制的原理示意。水位自动控制的目的是维持水箱内水位恒定。当水的流入量与流出量平衡时，水箱水位维持在预定的（希望的）高度上。预定高度或希望高度由自动控制器刻度盘上的指针设定。当水流出量增大（用水量增加）或流入量减少（例如供水管网水压下降）时，平衡被破坏，水箱水位下降，出现偏差（误差），该偏差由浮子检测出来。自动控制器在偏差作用下将阀门开大，增大水的流入量，使水位向预定高度回升从而维持水位不变。反之，当水流出量减少或流入量增大时，水位上升超过了预定高度，反向偏差则使阀门关小，减少水的流入量，使水位向预定高度回落，从而达到控制水箱水位不变的目的。

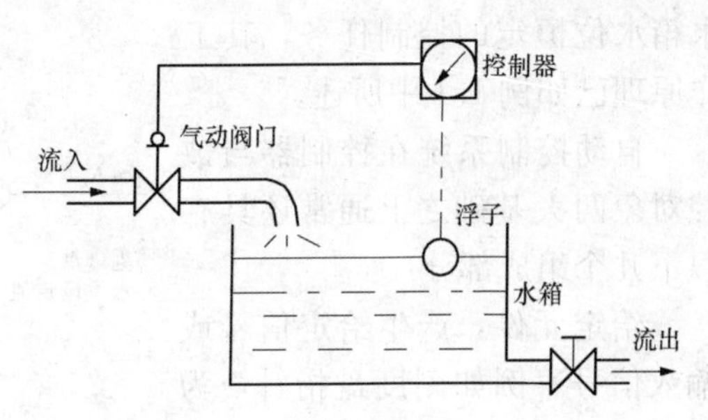

图1-1　水位自动控制

在本例中，自动控制器不言而喻就是控制器；水箱就是被控对象。

1.2 自动控制系统

1.2.1 自动控制系统的基本组成和工作原理

一般地说，只要具有控制器和被控对象两个基本组成部分，能够对被控对象的工作状态进行自动控制的实体就可称为自动控制系统。一个最基本的自动控制系统示意如图1-2所示。

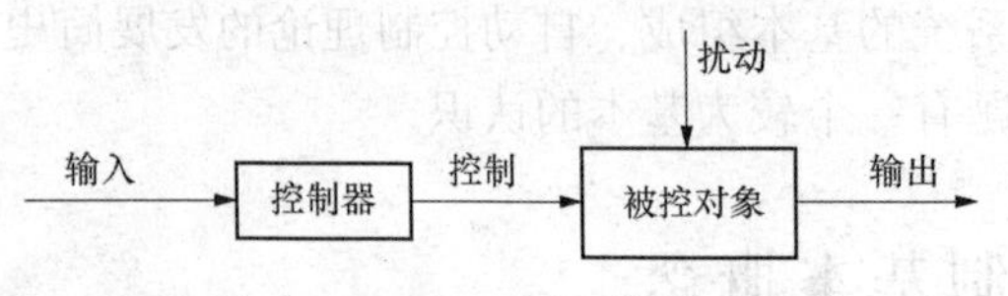

图1-2 自动控制系统的基础结构

系统的输入，是作用于系统的激发信号，其中使系统具有预定性能或预定输出的输入，称为控制输入、希望输入或参考输入；干扰或破坏系统具有预定性能或预定输出的输入，称为扰动输入。根据具体情况，扰动输入可有不同的作用点。系统内部控制器的输出也就是施加到被控对象的输入，称为控制量。系统的输出就是被控制的量，它表征被控对象的响应或过程的状态。

在例1.1中实现水位自动控制的控制系统中，控制器刻度盘指针设定的希望水位高度为参考输入；水流出量或流入量的变化影响水箱保持一定的水位，是扰动量，但水流入量是系统内部产生的扰动量（简称内扰），因此不是扰动输入，而水流出量是外部施加予系统的扰动量（简称外扰），因此称为扰动输入；水流入量控制着水箱的水位，是控制量；水箱实际水位高度，即为系统的输出。一定的输入，就有相应的一定的输出，这个系统的输出，常常叫作系统对输入的响应。自动控制就是为了一定的目的，保证对输入要有满意的响应。即：

(1) 保证系统输出具有控制输入指定的数值；

(2) 保证系统输出尽量不受扰动的影响。

例如上述水位自动控制系统的任务，就是保证水箱水位这个系统输出尽量不受外部扰动输入以及内部扰动的影响；保证水箱水位这个系统输出具有参考输入指定的数值，即刻度盘指针所设定的位置不变。

在控制工程实际中，各种自动控制系统都是在具有控制器和被控对象这两个基本部分的基础结构上，根据完成控制任务需要适当增加元件装置（或称环节、机构）而组成的。图1-3是水位自动控制系统的示意，是在图1-2的自动控制系统基础结构上增加了反馈元件（浮子）、比较元件（刻度盘）、执行元件（气动阀门）组成的。这个控制系统能够完成保持水箱水位恒定的控制任务，其工作原理已如例1.1中所述。

自动控制系统在控制器与被控对象两大基础之上通常还具有以下几个组成部分：

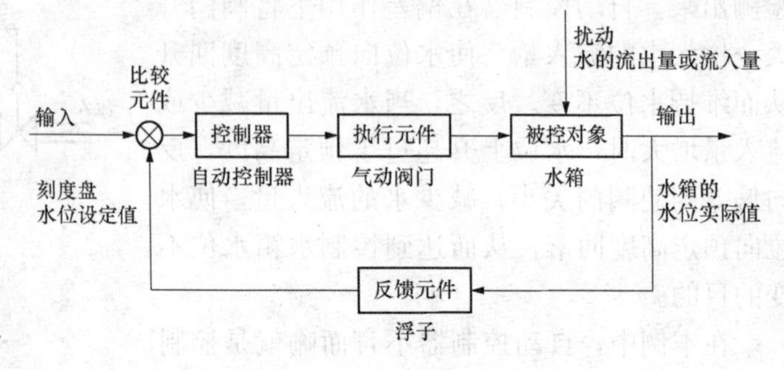

图1-3 水位自动控制系统的组成

给定元件：产生给定信号或输入信号。例如刻度盘指针，为便于信号的产生，常应用电位计来实现电信号。

反馈元件：测量被控制量或

输出量，产生反馈信号。为便于传输，反馈信号多为电信号，因此反馈元件通常是一些使用电量来测量非电量的元件。例如用电位器或旋转变压器将机械转角变换为电压信号，用测速发电机将转速变换为电压信号，用热电偶将温度变换为电压信号等。

比较元件：接收输入信号和反馈信号并进行比较，产生反映两者差值的偏差信号。例如电位计。

放大元件：对偏差信号或变量进行放大的元件，例如电压放大器、功率放大器、电液伺服阀等。放大元件的输出一定要有足够的能量，才能驱动执行元件，实现控制功能。

执行元件：直接对被控对象进行操纵的元件，例如伺服电动机、液压（气）马达、伺服液压（气）缸等。

校正元件：为保证控制质量要求，使系统获得良好的动、静态性能而加入系统的元件。校正元件又称校正装置。串接在系统前向通路上的称为串联校正装置，并接在反馈回路上的称为并联校正装置。

图 1-4 所示是一个较为完整的自动控制系统框图。图中的串联校正元件实际上就是控制器，通常由无源电网络、有源电网络（运算放大器电路）或数字计算机等元件组成。而双点画线所包含的部分常被称为广义控制器。

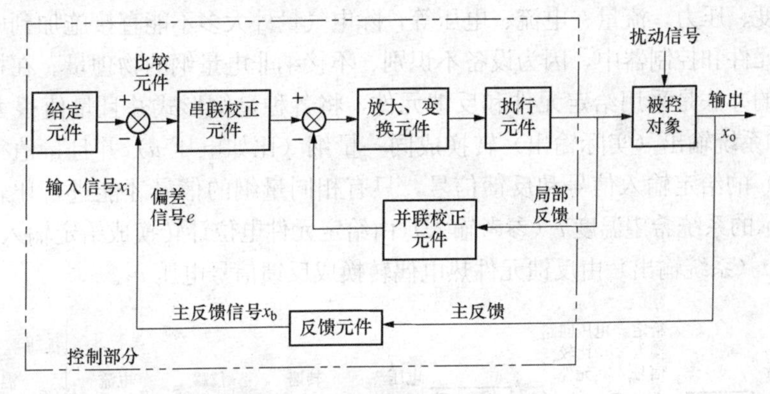

图 1-4 自动控制系统的组成

下面再以图 1-5 所示的恒温箱温度自动控制系统为例，分析其基本组成和工作原理。

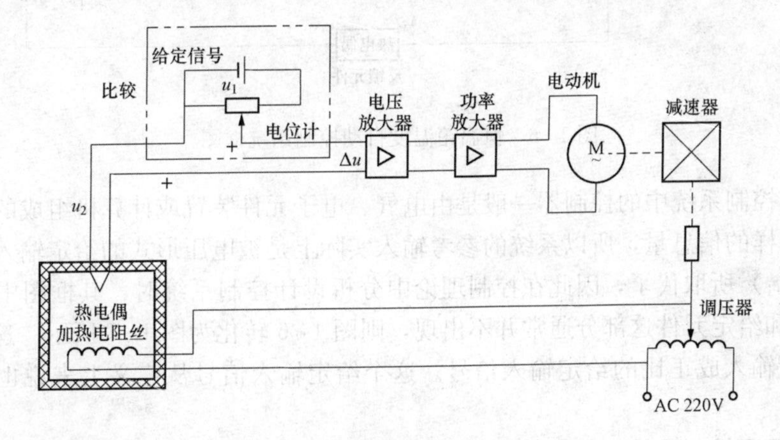

图 1-5 恒温箱温度自动控制系统

恒温箱温度自动控制系统被控对象恒温箱的被控制量为箱内温度，是系统的输出。希望箱内所达到的温度为系统的输入，这个输入量由给定元件电位计转换成电压信号 u_1 给定。当外界因素引起箱内温度变化时，作为测量反馈元件的热电偶，把温度转换成对应的电压信号 u_2 反馈回去与给定信号 u_1 相比较，所得结果即为温度的偏差信号 $\Delta u=u_1-u_2$。偏差信号经过电压、功率放大后驱动电动机改变转速（或角位移）和方向，并通过传动装置拖动调压器动触头。当温度偏高时，动触头向着减小电流的方向运动，反之向加大电流的方向运动，直至温度达到给定值为止。此时，偏差信号 $\Delta u=0$，电动机停转，系统的输出被控制在输入指定值上，系统就完成了所要求的控制任务。

恒温箱温度自动控制系统的组成结构如图 1-6 所示。在前述中已知系统的参考输入就是系统的希望输出或预定输出，因此与系统的实际输出在数值和量纲上是对应一致的。例如图 1-6 中系统输入（参考输入或希望输出）为温度 t，系统输出（实际输出）也为温度 t；若参考输入（希望输出）为 100℃，则实际输出也为 100℃。但在工程实际中往往很难做到将希望输出作为参考输入直接施加到系统的输入端，主要有两个问题：一是系统的输出量不仅是信息流，而且是量值很大的能量流，不能直接施加到诸如电子元器件、计算机等只能接受信息流的控制设备装置上，否则会损毁系统；二是系统的输出量的量纲是多样化的，如转速、位移、温度、湿度、压力、流量、电流、电压等，除电气量外大多不能直接施加到电气、电子装置为主的比较元件和控制器中，因为设备不识别、不接纳非电量纲的物理量。在控制工程中解决这两个问题的办法是采用给定元件和反馈元件，将各种量纲形式并且量值很大的参考输入（希望输出）和系统输出（实际输出）转换成同一量纲（比如电压 u）并且量值很小（比如几伏、几十毫伏）的给定输入信号和反馈信号，只有相同量纲的信号才能进行比较。例如在图 1-6中虚线所示的系统希望温度 t（参考输入）由给定元件电位计转换成给定输入信号电压 u_1；系统实际温度 t（系统输出）由反馈元件热电偶转换成反馈信号电压 u_2。

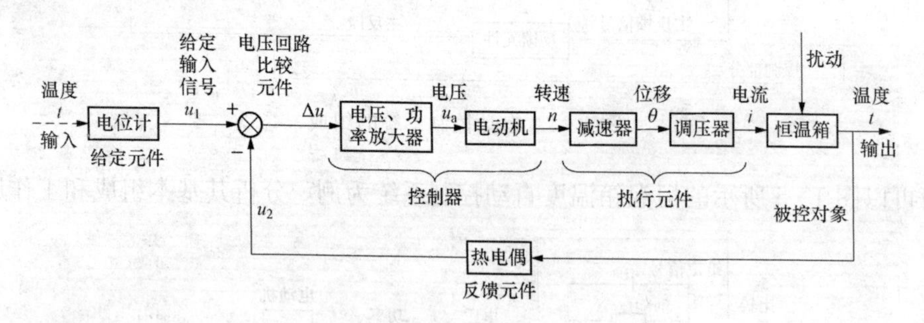

图 1-6 恒温箱温度自动控制系统框图

由于自动控制系统中的控制器一般是由电气、电子元件装置或计算机组成的，易于接纳处理如电压这样的信息量，所以系统的参考输入实际上是被电压形式的给定输入信号（例如图 1-6 中的 u_1）所取代了，因此在控制理论中分析设计控制系统时，其框图中的参考输入（希望输出）和给定元件这部分通常并不出现，则图 1-6 转化为图 1-7 所示。这时系统输入是一个与参考输入成正比的给定输入信号。这个给定输入信号从广义上来说也可称为参考输入。

1.2.2 开环控制系统

观察这样一个控制系统（见图1-8）：给控制器设定一个希望发电机组要达到的转速值，

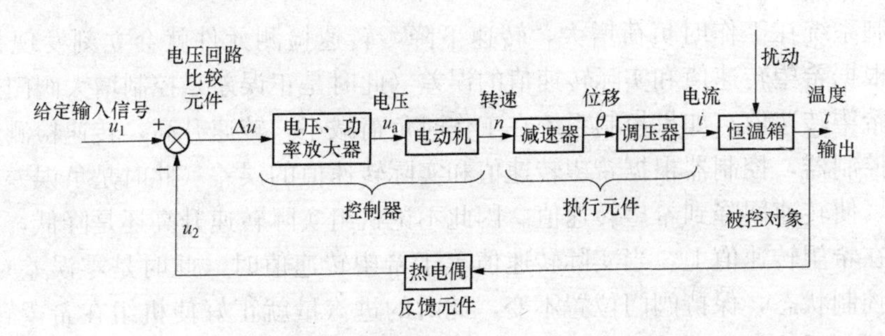

图1-7 恒温箱温度自动控制系统框图

控制器就会使阀门动作到一个相应的位置，这时一定量的蒸汽进入汽轮机使转速达到设定的转速值，也即使发电机转速达到希望的转速，从而达到控制这个系统转速的目的。

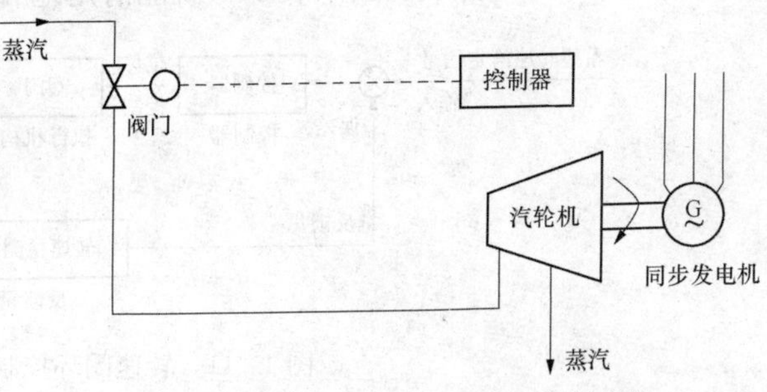

图1-8 汽轮发电机组转速开环控制系统

如果用框图（见图1-9）来表示，就能清楚地看出系统中各个变量（或称信号）的流通路径。

图1-9 转速开环控制系统框图

显然变量的流通路径是开路径。这种从输入到输出只有顺向作用而没有从输出到输入的反向（反馈）作用的控制系统称为开环控制系统。

开环控制系统的优点是结构比较简单，成本较低。缺点是控制精度较低，抗干扰能力差，这是开环控制系统最致命的弱点。在这个系统中，实际是很难保证转速在希望值上的。例如机组负荷增大（这对转速控制系统是一个干扰），转速就要下降，而这时控制器仍按负荷增大前的那个位移值来控制阀门的供汽量，因为控制器并不知道此时的转速已经下降，所以虽然控制器给定的是希望转速值，而机组真正的转速值却不是希望值了。控制系统的目的是控制实际转速为希望值，而现在实际转速值低于希望值，即有误差存在，控制精度不高。

1.2.3 闭环控制系统

观察这样一个控制系统（见图1-10）：

给控制器设定一个希望发电机组要达到的转速值，控制器就会使阀门动作到一个相应的位置，这时一定量的蒸汽进入汽轮机使汽轮机达到设定的转速值，使发电机转速达到希望值，从而达到控制这个系统转速的目

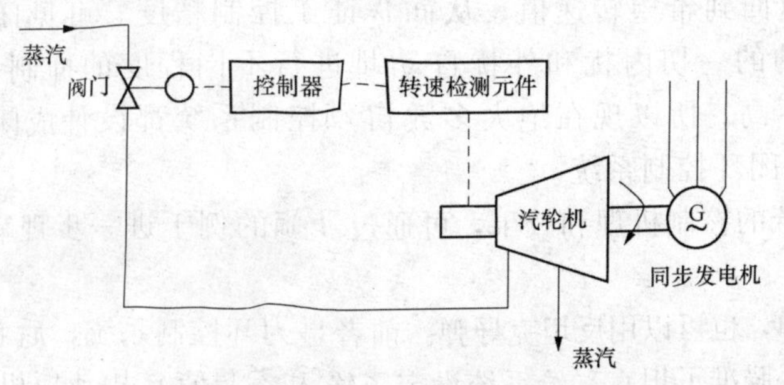

图1-10 汽轮发电机组转速闭环控制系统

的。如果控制系统在工作时负荷增大，转速下降，转速检测元件就会立刻发现并告知控制器，控制器根据希望转速值和实际转速值的误差（此时是正误差）控制增大阀门进汽量，使转速回升到希望转速值。如果控制系统在工作时负荷减小，转速升高，转速检测元件就立刻发现并告知控制器，控制器根据希望转速值和实际转速值的误差（此时是负误差）控制减小阀门进汽量，使转速回降到希望转速值。因此不论机组实际转速升高还是降低，控制系统均能控制转速在希望转速值上。当实际转速值等于希望转速值时（此时是零误差），控制器便维持此时的控制状态，保持阀门位置不变，此时的进汽量就正好使机组在希望转速上运转。显然，这个控制系统的控制精度是很高的。

如果用图 1-11 所示框图来表示，就能清楚地看出系统中各个变量的流通路径。

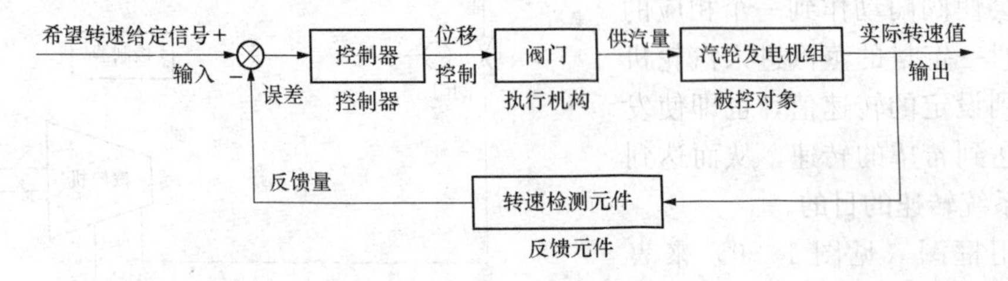

图 1-11 转速闭环控制系统框图

显然，变量的流通路径是闭合路径。这种从输入到输出既有顺向作用又有输出到输入的反向（反馈）作用的控制系统称为闭环控制系统（又称反馈控制系统）。

闭环控制系统的优点是控制精度高，抗干扰能力强。缺点是结构较为复杂（与开环控制系统相比，至少多了反馈部分），成本较高，使用时要注意稳定性问题。

在现代，人们使用自动控制系统总是希望它具有良好的控制精度。在保证同一精度的前提下，使用开环控制系统就必须将元件制造得非常精密，不允许在使用中出现元件参数值的变化（如电气元件的电阻、电感、电容值发生变化）；甚至元件非常精密，也很难达到规定的控制精度（效果）。而使用闭环控制系统，对组成系统的元件的要求就大大降低了。这是什么道理呢？通过上述汽轮发电机组转速闭环控制系统的例子予以说明：当系统中的某些元件参数值发生变化（这称为内部干扰），或同时兼有外部干扰（例如系统的负荷增大或其他来自外部的干扰），最终都会使系统的输出（转速）发生变化。输出（转速）通过反馈元件（转速检测元件）反馈到输入端与输入（希望转速值）进行比较，控制器便知道被控制的量（即系统的输出量——转速）已不是希望值，便会控制阀门动作，使机组转速回到希望转速值，从而保证了控制精度。可见闭环控制系统能针对影响控制系统目的的一切内扰和外扰自动地进行不同程度的抑制，而对系统所采用元件的精密度要求不高。所以现在绝大多数自动控制系统都设计成闭环控制系统。本书所讨论的系统都是闭环控制系统。

关于开环控制系统和闭环控制系统的控制机理和效果，可通过下面的例子进一步理解体会：

军事上打坦克可以用反坦克火箭弹，也可以用反坦克导弹。前者是开环控制系统，后者是闭环控制系统。当使用前者时，射手瞄准了坦克（给系统设定了输入希望值）扣动扳机，火箭弹发射出去直到命中目标，这个系统完成控制目的。但我们知道使用这种控制系统是很难保证每发火箭弹都命中目标的，这是因为火箭弹在飞行过程中受到各种方向气流的干扰，并且坦克往往不是静止的，而是在做各种机动行进，火箭筒瞄得再准，火箭弹也难以命中目标。当使用后者时，导弹在射向目标的过程中，制导元件不断观察锁定的目标位置方向（给系统设定的输入希望值）和导弹的实际位置方向（系统的输出值），如果发现两者有误差就及时控制导弹改变航向，没有误差就保持控制作用不变，这时导弹必然正对着目标而去，直至最终击中目标。这就是闭环控制根据输入与输出之间的误差进行控制的机理。这个误差是输入与输出比较的结果，所以一定要利用反馈将输出量引回输入端，与输入量进行比较才能知道有否误差、以及误差的大小和正负，故一定要形成反馈环。我们知道用反坦克导弹打坦克的精度是很高的，而且不容易受天气和其他因素的影响，这就是应用闭环自动控制系统来达到目的的一个很好的实例。

1.2.4 控制系统的分类

所有的自动控制系统都可以根据各种不同的特征从各种角度进行分类。

（1）按系统中信号流动的路径可分为开环系统（从输入到输出单向传递，没有反向联系）和闭环系统（既有从输入到输出的作用，又有从输出到输入的反向联系）。

图 1-9 所示系统是开环系统；图 1-11 所示系统是闭环系统。

（2）按数学模型可分为线性系统（线性方程）和非线性系统（非线性方程）。

例如，$y(t)=kx(t)$ 或 $\frac{\mathrm{d}^2y(t)}{\mathrm{d}t^2}+\frac{\mathrm{d}y(t)}{\mathrm{d}t}+y(t)=kx(t)$ 所描述的系统，是线性系统。

又如 $y^2(t)=kx(t)$ 或 $\left(\frac{\mathrm{d}y(t)}{\mathrm{d}t}\right)^2+y(t)=kx(t)$ 所描述的系统，是非线性系统。

（3）按系统的信号是否是时间的连续函数可分为连续系统（各信号为时间的连续函数）和离散系统（一个或数个信号甚至全部信号为时间的离散函数）。

如图 1-9 所示系统，希望转速给定信号、位移、供汽量、实际转速值这四个信号全部是时间的连续函数，因此是连续系统。

又如数字计算机控制系统，计算机作为控制器，将经过采样器（模/数转换）在时间上离散的采样信号进行计算处理，然后通过保持器（数/模转换）将时间上离散的数字信号恢复为时间上连续的模拟信号去控制被控对象，至少在计算机的数据输入接口和数据输出接口这两处的信号为时间的离散函数，因此是离散系统。

（4）按参考输入（希望输入）的特征可分为恒值调节系统（参考输入为常值）和随动系统（参考输入是任意变化的）。

例如前述的水箱水位控制系统、恒温箱温度控制系统、汽轮发电机转速控制系统等，它们的参考输入均为设定的恒定值，在系统工作时不发生变化，因此是恒值调节系统。

又如军事工程中的跟踪瞄准系统，其参考输入是敌方的活动目标，是任意变化的，因此是随动系统。

（5）按系统中结构参数（方程中各项系数）是否随时间变化可分为定常系统（参数、系数不随时间变化）和时变系统（参数、系数要随时间变化）。

例如汽车运动控制系统，汽车质量这个参数在整个控制过程中不随时间发生变化，可视为一个常量 M。设输入为汽车动力 $r(t)$，输出为汽车水平位移 $c(t)$，理想条件下系统数学

模型为 $M\frac{\mathrm{d}^2c(t)}{\mathrm{d}t^2}=r(t)$，可见系数 M 为常值，因此是定常系统。

又如航天飞机运动控制系统，其质量这个参数在发射升空到返回地面的整个控制过程中发生变化，是一个随时间变化的量 $m(t)$。设输入为航天飞机推力 $r(t)$，输出为航天飞机垂直位移 $c(t)$，在垂直发射阶段理想条件下系统数学模型为 $m(t)\frac{\mathrm{d}^2c(t)}{\mathrm{d}t^2}+m(t)g=r(t)$，可见系数 $m(t)$ 为时变量，因此是时变系统。

（6）按系统输入、输出量的个数可分为单输入单输出系统（一个输入，一个输出）和多输入多输出系统（多个输入，多个输出）。

要注意以上从不同角度特征对系统进行分类的概念并不是彼此独立的，而是互相兼容的。举例说明：如图 1-10 所示的自动控制系统，它是闭环系统、线性系统（可建立描述它的线性方程）、连续系统（系统中所有物理量均是时间的连续函数）、恒值调节系统（参考输入是给定的希望转速值，为一常量）、定常系统（系统中各元件参数不随时间变化）、单输入单输出系统（一个希望转速值输入，一个实际转速值输出），若考虑到负荷干扰则是两输入单输出系统（除了希望转速值输入之外，还有一个扰动输入）。

本书所讨论的内容主要是针对线性定常系统的自动控制理论，是控制理论中应用最多，也是最主要、最基本的内容。另外，对于非线性系统理论做了一般介绍。对于时变系统理论，限于篇幅本书不做讨论，读者有兴趣可翻阅其他有关自动控制理论的书籍。

1.2.5 对控制系统的性能要求

对应用于不同场合的自动控制系统，其性能要求各有所侧重，例如机床转速控制系统，它是恒值调节系统，加工工艺要求其以某一设定值做恒速转动。当负载发生变化时，这是施加到控制系统的干扰输入，将引起转速发生变化，此系统就要进行控制使转速尽快恢复到设定值，否则就会使加工的机件产品出现质量问题，甚至生产出废品。因此对这个系统的性能要求是动态响应时间短，即要求快速性。又如雷达瞄准系统，它是随动系统，其工程要求是尽快发现并锁定目标。因此对此系统的性能要求是动态响应快且稳态精度高，即要求快速性和精确性。对某些在温度、湿度剧烈变化，多粉尘、强振动等恶劣条件下工作的系统，还要求性能不受或少受系统内部元件参数变化的影响，即对自身参数变化的不敏感性，实际上反映出了系统的强健性，因此在控制工程中这一性能被称为鲁棒性（Robust），这是现代控制理论中对控制系统的一个性能要求。

对自动控制系统的性能要求主要有三个方面，分别是稳定性、动态性能、稳态性能，即“稳定”、“快速”、“准确”。这三大性能是要求自动控制系统必须具备的基本性能，将在本书的有关章节中详细介绍。下面通过系统输入输出动态特性图来说明三大性能的基本概念。

在图 1-12（a）中，系统输入 $r(t)$ 为一个恒值（阶跃）输入，两个不同系统的输出 $c(t)$ 分别为曲线①和曲线②，可以看出曲线①所属的系统是稳定的，曲线②所属的系统是不稳定的。在图 1-12（b）中，曲线①所属的系统动态响应要快于曲线②所属系统。在图 1-12（c）中，系统输入 $r(t)$ 为一个速度（斜坡）输入，曲线①所属系统在稳态时 $c(t)=r(t)$，控制精度高；曲线②所属系统在稳态时 $c(t)\neq r(t)$，控制精度低。

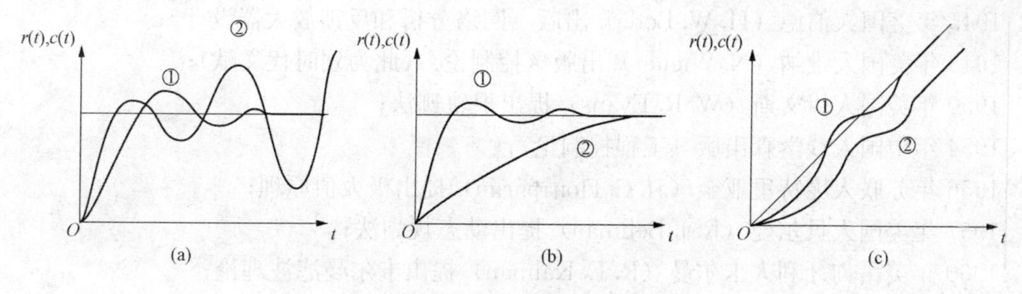

图 1-12 系统输入输出动态特性图

1.3 自动控制理论

自动控制理论是用定性和定量的数学方法分析和设计实际自动控制系统的一种理论。

从自动控制理论的发展史来看，可分为两大部分——经典控制理论部分和现代控制理论部分。

大约从 20 世纪初到 50 年代初期，这是经典控制理论部分创立发展并达到相当成熟的阶段。尤其是在第二次世界大战结束后一个时期，分析和设计自动控制系统的理论已经形成了一个较完整的体系，这就是现在常说的经典控制理论。它的主要内容可以这样来概括：一个函数，两种方法。一个函数就是传递函数，两种方法就是根轨迹法和频率法。经典控制理论以传递函数为基础，在复频域（s 域）讨论问题，主要针对线性、定常、单输入单输出系统，几何图形的表现形式较多，比较简单、直观，计算量不大。

从 20 世纪 50 年代中期至今所发展的控制理论统称现代控制理论。现代控制理论以状态空间为基础，在时间域（t 域）讨论问题，主要针对经典控制理论解决困难或不能解决的时变、多输入多输出、非线性系统（但对经典控制理论能解决的系统现代控制理论也能够解决，只不过使用起来不如经典控制理论简单方便），计算量比较大（电子计算机出现后已解决），比较抽象。现代的控制系统如雷达跟踪系统、卫星控制系统、中远程与洲际弹道导弹系统、巡航导弹系统、卫星定位系统、飞船登月系统等高、精、尖系统，只有应用现代控制理论才能解决问题，经典控制理论已经无能为力了。但这绝不是说现代控制理论可以取代经典控制理论，经典控制理论无用了；恰恰相反，大多数一般控制系统问题都能用经典控制理论很好地解决，比用现代控制理论更加行之有效，更能为并不具有高深数学水平的一般工程技术人员所接受和掌握。

自动控制工程与理论发展过程中的一些标志性成果如下：

公元前 14—11 世纪中国、埃及、巴比伦用于计时的自动计时漏壶；

1788 年英国人瓦特（J. Watt）发明蒸汽机离心式飞锤调速器；

1868 年英国人麦克斯韦尔（J. C. Maxwell）发表《论调速器》论文；

1884 年英国人劳斯（E. J. Routh）提出稳定判据（代数判据）；

1895 年德国人赫尔维茨（A. Hurwitz）提出稳定判据（代数判据）；

1892 年俄国人李雅普诺夫（A. M. Lyapunov）发表《论运动稳定性的一般问题》；

1932 年美籍瑞典人奈奎斯特（H. Nyquist）提出稳定判据（几何判据）；

1945 年美国人伯德（H. W. Bode）出版《网络分析和反馈放大器设计》；

1948 年美国人维纳（N. Wiener）出版《控制论》（此为划时代文献）；

1950 年美国人伊文斯（W. R. Evans）提出根轨迹法；

1954 年中国人钱学森出版《工程控制论》；

1956 年苏联人庞特里亚金（Л. С. Понтрягин）提出极大值原理；

1957 年美国人贝尔曼（R. I. Bellman）提出动态规划法；

1960 年美籍匈牙利人卡尔曼（R. E. Kalman）提出卡尔曼滤波理论；

1968 年美籍华人傅京孙提出用模糊神经元研究复杂大系统的方法。

时至今日，大系统理论、智能控制理论等现代控制理论内容发展迅速，方兴未艾。

本书主要介绍讨论经典控制理论的内容，为读者在自动控制工程领域里的学习与应用，以及今后进一步深入学习控制理论打下一定的基础。

习　题

1.1　试举几个你所熟悉的自动控制系统的例子，画出它们的原理框图，指出系统中的控制器部分和被控对象部分。

1.2　说明开环控制系统和闭环控制系统的主要特征，以及它们的主要优缺点。

1.3　针对家用洗衣机和家用电冰箱自动控制系统，试指出它们各自的控制器是什么，被控对象是什么？系统输入是什么？系统输出是什么？干扰输入是什么？它们是开环还是闭环控制系统？

1.4　针对图 1-1 的水箱水位自动控制系统画出原理框图，指出是开环还是闭环控制系统，系统的输入量是什么？输出量是什么？干扰输入量是什么？控制量是什么？

第2章 控制系统的数学模型

本章介绍控制系统数学模型的形式，建立数学模型的方法与步骤。

从理论上分析研究以至设计自动控制系统，不是解释其表面现象，而是抓住本质，把控制系统的必然运动规律和属性抽象成数学模型，根据控制系统的数学模型讨论问题。因此建立控制系统数学模型是自动控制工程技术人员的一个基本功。这一章讨论如何建立控制系统的数学模型。

数学模型就是描述控制系统的数学表达式或图形图表。本书中的数学模型有本章介绍的微分方程、传递函数、框图、信号流图，还有第4章介绍的根轨迹，第5章介绍的频率特性、极坐标图、伯德图。但通常所说的数学模型主要是指微分方程和传递函数。

2.1 微分方程

2.1.1 微分方程的建立

图2-1所示是一个RLC电网络，可以把它看成是一个环节，也可看成是一个规模很小的控制系统。

可以根据物理定律、原理、定理推导出描述此网络系统动态特性的数学模型——微分方程。

在推导前首先要明确一个问题，系统的输入量和输出量各是什么？在这里输入量是电压$u_1(t)$，输出量是电压$u_2(t)$。

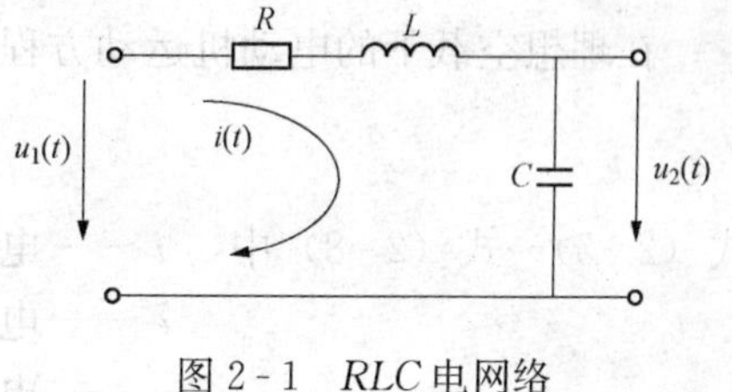

图2-1 RLC电网络

据基尔霍夫回路电压定律有

$$L\frac{\mathrm{d}i(t)}{\mathrm{d}t}+Ri(t)+u_2(t)=u_1(t) \tag{2-1}$$

式中，$i(t)$是数学模型中并不希望出现的量（既不是输入量也不是输出量），称为中间变量。由电路的基本理论知

$$i(t)=C\frac{\mathrm{d}u_2(t)}{\mathrm{d}t} \tag{2-2}$$

将式（2-2）代入式（2-1）可消去中间变量$i(t)$，得

$$LC\frac{\mathrm{d}^2u_2(t)}{\mathrm{d}t^2}+RC\frac{\mathrm{d}u_2(t)}{\mathrm{d}t}+u_2(t)=u_1(t) \tag{2-3}$$

或

$$T_1T_2\frac{\mathrm{d}^2u_2(t)}{\mathrm{d}t^2}+T_1\frac{\mathrm{d}u_2(t)}{\mathrm{d}t}+u_2(t)=u_1(t) \tag{2-4}$$

式中　$T_1=RC$——时间常数，s；

$T_2=\frac{L}{R}$——时间常数，s。

式（2-4）就是描述 RLC 电网络系统输入 $u_1(t)$ 与输出 $u_2(t)$ 变化规律的数学模型——微分方程。方程右端只有输入量 $u_1(t)$ 和 $u_1(t)$ 对时间的各阶导数项，方程左端只有输出量 $u_2(t)$ 和 $u_2(t)$ 对时间的各阶导数项。当已知输入 $u_1(t)$ 和初始条件 $u_2(0)$、$u_2'(0)$ 时，求解微分方程便可知系统的输出量 $u_2(t)$ 的变化规律了。

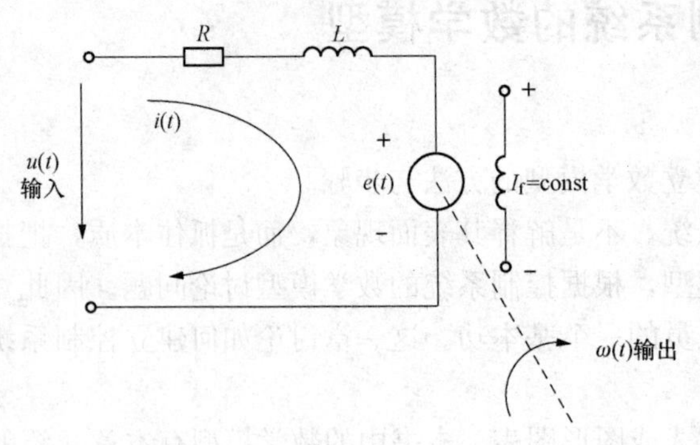

图 2-2 电枢电压控制的直流电动机系统

再看图 2-2，这是一个电枢电压控制的直流电动机系统，输入、输出如图中所示，要求建立控制系统的微分方程。

建立微分方程的过程如下：

根据基本物理定律列出系统中各变量之间的关系式。对电枢回路应用回路电压定律：

$$L\frac{\mathrm{d}i}{\mathrm{d}t}+Ri+e=u \tag{2-5}$$

电动机反电势：

$$e=K_e\omega \tag{2-6}$$

电动机电磁转矩：

$$m=K_m i \tag{2-7}$$

在理想空载下的电动机运动方程：

$$m=J\frac{\mathrm{d}\omega}{\mathrm{d}t} \tag{2-8}$$

式（2-5）～式（2-8）中 i——电枢电流，A；

e——电动机反电势，V；

u——电枢电压，V；

ω——电动机角速度，rad/s；

m——电动机转矩，N·m；

K_e——电势系数，V·s/rad；

K_m——转矩系数，N·m/A；

J——转动惯量，N·m·s²/rad。

由于仅需建立输入量 u 和输出量 ω 这两个量的关系式，于是将式（2-5）～式(2-8）4 个方程联立，消去 3 个中间变量 e、i、m 得到

$$\frac{L}{R}\frac{JR}{K_eK_m}\frac{\mathrm{d}^2\omega}{\mathrm{d}t^2}+\frac{JR}{K_eK_m}\frac{\mathrm{d}\omega}{\mathrm{d}t}+\omega=\frac{u}{K_e} \tag{2-9}$$

即

$$T_aT_m\frac{\mathrm{d}^2\omega}{\mathrm{d}t^2}+T_m\frac{\mathrm{d}\omega}{\mathrm{d}t}+\omega=\frac{u}{K_e} \tag{2-10}$$

式中 $T_a=\dfrac{L}{R}$——电磁时间常数，s；

$T_m=\dfrac{JR}{K_eK_m}$——机电时间常数，s。

当已知初始条件 $\omega(0)$、$\omega'(0)$ 加上已知的控制电压 $u(t)$，求解这个微分方程就可知系统的输出——电动机的角速度。

从上述的推导过程可以看出，建立系统微分方程的步骤如下：

第一步：列写系统中各变量之间的关系式。

第二步：消去中间变量，整理成在方程左端只含有输出量和输出量对时间的各阶导数项、在方程右端只含有输入量和输入量对时间的各阶导数项的标准形式。

在进行上述步骤时可遵循如下规律：

若有 n 个中间变量，则需建立 $n+1$ 个关系式联立方程组，从方程组中消去 n 个中间变量得到1个微分方程。

例 2.1　建立如图2-3所示电网络系统的微分方程式。

解　第一步：列写出系统中各变量之间的4个方程式并构成方程组。

$$\begin{cases} u_i = u_{c1} + R_2 i + u_{c2} & (2-11) \\ u_i = u_{c1} + u_o & (2-12) \\ i = c_1 \dfrac{du_{c1}}{dt} + \dfrac{u_{c1}}{R_1} & (2-13) \\ u_o = R_2 C_2 \dfrac{du_{c2}}{dt} + u_{c2} & (2-14) \end{cases}$$

第二步：消去3个中间变量 i、u_{c1}、u_{c2}，整理后得

$$T_1 T_2 \frac{d^2 u_o}{dt^2} + (T_3 + T_2 + T_1)\frac{du_o}{dt} + u_o = T_1 T_2 \frac{d^2 u_i}{dt^2} + (T_2 + T_1)\frac{du_i}{dt} + u_i \quad (2-15)$$

式中　$T_1 = R_1 C_1$ ——时间常数，s；

$T_2 = R_2 C_2$ ——时间常数，s；

$T_3 = R_1 C_2$ ——时间常数，s。

例 2.2　建立如图2-4所示机械系统的微分方程式。系统的输入、输出如图中所示，其中 f 为阻尼器的阻尼系数，E 为弹簧的刚度系数。

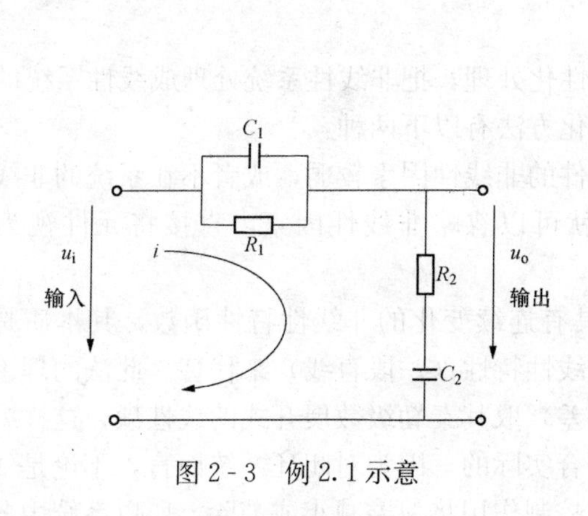

图2-3　例2.1示意

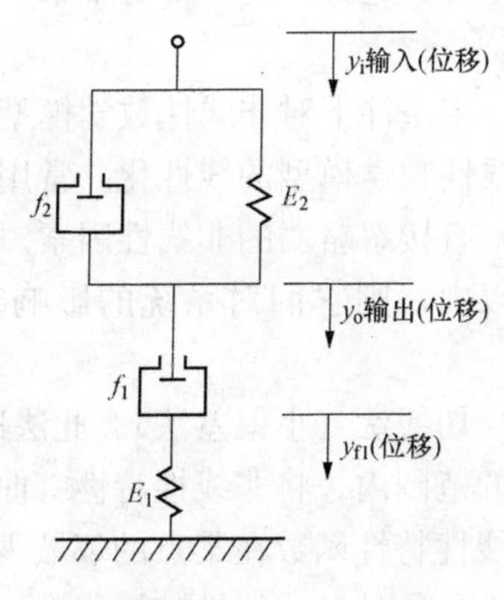

图2-4　例2.2示意

解　第一步：根据作用力与反作用力定律有

$$\begin{cases} f_2 \dfrac{d(y_i - y_o)}{dt} + E_2(y_i - y_o) = f_1 \dfrac{d(y_o - y_{f1})}{dt} & (2-16) \\ E_1 y_{f1} = f_1 \dfrac{d(y_o - y_{f1})}{dt} & (2-17) \end{cases}$$

第二步：消去1个中间变量 y_{f1}，整理得

$$T_1T_2\frac{d^2y_o}{dt^2}+(T_3+T_2+T_1)\frac{dy_o}{dt}+y_o=T_1T_2\frac{d^2y_i}{dt^2}+(T_2+T_1)\frac{dy_i}{dt}+y_i \quad (2-18)$$

式中 $T_1=\frac{f_1}{E_1}$——时间常数，s；

$T_2=\frac{f_2}{E_2}$——时间常数，s；

$T_3=\frac{f_1}{E_2}$——时间常数，s。

以上列举了两个建立系统微分方程的例子，虽然两个系统的物理属性不同，一个是电气的，一个是机械的，但从数学模型角度来看两者是相似的，见式（2-15）和式（2-18）。如果将元件参数值选取得当，使得两个系统的时间常数 T_1、T_2、T_3 分别对应相等的话，则可以抛开其物理属性，用电气系统等效代替机械系统（或反之）进行理论研究和动态特性的仿真。

由此可见数学模型从本质上描述了系统的运动规律与性质，所以在控制工程中必须根据数学模型来分析和设计自动控制系统。

2.1.2 非线性数学模型的线性化

严格地说，自然界中并不存在真正的线性系统，而所谓的线性系统也只是在一定的工作范围内保持线性关系。实际上，所有元件和系统在不同程度上均具有非线性的性质。例如，机械系统中的阻尼器元件，其黏性阻尼力与运动速度在低速时成正比，为线性函数关系；但在高速时黏性阻尼力与运动速度的平方成正比，为非线性函数关系。又如电路中的电感元件，由于磁饱和特性，其流经的电流与两端的电压为非线性函数关系。对于包含非线性函数关系元件的系统，建立的数学模型为非线性数学模型，其求解是困难而复杂的，没有线性系统理论那样的统一求解方法。然而在工程实际中很多非线性系统是在近似线性关系的工作范围内工作的，这就使得大部分非线性系统可由线性数学模型描述，用线性系统的理论分析研究。

在一定条件下对非线性数学模型进行线性化处理，把非线性系统处理成线性系统的过程称为非线性数学模型的线性化。常用的线性化方法有以下两种：

（1）直接忽略弱的非线性因素。如果元件的非线性因素较弱，或者不在系统的非线性工作范围以内，则它们对系统的影响很小，就可以忽略非线性因素，直接将元件视为线性元件。

（2）切线法（小偏差法）。此法适用于具有连续变化的非线性特性函数，其本质是在一个很小的范围内，将非线性特性（曲线）用线性特性（一段直线）来代替。此法的理论依据是对非线性特性函数在某点的邻域内（小偏差）取其泰勒级数展开式的线性项，这样就把非线性特性函数处理成线性特性函数。这是符合实际的，因为对闭环系统而言，不论是线性系统还是非线性系统，只要一产生偏差就会有控制作用将偏差减小或消除，所以系统中各变量的偏差量只能产生在工作值附近，是小偏差。

下面介绍切线法线性化方法。

1. 单变量的非线性函数 $y=f(x)$

在图2-5中，设连续变化的非线性函数 $y=f(x)$ 取平衡状态 A 为工作点，对应 $y_0=$

$f(x_0)$，当 $x = x_0 + \Delta x$ 时，有 $y = y_0 + \Delta y$，设 $y = f(x)$ 在（x_0，y_0）点连续可微，则在（x_0，y_0）点附近的泰勒级数展开式为

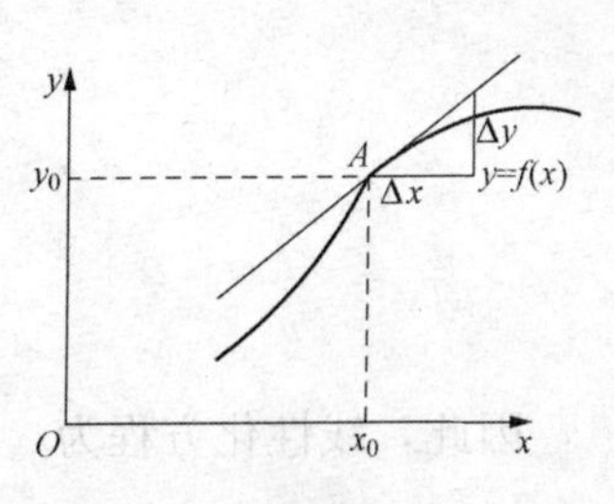

图 2-5　单变量非线性函数

$$y = f(x) = f(x_0) + \left(\frac{\mathrm{d}f(x)}{\mathrm{d}x}\right)_{x=x_0}(x - x_0) + \frac{1}{2!}\left(\frac{\mathrm{d}^2 f(x)}{\mathrm{d}x^2}\right)_{x=x_0}(x - x_0)^2 + \cdots$$

增量较小时可略去其高次幂项，则

$$y - y_0 = f(x) - f(x_0) = \left(\frac{\mathrm{d}f(x)}{\mathrm{d}x}\right)_{x=x_0}(x - x_0)$$

令 $\Delta y = y - y_0$、$\Delta x = x - x_0$，$k = \left(\frac{\mathrm{d}f(x)}{\mathrm{d}x}\right)_{x=x_0}$，则有线性函数

$$\Delta y = k\Delta x \tag{2-19}$$

2. 双变量的非线性函数 $y = f(x_1, x_2)$

对 $y = f(x_1, x_2)$，同样可在某工作点（x_{10}，x_{20}）附近用泰勒级数展开为

$$y = f(x_1, x_2) = f(x_{10}, x_{20}) + \left[\frac{\partial f(x_{10}, x_{20})}{\partial x_1}(x_1 - x_{10}) + \frac{\partial f(x_{10}, x_{20})}{\partial x_2}(x_2 - x_{20})\right] + \frac{1}{2!}\left[\frac{\partial^2 f(x_{10}, x_{20})}{\partial x_1^2}(x_1 - x_{10})^2 + 2\frac{\partial f(x_{10}, x_{20})}{\partial x_1 \partial x_2}(x - x_{10})(x - x_{20}) + \frac{\partial^2 f(x_{10}, x_{20})}{\partial x_2^2}(x_1 - x_{20})^2\right] + \cdots$$

略去二次以上导数项，并令

$$\Delta y = y - f(x_{10}, x_{20})、\ \Delta x_1 = x_1 - x_{10}、\ \Delta x_2 = x_2 - x_{20}$$

则有线性函数

$$\Delta y = \frac{\partial f(x_{10}, x_{20})}{\partial x_1}\Delta x_1 + \frac{\partial f(x_{10}, x_{20})}{\partial x_2}\Delta x_2 = k_1\Delta x_1 + k_2\Delta x_2 \tag{2-20}$$

式中　$k_1 = \frac{\partial f(x_{10}, x_{20})}{\partial x_1}$，$k_2 = \frac{\partial f(x_{10}, x_{20})}{\partial x_2}$。

在切线法线性化处理时要注意以下几点：

(1) 非线性特性需连续可微（即非本质非线性，其在一定条件下可线性化处理）。如系统在工作点处的非线性特性是不连续的，其泰勒级数不收敛，这时上述方法不能使用，这种非线性称为本质非线性（即不能进行线性化处理的非线性特性）

(2) 线性化模型在小偏差情况下成立。

(3) 线性化方程中的参数与工作点有关。

(4) 线性化后得到的是增量化的方程。

例 2.3　试把非线性方程 $z = xy$ 在区域 $5 \leqslant x \leqslant 7$、$10 \leqslant y \leqslant 12$ 上线性化。并用线性化方程来计算当 $x=5$，$y=10$ 时 z 值所产生的误差。

解　由于研究的区域为 $5 \leqslant x \leqslant 7$、$10 \leqslant y \leqslant 12$，故选择工作点 $x_0 = 6$，$y_0 = 11$，于是 $z_0 = x_0 y_0 = 6 \times 11 = 66$。

求在点 $x_0 = 6$，$y_0 = 11$，$z_0 = 66$ 附近非线性方程的线性化表达式。

将非线性方程在点 x_0、y_0、z_0 处展开成泰勒级数，并忽略其高阶项，则有

$$z - z_0 = a(x - x_0) + b(y - y_0)$$

$$a = \left.\frac{\partial z}{\partial x}\right|_{\substack{x=x_0 \\ y=y_0}} = y_0 = 11$$

$$b = \left.\frac{\partial z}{\partial y}\right|_{\substack{x=x_0 \\ y=y_0}} = x_0 = 6$$

因此，线性化方程为

$$z - 66 = 11(x - 6) + 6(y - 11)$$

化简得

$$z = 11x + 6y - 66$$

当 $x=5$，$y=10$ 时，z 的精确值为

$$z = xy = 5 \times 10 = 50$$

由线性化方程求得的 z 值为

$$z = 11x + 6y - 66 = 55 + 60 - 66 = 49$$

因此，误差为 $\qquad \dfrac{50-49}{50} \times 100\% = 2\%$

由此可知：在区域 $5 \leqslant x \leqslant 7$、$10 \leqslant y \leqslant 12$ 内用线性化方程 $z=11x+6y-66$ 去替代非线性方程 $z=xy$ 是可行的。

2.2 拉普拉斯变换与反变换

2.2.1 拉普拉斯变换定义

对于函数 $f(t)$，如果满足下列条件：

(1) $t<0$ 时，$f(t)=0$；$t \geqslant 0$ 时，$f(t)$ 在每个有限区间上是分段连续的。

(2) $\int_0^\infty \left| f(t)e^{-st} \right| dt < \infty$。

则可定义 $f(t)$ 的拉普拉斯变换：

$$F(s) = L[f(t)] \triangleq \int_0^\infty f(t)e^{-st} dt \tag{2-21}$$

式中，s 为复变数，$s=\sigma+j\omega$（σ，ω 均为实数）；$f(t)$ 为原函数；$F(s)$ 为象函数。

在拉普拉斯变换中，s 的量纲是时间的倒数，即 $[t]^{-1}$，$F(s)$ 的量纲则是 $f(t)$ 的量纲与时间 t 量纲的乘积。

2.2.2 几种典型函数的拉普拉斯变换

1. 单位阶跃函数（位置函数）

单位阶跃函数的表达式为

$$f(t) = 1(t) = \begin{cases} 1 & (t \geqslant 0) \\ 0 & (t < 0) \end{cases}$$

单位阶跃函数的时间函数图形如图 2-6 所示。

其拉普拉斯变换为

$$F(s) = L[1(t)] = \int_0^\infty 1(t)e^{-st} dt = -\frac{1}{s}e^{-st}\Big|_0^\infty = \frac{1}{s}$$

2. 单位脉冲函数（冲激函数）

单位脉冲函数的表达式为

$$f(t)=\delta(t)=\begin{cases}0 & (t\neq 0)\\ \infty & (t=0)\end{cases}\text{且}\int_{0^-}^{0^+}\delta(t)\mathrm{d}t=1$$

单位脉冲函数的时间函数图形如图 2-7 所示。

其拉普拉斯变换为

$$\begin{aligned}F(s)=L[\delta(t)]&=\int_0^{\infty}\delta(t)\mathrm{e}^{-st}\mathrm{d}t\\&=\int_{0^-}^{0^+}\delta(t)\mathrm{e}^{-st}\mathrm{d}t+\int_{0^+}^{\infty}\delta(t)\mathrm{e}^{-st}\mathrm{d}t=1\end{aligned}$$

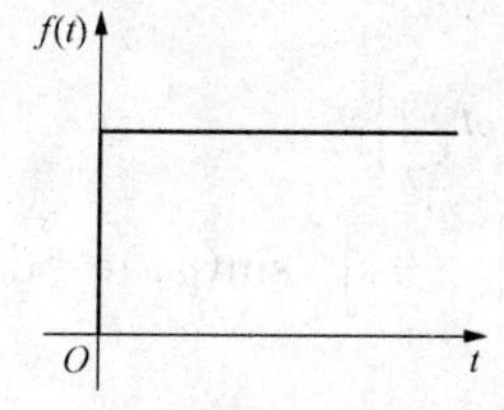

图 2-6　单位阶跃函数的时间曲线

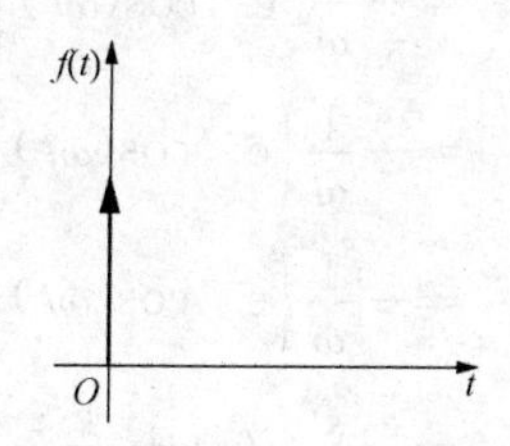

图 2-7　单位脉冲函数的时间曲线

3. 单位斜坡函数（速度函数）

单位斜坡函数的表达式为

$$f(t)=t\cdot 1(t)=\begin{cases}0 & (t<0)\\ t & (t\geqslant 0)\end{cases}$$

单位斜坡函数的时间函数图形如图 2-8 所示。

其拉普拉斯变换为

$$F(s)=L[t\cdot 1(t)]=\int_0^{\infty}t\mathrm{e}^{-st}\mathrm{d}t=-\frac{t}{s}\Big|_0^{\infty}+\frac{1}{s}\int_0^{\infty}\mathrm{e}^{-st}\mathrm{d}t=\frac{1}{s^2}$$

4. 单位抛物线函数（加速度函数）

单位抛物线函数的表达式为

$$f(t)=\frac{1}{2}t^2\cdot 1(t)=\begin{cases}0 & (t<0)\\ \dfrac{1}{2}t^2 & (t\geqslant 0)\end{cases}$$

单位抛物线函数的时间函数图形如图 2-9 所示。

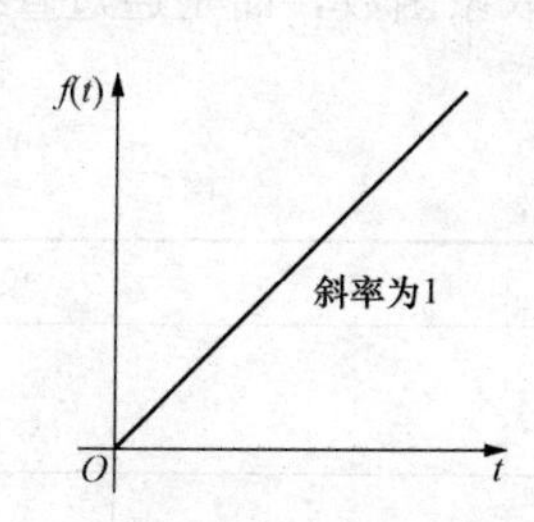

图 2-8　单位斜坡函数的时间曲线

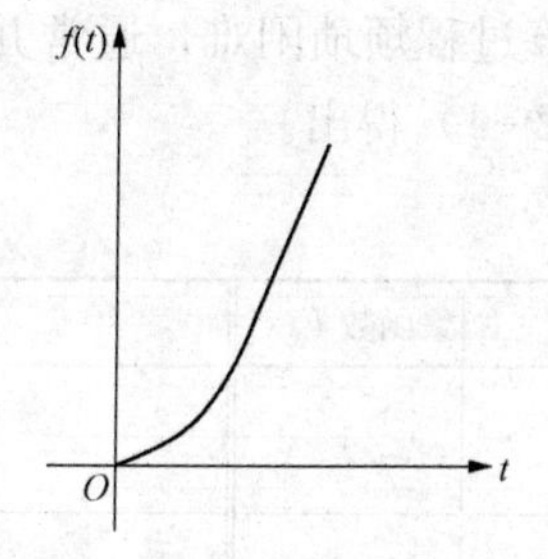

图 2-9　单位抛物线函数的时间曲线

其拉普拉斯变换为

$$F(s)=L\left[\frac{1}{2}t^2\cdot 1(t)\right]=\int_0^{\infty}\frac{1}{2}t^2\mathrm{e}^{-st}\mathrm{d}t=-\frac{1}{s}\left[\frac{1}{2}t^2\mathrm{e}^{-st}\Big|_0^{\infty}-\int_0^{\infty}t\mathrm{e}^{-st}\mathrm{d}t\right]=\frac{1}{s^3}$$

5. 单位正弦函数（频率函数）

单位正弦函数的表达式为

$$f(t)=\begin{cases}0 & (t\leqslant 0)\\ \sin\omega t & (t\geqslant 0)\end{cases}$$

其拉普拉斯变换为

$$\begin{aligned}F(s)&=\int_0^{\infty}\sin(\omega t)\mathrm{e}^{-st}\mathrm{d}t=-\frac{1}{\omega}\int_0^{\infty}\mathrm{e}^{-st}\mathrm{d}[\cos(\omega t)]\\&=-\frac{1}{\omega}\left[\mathrm{e}^{-st}\cos(\omega t)\Big|_0^{\infty}+s\int_0^{\infty}\cos(\omega t)\mathrm{e}^{-st}\mathrm{d}t\right]\\&=-\frac{1}{\omega}\left\{\mathrm{e}^{-st}\cos(\omega t)\Big|_0^{\infty}+\frac{s}{\omega}\int_0^{\infty}\mathrm{e}^{-st}\mathrm{d}[\sin(\omega t)]\right\}\\&=-\frac{1}{\omega}\left\{\mathrm{e}^{-st}\cos(\omega t)\Big|_0^{\infty}+\frac{s}{\omega}\left[\mathrm{e}^{-st}\sin(\omega t)\Big|_0^{\infty}+s\int_0^{\infty}\sin(\omega t)\mathrm{e}^{-st}\mathrm{d}t\right]\right\}\\&=-\frac{s^2}{\omega^2}F(s)+\frac{1}{\omega}\end{aligned}$$

故有 $F(s)=\dfrac{\omega}{s^2+\omega^2}$

同理，单位余弦函数的表达式为

$$f(t)=\begin{cases}0 & (t<0)\\ \cos\omega t & (t\geqslant 0)\end{cases}$$

单位余弦函数的拉普拉斯变换为

$$F(s)=\frac{s}{s^2+\omega^2}$$

6. 指数函数

指数函数的表达式为

$$f(t)=\begin{cases}0 & (t<0)\\ \mathrm{e}^{-at} & (t\geqslant 0)\end{cases}$$

其拉普拉斯变换为

$$F(s)=\int_0^{\infty}\mathrm{e}^{-at}\mathrm{e}^{-st}\mathrm{d}t=\int_0^{\infty}\mathrm{e}^{-(a+s)t}\mathrm{d}t=\frac{1}{s+a}\mathrm{e}^{-(a+s)t}\Big|_0^{\infty}=\frac{1}{s+a}$$

由于计算过程烦琐困难，通常并不是根据定义式来求取象函数，而是通过查拉普拉斯变换表（见表 2-1）得出。

表 2-1　　拉普拉斯变换对照表

原函数 $f(t)$	象函数 $F(s)$	原函数 $f(t)$	象函数 $F(s)$
$\delta(t)$	1	$\mathrm{e}^{-at}\sin\omega t$	$\dfrac{\omega}{(s+a)^2+\omega^2}$
$1(t)$	$\dfrac{1}{s}$	$\mathrm{e}^{-at}\cos\omega t$	$\dfrac{s+a}{(s+a)^2+\omega^2}$

续表

原函数 $f(t)$	象函数 $F(s)$	原函数 $f(t)$	象函数 $F(s)$
t	$\frac{1}{s^2}$	$\frac{1}{b-a}(e^{-at}-e^{-bt})$	$\frac{1}{(s+a)(s+b)}$
$t^n(n=1,2,3\cdots)$	$\frac{n!}{s^{n+1}}$	$\frac{1}{ab}\left[1+\frac{1}{a-b}(be^{-at}-ae^{-bt})\right]$	$\frac{1}{s(s+a)(s+b)}$
e^{-at}	$\frac{1}{s+a}$	$\frac{1}{a^2}(at-1+e^{-at})$	$\frac{1}{s^2(s+a)}$
te^{-at}	$\frac{1}{(s+a)^2}$	$1-e^{-at}$	$\frac{a}{s(s+a)}$
$t^n e^{-at}(n=1,2,3\cdots)$	$\frac{n!}{(s+a)^{n+1}}$	$\frac{\omega_n}{\sqrt{1-\zeta^2}}e^{-\zeta\omega_n t}\sin(\omega_n\sqrt{1-\zeta^2}t)$	$\frac{\omega_n^2}{s^2+2\zeta\omega_n s+\omega_n^2}$
$\sin\omega t$	$\frac{\omega}{s^2+\omega^2}$	$\frac{\sqrt{a^2+\omega^2}}{\omega}\sin(\omega t+\beta),\beta=\arctan\frac{\omega}{a}$	$\frac{s+a}{s^2+\omega^2}$
$\cos\omega t$	$\frac{s}{s^2+\omega^2}$	$1-\frac{1}{\sqrt{1-\zeta^2}}e^{-\zeta\omega_n t}\sin(\omega_n\sqrt{1-\zeta^2}t+\beta),\beta=\arctan\frac{\sqrt{1-\zeta^2}}{\zeta}$	$\frac{\omega_n^2}{s(s^2+2\zeta\omega_n s+\omega_n^2)}$

2.2.3 拉普拉斯变换基本定理

直接根据拉普拉斯变换定义式计算或者查拉普拉斯变换表可以求得一些标准时间函数 $f(t)$ 的拉普拉斯变换 $F(s)$。对于大量一般的时间函数，可以利用以下定理使其运算大为简化。

(1) 线性定理。

设 a_1 和 a_2 为任意实常数，并且

$$L[f_1(t)]=F_1(s),\quad L[f_2(t)]=F_2(s)$$

则

$$L[a_1f_1(t)+a_2f_2(t)]=a_1L[f_1(t)]+a_2L[f_2(t)]=a_1F_1(s)+a_2F_2(s)$$

(2) 位移定理。

设 $L[f(t)]=F(s)$，则

$$L[e^{-at}f(t)]=F(s+a)$$

(3) 延迟定理。

设 $L[f(t)]=F(s)$，对于任一实数 $\tau>0$，则

$$L[f(t-\tau)]=e^{-\tau s}F(s)$$

(4) 终值定理。

设 $L[f(t)]=F(s)$，且 $\lim\limits_{s\to 0}sF(s)$ 存在，则

$$\lim_{t\to\infty}f(t)=\lim_{s\to 0}sF(s)$$

(5) 初值定理。

设 $L[f(t)]=F(s)$，且 $\lim\limits_{s\to\infty}sF(s)$ 存在，则

$$\lim_{t\to 0}f(t)=\lim_{s\to\infty}sF(s)$$

(6) 微分定理。

设 $L[f(t)]=F(s)$，则

$$L\left[\frac{\mathrm{d}f(t)}{\mathrm{d}t}\right]=sF(s)-f(0)$$

$$L\left[\frac{\mathrm{d}f^2(t)}{\mathrm{d}t^2}\right]=s^2F(s)-sf(0)-f'(0)$$

$$\vdots$$

$$L\left[\frac{\mathrm{d}f^n(t)}{\mathrm{d}t^n}\right]=s^nF(s)-s^{n-1}f(0)-s^{n-2}f'(0)-\cdots-f^{(n-1)}(0)$$

式中，$f(0)$、$f'(0)$、$f''(0)$、…、$f^{n-1}(0)$ 是 $f(t)$ 及各阶导数在 $t=0$ 时的值。

(7) 积分定理。

设 $L[f(t)]=F(s)$，则

$$L\left[\int f(t)\mathrm{d}t\right]=\frac{F(s)}{s}-\frac{f^{-1}(0)}{s}$$

$$L\left[\iint f(t)\mathrm{d}t\right]=\frac{F(s)}{s^2}-\frac{f^{-1}(0)}{s^2}-\frac{f^{-2}(0)}{s}$$

$$\vdots$$

$$L\left[\underbrace{\int\cdots\int}_{n} f(t)\mathrm{d}t\right]=\frac{F(s)}{s^n}+\frac{f^{-1}(0)}{s^{n-1}}+\frac{f^{-2}(0)}{s^{n-2}}+\cdots+\frac{f^{-n}(0)}{s}$$

式中，$f^{-1}(0)$、$f^{-2}(0)$、…、$f^{-n}(0)$ 是 $f(t)$ 的各重积分在 $t=0$ 时的值。

2.2.4 拉普拉斯反变换

拉普拉斯反变换定义为

$$f(t)=L^{-1}[F(s)]=\frac{1}{2\pi \mathrm{j}}\int_{c-\mathrm{j}\infty}^{c+\mathrm{j}\infty}F(s)\mathrm{e}^{st}\mathrm{d}s \tag{2-22}$$

显然，这种通过计算复变函数积分来求拉普拉斯反变换的方法烦琐困难，因此在求取拉普拉斯反变换时极少使用。通常对于有理分式这样形式的象函数，可先将其化成典型函数的象函数叠加的形式，再查拉普拉斯变换表，即可写出相应的原函数。

$F(s)$ 化成下列因式分解形式：

$$F(s)=\frac{B(s)}{A(s)}=\frac{k(s+z_1)(s+z_2)\cdots(s+z_{m-1})(s+z_m)}{(s+p_1)(s+p_2)\cdots(s+p_{n-1})(s+p_n)}$$

(1) $F(s)$ 中具有不同的极点时，可展开为

$$F(s)=\frac{B(s)}{A(s)}=\frac{a_1}{(s+p_1)}+\frac{a_2}{(s+p_2)}+\cdots+\frac{a_n}{(s+p_n)}$$

$$a_k=\left[\frac{B(s)}{A(s)}(s+p_k)\right]_{s=-p_k}$$

例 2.4 求下列 $F(s)$ 的拉普拉斯反变换。

$$F(s)=\frac{s+3}{s^2+3s+2}$$

解 令 $A(s)=s^2+3s+2=0$，可以得到 $s_1=-1$，$s_2=-2$。

则

$$F(s)=\frac{B(s)}{A(s)}=\frac{a_1}{(s+1)}+\frac{a_2}{(s+2)}$$

其中：

$$a_1=\left[\frac{s+3}{s^2+3s+2}(s+1)\right]_{s=-1}=2$$

$$a_2=\left[\frac{s+3}{s^2+3s+2}(s+2)\right]_{s=-2}=-1$$

得到：

$$F(s)=\frac{2}{s+1}-\frac{1}{s+2}$$

$$f(t)=L^{-1}[F(s)]=L^{-1}\left[\frac{2}{s+1}\right]+L^{-1}\left[\frac{-1}{s+2}\right]=2e^{-t}-e^{-2t}\quad(t\geqslant 0)$$

(2) $F(s)$ 含有共轭复数极点时，可展开为

$$F(s)=\frac{B(s)}{A(s)}=\frac{a_1s+a_2}{(s+p_1)(s+p_2)}+\frac{a_3}{(s+p_3)}+\cdots+\frac{a_n}{(s+p_n)}$$

$$[a_1s+a_2]_{s=-p_1}=\left[\frac{B(s)}{A(s)}(s+p_1)(s+p_2)\right]_{s=-p_1}$$

其余各个极点的留数确定方法与上同。上述函数只假设有一对共轭复数极点，若有多个复数极点，同样处理。

例 2.5　求 $F(s)=\dfrac{s+1}{s(s^2+s+1)}$ 的拉普拉斯反变换。

解　原式可分解为

$$F(s)=\frac{a_1s+a_2}{s^2+s+1}+\frac{a_3}{s}$$

$$s^2+s+1\approx(s+0.5+j0.866)(s+0.5-j0.866)$$

$$-p_1=-0.5-j0.866,\quad -p_2=-0.5+j0.866$$

求 a_1 和 a_2：

$$[a_1s+a_2]_{s=-0.5-j0.866}=\left[\frac{s+1}{s(s^2+s+1)}(s^2+s+1)\right]_{s=-0.5-j0.866}$$

$$[a_1(-0.5-j0.866)+a_2]=\frac{-0.5-j0.866+1}{-0.5-j0.866}$$

$$a_1(0.25+j0.866-0.75)+a_2(-0.5-j0.866)=0.5-j0.866$$

$$\begin{cases}a_1(0.866-a_2 0.866)=-0.866\\ -0.5a_1-0.5a_2=0.5\end{cases}\Rightarrow\begin{matrix}a_1-a_2=-1\\ a_1+a_2=0.5\end{matrix}$$

$$a_1=-1,\quad a_2=0$$

求 a_3：

$$a_3=\left[\frac{s+1}{s(s^2+s+1)}s\right]_{s=0}=1$$

从而

$$F(s)=\frac{-s}{s^2+s+1}+\frac{1}{s}=\frac{1}{s}-\frac{s+0.5}{(s+0.5)^2+0.866^2}+\frac{0.5}{(s+0.5)^2+0.866^2}$$

$$f(t)=L^{-1}[F(s)]=1-e^{-0.5t}\cos 0.866t+0.578e^{-0.5t}\sin 0.866t\quad(t\geqslant 0)$$

(3) $F(s)$ 含有多重极点时，可展开为

$$F(s)=\frac{B(s)}{A(s)}=\frac{b_r}{(s+p_1)^r}+\frac{b_{r-1}}{(s+p_1)^{r-1}}+\cdots+\frac{b_1}{(s+p_1)}+\frac{a_{r+1}}{(s+p_{r+1})}+\cdots+\frac{a_n}{(s+p_n)}$$

$$b_r=\left[\frac{B(s)}{A(s)}(s+p_1)^r\right]_{s=-p_1}$$

$$b_{r-1}=\left\{\frac{\mathrm{d}}{\mathrm{d}s}\left[\frac{B(s)}{A(s)}(s+p_1)^r\right]\right\}_{s=-p_1}$$

$$\vdots$$

$$b_{r-i}=\frac{1}{i!}\left\{\frac{\mathrm{d}^i}{\mathrm{d}s^i}\left[\frac{B(s)}{A(s)}(s+p_1)^r\right]\right\}_{s=-p_1}$$

$$\vdots$$

$$b_1=\frac{1}{(r-1)!}\left\{\frac{\mathrm{d}^{r-1}}{\mathrm{d}s^{r-1}}\left[\frac{B(s)}{A(s)}(s+p_1)^r\right]\right\}_{s=-p_1}$$

其余各个极点的留数确定方法与上同。

例 2.6 求下列 $F(s)$ 的拉普拉斯反变换。

$$F(s)=\frac{s^2+2s+3}{(s+1)^3}$$

解 将 $F(s)$ 展开成部分分式：

$$F(s)=\frac{B(s)}{A(s)}=\frac{b_3}{(s+1)^3}+\frac{b_2}{(s+1)^2}+\frac{b_1}{s+1}$$

式中

$$b_3=\left[\frac{B(s)}{A(s)}(s+1)^3\right]_{s=-1}=(s^2+2s+3)_{s=-1}=2$$

$$b_2=\left\{\frac{\mathrm{d}}{\mathrm{d}s}\left[\frac{B(s)}{A(s)}(s+1)^3\right]\right\}_{s=-1}=\frac{\mathrm{d}}{\mathrm{d}s}[(s^2+2s+3)]_{s=-1}=(2s+2)_{s=-1}=0$$

$$b_1=\frac{1}{(3-1)!}\left\{\frac{\mathrm{d}^2}{\mathrm{d}s^2}\left[\frac{B(s)}{A(s)}(s+1)^3\right]\right\}_{s=-1}=\frac{1}{2!}\frac{\mathrm{d}^2}{\mathrm{d}s^2}[(s^2+2s+3)]_{s=-1}=\frac{1}{2}(2)=1$$

从而

$$F(s)=\frac{2}{(s+1)^3}+\frac{1}{s+1}$$

$$f(t)=L^{-1}[F(s)]=(t^2+1)\mathrm{e}^{-t}\quad(t\geqslant 0)$$

2.2.5 用拉普拉斯变换求解微分方程

用拉普拉斯变换求解线性常系数微分方程是一种非常简便的方法。通过拉普拉斯变换将 t 域的微分方程变换为容易求解的 s 域的代数方程，从而将解微分方程的运算简化为代数方程的求解：

用拉普拉斯变换求解线性常系数微分方程的一般步骤：

（1）考虑到初始条件对微分方程进行拉普拉斯变换，使其成为 s 域的代数方程。

（2）求解代数方程得到微分方程在 s 域的解。

（3）求 s 域解的拉普拉斯反变换，即得到微分方程的 t 域解。

例 2.7 用拉普拉斯变换求解下面的微分方程。

$$\frac{\mathrm{d}^2y(t)}{\mathrm{d}t^2}+5\frac{\mathrm{d}y(t)}{\mathrm{d}t}+6y(t)=6$$

其中，

$$y(0)=2,\quad y'(0)=2$$

解　将方程两边取拉普拉斯变换，得

$$s^2Y(s)-sy(0)-y'(0)+5[sY(s)-y(0)]+6Y(s)=\frac{6}{s}$$

将 $y(0)=2, y'(0)=2$ 代入，并整理得

$$Y(s)=\frac{2s^2+12s+6}{s(s+2)(s+3)}=\frac{1}{s}+\frac{5}{s+2}-\frac{4}{s+3}$$

所以方程的解为

$$y(t)=1+5\mathrm{e}^{-2t}-4\mathrm{e}^{-3t}$$

2.3　传递函数

在 2.1 节中讨论了如何建立元件、环节和系统的动态数学模型——微分方程。这是在时间域里描述系统动态性能的数学模型，在给定外作用（输入）以及初始条件下，求解微分方程可以得到系统的输出响应。这种方法比较直观，特别是借助于计算机，可以迅速准确地求得结果。但如果系统中某个参数变化或者结构形式改变，则需要重新列写并求解微分方程，因此不便于对系统进行分析和设计。并且若没有电子计算机，解微分方程通常是不容易的。在经典控制理论发展时期，人们为避免解微分方程的困难，常采用一些其他办法，相应的数学模型也用其他形式来表示。

应用拉普拉斯变换可以求解线性常微分方程，应用这种方法可以得到系统在复频域（s 域）的动态数学模型——传递函数。

传递函数不仅可以表征系统的动态特性，而且可以用它研究系统的结构或参数变化对系统性能的影响，因此在经典控制理论中利用传递函数这一数学模型在 s 域中研究系统显得非常方便和简洁。由于分析问题往往涉及一些几何图形，所以比较直观易懂。在前面也介绍了经典控制理论的两大分支——根轨迹法和频率法就是建立在传递函数基础上的。因此传递函数是经典控制理论中最基本也是最重要的概念。

2.3.1　传递函数的概念

传递函数是在用拉普拉斯变换求解线性常微分方程的过程中引申出来的概念。图 2-10 是一个 RC 电路。当 $t=0$ 时，$u_o(0)=0$；这时突然合上开关 K，求 $u_o(t)$。

建立电路的输入输出微分方程为

$$RC\frac{\mathrm{d}u_o(t)}{\mathrm{d}t}+u_o(t)=E\cdot 1(t) \tag{2-23}$$

取拉普拉斯变换得

$$RCsU_o(s)+U_o(s)=\frac{E}{s} \tag{2-24}$$

这就将 t 域的微分方程式（2-23）变换为 s 域的代数方程式（2-24）。

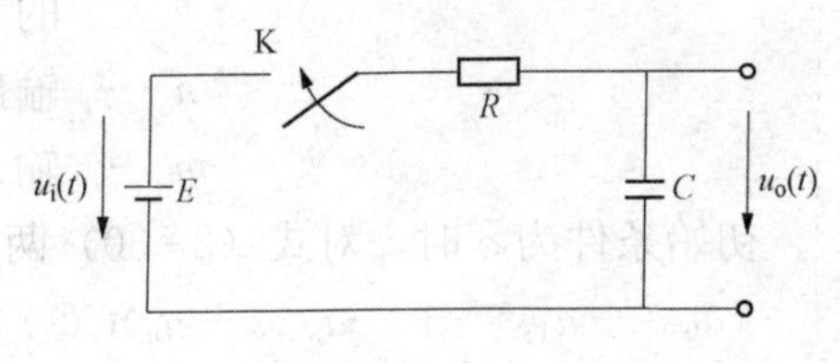

图 2-10　RC 电路

整理成输出

$$U_o(s)=\frac{1}{RCs+1}\cdot\frac{E}{s} \tag{2-25}$$

对 $U_{\mathrm{o}}(s)$ 的表达式取拉普拉斯反变换得

$$u_{\mathrm{o}}(t)=L^{-1}[U_{\mathrm{o}}(s)]=E(1-\mathrm{e}^{-\frac{1}{RC}t}) \tag{2-26}$$

以上是利用拉普拉斯变换求解线性常微分方程的过程。

现在重新考查一下这个例题，将阶跃输入 $1(t)$ 换为一般形式的输入 $u_{\mathrm{i}}(t)$，$u_{\mathrm{o}}(t)$ 为网络的输出量，则有

$$U_{\mathrm{o}}(s)=\frac{1}{RCs+1}U_{\mathrm{i}}(s) \tag{2-27}$$

输入任何形式的已知量 $U_{\mathrm{i}}(s)$ 都可以得到相应形式的输出量 $U_{\mathrm{o}}(s)$。很显然，当初始电压为零时，无论输入 $u_{\mathrm{i}}(t)$ 是什么形式，网络输出的拉普拉斯变换与输入的拉普拉斯变换之比是一个只与电路结构及参数有关的而与输入 $u_{\mathrm{i}}(t)$ 无关的函数，即

$$\frac{U_{\mathrm{o}}(s)}{U_{\mathrm{i}}(s)}=\frac{1}{RCs+1} \tag{2-28}$$

因此可以用这个函数来表征电路本身的特征，称之为传递函数。记为

$$G(s)=\frac{1}{Ts+1} \tag{2-29}$$

式中　$T=RC$——时间常数，s。

网络的输入输出之间的关系可以用图直观地表示为

$U_{\mathrm{i}}(s)$ → $G(s)$ → $U_{\mathrm{o}}(s)$

输入经过 $G(s)$ 的传递得到输出 $U_{\mathrm{o}}(s)=G(s)U_{\mathrm{i}}(s)$。

由以上这个例子得到的传递函数的概念，可推广到一般的元件或控制系统。

2.3.2　传递函数的定义

线性定常系统的传递函数定义：初始条件为零时，输出量的拉普拉斯变换与输入量的拉普拉斯变换之比。

线性定常系统的一般方程为

$$a_0\frac{\mathrm{d}^n c}{\mathrm{d}t^n}+a_1\frac{\mathrm{d}^{n-1}c}{\mathrm{d}t^{n-1}}+\cdots+a_{n-1}\frac{\mathrm{d}c}{\mathrm{d}t}+a_n c=b_0\frac{\mathrm{d}^m r}{\mathrm{d}t^m}+b_1\frac{\mathrm{d}^{m-1}r}{\mathrm{d}t^{m-1}}+\cdots+b_{m-1}\frac{\mathrm{d}r}{\mathrm{d}t}+b_m r \tag{2-30}$$

式中　$c=c(t)$——系统的输出量；

$r=r(t)$——系统的输入量；

a_0、a_1、…、a_n 和 b_0、b_1、…、b_n——方程中各项系数（对于电网络，这些系数是 R、L、C 的参数组合值）；

n——输出量最高阶导数项的阶数；

m——输入量最高阶导数项的阶数（$n\geqslant m$）。

初始条件为零时，对式（2-30）两端取拉普拉斯变换可得

$$(a_0 s^n+a_1 s^{n-1}+\cdots a_{n-1}s+a_n)C(s)=(b_0 s^m+b_1 s^{m-1}+\cdots+b_{m-1}s+b_m)R(s) \tag{2-31}$$

式中　$C(s)$——输出的拉普拉斯变换；

$R(s)$——输入的拉普拉斯变换。

传递函数为

$$G(s)=\frac{C(s)}{R(s)}=\frac{b_0s^m+b_1s^{m-1}+\cdots+b_{m-1}s+b_m}{a_0s^n+a_1s^{n-1}+\cdots+a_{n-1}s+a_n} \tag{2-32}$$

注意：$G(s)$ 分母中 s 的最高阶数 n 就是输出量最高阶导数的阶数，系统称为 n 阶系统。

2.3.3　传递函数的性质

性质1　传递函数是复变量 s 的有理真分式函数，$m\leqslant n$，且具有复变量函数的所有性质。

性质2　$G(s)$ 取决于系统或元件的结构和参数，与输入量的形式与大小无关。

性质3　$G(s)$ 虽然描述了系统输出与输入之间的关系，但它不表征系统的物理结构，因为许多不同的物理系统具有完全相同的传递函数。

性质4　如果系统的 $G(s)$ 已知，可以方便地求出系统在各种已知输入信号作用下的输出响应。

性质5　如果系统的 $G(s)$ 未知，可以给系统加上已知的输入，观测其输出，从而得出传递函数。

性质6　传递函数与微分方程之间有对应关系。

由传递函数 $G(s)=\dfrac{C(s)}{R(s)}=\dfrac{b_0s^m+b_1s^{m-1}+\cdots+b_{m-1}s+b_m}{a_0s^n+a_1s^{n-1}+\cdots+a_{n-1}s+a_n}$ 可得

$$[a_0s^n+a_1s^{n-1}+\cdots+a_{n-1}s+a_n]C(s)=[b_0s^m+b_1s^{m-1}+\cdots+b_{m-1}s+b_m]R(s)$$

将上式展开取拉普拉斯反变换，即作 s 与 $\dfrac{\mathrm{d}}{\mathrm{d}t}$ 以及 $C(s)$ 与 $c(t)$、$R(s)$ 与 $r(t)$ 的置换，则由传递函数得到微分方程：

$$\begin{aligned}&a_0\frac{\mathrm{d}^n}{\mathrm{d}t^n}c(t)+a_1\frac{\mathrm{d}^{n-1}}{\mathrm{d}t^{n-1}}c(t)+\cdots+a_{n-1}\frac{\mathrm{d}}{\mathrm{d}t}c(t)+a_nc(t)\\&=b_0\frac{\mathrm{d}^m}{\mathrm{d}t^m}r(t)+b_1\frac{\mathrm{d}^{m-1}r(t)}{\mathrm{d}t^{m-1}}\cdots+b_{m-1}\frac{\mathrm{d}}{\mathrm{d}t}r(t)+b_mr(t)\end{aligned}$$

性质7　传递函数 $G(s)$ 的拉普拉斯反变换是系统在单位脉冲 $\delta(t)$ 输入时的输出响应 $g(t)$。

当输入 $r(t)=\delta(t)$，$R(s)=L[\delta(t)]=1$，输出 $C(s)=G(s)R(s)=G(s)$。

$$c(t)=L^{-1}[C(s)]=L^{-1}[G(s)R(s)]=L^{-1}[G(s)]=g(t)$$

2.3.4　传递函数的建立

求传递函数的一般步骤：

(1) 建立方程；

(2) 取初始条件为零时的拉普拉斯变换；

(3) 求输出量与输入量的拉普拉斯变换之比。

例2.8　求图2-1所示系统的传递函数。

解　第一步：建立方程。

$$T_1T_2\frac{\mathrm{d}^2u_2(t)}{\mathrm{d}t^2}+T_1\frac{\mathrm{d}u_2(t)}{\mathrm{d}t}+u_2(t)=u_1(t)$$

第二步：设初始条件为零，对方程两端取拉普拉斯变换。

$$T_1T_2s^2U_2(s)+T_1sU_2(s)+U_2(s)=U_1(s) \tag{2-33}$$

第三步：求输出量与输入量的拉普拉斯变换之比。

$$G(s)=\frac{U_2(s)}{U_1(s)}=\frac{1}{T_1T_2s^2+T_1s+1} \tag{2-34}$$

另解 第一步：建立方程组。

$$\begin{cases} L\dfrac{\mathrm{d}i(t)}{\mathrm{d}t}+Ri(t)+u_2(t)=u_1(t) \\ i(t)=C\dfrac{\mathrm{d}u_2(t)}{\mathrm{d}t} \end{cases}$$

第二步：设初始条件为零，对方程两端取拉普拉斯变换。

$$\begin{cases} LsI(s)+RI(s)+U_2(s)=U_1(s) & (2-35) \\ I(s)=CsU_2(s) & (2-36) \end{cases}$$

将式（2-36）代入式（2-35）消去中间变量 $I(s)$（一般在这一步消中间变量比在第一步消去中间变量显得容易一些，因为第一步是在微分方程组中消去中间变量，而第二步是在代数方程组中消中间变量）：

$$LCs^2U_2(s)+RCsU_2(s)+U_2(s)=U_1(s) \tag{2-37}$$

亦即

$$T_1T_2s^2U_2(s)+T_1sU_2(s)+U_2(s)=U_1(s) \tag{2-38}$$

第三步：求输出量与输入量的拉普拉斯变换之比。

$$G(s)=\frac{U_2(s)}{U_1(s)}=\frac{1}{T_1T_2s^2+T_1s+1} \tag{2-39}$$

对电网络系统常常可以用如下简单方法求传递函数：

由电路理论中的运算电路和运算法的概念，感抗 $\mathrm{j}\omega L$ 写为 sL，容抗$\frac{1}{\mathrm{j}\omega C}$写为$\frac{1}{sC}$，电阻仍写为 R；电压写成 $U(s)$，电流写成 $I(s)$，根据电路定律可求出输入与输出的关系，从而写出传递函数 $G(s)$。

如例 2.8 中的二阶 RLC 电网络环节，根据分压公式有

$$U_2(s)=\frac{\dfrac{1}{sC}}{\dfrac{1}{sC}+sL+R}U_1(s) \tag{2-40}$$

故有

$$G(s)=\frac{U_2(s)}{U_1(s)}=\frac{1}{LCs^2+RCs+1}=\frac{1}{T_1T_2s^2+T_1s+1} \tag{2-41}$$

2.3.5 典型环节及其传递函数

自动控制系统是由基本环节组合而成的。一个控制系统无论多么庞大复杂，它都是由数种基本的典型环节所组成的，只不过构成小系统的典型环节数量少，构成大系统的典型环节数量多。我们来讨论这些基本的典型环节，看看它们具有什么特性，其传递函数的形式如何，为今后分析系统的特性打下一个好的基础。

1. 比例环节（这种环节的输出量与输入量成比例）

由代数方程描述

$$y=Kx \tag{2-42}$$

式中 y——输出量；

x——输入量；

K——比例系数。

传递函数为

$$G(s)=\frac{Y(s)}{X(s)}=K \tag{2-43}$$

图 2-11 所示为电压放大器环节，输入输出动态特性见图 2-12。

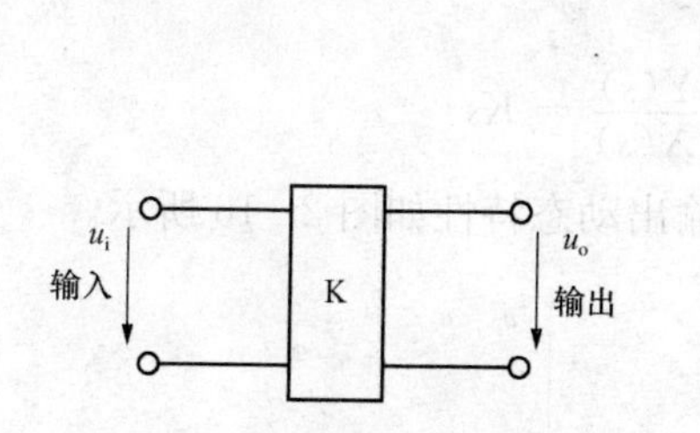

图 2-11　电压放大器环节

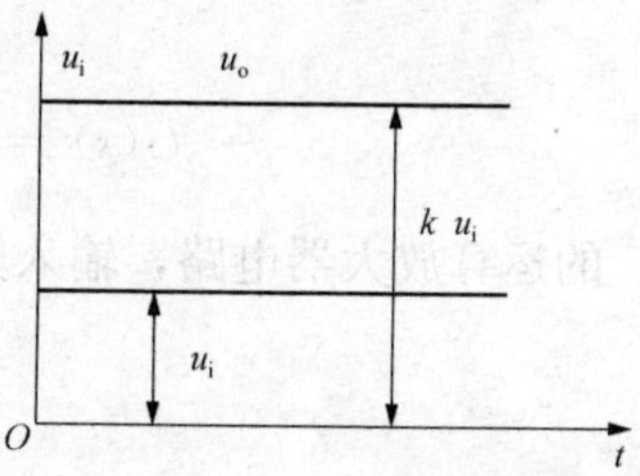

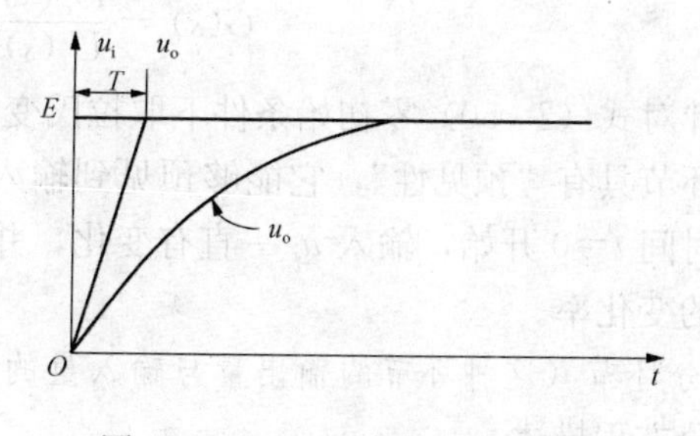

图 2-12　输入输出动态特性

输入输出关系为

$$u_o=Ku_i \tag{2-44}$$

信号传输不失真，无惯性，不延迟；系统中各种执行放大作用的放大器均是比例环节。

2. 一阶惯性环节（这种环节的输入量的作用不立即在输出端全部表现出来，具有惯性）由一阶微分方程描述

$$T\frac{dy}{dt}+y=x \tag{2-45}$$

式中　T——时间常数，s。

传递函数为

$$G(s)=\frac{Y(s)}{X(s)}=\frac{1}{Ts+1} \tag{2-46}$$

如图 2-13 所示的 RC 电路就是一个一阶惯性环节，其输入输出的动态特性如图 2-14 所示。

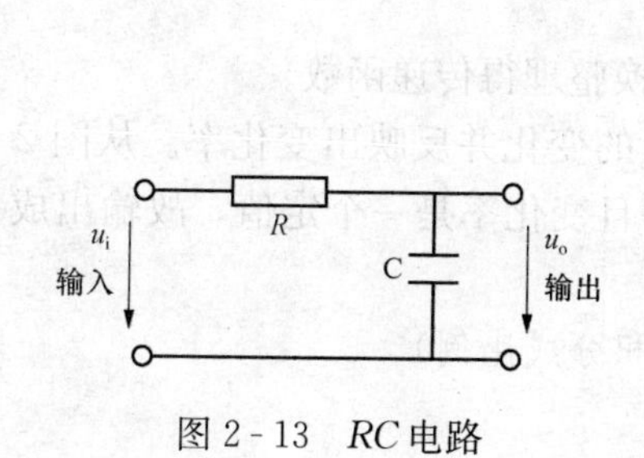

图 2-13　RC 电路

图 2-14　RC 电路输出动态特性

输入输出关系为

$$T\frac{du_o}{dt}+u_o=u_i \tag{2-47}$$

式中　$T=RC$——时间常数，s。

如果在输入端加阶跃电压 E，输出量 u_o 不会立刻达到稳定值 E，而是按指数规律逐渐

上升的，为 $u_o = E(1-e^{-\frac{1}{T}t})$。这条曲线称为飞升曲线，它经过一段时间后才达到稳定值 E。

3. 微分环节（这种环节的输出量与输入量关于时间的导数成正比）

由微分方程描述

$$y = K\frac{dx}{dt} \tag{2-48}$$

式中 K——比例系数。

传递函数为

$$G(s) = \frac{Y(s)}{X(s)} = Ks \tag{2-49}$$

例如图 2-15 的运算放大器电路，输入输出动态特性如图 2-16 所示。

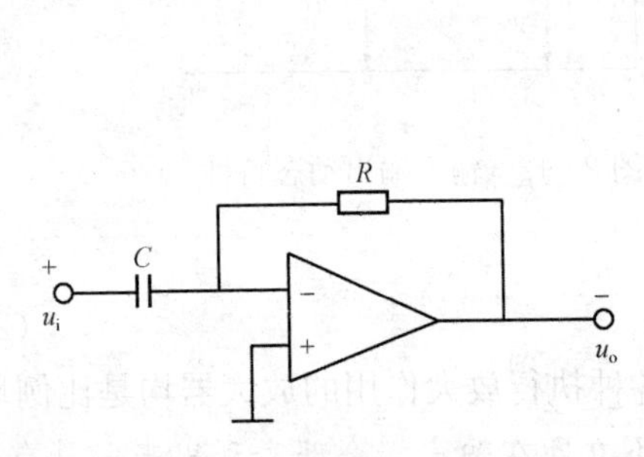

图 2-15 运算放大器电路

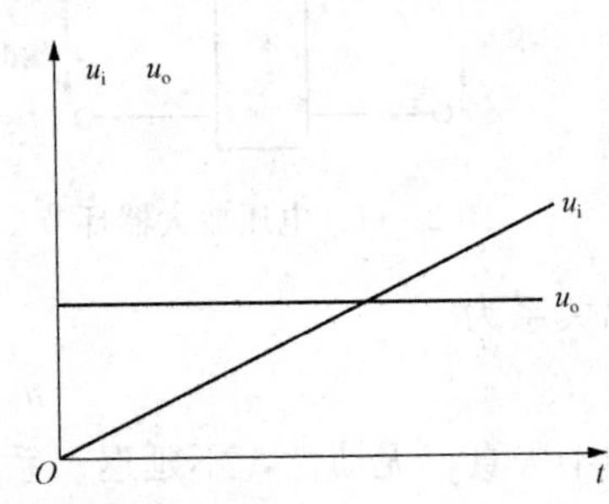

图 2-16 运算放大器电路输入输出动态特性

输入输出关系为

$$u_o = RC\frac{du_i}{dt} \tag{2-50}$$

由运算法有

$$\frac{U_i(s)}{\frac{1}{Cs}} = \frac{U_o(s)}{R} \tag{2-51}$$

得传递函数

$$G(s) = \frac{U_o(s)}{U_i(s)} = RCs \tag{2-52}$$

也可针对式（2-50）零初始条件下取拉氏变换整理得传递函数。

微分环节具有“预见性”，它能够预见到输入的变化并反映出变化率。从图 2-16 中可看到，从时间 $t=0$ 开始，输入 u_i 一直有变化，并且变化率是一个定值，故输出成比例地反映出输入的变化率。

4. 积分环节（这种环节的输出量与输入量的积分成比例）

由积分方程描述

$$y = K\int x dt \tag{2-53}$$

传递函数为

$$G(s) = \frac{Y(s)}{X(s)} = \frac{K}{s} \tag{2-54}$$

图 2-17 所示为运算放大器电路，输入输出动态特性如图 2-18 所示。

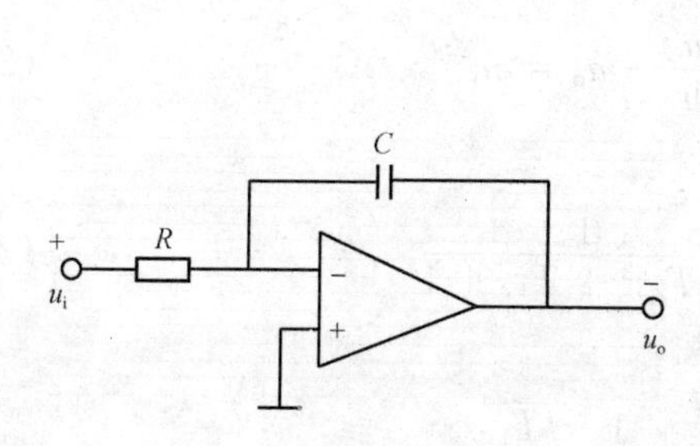

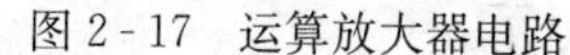

图2-17　运算放大器电路

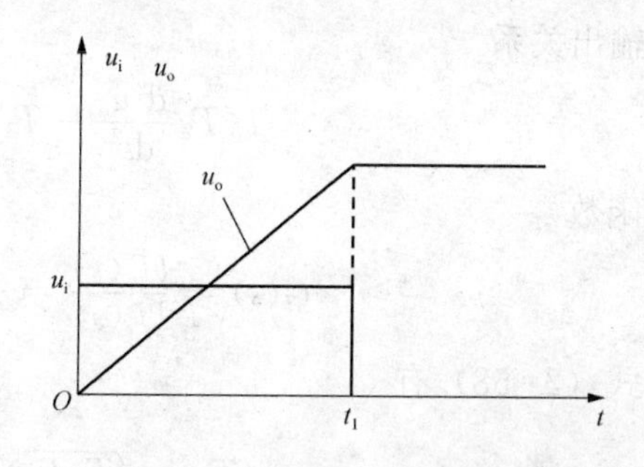

图2-18　运算放大器电路输入输出动态特性

输入输出关系

$$u_o = \frac{1}{RC}\int u_i \mathrm{d}t \tag{2-55}$$

得传递函数

$$G(s) = \frac{U_o(s)}{U_i(s)} = \frac{\frac{1}{RC}}{s} \tag{2-56}$$

积分环节有一个非常好的特性，即所谓“记忆功能”，或称“保持功能”。从图2-18中可看到，当在时间 t_1 时刻后输入 u_i 为零了，而输出 u_o 并不为零，却是保持一个常值不变。这个特性常常被用来改善控制系统的稳态控制精度。

5. 二阶环节（分为振荡二阶环节和非振荡二阶环节，主要是指振荡二阶环节）

由二阶微分方程描述

$$T^2\frac{\mathrm{d}^2y}{\mathrm{d}t^2} + 2\zeta T\frac{\mathrm{d}y}{\mathrm{d}t} + y = x \tag{2-57}$$

传递函数为

$$G(s) = \frac{Y(s)}{X(s)} = \frac{1}{T^2s^2 + 2\zeta Ts + 1} \tag{2-58}$$

式中　T——时间常数，s；

　　ζ——阻尼比。

振荡二阶环节与非振荡二阶环节的数学模型是类似的，不同的是微分方程的系数有不同值。

例如图2-1的 RLC 电网络，输入输出动态特性见图2-19（a）和图2-19（b）。

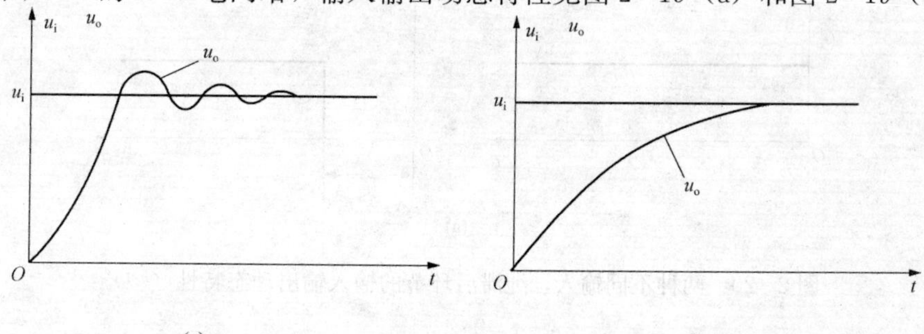

图2-19　RLC 电网络输入输出动态特性

（a）振荡环节动态特性；（b）非振荡环节动态特性

输入输出关系

$$T_1 T_2 \frac{\mathrm{d}^2 u_o}{\mathrm{d}t^2} + T_1 \frac{\mathrm{d}u_o}{\mathrm{d}t} + u_o = u_i \tag{2-59}$$

传递函数

$$G(s) = \frac{U_o(s)}{U_i(s)} = \frac{1}{T_1 T_2 s^2 + T_1 s + 1} \tag{2-60}$$

对照式（2-58）有

$$T = \sqrt{T_1 T_2}，\zeta = \frac{1}{2}\sqrt{\frac{T_1}{T_2}}$$

注意：令传递函数的分母多项式等于零，即

$$T_1 T_2 s^2 + T_1 s + 1 = 0 \tag{2-61}$$

式（2-61）就是式（2-59）微分方程的特征方程。它是关于 s 的一元二次代数方程，两个根 s_1、s_2 可能是负实数，也可能是实部为负的共轭复数，这就由微分方程的系数决定了。两个根若是负实数，则是非振荡环节；若是实部为负的共轭复数，则是振荡环节。

6. 纯滞后环节或纯延迟环节（这种环节的输出量总是隔一定时间后才复现输入量）

描述环节的方程为

$$y(t) = x(t-\tau) \tag{2-62}$$

式中　$y(t)$ ——输出量；

$x(t)$ ——输入量；

τ——纯滞后时间。

对式（2-62）取拉氏变换（拉氏变换的延迟性质）有

$$Y(s) = \mathrm{e}^{-\tau s} X(s) \tag{2-63}$$

得传递函数

$$G(s) = \frac{Y(s)}{X(s)} = \mathrm{e}^{-\tau s} \tag{2-64}$$

图 2-20（a）和图 2-20（b）分别绘出了两种不同的输入时，纯滞后环节的输入输出动态特性。

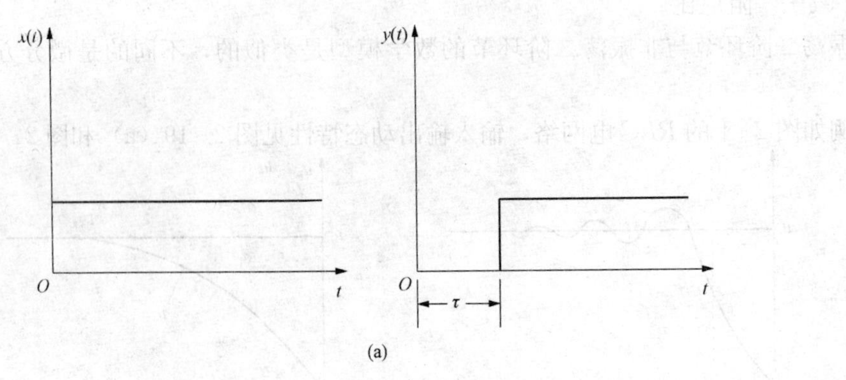

图 2-20　两种不同输入，纯滞后环节的输入输出动态特性（一）

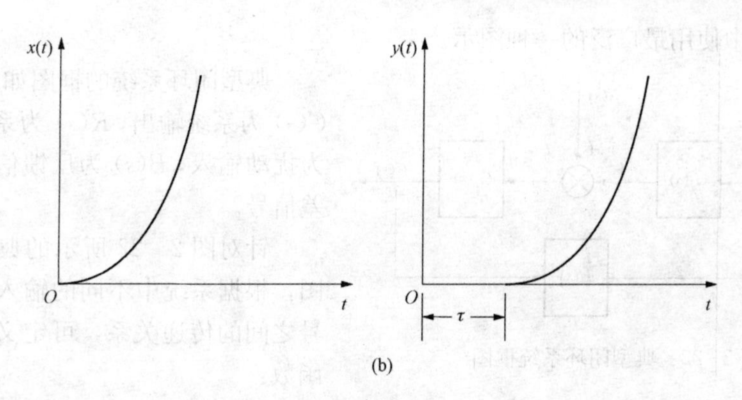

图 2-20　两种不同输入，纯滞后环节的输入输出动态特性（二）

2.4　控制系统的框图

2.4.1　控制系统框图

系统框图是指由具有一定函数关系的环节组成，并标明信号流向的系统结构图。框图实际上是描述系统的代数方程或代数方程组的图形表示。

框图均由以下四种基本单元组成（见图 2-21）。

（1）信号线：带有箭头的直线，箭头表示信号的传递方向，在直线旁标记信号的时间函数或象函数，如图 2-21（a）所示。

（2）分支点（引出点、测量点）：表示信号测量或引出的位置，如图 2-21（b）所示。注意：从同一位置引出的信号在数值和性质上完全相同。

（3）相加点（比较点、综合点）：对两个及以上的信号进行代数运算，"＋"号表示相加，"－"号表示相减，如图 2-21（c）所示。注意：进行相加减的量，必须具有相同的量纲。

（4）方框（环节）：表示对信号进行的数学变换，方框内写入元件的传递函数 $G(s)$，方框两侧为输入信号线和输出信号线，如图 2-21（d）所示。

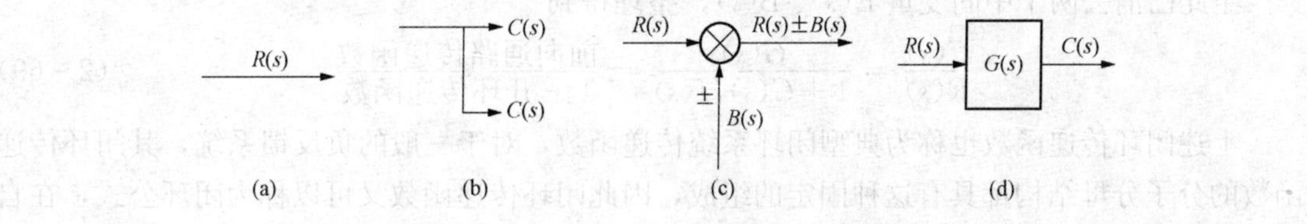

图 2-21　框图的基本单元

显然，方框的输出量就等于方框的输入量与传递函数的乘积 $C(s)=G(s)R(s)$。因此方框可作为单向运算的算子。

当做出系统中各个元件的方框图单元，就可以按照系统中信号传递的顺序，用信号线依次将各个单元连接组成系统的框图。

系统的框图既补充了原理图所缺少的变量间的定量关系，又避免了抽象的纯数学描述；既把复杂原理图的绘制简化为框图的绘制，又能直观了解每个元件对系统性能的影响。它是自动控制理论中使用最广泛的一种图示。

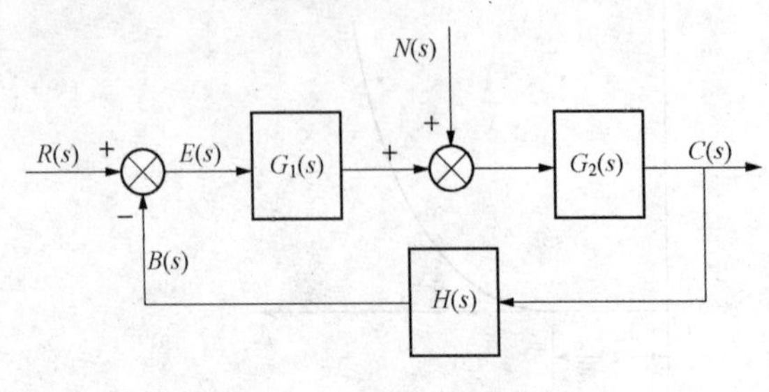

图 2-22 典型闭环系统框图

典型闭环系统的框图如图 2-22 所示，$C(s)$ 为系统输出，$R(s)$ 为系统输入，$N(s)$ 为扰动输入，$B(s)$ 为反馈信号，$E(s)$ 为误差信号。

针对图 2-22 所示的典型闭环系统框图，根据系统中不同的输入信号与输出信号之间的传递关系，可定义如下七个传递函数：

(1) 前向通路传递函数。假设 $N(s)=0$，打开反馈（断开反馈通路）后，前向通路传递函数等于输出 $C(s)$ 与输入 $R(s)$ 之比，在图中等价于 $C(s)$ 与误差 $E(s)$ 之比。即

$$\frac{C(s)}{E(s)}=G_1(s)G_2(s)=G(s) \tag{2-65}$$

(2) 反馈通路传递函数。假设 $N(s)=0$，反馈通路传递函数等于反馈信号 $B(s)$ 与输出信号 $C(s)$ 之比。即

$$\frac{B(s)}{C(s)}=H(s) \tag{2-66}$$

(3) 开环传递函数。假设 $N(s)=0$，开环传递函数等于反馈信号 $B(s)$ 与误差信号 $E(s)$ 之比。即

$$\frac{B(s)}{E(s)}=G_1(s)G_2(s)H(s)=G(s)H(s) \tag{2-67}$$

(4) 闭环传递函数。假设 $N(s)=0$，闭环传递函数等于输出信号 $C(s)$ 与输入信号 $R(s)$ 之比。即

$$\frac{C(s)}{R(s)}=\frac{G(s)}{1+G(s)H(s)} \tag{2-68}$$

上式的推导：根据图 2-22，当 $N(s)=0$ 时，可得

$$C(s)=G(s)E(s)=G(s)[R(s)-B(s)]=G(s)[R(s)-H(s)C(s)]$$

至此已消去两个中间变量 $E(s)$、$B(s)$，整理得到

$$\frac{C(s)}{R(s)}=\frac{G(s)}{1+G(s)H(s)}=\frac{\text{前向通路传递函数}}{1+\text{开环传递函数}} \tag{2-69}$$

上述闭环传递函数也称为典型闭环系统传递函数，对于一般的负反馈系统，其闭环传递函数的分子分母结构都具有这种固定的组成，因此闭环传递函数又可以称为闭环公式，在自动控制理论中经常应用，非常重要，必须牢记。

不难看出，对于正反馈系统，其闭环传递函数为

$$\frac{C(s)}{R(s)}=\frac{G(s)}{1-G(s)H(s)}=\frac{\text{前向通路传递函数}}{1-\text{开环传递函数}} \tag{2-70}$$

如何确定闭环系统是负反馈还是正反馈通常有两种方法：一种方法是无论输入量是正值还是负值，反馈信号削弱了输入量的绝对值，则是负反馈，反之则是正反馈；另一种方法是当反馈回路（闭环）中负号的个数是奇数，则是负反馈，否则是正反馈。

若反馈通路传递函数 $H(s)=1$，其闭环系统框图如图 2-23 所示，则称为全反馈系统

（或单位反馈系统）。

（5）误差传递函数。假设 $N(s)=0$，误差传递函数等于误差信号 $E(s)$ 与输入信号 $R(s)$ 之比。

由图 2-22 可知此时的框图如图 2-24 所示。

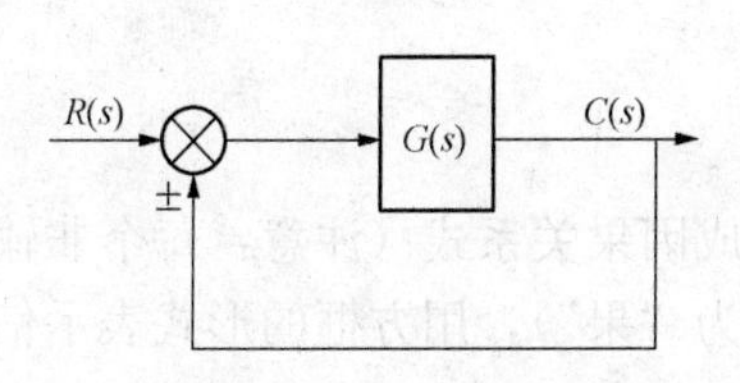

图 2-23　全反馈系统（单位反馈系统）框图

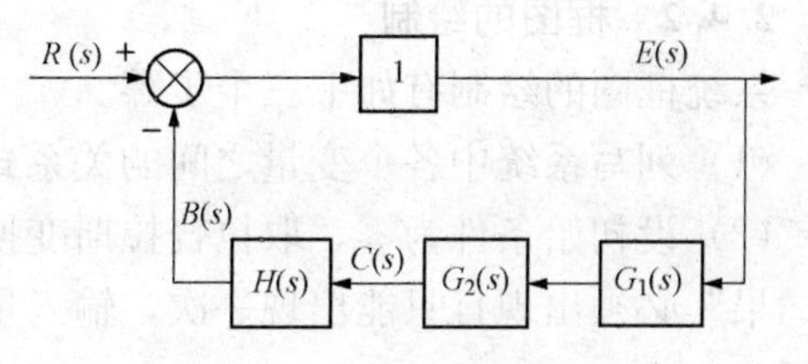

图 2-24　误差对输入的框图

根据框图应用闭环公式可得到

$$\frac{E(s)}{R(s)}=\frac{1}{1+G(s)H(s)}=\frac{1}{1+\text{开环传递函数}} \tag{2-71}$$

或将 $C(s)=G(s)E(s)$ 代入闭环传递函数 $\dfrac{C(s)}{R(s)}=\dfrac{G(s)}{1+G(s)H(s)}$，约去等号两端的 $G(s)$ 也可以得到上式。

（6）输出对扰动的传递函数。

假设 $R(s)=0$，输出对扰动的传递函数等于输出信号 $C(s)$ 与扰动输入信号 $N(s)$ 之比。此时框图如图 2-25 所示。根据框图应用闭环公式可得到

$$\frac{C(s)}{N(s)}=\frac{G_2(s)}{1+G(s)H(s)} \tag{2-72}$$

（7）误差对扰动的传递函数。

假设 $R(s)=0$，误差对扰动的传递函数等于误差信号 $E(s)$ 与扰动输入 $N(s)$ 之比。此时框图如图 2-26 所示。

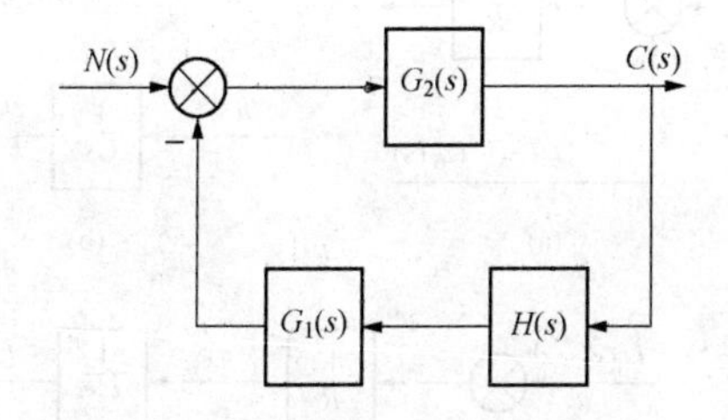

图 2-25　输出对扰动的框图

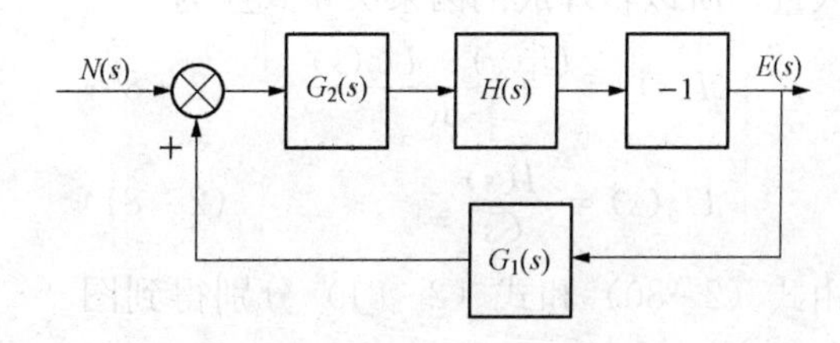

图 2-26　误差对扰动的框图

根据框图应用闭环公式可得到

$$\frac{E(s)}{N(s)}=\frac{-G_2(s)H(s)}{1+G(s)H(s)} \tag{2-73}$$

线性系统满足叠加原理，当控制输入 $R(s)$ 与输入扰动 $N(s)$ 同时作用于系统时，系统的输出可表示为

$$C(s)=\frac{G(s)}{1+G(s)H(s)}R(s)+\frac{G_2(s)}{1+G(s)H(s)}N(s) \tag{2-74}$$

误差（此时视为输出）可表示为

$$E(s)=\frac{1}{1+G(s)H(s)}R(s)-\frac{G_2(s)H(s)}{1+G(s)H(s)}N(s) \tag{2-75}$$

注意：在上式中由于 $N(s)$ 极性（＋与－）的随机性，因而在求 $E(s)$ 时，不能总是认为可利用 $N(s)$ 产生的误差来抵消 $R(s)$ 产生的误差。

2.4.2 框图的绘制

系统框图的绘制有如下三个步骤。

（1）列写系统中各个变量之间的关系式；

（2）设初始条件为零，取拉普拉斯变换，整理成因果关系式（注意：每个非输入变量作为"果"必须出现且只能出现一次，输入量不能作为"果"），用方框的形式表示信号之间的关系；

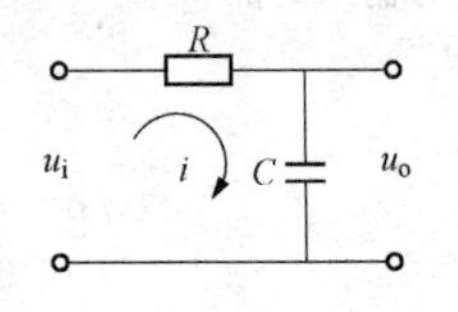

图 2-27 一阶 RC 电网络

（3）按信号流动的方向，将方框单元连接起来组成系统的框图。

下面举例说明系统框图的绘制。

例 2.9 画出 RC 电网络系统（见图 2-27）的框图。

解 第一步：由图 2-27，利用电路基本定律及电容元件特性可得

$$\begin{cases} i=\dfrac{u_i-u_o}{R} & (2-76) \\ i=c\dfrac{du_o}{dt} & (2-77) \end{cases}$$

第二步：对其进行拉普拉斯变换得

$$\begin{cases} I(s)=\dfrac{U_i(s)-U_o(s)}{R} & (2-78) \\ I(s)=CsU_o(s) & (2-79) \end{cases}$$

由于 $U_o(s)$、$I(s)$ 不是输入量，而 $U_i(s)$ 是输入量，所以整理成的因果关系式应为

$$\begin{cases} I(s)=\dfrac{U_i(s)-U_o(s)}{R} & (2-80) \\ U_o(s)=\dfrac{I(s)}{Cs} & (2-81) \end{cases}$$

由式（2-80）和式（2-81）分别得到图 2-28（a）和（b）。

第三步：将图 2-28（a）和（b）连接组合起来得到图 2-28（c），即为该一阶 RC 电网络系统的框图。

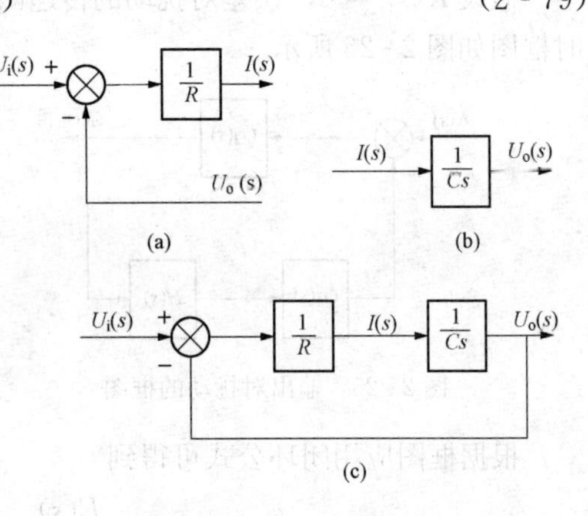

图 2-28 例 2.9 图

2.4.3 框图的变换和简化

在系统的分析中经常需要对框图做一定的等效变换，尤其对多回环系统和有若干输入量的场合，更需要对系统的框图做逐步的等效变换与组合，直至变换成图 2-22 所示的这种反馈系统的基本形式，从而便于对系统进行分析，并求出系统总的传递函数。通过框图的变换，也可以方便地确定出当各种输入从不同输入端同时作用时系统的输出。

框图的等效变换必须遵守一个原则，即变换前后各变量之间的传递函数保持不变。在控制系统的方框图中，各个环节的方框主要以串联、并联和反馈三种基本形式连接而成，所以三种基本形式的等效变换法则一定要掌握。

1. 串联连接

串联连接形式如图 2 - 29（a）、（b）所示，方框与方框通过信号线相连，前一个方框的输出作为后一个方框的输入。由图 2 - 29（a）可知，因为

$$\frac{X(s)}{R(s)}=G_1(s),\quad \frac{C(s)}{X(s)}=G_2(s)$$

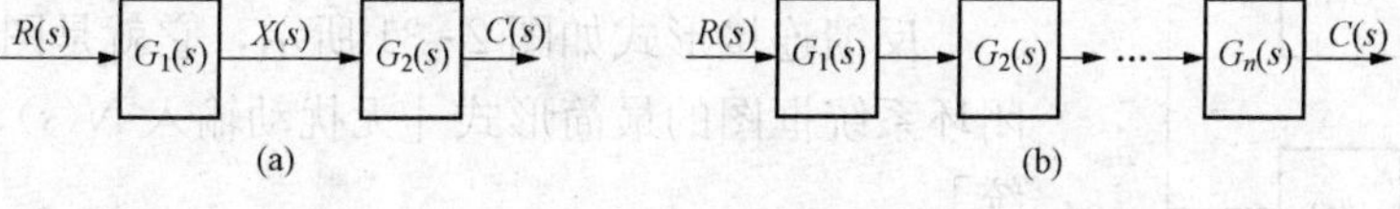

图 2 - 29　方框串联连接

所以 $\frac{C(s)}{R(s)}=\frac{X(s)}{R(s)}\cdot\frac{C(s)}{X(s)}=G_1(s)G_2(s)$，即两个环节串联的等效传递函数等于两个环节传递函数的乘积。

同理，由图 2 - 29（b）可知有 n 个环节串联的等效传递函数等于 n 个环节传递函数的乘积，即

$$G(s)=\prod_{i=1}^{n}G_i(s) \tag{2 - 82}$$

式中　n——相串联的环节数。

2. 并联连接

并联连接形式如图 2 - 30（a）、（b）所示，各方框的输入为同一个变量，各方框的输出

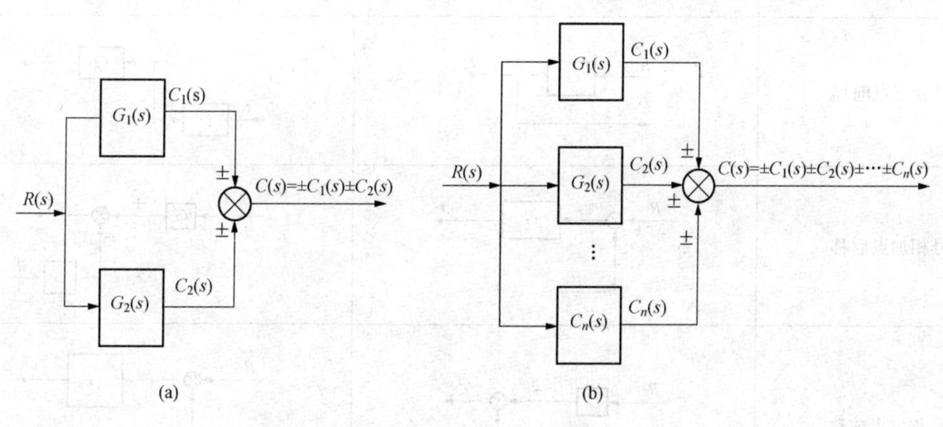

图 2 - 30　方框并联连接

汇合相加为一个变量。由图 2 - 30（a）可知，因为

$$C_1(s)=G_1(s)R(s),\quad C_2(s)=G_2(s)R(s)$$

所以

$$C(s)=C_1(s)\pm C_2(s)=G_1(s)R(s)\pm G_2(s)R(s)=[G_1(s)\pm G_2(s)]R(s)$$

即

$$\frac{C(s)}{R(s)} = G_1(s) \pm G_2(s)$$

同理，由图 2-30（b）可知有 n 个环节并联的等效传递函数等于 n 个环节传递函数的代数和，即

$$G(s) = \sum_{i=1}^{n} G_i(s) \tag{2-83}$$

式中 n——并联环节的个数。

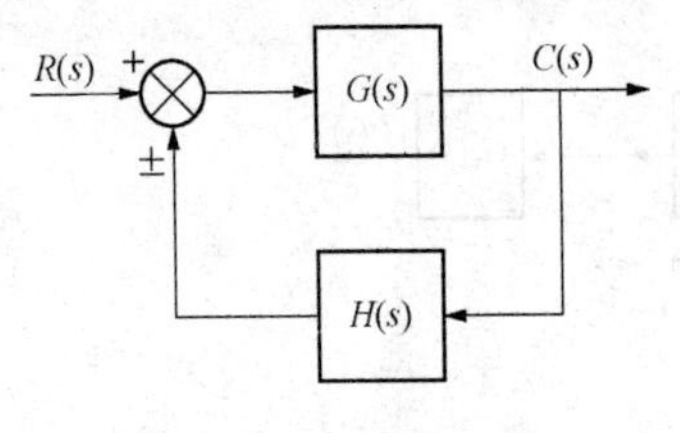

图 2-31 反馈连接

3. 反馈连接（闭环）

反馈连接形式如图 2-31 所示，它就是图 2-22 所示典型闭环系统框图的最简形式［无扰动输入 $N(s)$，正、负反馈系统］。

由闭环系统框图根据闭环公式可得到等效传递函数为

$$\frac{C(s)}{R(s)} = \frac{G(s)}{1 \mp G(s)H(s)} \tag{2-84}$$

表 2-2 中列出了包括上述已推导证明的八种等效变换法则。运用这些变换法则可将复杂的系统框图进行简化，就是对框图做一系列等效变换，一步一步地将框图变换得越来越简单明了，达到简化的目的。

表 2-2　　框图变换法则

变　换	原框图	等效框图
1. 信号分支点后移	R G C R	R G C R $\frac{1}{G}$
2. 信号分支点前移	R G C C	R G C C G
3. 信号相加点后移	R + − G C B	R G + − C G B
4. 信号相加点前移	R G + − C B	R + − G C $\frac{1}{G}$ B
5. 串联	R G_1 G_2 C	R $G_1 G_2$ C

续表

变　换	原 框 图	等 效 框 图
6. 并联	R, G_1, G_2, +, +, C	R, G_1+G_2, C
7. 反并联（反馈）	R +, −, G, H, C	R, $\frac{G}{1+GH}$, C
8. 反并联换成全反馈	R +, −, G, H, C	R, $\frac{1}{H}$, +, −, H, G, C

简化的方法：移动和交换分支点，移动和交换相加点，减少内反馈回路。

下面来看几个系统框图简化的例子。

例 2.10　一个系统框图如图 2-32（a）所示，求其总的传递函数 $\frac{C}{R}=G$。[注：为了简便起见 $C(s)$ 写成 C、$R(s)$ 写成 R、$G(s)$ 写成 G。]

解　框图变换简化的过程如图 2-32（b）—（c）—（d）—（e）所示。

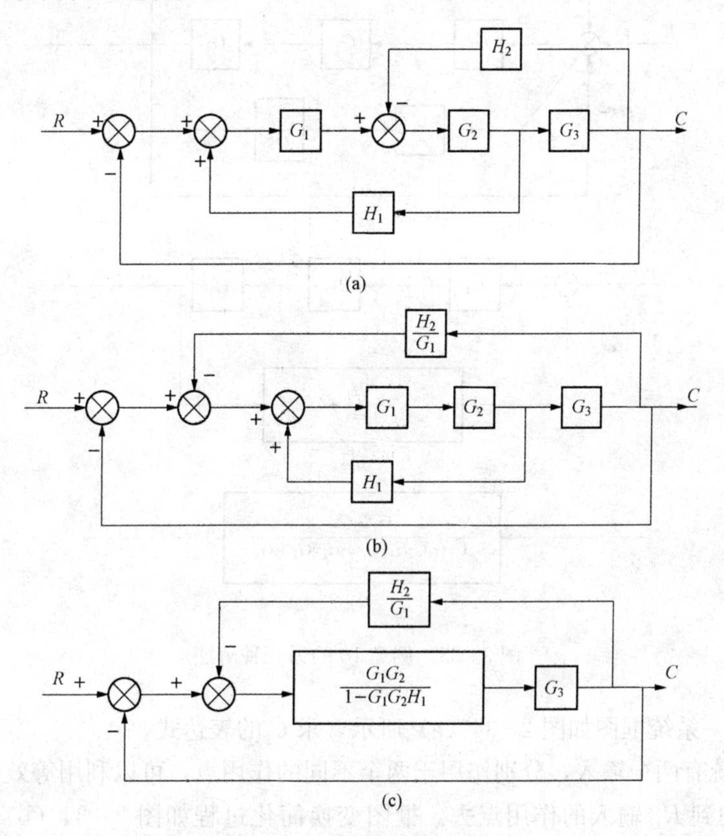

图 2-32　例 2.10 图（一）

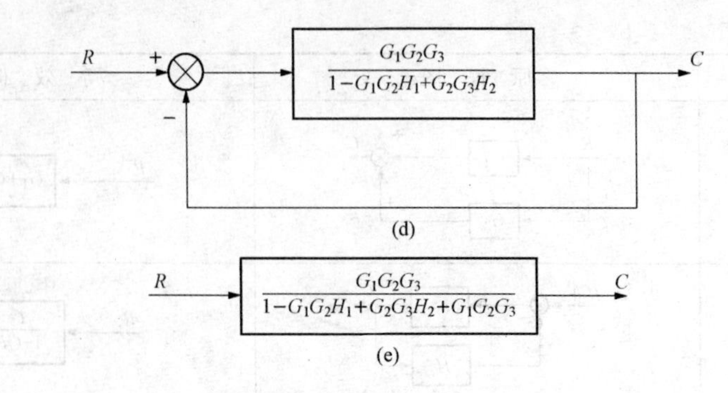

图 2-32 例 2.10 图（二）

最后从图 2-32（e）可知总的传递函数为

$$\frac{C}{R}=G=\frac{G_1G_2G_3}{1-G_1G_2H_1+G_2G_3H_2+G_1G_2G_3} \tag{2-85}$$

另外再提供一种解法：将图 2-32（a）中的分支点和相加点全部都移到两端去，方框图变换简化过程见图 2-33。

最后结果与式（2-85）相同。

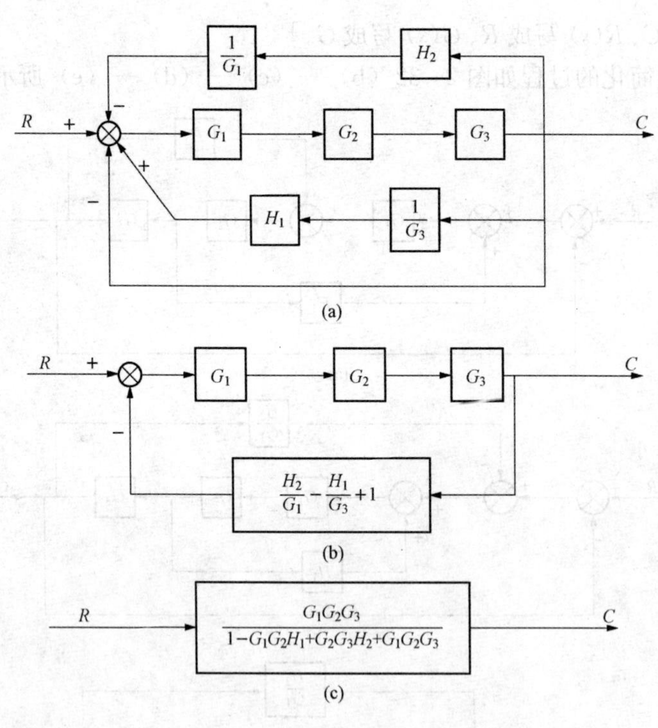

图 2-33 例 2.10 的另一种解法

例 2.11 一系统框图如图 2-34（a）所示，求 C 的表达式。

解 此系统有两个输入，分别作用于两个不同的作用点，可以利用等效变换将其中的一个输入 R_2 移动到 R_1 输入的作用点去。框图变换简化过程如图 2-34（b）—（c）—（d）所示。

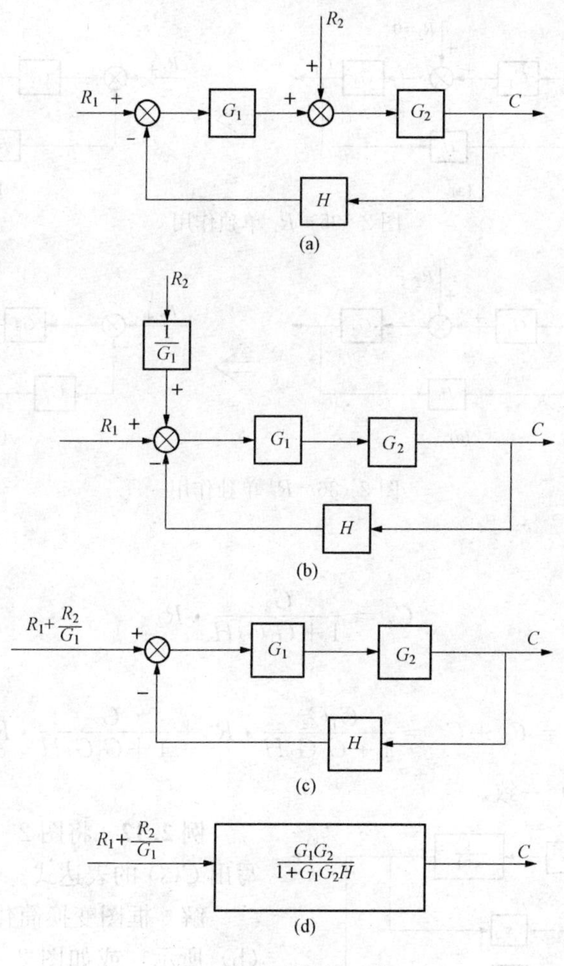

图 2-34　例 2.11 图

最后得到

$$C=\frac{G_1G_2}{1+G_1G_2H}\left(R_1+\frac{R_2}{G_1}\right) \tag{2-86}$$

或

$$C=\frac{G_1G_2}{1+G_1G_2H}\cdot R_1+\frac{G_2}{1+G_1G_2H}\cdot R_2 \tag{2-87}$$

此题还可以这样解：因为系统是线性系统（注意：凡是可由传递函数表示的系统均是线性定常系统，因为传递函数正是针对线性常系数微分方程而得到的），由叠加原理可知：两个输入时的输出等于两个输入单独作用时的输出之和。即

$$C=C_1+C_2 \tag{2-88}$$

式中　C_1——R_1 单独作用时的输出（此时 $R_2=0$）；

C_2——R_2 单独作用时的输出（此时 $R_1=0$）。

由图 2-35 和图 2-36 可分别求出 C_1 和 C_2。

由图 2-35 得到

$$C_1=\frac{G_1G_2}{1+G_1G_2H}\cdot R_1 \tag{2-89}$$

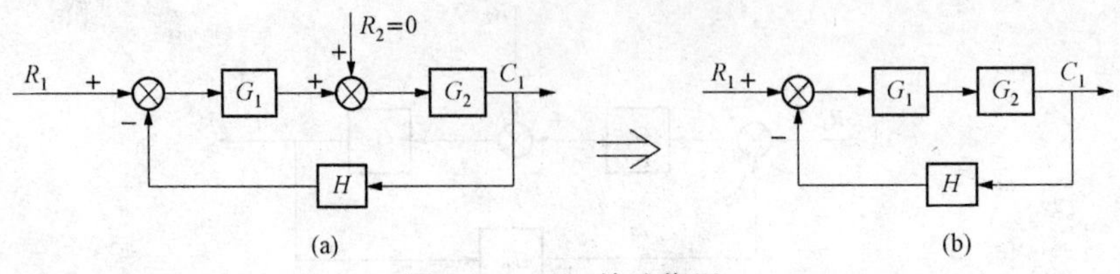

图 2-35　R_1 单独作用

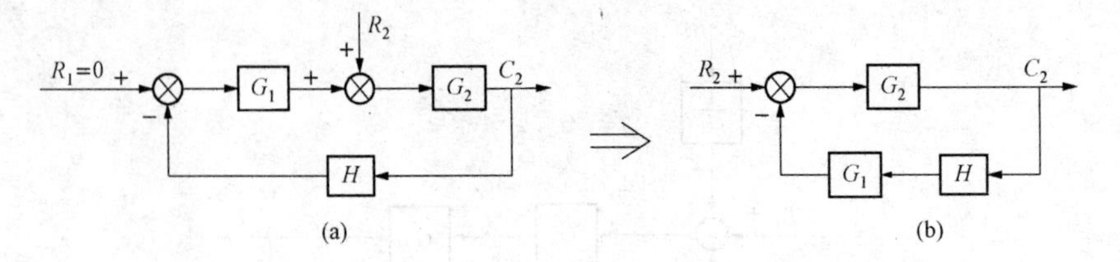

图 2-36　R_2 单独作用

由图 2-36 得

$$C_2=\frac{G_2}{1+G_1G_2H}\cdot R_2 \tag{2-90}$$

故有

$$C=C_1+C_2=\frac{G_1G_2}{1+G_1G_2H}\cdot R_1+\frac{G_2}{1+G_1G_2H}\cdot R_2 \tag{2-91}$$

可见与式（2-87）一致。

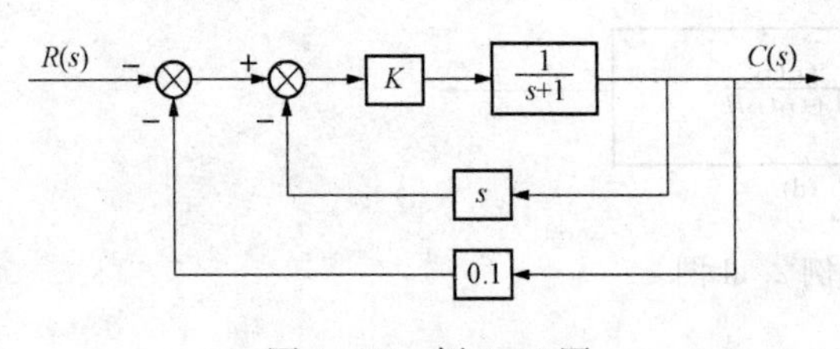

图 2-37　例 2.12 图

例 2.12　将图 2-37 所示系统简化，并写出 $C(s)$ 的表达式。

解　框图变换简化过程如图 2-38（a）、（b）所示，或如图 2-38（c）、（d）所示，均可得

$$C(s)=-\frac{K}{(K+1)s+0.1K+1}R(s) \tag{2-92}$$

在框图的等效变换过程中应注意两点：

1）相加点与相加点之间，分支点与分支点之间，一般可以互换位置；

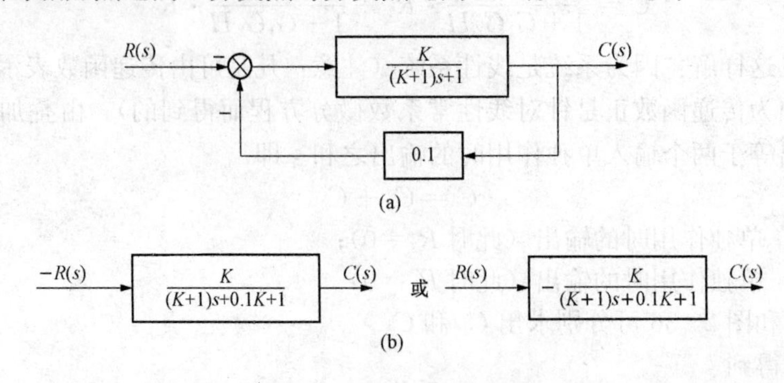

图 2-38　例 2.12 的简化（一）

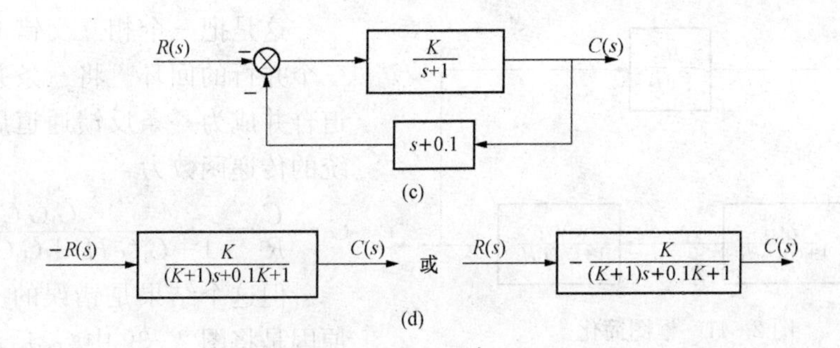

图 2-38　例 2.12 的简化（二）

2）相加点与分支点之间一般不能互换位置。

现举一例来说明：如图 2-39 所示系统，要求写出其传递函数 $G=\dfrac{C}{R}$。

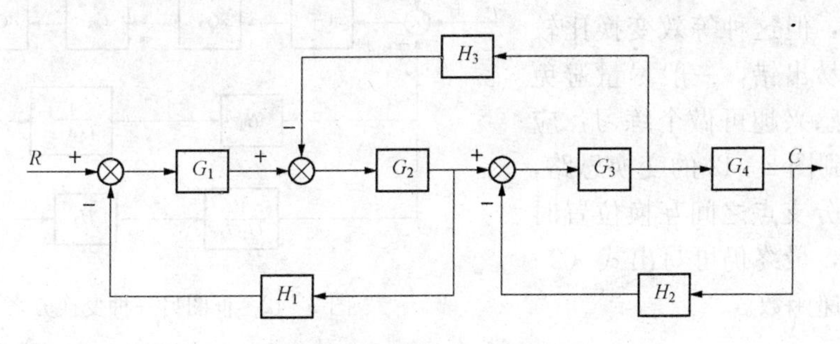

图 2-39　等效变换前的框图

比较好的等效变换方案是将 G_1 后面的相加点前移；将 G_4 前面的分支点后移。经过这一步变换后的框图如图 2-40 所示。

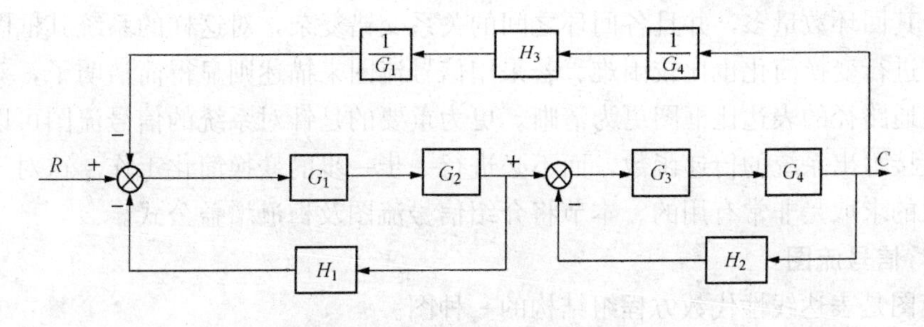

图 2-40　等效变换后的框图

对照图 2-39 和图 2-40 可以看出，经等效变换后相加点与相加点之间、分支点与分支点之间已经互换了位置。

针对图 2-40 所示的框图，可应用表 2-2 中的第 7 种等效变换（闭环传递函数表达式）将两个内反馈回路消除掉而成为图 2-41 所示的框图。

由图 2-41 应用闭环传递函数表达式最终写出系统的传递函数为

$$G=\frac{C}{R}=\frac{G_1G_2G_3G_4}{1+G_1G_2H_1+G_3G_4H_2+G_2G_3H_3+G_1G_2H_1G_3G_4H_2} \tag{2-93}$$

如果采用另一种变换方案将图 2-39 变换成图 2-42 所示的框图。

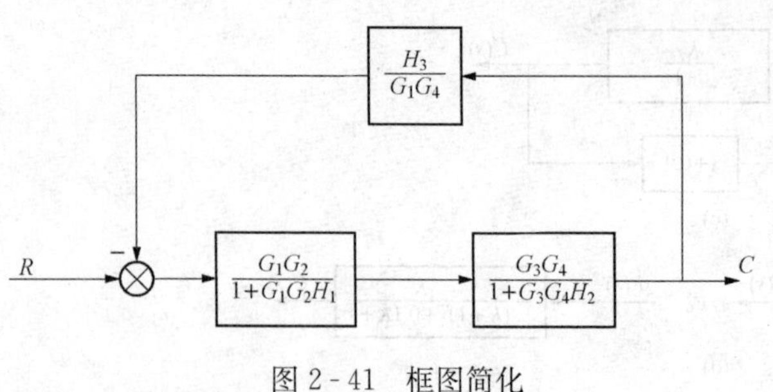

图 2 - 41　框图简化

这是把三个相互交错的回环变换成三个并行的回环。将三条并联的反馈通道合并成为一条反馈通道后便可写出系统的传递函数为

$$G=\frac{C}{R}=\frac{G_1G_2G_3G_4}{1+G_1G_2H_1+G_3G_4H_2+G_2G_3H_3}$$

但这个结果是错误的。产生错误的原因是将图 2 - 39 中 G_2 后面的分支点后移到 G_4 的后面、G_3 前面的相加点前移到 G_1 的前面时，出现了相加点与分支点相互之间的互换位置，而这里所作的变换并不是等效变换，从而导致了结果错误。

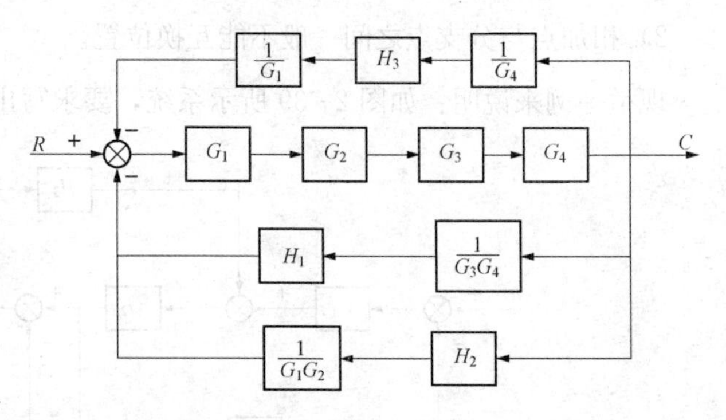

图 2 - 42　框图另一种变换方案

实际上相加点与分支点之间是可以互换位置的，但这种等效变换比较复杂烦琐，容易出错，一般尽量避免使用。读者若感兴趣可做个练习：应用从图 2 - 39 到图 2 - 42 的变换思路，在使相加点与分支点之间互换位置时做到等效变换，最终仍可写出式（2 - 93）的系统传递函数。

2.5　信号流图与梅逊公式

在 2.4 节中讨论了框图，可以看出框图在分析研究系统时是很有用处的。但对于结构复杂的系统，其回环数量多，并且各回环之间的关系交错复杂，对这样的系统其框图描述就显得复杂了，进行变换简化也比较困难。若采用信号流图来描述则显得简洁明了，对系统中各个信号的流通路径的表达比框图更为清晰。更为重要的是针对系统的信号流图可以应用梅逊增益公式直接写出系统的传递函数，而不必进行一步一步的变换简化工作。这对于复杂大系统传递函数的求取是非常有用的。本节将介绍信号流图及梅逊增益公式。

2.5.1　信号流图

信号流图是表达线性代数方程组结构的一种图。

有一线性系统，它由式（2 - 94）所示的方程式描述，即

$$x_2=a_{12}x_1 \tag{2 - 94}$$

这里 x_1 为输入变量或信号，x_2 为输出变量或信号，a_{12} 为两变量之间的增益或传输，也就是说输出等于输入乘以传输值。

上式也可以看成因果关系式，x_1 为“因”、x_2 为“果”，分别写在式子的右端和左端。按此因果关系可以画出这个系统的信号流图如图 2 - 43 所示。

在信号流图中只采用两种图形符号，即节点和节点之间的有向线段。节点代表变量（信号），有向线段称为支路。支路具有两个特征：

1）有方向性（从因指向果）；

2）有权（增益或传输）。

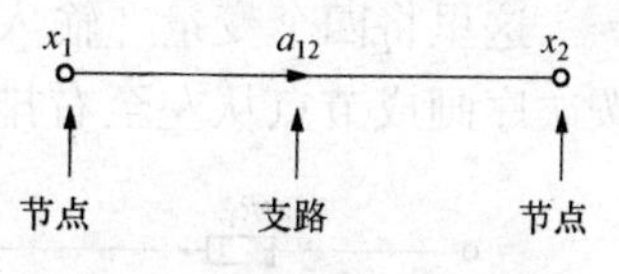

图 2-43　简单的信号流图

a_{12} 这个支路对于节点 x_1 来说是输出支路，对节点 x_2 来说是输入支路。这样就用简单直观的图描述了系统的方程式。

现有一系统，它由下列方程组描述：

$$\begin{cases} x_2 = a_{12}x_1 + a_{32}x_3 \\ x_3 = a_{23}x_2 + a_{43}x_4 \\ x_4 = a_{24}x_2 + a_{34}x_3 + a_{44}x_4 \\ x_5 = a_{25}x_2 + a_{45}x_4 \end{cases} \quad (a_{44} \neq 1) \qquad (2-95)$$

方程组（2-95）中的各式是写成因果关系形式的，每个变量作为"果"只能一次，其余作为"因"。作信号流图时先把各变量作为节点，从左至右按次序画在图上，然后按方程式表达的关系分步画出各节点与其他节点之间的关系，最后可画出系统的信号流图如图 2-44 所示。

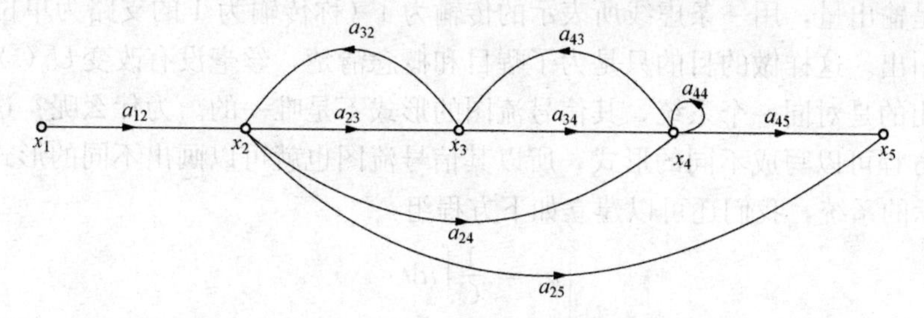

图 2-44　式（2-95）所述系统的信号流图

一般地说，若线性系统由 n 个代数方程描述：

$$x_j = \sum_{i=1}^{n} a_{ij}x_i \quad (j = 1,2,\cdots,n) \qquad (2-96)$$

除输入变量外，每个变量作为"果"出现一次（若方程式不是因果关系，则必须化成这种形式），按上述同样的方法可作出相应的信号流图。

当系统是由线性微分方程描述时，则首先应通过拉普拉斯变换将它们变成 s 域的线性代数方程，再整理成因果关系式：

$$X_j(s) = \sum_{i=1}^{n} G_{ij}(s)X_i(s) \quad (j = 1,2,\cdots,n) \qquad (2-97)$$

可据此关系式作出系统的信号流图。

例 2.13　一电网络系统如图 2-45 所示，输入为 u_i、输出为 u_o，作出系统的信号流图。

解　首先建立微分方程组

$$\begin{cases} u_c = u_o - R_2 i \\ i = C\dfrac{du_c}{dt} \\ u_o = u_i - R_1 i \end{cases} \qquad (2-98)$$

取拉普拉斯变换后整理可得

$$\begin{cases} U_c(s) = U_o(s) - R_2 I(s) \\ I(s) = CsU_c(s) \\ U_o(s) = U_i(s) - R_1 I(s) \end{cases} \qquad (2-99)$$

这里将四个变量［输入变量 $U_i(s)$、中间变量 $U_c(s)$、中间变量 $I(s)$、输出变量 $U_o(s)$］按次序画成节点从左至右排开，据式（2-99）即可作出系统的信号流图如图 2-46 所示。

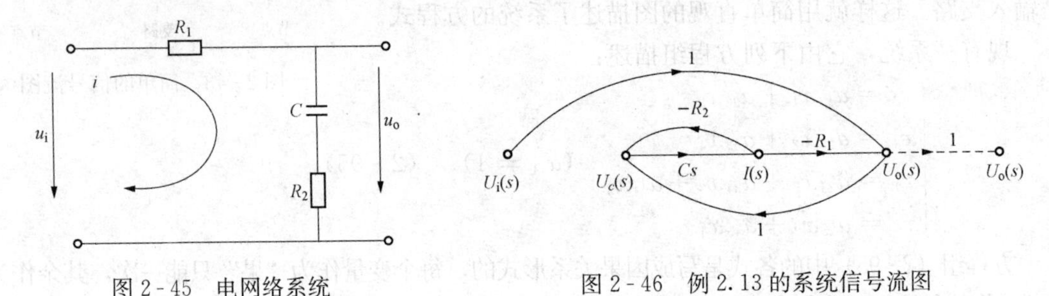

图 2-45　电网络系统

图 2-46　例 2.13 的系统信号流图

在图 2-46 中我们关心的是 $U_o(s)$ 这个变量，把 $U_o(s)$ 视为此系统的输出量，为了强调突出这个量是输出量，用一条虚线所表示的传输为 1（称传输为 1 的支路为单位支路）的支路将 $U_o(s)$ 引出。这样做的目的只是为了醒目和概念清楚，丝毫没有改变 $U_o(s)$ 的性质。

需要指出的是对同一个系统，其信号流图的形式不是唯一的。为什么呢？这是因为描述一个系统的方程可以写成不同的形式，所以其信号流图也就可以画出不同的形式。例如针对图 2-45 所示的系统，我们还可以建立如下方程组：

$$\begin{cases} u_c = \dfrac{1}{C}\int i\mathrm{d}t \\ i = \dfrac{1}{R_1}(u_i - u_o) \\ u_o = u_c + R_2 i \end{cases} \tag{2-100}$$

对式（2-100）取拉普拉斯变换，得

$$\begin{cases} U_c(s) = \dfrac{1}{Cs}I(s) \\ I(s) = \dfrac{1}{R_1}U_i(s) - \dfrac{1}{R_1}U_o(s) \\ U_o(s) = U_c(s) + R_2 I(s) \end{cases} \tag{2-101}$$

根据方程组式（2-101）可作出系统的信号流图如图 2-47 所示。由图可见，虽然是同一个系统，但信号流图却不一样。

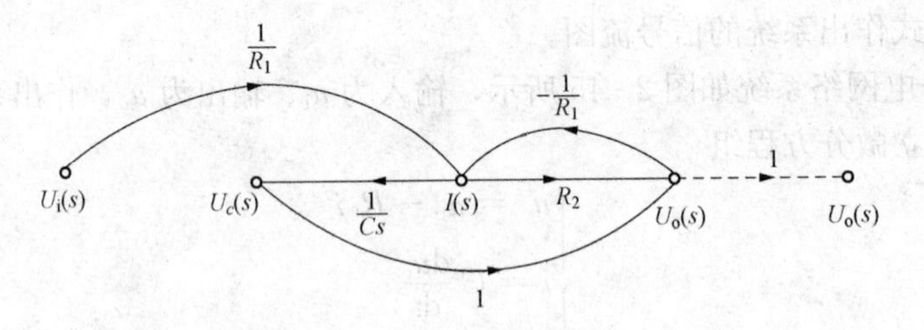

图 2-47　例 2.13 的系统信号流图

信号流图与框图有对应的关系，两者可以很方便地互换。其实两者本质上是一样的，都是线性方程组的图形表示，只不过信号流图所采用的符号更简单、更抽象，对于比较复杂的系统用信号流图表示比用框图表示更简洁一些，但信号流图的形象性不如框图。图 2-48 是典型闭环系统的框图与信号流图的对照。

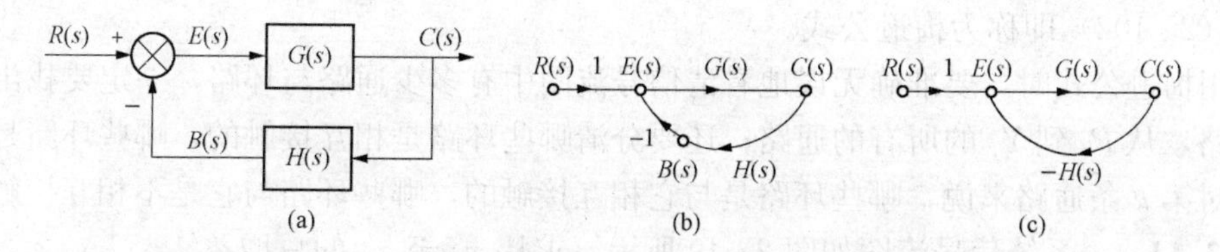

图 2-48　典型闭环系统的框图与信号流图

(a) 框图；(b) 信号流图；(c) 信号流图

2.5.2　梅逊（Mason）公式

与框图一样，信号流图也有等效变换简化法则。当画出了系统的信号流图后，可以根据信号流图的简化法则来简化，最终写出系统传递函数。但对于复杂系统的信号流图来说化简仍然是费时费力的，下面介绍一种方法，不必进行烦琐的化简，可针对系统的信号流图直接写出传递函数，这就是著名的梅逊公式。应用梅逊公式避免了图形的化简工作，只需要通过观察系统的信号流图，就可以写出系统中任意输入至任意输出的传递函数。

先介绍几个与梅逊公式有关的术语。

输入节点（源节点）：只有输出支路的节点，如图 2-44（下同）中的 x_1 输入量。

输出节点（汇节点）：只有输入支路的节点，如 x_5 输出量。

混合节点（普通节点）：既有输入支路又有输出支路的节点，如 x_2、x_3、x_4 中间变量。

注意：任何混合节点都可用传输为 1 的支路引出作为输出节点，如 x_2、x_3、x_4，但任何混合节点却不能变为输入节点，因为它不是自变量。

通路：凡是从某一节点开始，沿着支路的箭头方向连续经过一些支路而终止在另一节点且经过的节点仅为一次的路径。比如 $a_{12}a_{23}a_{34}a_{45}$ 是一条通路，又如 $a_{12}a_{24}a_{45}$ 也是一条通路。

环路：从某一节点出发最终又回到同一节点的特殊通路，例如 $a_{23}a_{32}$，$a_{34}a_{43}$，a_{44}，$a_{24}a_{43}a_{32}$ 这些都是环路。

通路传输：通路中所有支路传输的乘积。

环路传输：环路中所有支路传输的乘积。

现不加证明地给出梅逊公式。

从任一输入节点 R_i 到任一普通节点 Y_j 的总传输（总增益）为

$$G_{ij}=\frac{\sum\limits_{k}P_k\Delta_k}{\Delta}\tag{2-102}$$

$$\Delta=1-\sum_{a}L_a+\sum_{a,b}L_aL_b-\sum_{a,b,c}L_aL_bL_c+\cdots$$

式中　P_k—— 从 R_i 到 Y_j 的第 k 条通路的通路传输；

Δ—— 信号流图的特征式；

$\sum\limits_{a}L_a$—— 信号流图中所有环路的环路传输之和；

$\sum\limits_{a,b}L_aL_b$—— 每两个互不接触（即没有公共节点）的环路传输之积的和；

$\sum\limits_{a,b,c}L_aL_bL_c$—— 每三个互不接触的环路传输之积的和；

Δ_k——与第 k 条通路不接触部分的 Δ 值。

式（2-102）即称为梅逊公式。

应用梅逊公式时，要准确无误地看清信号流图中有多少通路与环路，一定要找出图中的所有环路，从 R_i 到 Y_j 的所有的通路；还要分清哪些环路是相互接触的，哪些环路是互不接触的；对第 k 条通路来说，哪些环路是与它相互接触的，哪些环路与它是不相互接触的。

例 2.14 一系统信号流图如图 2-49 所示，求从 x_0 至 x_4 的总增益。

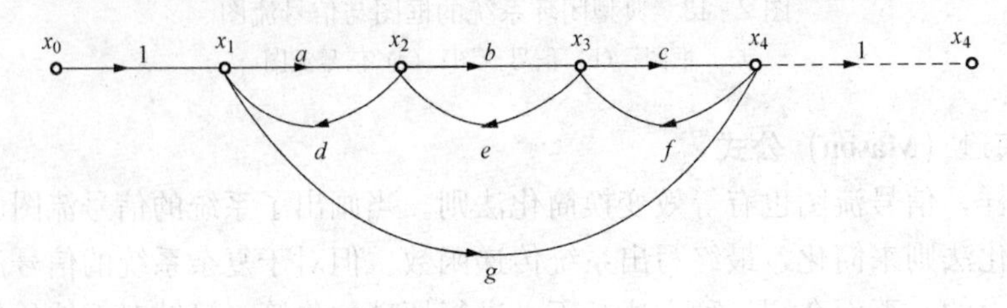

图 2-49 例 2.14 图

解 据梅逊公式有

$$\frac{x_4}{x_0}=G=\frac{\sum_k P_k\Delta_k}{\Delta}=\frac{P_1\Delta_1+P_2\Delta_2}{\Delta}$$

$$=\frac{abc(1)+g(1-be)}{1-(ad+be+cf+gfed)+adcf}$$

$$=\frac{abc+g-gbe}{1-ad-be-cf-gfed+adcf}$$

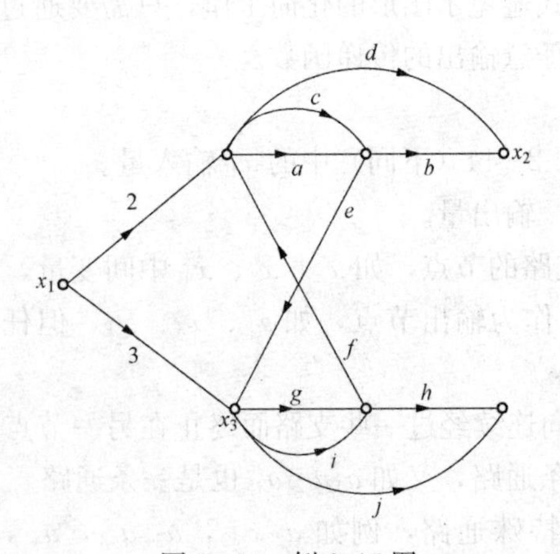

图 2-50 例 2.15 图

例 2.15 系统信号流图如图 2-50 所示，求输入节点 x_1 至输出节点 x_2 的传输，以及 x_1 至输出节点 x_3 的传输。

解 据梅逊公式得

$$\frac{x_2}{x_1}=G_{12}=\frac{\sum_k P_k\Delta_k}{\Delta}$$

$$=\frac{2ab[1-(gi+ghj)]+3gfab}{1-[ac+gi+abd+ghj+aegf]+[(ac)(gi)+(abd)(ghj)+(ac)(ghj)+(gi)(abd)]}$$

$$\frac{x_3}{x_1}=G_{13}=\frac{\sum_k P_k\Delta_k}{\Delta}$$

$$=\frac{3[1-(ac+abd)]+2ae}{1-[ac+gi+abd+ghj+aegf]+[(ac)(gi)+(abd)(ghj)+(ac)(ghj)+(gi)(abd)]}$$

很显然，应用梅逊公式求解输入输出间的传递函数，越是复杂的多回环系统，越能体现其快速、准确的优越性。

前文对图 2-45 所示的电网络系统作出了两种不同形式的信号流图（见图 2-46 与图 2-47），现应用梅逊公式可以求解如下：

对图 2-46 应用梅逊公式有

$$\frac{U_o(s)}{U_i(s)}=G(s)=\frac{1\times[1-(-R_2Cs)]}{1-[-R_2Cs-R_1Cs]}=\frac{R_2Cs+1}{(R_1+R_2)Cs+1}$$

对图 2-47 应用梅逊公式有

$$\frac{U_o(s)}{U_i(s)}=G(s)=\frac{\frac{R_2}{R_1}\times(1)+\frac{1}{R_1Cs}\times 1}{1-\left(-\frac{R_2}{R_1}-\frac{1}{R_1Cs}\right)}=\frac{R_2Cs+1}{(R_1+R_2)Cs+1}$$

可见结果一致。对于同一系统，当确定了输入输出之后，尽管作出的信号流图可能有多种形式，但描述系统的输入输出特性的传递函数是唯一的。

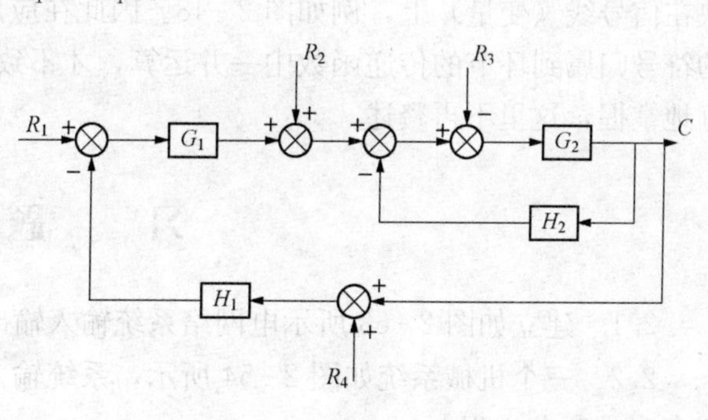

图 2-51　例 2.16 框图

例 2.16　系统框图如图 2-51 所示，画出其信号流图，并求输出 C 的表达式。

解　画出信号流图如图 2-52 所示。

根据叠加原理有

$$C=C_1+C_2+C_3+C_4$$

应用梅逊公式有

$$C_1=G_{R_1C}R_1=\frac{G_1G_2}{1-(-G_1G_2H_1-G_2H_2)}R_1$$

$$C_2=G_{R_2C}R_2=\frac{G_2}{1-(-G_1G_2H_1-G_2H_2)}R_2$$

$$C_3=G_{R_3C}R_3=\frac{-G_2}{1-(-G_1G_2H_1-G_2H_2)}R_3$$

$$C_4=G_{R_4C}R_4=\frac{-G_1G_2H_1}{1-(-G_1G_2H_1-G_2H_2)}R_4$$

所以有

$$C=\frac{G_1G_2}{1+G_1G_2H_1+G_2H_2}R_1+\frac{G_2}{1+G_1G_2H_1+G_2H_2}R_2-\frac{G_2}{1+G_1G_2H_1+G_2H_2}R_3-\frac{G_1G_2H_1}{1+G_1G_2H_1+G_2H_2}R_4$$

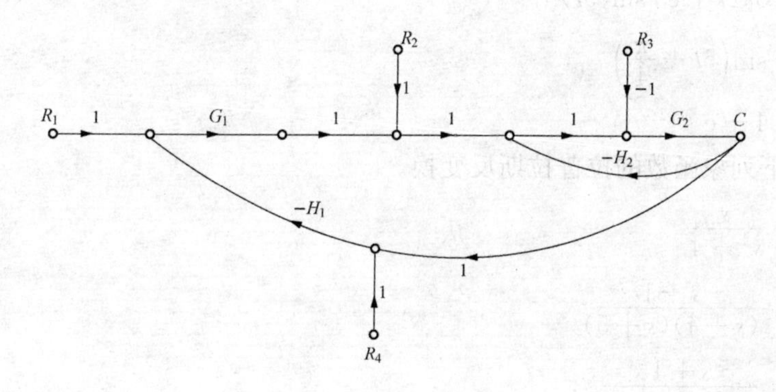

图 2-52　例 2.16 信号流图

对框图与信号流图之间的关系清楚了之后，就可以直接对框图应用梅逊公式求取传递函数。如果不是对系统的局部进行分析或对系统进行校正和设计，仅是为了写出系统的传递函数，则不必进行框图的化简工作。

例如对图 2-48（a）的框图，应用梅逊公式得

$$\frac{C(s)}{R(s)} = G_B(s) = \frac{G(s)\times 1}{1-[-G(s)H(s)]} = \frac{G(s)}{1+G(s)H(s)}$$

信号流图中的“+”、“-”符号问题已在支路传输中考虑了，而在框图中符号问题却反映在信号线（变量）上，例如图 2-48。因此在应用梅逊公式时要特别注意将框图中信号线的符号归属到环节的传递函数中一并运算，才不致出现错误。关于这点通过做习题读者会很好地掌握，这里不再赘述。

习　题

2.1　建立如图 2-53 所示电网络系统输入输出间的微分方程。输入为 u_1，输出为 u_2。

2.2　三个机械系统如图 2-54 所示，系统输入为位移 x_i，系统输出为位移 x_o，写出它们各自的微分方程。

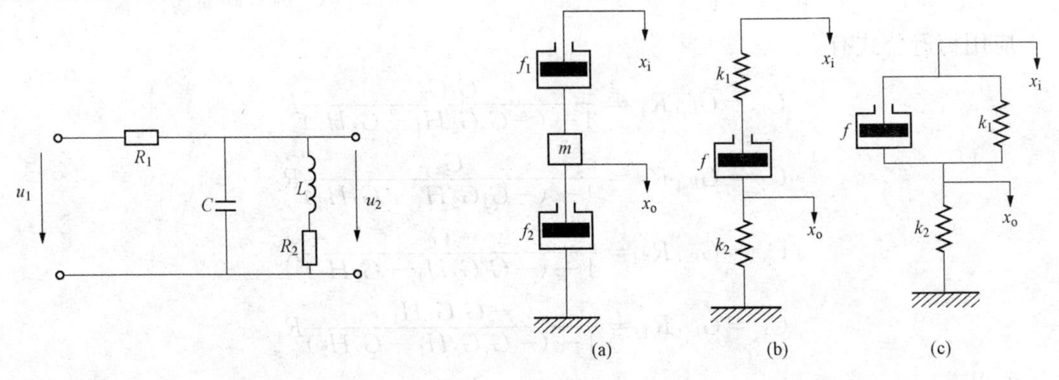

图 2-53　习题 2.1 图　　　　图 2-54　机械系统

2.3　试求下列原函数的拉普拉斯变换［设 $t<0$ 时，$f(t)=0$］。

(1) $f(t)=t^2+5t+1$

(2) $f(t)=5[2t+e^{-t}\sin(5t)]$

(3) $f(t)=\sin\left(5t+\frac{\pi}{4}\right)$

(4) $f(t)=1+e^{-3t+2}$

2.4　试求下列象函数的拉普拉斯反变换。

(1) $F(s)=\frac{s}{s^2+4}$

(2) $F(s)=\frac{s+1}{(s+4)(s+5)}$

(3) $F(s)=\frac{s+1}{s(s^2+s+1)}$

(4) $F(s)=\frac{s+4}{(s+2)^3(s+1)}$

2.5　用运算电路法导出图 2-55 所示 RC 网络的传递函数。再用建立微分方程后求取传递函数的方法试之。

2.6　如图2-56所示，两个质量m_1、m_2的小车，用一弹簧连接，弹性系数为k，车与平面的摩擦不予考虑，当小车在静止状态下受一常值外力F的作用时，试导出位移$x_1(t)$和$x_2(t)$的象函数（即拉普拉斯变换）$X_1(s)$和$X_2(s)$的表达式。

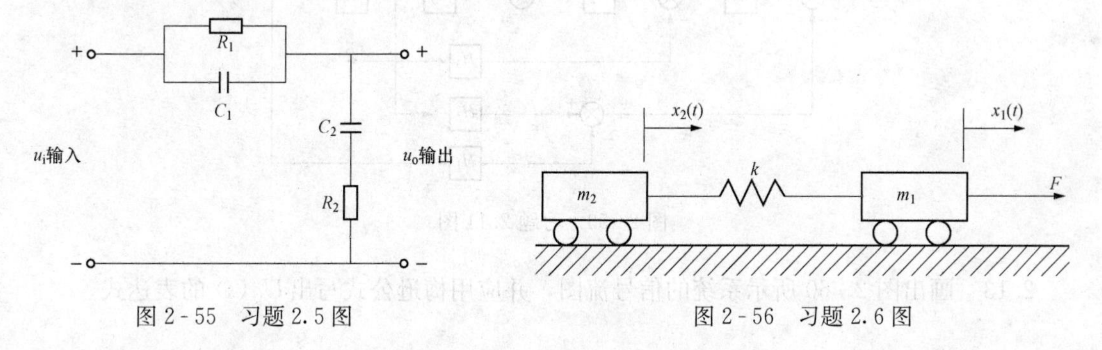

图2-55　习题2.5图　　　　图2-56　习题2.6图

2.7　导出如图2-57所示两个运算放大器电路的传递函数，并指出各是什么典型环节。

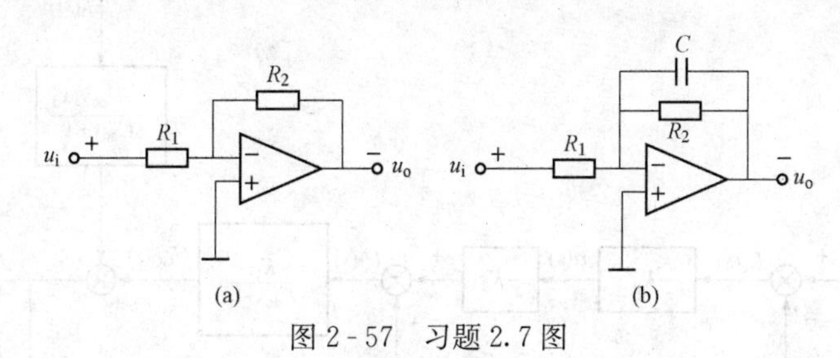

图2-57　习题2.7图

2.8　对于他励直流电动机环节，若确定输入为电枢电压$u_a(t)$，输出为电机轴的角位移$\theta(t)$，则有输入输出动态表达式为$\theta(t)=K\int_0^t u_a(t)\mathrm{d}t$，请写出传递函数并指出是何种典型环节；确定输入为电枢电压$u_a(t)$，输出电机轴的角速度为$\omega(t)$，请写出输入输出动态表达式以及传递函数，此时又是何种典型环节？

2.9　将图2-58所示系统化简，并写出C的表达式。

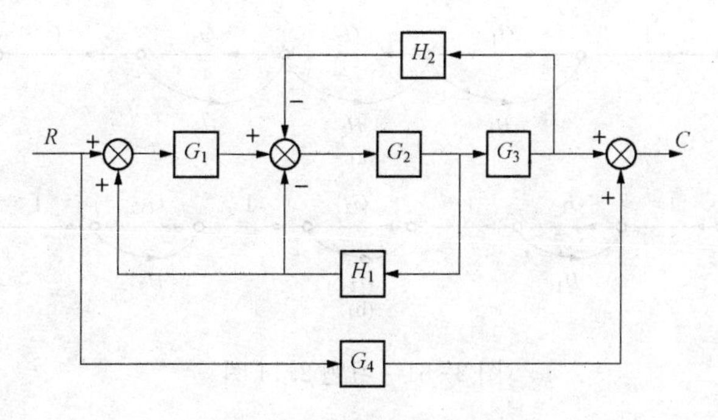

图2-58　习题2.9图

2.10　将图2-51所示系统化简，并写出C的表达式。

2.11　求图2-59所示系统的$G_{C_1R}=\dfrac{C_1}{R}=$？$G_{C_2R}=\dfrac{C_2}{R}=$？

2.12　画出图2-39所示系统的信号流图，并应用梅逊公式写出C的表达式。

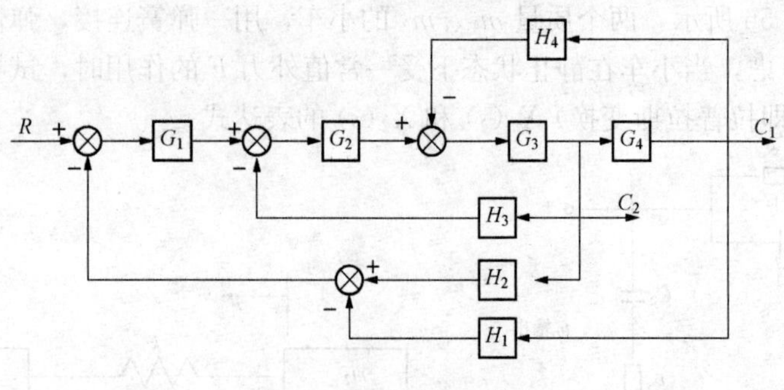

图 2-59　习题 2.11 图

2.13　画出图 2-60 所示系统的信号流图，并应用梅逊公式写出 $U_G(s)$ 的表达式。

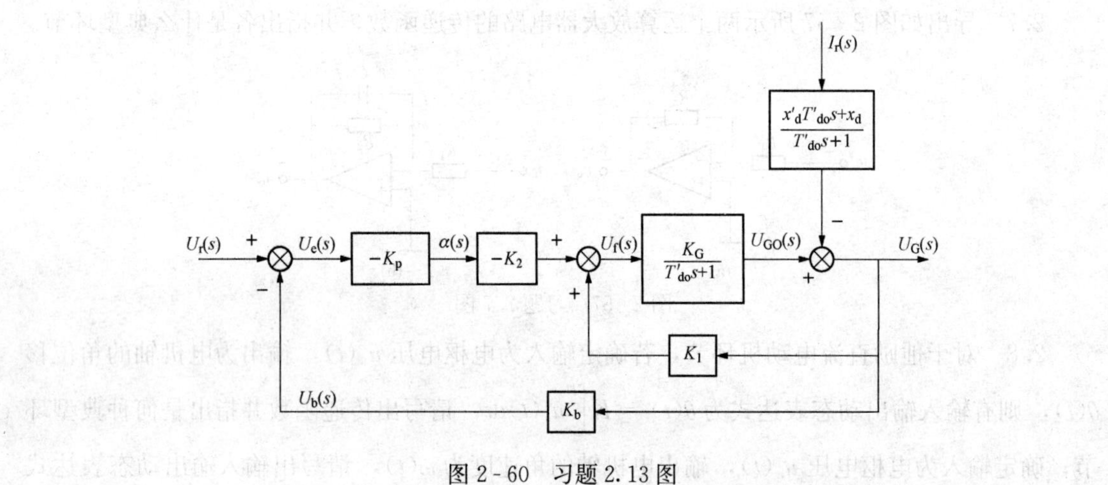

图 2-60　习题 2.13 图

2.14　图 2-61 所示两系统的传递函数是否相同？为什么？

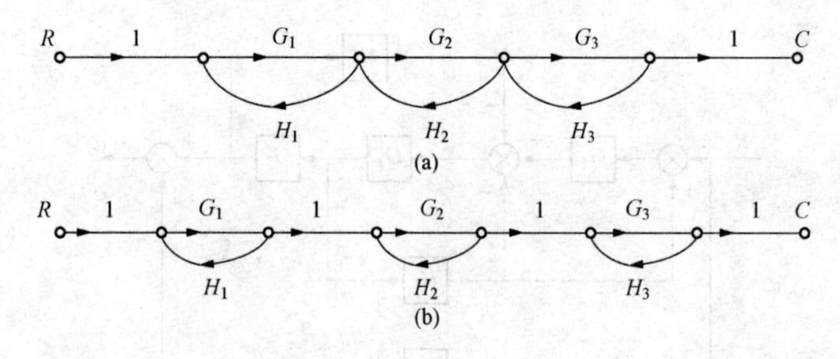

图 2-61　习题 2.14 图

第3章 控制系统的时域分析法

分析控制系统就是针对其数学模型分析控制系统的性能。控制系统的性能主要有稳定性、动态性能和稳态性能三个方面。控制系统分析的方法主要有时域分析法、频域分析法等。每种方法各有特点，各有其适用范围和分析对象。本章讨论时域分析法。

时域分析法是控制系统常用而且重要的一种分析方法。该方法直观，容易理解。在时间域内，稳定性、动态性能和稳态性能都可以通过求解描述控制系统的微分方程来获得，而微分方程的解则由系统的结构参数、初始条件及输入信号确定。

时域分析法是指在时间域内对系统的性能进行分析，即通过系统在典型信号作用下的时域响应，来建立系统的结构、参数与系统的性能的定量关系。

单输入单输出线性定常系统可由下述 n 阶线性常微分方程描述：

$$a_0\frac{\mathrm{d}^n}{\mathrm{d}t^n}c(t)+a_1\frac{\mathrm{d}^{n-1}}{\mathrm{d}t^{n-1}}c(t)+\cdots+a_{n-1}\frac{\mathrm{d}}{\mathrm{d}t}c(t)+a_nc(t)$$

$$=b_0\frac{\mathrm{d}^m}{\mathrm{d}t^m}r(t)+b_1\frac{\mathrm{d}^{m-1}}{\mathrm{d}t^{m-1}}r(t)+\cdots+b_{m-1}\frac{\mathrm{d}}{\mathrm{d}t}r(t)+b_mr(t)\quad(m\leqslant n)$$

在一定输入信号 $r(t)$ 的作用下，解上述方程并根据初始条件可得到其解 $c(t)$ 。$c(t)$ 称为系统的时域响应。根据 $c(t)$ 的表达式及其变化曲线就可以分析和研究控制系统的各项性能指标。

3.1 典型输入信号与一阶系统的时域分析

3.1.1 典型输入信号

控制系统的动态性能可以通过系统对输入信号的响应过程来评价，而系统的响应过程不仅与系统本身的特性，还与输入信号的形式有关。事实上，控制系统的输入信号常常是未知和随机的，很难用解析的方法表示。只有在一些特殊的情况下才是预知的，才可以用解析的方法或者曲线表示。

在分析和设计控制系统时，对各种控制系统的性能应该有一个评判、比较的依据，这个依据可以通过规定一些具有典型意义的实验信号作为系统的输入信号，比较各种控制系统对这些典型输入信号的响应来建立。因此，系统的时域分析就是建立在系统接受典型输入信号的基础上的。

选取的典型输入信号必须遵循下列原则：

(1) 反映系统在工作过程中的大部分实际情况；

(2) 在形式上尽可能简单，以便对系统响应进行分析；

(3) 能够充分显现系统在最不利的工作情况下的响应；

(4) 在实际中可以得到或近似地得到。

据此人们约定了一些典型的输入信号，在这些典型输入信号的作用下，求得控制系统的各项性能指标，然后进行比较和评价。在控制工程中通常使用的典型信号有阶跃（位置）信号、斜坡（速度）信号、抛物线（加速度）信号、脉冲（冲激）信号和正弦（频率）信号等。这些典型输入信号都是时间的简单函数，便于分析，而且在实际工程中也可以实现或近似地实现，并可进行实验研究。

在 2.2.2 中已介绍的常用的典型试验输入信号如下：

（1）单位阶跃函数 $r(t)=1(t)\quad(t\geqslant 0)$，当输入作用具有位置性质；

（2）单位斜坡函数 $r(t)=t\quad(t\geqslant 0)$，当输入作用具有速度性质；

（3）单位抛物线函数 $r(t)=\frac{1}{2}t^2\quad(t\geqslant 0)$，当输入作用具有加速度性质；

（4）单位脉冲函数 $r(t)=\delta(t)\quad(t=0)$，当输入作用具有冲激性质；

（5）单位正弦函数 $r(t)=\sin\omega t\quad(t\geqslant 0)$，当输入作用具有按频率周期性变化性质。

因为系统对典型输入信号的响应特性与实际输入信号的响应特性之间存在着一定的关系，并且典型输入信号代表了最恶劣的输入情况，再者对于同一个系统，采用各种输入信号所对应的响应会有所不同，但系统本身固有特性是唯一的，所以采用典型输入信号来评价系统的性能是合理的。通常采用阶跃信号作为典型输入作用信号，这样可以在一个统一的基础上对各种控制系统的特性进行分析比较和研究。

3.1.2　一阶系统的时域分析

能用一阶微分方程描述的控制系统称为一阶系统。图 3-1 所示的 RC 电路即为一阶系统，其微分方程为

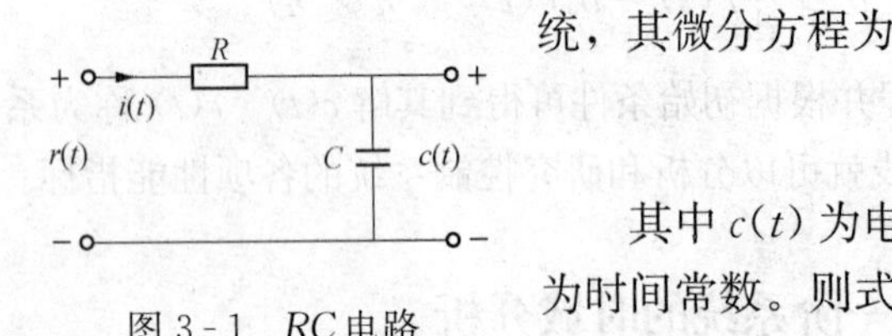

图 3-1　RC 电路

$$RC\frac{\mathrm{d}c(t)}{\mathrm{d}t}+c(t)=r(t) \tag{3-1}$$

其中 $c(t)$ 为电路输出电压，$r(t)$ 为电路输入电压，设 $T=RC$ 为时间常数。则式（3-1）可记作

$$T\frac{\mathrm{d}c(t)}{\mathrm{d}t}+c(t)=r(t)$$

当初始条件为零时，其传递函数为

$$G(s)=\frac{C(s)}{R(s)}=\frac{1}{Ts+1} \tag{3-2}$$

上述系统实际上是一个非周期性的惯性环节。下面分别就不同的典型输入信号，分析该系统的时域响应。

1. 一阶系统的单位阶跃响应

单位阶跃函数 $1(t)$ 的拉普拉斯变换为

$$R(s)=\frac{1}{s}$$

设一阶系统的输入信号为单位阶跃函数，则由式（3-2）可知系统的输出为

$$C(s)=G(s)R(s)=\frac{1}{Ts+1}\cdot\frac{1}{s}=\frac{1}{s}-\frac{1}{Ts+1}$$

对上式取拉普拉斯反变换，得

$$c(t)=L^{-1}[C(s)]=1-\mathrm{e}^{-\frac{t}{T}}\quad(t\geqslant 0) \tag{3-3}$$

由式（3-3）可知 $R(s)$ 的极点形成系统响应的稳态分量为 1，传递函数的极点产生系统响应的瞬态分量为 $\mathrm{e}^{-\frac{t}{T}}$。这一结论不仅适用于一阶线性定常系统，而且也适用于高阶线性定

常系统。

一阶惯性环节的单位阶跃响应曲线为一条指数曲线，如图3-2所示。

从式（3-3）和图3-2可知：

（1）响应曲线在 $t=0$ 时的斜率为 $\frac{1}{T}$，利用此特点可在单位阶跃响应曲线上确定时间常数 T。如果系统输出响应的速度恒为 $\frac{1}{T}$，则只要 $t=T$ 时，输出 $c(t)$ 就能达到其终值。

（2）一阶惯性环节是稳定的，无振荡。由于 $c(t)$ 的终值为1，因而系统阶跃输入时的稳态误差为零。

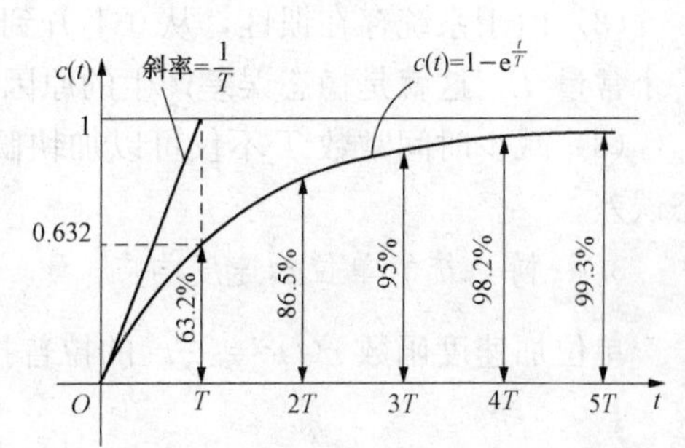

图3-2　一阶惯性环节的单位阶跃响应

（3）可用时间常数 T 度量系统输出量的值，见表3-1。

表3-1　　**时间常数与输出量的对应关系**

t	0	T	$2T$	$3T$	$4T$	$5T$	…	∞
$c(t)$	0	0.632	0.865	0.950	0.982	0.993	…	1

根据 T 与输出量的对应关系，可用实验法确定待测系统是否为一阶系统。另外，经过时间 $3T\sim4T$，响应曲线已达稳态值的95%～98%，在工程上可认为其瞬态响应过程基本结束，系统进入稳态。时间常数 T 反映了一阶惯性环节的固有特性，T 越小，系统惯性越小，响应越快。

2. 一阶系统的单位速度响应

单位速度函数 $r(t)=t$ 的拉普拉斯变换为

$$R(s)=\frac{1}{s^2}$$

设一阶系统的输入信号为单位速度函数，则由式（3-2）可知系统的输出为

$$C(s)=G(s)R(s)=\frac{1}{Ts+1}\cdot\frac{1}{s^2}=\frac{1}{s^2}-\frac{T}{s}+\frac{T^2}{1+Ts} \tag{3-4}$$

对式（3-4）求拉普拉斯反变换，得

$$c(t)=t-T(1-\mathrm{e}^{-\frac{1}{T}t})=t-T+T\mathrm{e}^{-\frac{t}{T}}\quad(t\geqslant0) \tag{3-5}$$

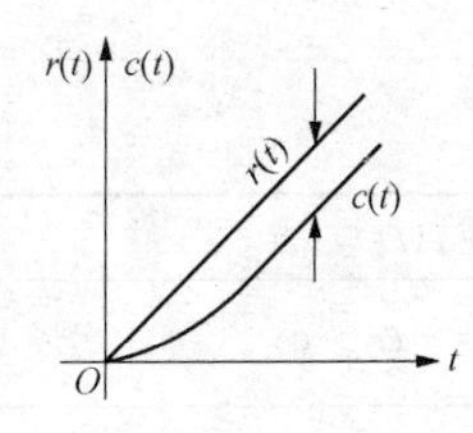

图3-3　一阶惯性环节的单位速度响应

因为

$$e(t)=r(t)-c(t)=T(1-\mathrm{e}^{-\frac{t}{T}})$$

所以一阶系统跟踪单位斜坡信号的稳态误差为

$$e_{ss}=\lim_{t\to\infty}e(t)=T$$

一阶惯性环节的单位速度响应曲线为一条单调上升的指数曲线，如图3-3所示。

由式（3-5）和图3-3可知：

（1）一阶系统能跟踪速度输入信号。稳态时，输入、输出信号的变化率完全相同，即

$$\frac{\mathrm{d}r(t)}{\mathrm{d}t}=1,\ \left.\frac{\mathrm{d}c(t)}{\mathrm{d}t}\right|_{t\to\infty}=1$$

（2）由于系统存在惯性，从 0 上升到 1 时，对应的输出信号在数值上要滞后于输入信号一个常量 T，这就是稳态误差产生的原因。

（3）减少时间常数 T 不仅可以加快瞬态响应的速度，还可减少系统跟踪斜坡信号的稳态误差。

3. 一阶系统的单位加速度响应

单位加速度函数 $r(t)=\frac{1}{2}t^2$ 的拉普拉斯变换为

$$R(s)=\frac{1}{s^3}$$

设一阶系统的输入为单位加速度函数，则由式（3-2）可知系统的输出为

$$C(s)=G(s)R(s)=\frac{1}{Ts+1}\cdot\frac{1}{s^3}=\frac{1}{s^3}-\frac{T}{s^2}+\frac{T^2}{s}-\frac{T^2}{1+\frac{1}{T}s}$$

对上式求拉普拉斯反变换，得

$$c(t)=\frac{1}{2}t^2-Tt+T^2(1-\mathrm{e}^{-\frac{1}{T}t})\quad(t\geqslant 0)$$

因为

$$e(t)=r(t)-c(t)=Tt-T^2(1-\mathrm{e}^{-\frac{1}{T}t})$$

故跟踪误差随时间推移而增大，直至无限大。因此，一阶系统不能实现对加速度输入函数的跟踪。

4. 一阶系统的单位脉冲响应

当输入信号为单位脉冲函数时，其拉普拉斯变换为 $R(s)=1$，输出量的拉普拉斯变换与系统的传递函数相同，即

$$C(s)=G(s)=\frac{1}{Ts+1}$$

设 $g(t)=L^{-1}[G(s)]$，$g(t)$ 称为系统的单位脉冲响应，也称为系统的脉冲响应函数。在这里

$$g(t)=c(t)=\frac{1}{T}\mathrm{e}^{-\frac{t}{T}}\quad(t\geqslant 0)$$

表 3-2 归纳了一阶系统对典型输入信号的响应。

表 3-2　一阶系统对典型输入信号的响应

输入信号时域 $r(t)$	输入信号频域 $R(s)$	输出响应 $c(t)$
$r_1(t)=\delta(t)$	1	$c_1(t)=\frac{1}{T}\mathrm{e}^{-\frac{t}{T}}\quad(t\geqslant 0)$
$r_2(t)=1(t)$	$\frac{1}{s}$	$c_2(t)=1-\mathrm{e}^{-\frac{t}{T}}\quad(t\geqslant 0)$
$r_3(t)=t$	$\frac{1}{s^2}$	$c_3(t)=t-T+T\mathrm{e}^{-\frac{t}{T}}\quad(t\geqslant 0)$
$r_4(t)=\frac{1}{2}t^2$	$\frac{1}{s^3}$	$c_4(t)=\frac{1}{2}t^2-Tt+T^2(1-\mathrm{e}^{-\frac{t}{T}})\quad(t\geqslant 0)$

3.2　线性定常系统的重要结论

在线性定常系统中，系统对输入信号导数的响应等于系统对该输入信号响应的导数，即有

$$\frac{\mathrm{d}^3}{\mathrm{d}t^3}\left(\frac{1}{2}t^2\right)=\frac{\mathrm{d}^2}{\mathrm{d}t^2}t=\frac{\mathrm{d}}{\mathrm{d}t}1(t)=\delta(t)$$

则有

$$\frac{\mathrm{d}^3}{\mathrm{d}t^3}c_4(t)=\frac{\mathrm{d}^2}{\mathrm{d}t^2}c_3(t)=\frac{\mathrm{d}}{\mathrm{d}t}c_2(t)=c_1(t)$$

式中　$c_1(t)$——系统对 $\delta(t)$ 的响应；

$c_2(t)$——系统对 $1(t)$ 的响应；

$c_3(t)$——系统对 t 的响应；

$c_4(t)$——系统对$\frac{1}{2}t^2$的响应。

同理，系统对输入信号积分的响应，就等于系统对该输入信号响应的积分；积分常数由零初始条件确定。这是线性定常系统的一个重要性质。

因此，研究线性定常系统的时间响应，不必对每种输入信号形式进行测定和计算，往往只取其中一种输入信号（通常是单位阶跃输入信号）进行研究即可。

上述结论不适用于线性时变系统和非线性系统。

3.3　二阶系统的时域分析

凡是以二阶微分方程为数学模型的控制系统称为二阶系统。从物理角度讲，二阶系统总包括两个独立的储能元件，能量在这两个元件之间进行交换，从而使系统具有振荡的趋势。当阻尼不是充分大时，系统将呈现出振荡的特性，所以，二阶系统也称为二阶振荡环节。二阶系统对控制工程而言是非常重要的，因为很多实际控制系统都是具有振荡性质的高阶系统，在一定条件下可以转化为二阶系统来近似求解。因此，分析二阶系统的时间响应及其特性具有重要意义。

典型二阶系统的闭环传递函数为

$$G(s)=\frac{C(s)}{R(s)}=\frac{1}{T^2s^2+2\zeta Ts+1}$$

其中，T 为时间常数，也称为无阻尼自然振荡周期，ζ 为阻尼比，也称为相对阻尼系数。

令 $\omega_n=\frac{1}{T}$，ω_n 称为二阶系统的无阻尼自然振荡频率，则二阶系统的典型传递函数可以写作

$$G(s)=\frac{C(s)}{R(s)}=\frac{\omega_n^2}{s^2+2\zeta\omega_n s+\omega_n^2}\qquad(3-6)$$

二阶系统的特征方程为

$$s^2+2\zeta\omega_n s+\omega_n^2=0$$

其解为

$$s_{1,2}=-\zeta\omega_n\pm\omega_n\sqrt{\zeta^2-1}$$

显然，二阶系统的极点和二阶系统的阻尼比 ζ 及无阻尼自然振荡频率 ω_n 有关，其中阻尼比 ζ 对二阶系统的极点影响更为重要。下面就不同的阻尼比 ζ 的取值进行分析。

（1）当 $0<\zeta<1$ 时，二阶系统为欠阻尼系统，由图 3-4 二阶系统的极点分布可知，极点位于 s 的左半平面，闭环极点为一对共轭复根，即

$$s_{1,2}=-\zeta\omega_n\pm j\omega_n\sqrt{1-\zeta^2} \tag{3-7}$$

令 $\omega_d=\omega_n\sqrt{1-\zeta^2}$，$\omega_d$ 称为二阶系统的有阻尼自然振荡振荡频率，令 $\sigma=\zeta\omega_n$，σ 称为衰减系数，则有

$$s_{1,2}=-\sigma\pm j\omega_d \tag{3-8}$$

（2）当 $\zeta=1$ 时，二阶系统称为临界阻尼系统，由图 3-4 二阶系统的极点分布可知，极点位于 s 的左半平面的负实轴上，闭环极点为两个相等的负实根，即

$$s_{1,2}=-\omega_n \tag{3-9}$$

（3）当 $\zeta>1$ 时，二阶系统称为过阻尼系统，由图 3-4 二阶系统的极点分布可知，极点位于 s 的左半平面的负实轴上，闭环极点为两个不相等的负实根，即

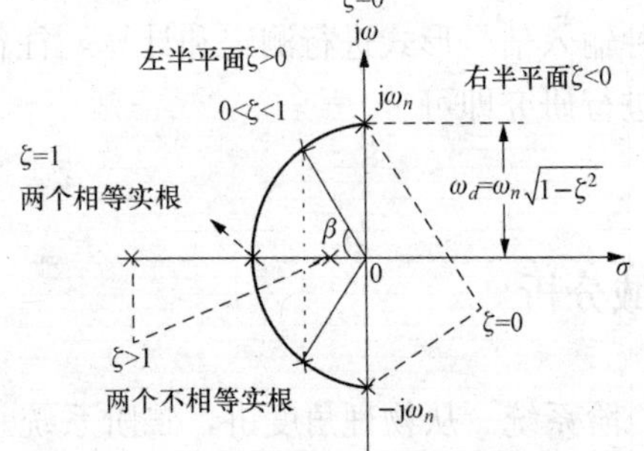

图 3-4　二阶系统的极点分布

$$s_{1,2}=-\sigma\pm\omega_n\sqrt{\zeta^2-1} \tag{3-10}$$

（4）当 $\zeta=0$ 时，二阶系统称为无阻尼系统，由图 3-4 二阶系统的极点分布可知，极点位于 s 平面的虚轴上，闭环极点为一对共轭虚根，即

$$s_{1,2}=\pm j\omega_n \tag{3-11}$$

（5）当 $\zeta<0$ 时，二阶系统称为负阻尼系统，由图 3-4 二阶系统的极点分布可知，极点位于 s 的右半平面，此时系统不稳定。

3.3.1　二阶系统的单位阶跃响应

单位阶跃函数 $1(t)$ 的拉普拉斯变换为

$$R(s)=\frac{1}{s}$$

由式（3-6）可知系统的输出为

$$C(s)=G(s)R(s)=\frac{\omega_n^2}{s^2+2\zeta\omega_n s+\omega_n^2}\cdot\frac{1}{s} \tag{3-12}$$

对式（3-12）取拉普拉斯反变换，得二阶系统的单位阶跃响应为

$$c(t)=L^{-1}[C(s)]=L^{-1}\left[\frac{\omega_n^2}{s(s^2+2\zeta\omega_n s+\omega_n^2)}\right]$$

下面就不同的阻尼比 ζ 来分析二阶系统的单位阶跃响应。

1. 二阶系统为欠阻尼系统（$0<\zeta<1$）

由式（3-12）可得

$$C(s)=G(s)R(s)=\frac{\omega_n^2}{s^2+2\zeta\omega_n s+\omega_n^2}\cdot\frac{1}{s}$$

$$=\frac{1}{s}-\frac{s+\zeta\omega_n}{(s+\zeta\omega_n)^2+\omega_d^2}-\frac{\zeta\omega_n}{(s+\zeta\omega_n)^2+\omega_d^2}$$

$$=\frac{1}{s}-\frac{s+\zeta\omega_n}{(s+\zeta\omega_n)^2+\omega_d^2}-\frac{\zeta}{\sqrt{1-\zeta^2}}\cdot\frac{\omega_d}{(s+\zeta\omega_n)^2+\omega_d^2}$$

对上式取拉普拉斯反变换，得二阶系统在欠阻尼状态下的单位阶跃响应为

$$c(t)=1-\mathrm{e}^{-\zeta\omega_n t}\left[\cos\omega_d t+\frac{\zeta}{\sqrt{1-\zeta^2}}\sin\omega_d t\right]$$

$$=1-\frac{\mathrm{e}^{-\zeta\omega_n t}}{\sqrt{1-\zeta^2}}(\sqrt{1-\zeta^2}\cos\omega_d t+\zeta\sin\omega_d t) \tag{3-13}$$

令

$$\beta=\arctan\frac{\sqrt{1-\zeta^2}}{\zeta}$$

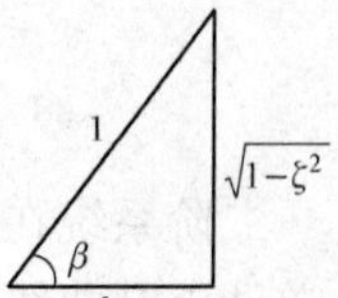

由图 3-5 可得 $\sin\beta=\sqrt{1-\zeta^2}$，$\cos\beta=\zeta$，所以式（3-13）可写作

$$c(t)=1-\frac{\mathrm{e}^{-\zeta\omega_n t}}{\sqrt{1-\zeta^2}}(\sin\beta\cos\omega_d t+\cos\beta\sin\omega_d t)$$

$$=1-\frac{\mathrm{e}^{-\zeta\omega_n t}}{\sqrt{1-\zeta^2}}\sin(\omega_d t+\beta)\quad(t\geqslant 0) \tag{3-14}$$

图 3-5　ζ 与 β 的关系

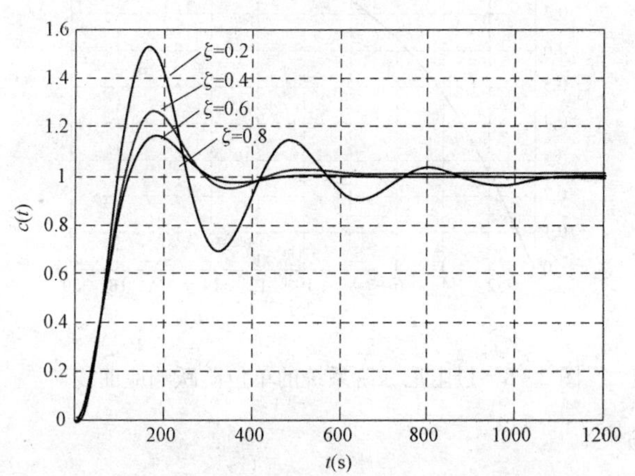

图 3-6　欠阻尼二阶系统的单位阶跃响应曲线

由式（3-14）可知二阶系统在欠阻尼状态下的单位阶跃响应。其稳态分量为 1，表明二阶系统在单位阶跃函数作用下，不存在稳态位置误差；瞬态分量为阻尼正弦振荡项，其振荡频率为 ω_d。

二阶系统在欠阻尼状态下的单位阶跃响应曲线如图 3-6 所示，它是一条以频率 ω_d 衰减的振荡曲线。由图可知，随着阻尼比 ζ 的增加，其振荡幅值减少。

2. 二阶系统为无阻尼系统（$\zeta=0$）

由式（3-12）及 $\zeta=0$ 可得

$$C(s)=G(s)R(s)=\frac{\omega_n^2}{(s^2+2\zeta\omega_n s+\omega_n^2)}\cdot\frac{1}{s}=\frac{1}{s}-\frac{s}{(s^2+\omega_n^2)}$$

对上式取拉普拉斯反变换，得二阶系统在无阻尼状态下的单位阶跃响应为

$$c(t)=1-\cos\omega_n t\quad(t\geqslant 0) \tag{3-15}$$

二阶系统在无阻尼状态下的单位阶跃响应曲线如图 3-7 所示。这是一条平均值为 1 的正、余弦形式等幅振荡曲线，其振荡频率为 ω_n（由系统本身的结构参数确定）。

3. 二阶系统为过阻尼系统（$\zeta>1$）

由式（3-12）可得

$$C(s)=G(s)R(s)=\frac{\omega_n^2}{s^2+2\zeta\omega_n s+\omega_n^2}\cdot\frac{1}{s}$$

$$=\frac{\omega_n^2}{s+\omega_n(\zeta-\sqrt{\zeta^2-1})][s+\omega_n(\zeta+\sqrt{\zeta^2-1})]s}$$

$$=\frac{A_1}{s}+\frac{A_2}{s+\omega_n(\zeta-\sqrt{\zeta^2-1})}+\frac{A_3}{s+\omega_n(\zeta+\sqrt{\zeta^2-1})}$$

由部分分式法，可得

$$A_1=1,\ A_2=\frac{-1}{2\sqrt{\zeta^2-1}(\zeta-\sqrt{\zeta^2-1})},\ A_3=\frac{1}{2\sqrt{\zeta^2-1}(\zeta+\sqrt{\zeta^2-1})}$$

对上式取拉普拉斯反变换，得二阶系统在过阻尼状态下的单位阶跃响应为

$$c(t)=1-\frac{1}{2\sqrt{\zeta^2-1}(\zeta-\sqrt{\zeta^2-1})}\mathrm{e}^{-(\zeta-\sqrt{\zeta^2-1})\omega_n t}$$
$$+\frac{1}{2\sqrt{\zeta^2-1}(\zeta+\sqrt{\zeta^2-1})}\mathrm{e}^{-(\zeta+\sqrt{\zeta^2-1})\omega_n t}\quad(t\geqslant 0)\tag{3-16}$$

二阶系统在过阻尼状态下的单位阶跃响应曲线如图 3-8 所示，是一条无振荡、无超调的单调上升曲线，且过渡过程时间较长。图 3-8 中取 $\zeta=3$。

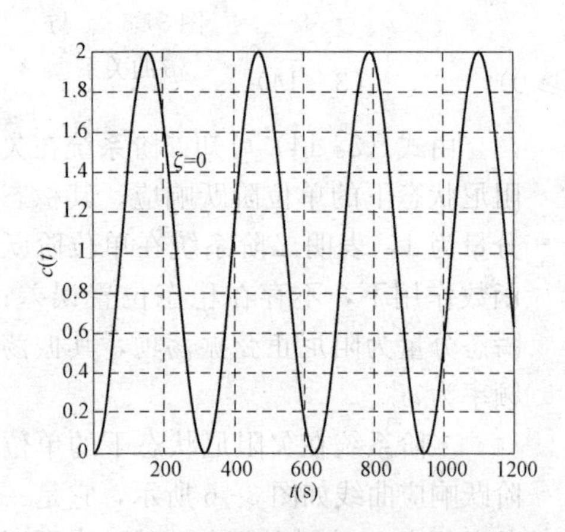

图 3-7 无阻尼二阶系统的单位阶跃响应曲线

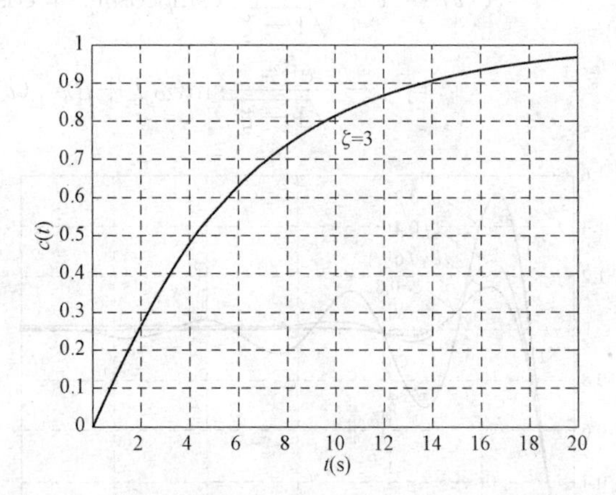

图 3-8 过阻尼二阶系统的单位阶跃响应曲线

4. 二阶系统为临界阻尼系统（$\zeta=1$）

由式（3-12）可得

$$C(s)=G(s)R(s)=\frac{\omega_n^2}{s^2+2\zeta\omega_n s+\omega_n^2}\cdot\frac{1}{s}$$

$$=\frac{\omega_n^2}{(s+\omega_n)^2 s}=\frac{1}{s}-\frac{1}{s+\omega_n}-\frac{\omega_n}{(s+\omega_n)^2}$$

对上式取拉普拉斯反变换，得二阶系统在临界阻尼状态下的单位阶跃响应为

$$c(t)=1-\mathrm{e}^{-\zeta\omega_n t}(1+\omega_n t)\quad(t\geqslant 0)\tag{3-17}$$

二阶系统在临界阻尼状态下的单位阶跃响应曲线如图 3-9 所示，也是一条无振荡、无超调的单调上升曲线。

5. 二阶系统为负阻尼系统（$\zeta<0$）

此时系统的衰减系数

$$\sigma=\zeta\omega_n<0$$

由式（3-14）可知

$$c(t)=1-\frac{e^{-\zeta\omega_n t}}{\sqrt{1-\zeta^2}}\sin(\omega_d t+\beta)\quad(t\geqslant 0)\tag{3-18}$$

当 $t\to\infty$ 时 $e^{-\zeta\omega_n t}\to\infty$，故 $c(t)$ 是发散的。即，当 $\zeta<0$ 时，二阶系统的输出无法达到与输入形式一致的稳定状态。因此，负阻尼二阶系统为不稳定系统，系统无法正常工作。二阶系统在负阻尼状态下的单位阶跃响应曲线如图 3-10 所示，是一条无振荡、超调量无穷大的单调上升曲线。

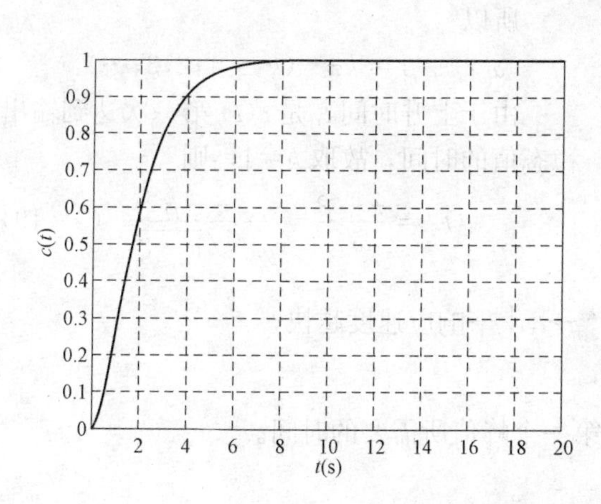

图 3-9　临界阻尼二阶系统的单位阶跃响应曲线

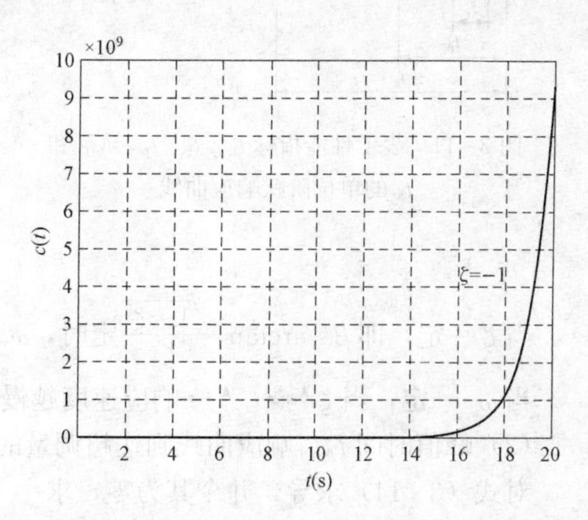

图 3-10　负阻尼二阶系统的单位阶跃响应曲线

综上所述，二阶系统的单位阶跃响应的瞬态过程，当 $0<\zeta<1$ 时，随着 ζ 的减少，其振荡特性表现得越强烈，超调量增加，但仍为衰减振荡。当 $\zeta=0$ 时达到等幅振荡。但 ζ 越小，响应却越快。对于欠阻尼二阶系统，如 $0.4\leqslant\zeta\leqslant 0.8$，则其响应曲线能较快地达到稳态值，同时振荡也不严重，超调量也较小。在控制工程中，除了那些不容许产生振荡响应的系统外，通常都希望控制系统具有适度的阻尼、快速的响应速度和较短的调节时间。因此，实际的工程系统常常设计成欠阻尼状态，且阻尼比 ζ 选择在 0.4～0.8 之间。以使系统又“快”又“稳”地跟踪输入信号。

另外，当阻尼比 ζ 一定时，固有频率 ω_n 越大，系统能更快地达到稳态值，响应的快速性也越好。

由图 3-8 和图 3-9 可知，在 $\zeta=1$ 和 $\zeta>1$ 时，二阶系统的单位阶跃响应瞬态过程具有单调上升的特性，并且以 $\zeta=1$ 的瞬态过程为最快。

根据本章 3.2 可知，二阶系统的单位脉冲响应、单位斜坡响应等，可直接由单位阶跃响应求微分、求积分获得。

3.3.2　二阶系统的暂态性能指标

控制系统的性能指标，常以时域量值的形式给出。通常，控制系统的暂态性能指标是指系统在初始条件为零（静止状态，输出量和输入量的各阶导数为 0）时，对（单位）阶跃输入信号的瞬态响应指标。

实际控制系统的瞬态响应，在达到稳态以前，常常表现为阻尼振荡过程，为了说明控制系统对单位阶跃输入信号的瞬态响应特性，通常采用下列一些性能指标，如图 3-11 所示。下面对各项性能指标逐一说明。

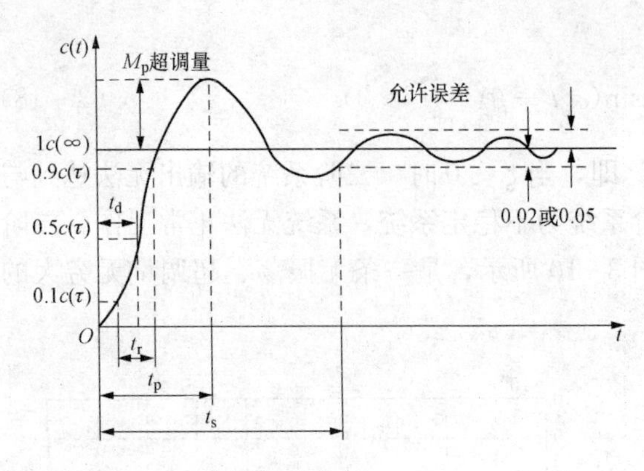

图 3-11　表示性能指标 t_d，t_r，t_p，M_p 和 t_s 的单位阶跃响应曲线

（1）上升时间 t_r。响应曲线从稳态值的10%上升到90%所需的时间。上升时间越短，响应速度越快。

根据定义，当 $t=t_r$ 时，$c(t_r)=1$，由式（3-14）得

$$c(t)=1-\frac{e^{-\zeta\omega_n t}}{\sqrt{1-\zeta^2}}\sin(\omega_d t+\beta)=1$$

所以

$$\omega_d t_r+\beta=k\pi \quad (k=1,2,3,\cdots)$$

由于上升时间 t_r 是 $c(t)$ 第一次达到输出稳态值的时间，故取 $k=1$，则

$$t_r=\frac{\pi-\beta}{\omega_d}=\frac{\pi-\beta}{\omega_n\sqrt{1-\zeta^2}} \tag{3-19}$$

当 ζ 一定，即 $\beta=\arctan\dfrac{\sqrt{1-\zeta^2}}{\zeta}$ 定时，$\omega_n\uparrow\to t_r\downarrow\to$响应速度越快；

当 ω_n 一定，当 $\zeta\uparrow\to t_r\uparrow\to$响应速度越慢。

（2）峰值时间 t_p。响应曲线到达超调量的第一个峰值所需要的时间。

对式（3-14）求导，并令其为零，求

$$\left.\frac{dc(t)}{dt}\right|_{t=t_p}=0$$

整理得

$$\tan(\omega_d t_p+\beta)=\frac{\sqrt{1-\zeta^2}}{\zeta}=\tan\beta$$

所以

$$\omega_d t_p=k\pi \quad (k=0,1,2,\cdots)$$

根据峰值时间定义，应取

$$\omega_d t_p=\pi$$

故

$$t_p=\frac{\pi}{\omega_d}=\frac{1}{2}\frac{2\pi}{\omega_d}=\frac{1}{2}T_d=\frac{\pi}{\omega_n\sqrt{1-\zeta^2}} \tag{3-20}$$

式（3-20）中，定义 $T_d=\dfrac{2\pi}{\omega_d}$，$T_d$ 称为有阻尼自然振荡周期。

当 ζ 一定，$\omega_n\uparrow\to t_p\downarrow\to$响应速度越快；

当 ω_n 一定，当 $\zeta\uparrow\to t_p\uparrow\to$响应速度越慢。

（3）调节时间 t_s。响应曲线达到并永远保持在一个允许误差范围内所需的最短时间。用稳态值的百分数（通常取5%或2%）表示。

在欠阻尼状态下，二阶系统的单位阶跃响应是幅值随时间按指数规律衰减的振荡过程，响应曲线的幅值包络线为

$$1\pm\frac{e^{-\zeta\omega_n t}}{\sqrt{1-\zeta^2}}$$

整个响应曲线总是包容在一对包络线之内，如图3-12所示。同时，这两条包络线

对称于响应特性的稳态值，故响应曲线的调整时间可以近似地认为是响应曲线的幅值包络线进入允许误差范围 $1\pm\Delta$ 之内的时间，故有

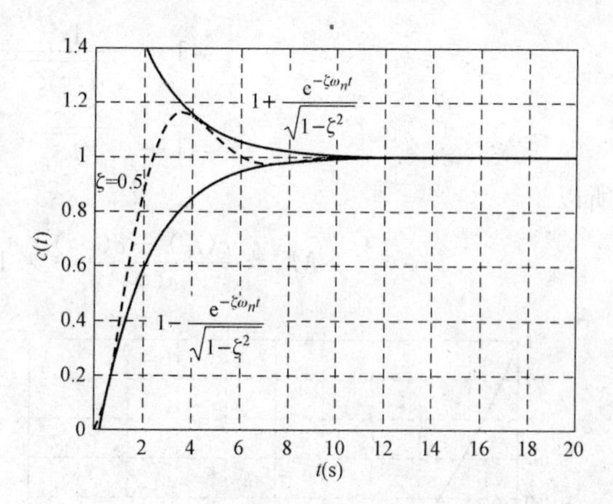

图 3-12　欠阻尼二阶系统的单位阶跃响应曲线的幅值包络线

$$1\pm\Delta=1\pm\frac{e^{-\zeta\omega_n t_s}}{\sqrt{1-\zeta^2}}$$

即

$$t_s=\frac{-\ln\Delta-\ln\sqrt{1-\zeta^2}}{\zeta\omega_n}\approx\frac{-\ln\Delta}{\zeta\omega_n}$$

所以

$$\Delta=0.05,\quad t_s=\frac{3}{\zeta\omega_n}\qquad(3-21)$$

$$\Delta=0.02,\quad t_s=\frac{4}{\zeta\omega_n}\qquad(3-22)$$

从上式可知，调节时间是同时反映响应速度和阻尼程度的综合性指标。

(4) 延迟时间 t_d。响应曲线第一次达到稳态值的一半所需的时间。

令式（3-14）等于0.5，即

$$c(t)=1-\frac{e^{-\zeta\omega_n t_d}}{\sqrt{1-\zeta^2}}\sin(\omega_d t_d+\beta)=0.5$$

所以

$$\omega_n t_d=\frac{1}{\zeta}\ln\frac{2\sin(\omega_d t_d+\beta)}{\sqrt{1-\zeta^2}}$$

因为

$$\beta=\arctan\frac{\sqrt{1-\zeta^2}}{\zeta}=\arccos\zeta$$

故

$$\omega_n t_d=\frac{1}{\zeta}\ln\frac{2\sin(\sqrt{1-\zeta^2}\,\omega_n t_d+\arccos\zeta)}{\sqrt{1-\zeta^2}}$$

在较大的 ζ 值范围内，近似有

$$t_d=\frac{1+0.6\zeta+0.2\zeta^2}{\omega_n}\qquad(3-23)$$

在 $0<\zeta<1$ 时，可近似为

$$t_d=\frac{1+0.7\zeta}{\omega_n}\qquad(3-24)$$

(5) 超调量 M_p，指响应的最大偏离量 $c(t_p)$ 与终值 $c(\infty)$ 之差的百分比，即

$$M_p=\frac{c(t_p)-c(\infty)}{c(\infty)}\times100\%$$

超调量在峰值时间发生，故 $c(t_p)$ 即为最大输出。

将式（3-20）及 $\sin(\pi+\beta)=-\sin\beta=-\sqrt{1-\zeta^2}$ 代入式（3-14）得

$$c(t_p)=1-\frac{1}{\sqrt{1-\zeta^2}}e^{-\zeta\omega_n t_p}\sin(\omega_d t_p+\beta)$$

$$=1-\frac{1}{\sqrt{1-\zeta^2}}e^{-\frac{\zeta\pi}{\sqrt{1-\zeta^2}}}\sin(\pi+\beta)$$

$$=1+e^{-\frac{\zeta\pi}{\sqrt{1-\zeta^2}}}$$

所以

$$M_p=\frac{c(t_p)-c(\infty)}{c(\infty)}\times 100\% = e^{-\frac{\zeta\pi}{\sqrt{1-\zeta^2}}}\times 100\% \tag{3-25}$$

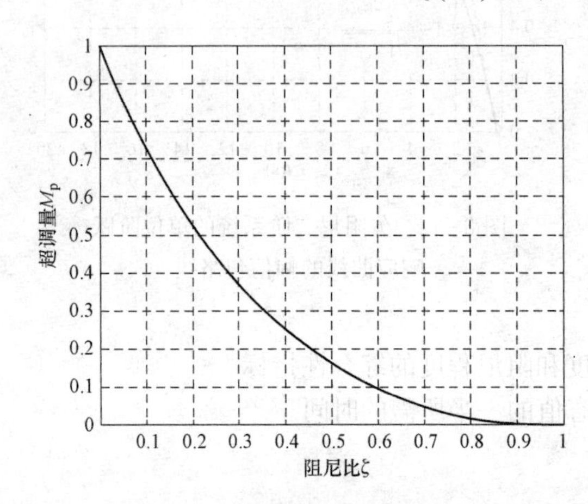

图 3-13 阻尼比与超调量关系曲线

从式（3-25）以及图 3-13 可知，超调量只与 ζ 有关，与 ω_n 无关。所以，超调量能很好地评价系统的阻尼程度。ζ 越大，最大超调量 M_p 就越小，系统的平稳性就越好。

（6）振荡次数 N。振荡次数在调整时间内定义，用调整时间 t_s 除以有阻尼自然振荡周期 T_d 来求得。

故

$$N=\frac{t_s}{T_d}=t_s\times\frac{\omega_n\sqrt{1-\zeta^2}}{2\pi}$$

即

$$\Delta=0.02,\quad N=\frac{2\sqrt{1-\zeta^2}}{\zeta\pi} \tag{3-26}$$

$$\Delta=0.05,\quad N=\frac{3\sqrt{1-\zeta^2}}{2\zeta\pi} \tag{3-27}$$

振荡次数只与 ζ 有关，与 ω_n 无关。ζ 越大，振荡次数就越小，系统的平稳性就越好。所以，振荡次数也能很好地评价系统的阻尼程度。

综上所述，二阶系统的固有频率和阻尼比与系统过渡过程的性能有着密不可分的关系，固有频率和阻尼比选择得是否合适，将直接影响系统的动态性能。

在一定的固有频率 ω_n 下，阻尼比 ζ 的增加，将减小系统的最大超调量 M_p、振荡次数 N 和调节时间 t_s，从而有效地减弱了系统的振荡性能，但同时却增大了上升时间 t_r 和峰值时间 t_p，从而使系统的响应速度变慢。如 ζ 过小，系统的平稳性将可能不符合要求。由于超调量、振荡次数只与 ζ 有关，与 ω_n 无关，所以，一般首先按照所允许的最大超调量来选取阻尼比，ζ 一般取 0.4～0.8，此时，系统有很好的平稳性 M_p=2.5%～25%，然后再调整系统的固有频率 ω_n 以改变系统的瞬态响应时间。当阻尼比 ζ 一定时，$\omega_n\uparrow\rightarrow(t_r、t_p、t_s、t_d)\downarrow$，响应速度变快。

例 3.1 图 3-14 所示为某系统的框图和单位阶跃响应，求 K 和 T。

解 由图 3-14（b）可知 $M_p=0.254$，$t_p=3$，即

$$M_p=0.254=e^{-\zeta\pi/\sqrt{1-\zeta^2}}$$

$$\zeta=\frac{|\ln 0.254|}{\sqrt{\pi^2+(|\ln 0.254|)^2}}\approx 0.4$$

$$t_p=\frac{\pi}{\omega_d}=\frac{\pi}{\omega_n\sqrt{1-\zeta^2}}$$

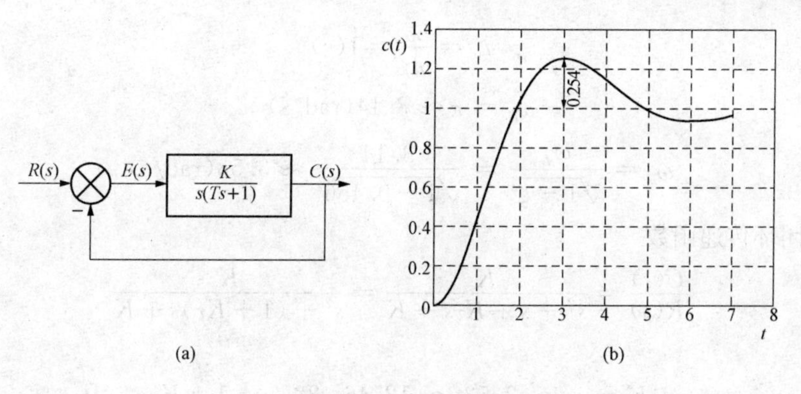

图 3-14　例 3.1 图

(a) 某系统框图；(b) 某系统单位阶跃响应

$$\omega_n=\frac{\pi}{t_{\mathrm{p}}\sqrt{1-\zeta^2}}=\frac{3.14}{3\sqrt{1-0.4^2}}\approx 1.14$$

图 3-14（a）系统的闭环传递函数

$$\frac{C(s)}{R(s)}=\frac{K}{Ts^2+s+K}=\frac{K/T}{s^2+\frac{1}{T}s+K/T}$$

典型二阶系统的传递函数

$$\frac{C(s)}{R(s)}=\frac{\omega_n^2}{s^2+2\zeta\omega_n s+\omega_n^2}$$

两式比较得

$$\begin{cases}\omega_n^2=\dfrac{K}{T}\\ \dfrac{1}{T}=2\zeta\omega_n\end{cases}$$

故

$$\begin{cases}T=\dfrac{1}{2\zeta\omega_n}=\dfrac{1}{2\times 0.4\times 1.14}\approx 1.09\\ K=T\omega_n^2=1.09\times 1.14^2\approx 1.42\end{cases}$$

例 3.2　设一随动系统如图 3-15 所示，要求系统的超调量为 0.2，峰值时间为 1s。

求：1）求增益 K 和速度反馈系数 τ。

2）根据所求的 K 和 τ，求系统的上升时间 t_{r}、调节时间 t_{s}、延迟时间 t_{d}。

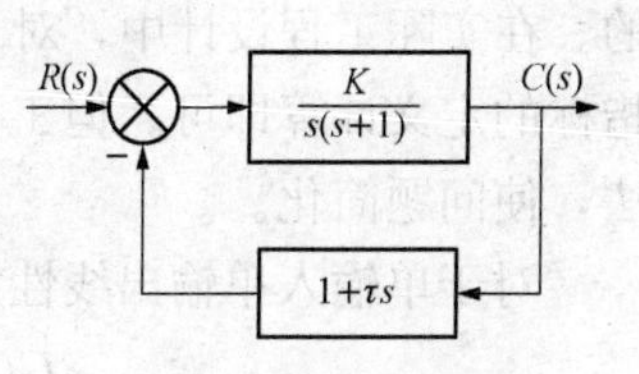

图 3-15　例 3.2 图

解　1）

$$M_{\mathrm{p}}=\mathrm{e}^{-\frac{\zeta\pi}{\sqrt{1-\zeta^2}}}=0.2$$

$$\zeta=\frac{\ln\left(\dfrac{1}{M_{\mathrm{p}}}\right)}{\sqrt{\pi^2+\left(\ln\dfrac{1}{M_{\mathrm{p}}}\right)^2}}\approx 0.456$$

$$t_p = \frac{\pi}{\omega_d} = 1(\mathrm{s})$$

$$\omega_d = \pi \approx 3.14(\mathrm{rad/s})$$

$$\omega_n = \frac{\omega_d}{\sqrt{1-\zeta^2}} = \frac{3.14}{\sqrt{1-0.456^2}} \approx 3.53(\mathrm{rad/s})$$

系统的闭环传递函数

$$\frac{C(s)}{R(s)} = \frac{K}{s^2 + s + K\tau s + K} = \frac{K}{s^2 + (1+K\tau)s + K}$$

所以

$$K = \omega_n^2 \approx 3.53^2 \approx 12.46,\ 2\zeta\omega_n = 1 + K\tau$$

$$\tau = \frac{2\zeta\omega_n - 1}{K} \approx \frac{2\times 0.456\times 3.53 - 1}{12.46} \approx 0.178$$

2)

$$t_r = \frac{\pi-\beta}{\omega_d} \approx \frac{3.14 - \arccos\zeta}{3.14} \approx \frac{3.14 - 1.097}{3.14} \approx 0.65(\mathrm{s})$$

$$t_s = \frac{3}{\zeta\omega_n} \approx \frac{3}{0.456\times 3.53} \approx 1.86(\mathrm{s}) \quad (\Delta = 0.05)$$

$$t_s = \frac{4}{\zeta\omega_n} \approx \frac{4}{0.456\times 3.53} \approx 2.49(\mathrm{s}) \quad (\Delta = 0.02)$$

取

$$t_d = \frac{1+0.7\zeta}{\omega_n} \approx \frac{1+0.7\times 0.456}{3.53} \approx 0.37(\mathrm{s})$$

3.4 高阶系统的时间响应

对于线性定常系统，阶数越高系统就越复杂。用高阶微分方程描述的系统称为高阶系统。一般将三阶及以上的系统称为高阶系统，由于高阶系统的数学表达式非常复杂，这给分析和计算都带来了不便。但是现在随着计算技术的发展，计算机的普及，高阶系统的计算不再是一个十分困难的事。利用计算机技术和好的仿真软件，计算高阶系统响应是十分容易的。在实际工程设计中，对于高阶系统采用数字仿真的方法也十分有效，只要在程序中按照指标的定义计算即可。但工程中为了抓住系统的主要因素，有时也采用一些近似的处理方法，使问题简化。

对于单输入单输出线性定常高阶系统一般可表示为

$$G(s) = \frac{C(s)}{R(s)} = \frac{b_0 s^m + b_1 s^{m-1} + \cdots + b_{m-1}s + b_m}{a_0 s^n + a_1 s^{n-1} + \cdots + a_{n-1}s + a_n} \quad (m \leqslant n)$$

$$= \frac{b_0(s+z_1)(s+z_2)\cdots(s+z_m)}{a_0(s+p_1)(s+p_2)\cdots(s+p_n)} = \frac{M(s)}{N(s)}$$

$$= \frac{K\prod_{i=1}^{m}(s+z_i)}{\prod_{j=1}^{q}(s+p_j)\prod_{l=1}^{r}(s^2+2\zeta_l\omega_{nl}s+\omega_{nl}^2)} \tag{3-28}$$

其中 $n=q+2r$，q 为实数极点的个数，r 为复数极点的对数。

在单位阶跃信号 $R(s)=\frac{1}{s}$ 作用下，有

$$C(s)=\frac{K\prod_{i=1}^{m}(s+z_i)}{s\prod_{j=1}^{q}(s+p_j)\prod_{l=1}^{r}(s^2+2\zeta_l\omega_{nl}s+\omega_{nl}^2)}$$

将上式用部分分式展开，得

$$C(s)=\frac{a_0}{s}+\sum_{j=1}^{q}\frac{a_j}{s+p_j}+\sum_{l=1}^{r}\frac{b_l(s+\zeta_l\omega_{nl})+c_l\omega_{nl}\sqrt{1-\zeta^2}}{(s+\zeta_l\omega_{nl})^2+(\omega_{nl}\sqrt{1-\zeta^2})^2}$$

对上式进行拉普拉斯反变换，得

$$c(t)=a_0+\sum_{j=1}^{q}a_j\mathrm{e}^{-p_jt}+\sum_{l=1}^{r}b_i\mathrm{e}^{-\zeta_l\omega_{nl}t}\sin\omega_{nl}\sqrt{1-\zeta_l^2}t+\sum_{l=1}^{r}c_l\mathrm{e}^{-\zeta_l\omega_{nl}t}\cos\omega_{nl}\sqrt{1-\zeta_l^2}t \tag{3-29}$$

上述的阶跃响应表达式表明，高阶系统的阶跃响应含有指数函数分量和含有指数函数包络的正弦和余弦分量。其具体特征如下：

（1）高阶系统应由一阶系统（惯性环节）和二阶系统（振荡环节）的响应函数组成。

（2）输入信号（控制信号）极点所对应的拉普拉斯反变换为系统响应的稳态分量 a_0。即系统的过渡结束后，系统的输出量仅与输入量有关。

（3）传递函数极点所对应的拉普拉斯反变换为系统响应的瞬态分量：

$$\sum_{j=1}^{q}a_j\mathrm{e}^{-p_jt}+\sum_{l=1}^{r}b_l\mathrm{e}^{-\zeta_l\omega_{nl}t}\sin\omega_{nl}\sqrt{1-\zeta_l^2t}+\sum_{l=1}^{r}c_l\mathrm{e}^{-\zeta_l\omega_{nl}t}\cos\omega_{nl}\sqrt{1-\zeta_l^2}$$

（4）对于实际的高阶系统，其极点，零点的分布具有多种形式，这由具体系统的结构、参数确定。距实轴、虚轴的远近各不相同，极点的位置反映了系统相应的状态，动态性能的好坏。

闭环极点离虚轴越远，则对应的瞬态分量衰减得就越快，系统的调整时间也就较短。对系统的响应速度影响很小。另外，零点的位置（z_i 的大小）影响的是 a_j、b_l、c_l 这些幅值的大小和符号，与响应形态关系不大。

由上面的分析可见，影响系统动态性能的关键是系统的极点，在系统的各个极点中，又以距虚轴近的极点最为重要。因此，距离虚轴近的极点是决定系统性能好坏的关键。在控制系统的分析中，如果系统中有几个极点（或几对复数极点）距虚轴较近，且附近没有闭环零点，而其他闭环极点与虚轴的距离都比这些极点与虚轴的距离大 5 倍以上，则此系统的响应可近似地视为由这几个（或这几对）极点所产生。满足这种条件的极点称为系统的主导极点。

在高阶系统中抓住了主导极点也就抓住了主要矛盾。

另外，若某极点的附近同时存在一个零点，而在该零点，极点的附近又无其他的零点或极点，则称这个极点和这个零点为一个偶极子对。由于零极点在数学上位置分别是传递函数的分子分母，工程实际中作用又相反，因此在近似的处理上可抵消，近似地认为其对系统的作用相互抵消了。偶极子的概念对控制系统的综合设计是非常有用的，有时可以有目的地在系统中加

入适当的零点，以抵消对动态性能影响较大的不利的极点，使系统的性能得到改善。

有了主导极点和偶极子对的概念后，对于高阶系统的分析，在误差精度允许的情况下，可将高阶系统的主导极点寻找出来，利用主导极点来分析系统，实际上是降低了系统的阶数，给分析带来方便。

(5) 当所有闭环极点均具有负实部，即闭环极点均位于 s 左半平面的系统，则称为稳定系统。

3.5 线性控制系统稳定性的时域分析

3.5.1 控制系统稳定性的概念

在设计控制系统时，我们能够根据元件的性能，估算出系统的动态特性。控制系统动态特性中，最重要的是绝对稳定性，即系统是稳定的，还是不稳定的。例如图 3-16 所示系统，小球 A 及 B 受到某种干扰后，分别由平衡点 O 及 O' 运动到 $a(b)$ 点和 $c(d)$ 点，当干扰消失后，我们知道，经过一段时间后，A 球将重新回到原来的平衡点 O，此时，称 A 球是稳定的。而 B 球则永远无法再回到原来的平衡点 O'，此时，称 B 球是不稳定的。

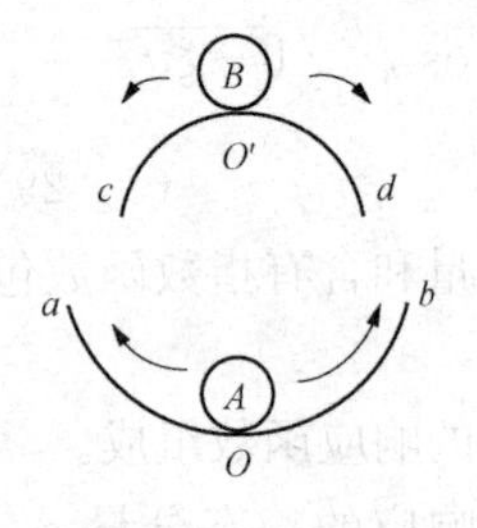

图 3-16 稳定性示意图

小球运动的这种稳定概念，可以推广到控制系统。假如系统具有一个平衡的稳定工作状态，即如果控制系统没有受到任何扰动，或输入信号的作用，系统的输出量保持在某一状态上，控制系统便处于平衡状态。如果系统受到有界扰动偏离了原平衡状态，无论扰动引起的偏差有多大，当扰动消除后，输出量最终又返回到它的平衡状态，那么，这种系统是稳定的，也称大范围稳定。工程上希望的系统均是大范围渐进稳定的。

如果线性定常控制系统受到扰动量作用后，输出量显现为持续的振荡过程或输出量无限制地偏离其平衡状态，以至在扰动消失后，系统也不会再恢复到原来的工作点，那么系统便是不稳定的。显然，不稳定系统是无法工作的。

若系统在扰动消失后，输出与原始的平衡状态间存在恒定的偏差或输出维持等幅振荡，则系统处于临界稳定状态。在经典控制论中，临界稳定也视为不稳定。主要理由有如下三种：

(1) 分析时依赖的模型通常是简化或线性化了的；

(2) 实际系统参数的时变特性；

(3) 稳定的系统必须具备一定的稳定裕度。

在分析线性系统稳定性时，我们关心的是系统运动的稳定性，即系统方程在不受任何外界输入下，方程的解在 $t\to\infty$ 时的渐近行为。或者系统在某一给定输入下，按一种方式运动，不受干扰的影响，即便有些偏离运动状态，当干扰消除后，终能回到原运动状态。在数学上，这种性质表现为系统微分方程的齐次解，其通解称为微分方程的一个运动。

综上所述，稳定性研究的问题是扰动作用去除后系统的运动情况，它与系统的输入信号无关，只取决于系统本身的特征，因而可用系统的脉冲响应函数来描述。

线性系统稳定性的定义，常采用俄国学者李雅普诺夫在 1892 年给出的定义：

若线性控制系统在初始扰动 $\delta(t)$ 的影响下，其过渡过程随着时间的推移逐渐衰减并趋向于零，则称该系统为渐近稳定，简称稳定；反之，若在初始扰动 $\delta(t)$ 的影响下，系统的过渡过程随时间的推移而发散，则称该系统为不稳定。

在数学上，上述对控制系统稳定性的定义的描述可转化为这样的数学表达式：如果脉冲响应函数是收敛的，即若 $\lim\limits_{t\to\infty}g(t)=0$，则系统稳定；若 $\lim\limits_{t\to\infty}g(t)\neq 0$，则系统不稳定。

由此可知，系统的稳定与其脉冲响应函数的收敛是一致的。

3.5.2　线性系统稳定的充分必要条件

令系统的闭环传递函数含有 q 个实数极点和 r 对复数极点，则线性定常系统的传递函数可表示为

$$G(s)=\Phi(s)=\frac{K\prod\limits_{i=1}^{m}(s+Z_i)}{\prod\limits_{j=1}^{q}(s+P_j)\prod\limits_{k=1}^{r}(s^2+2\zeta_k\omega_{nk}s+\omega_{nk}^2)}\quad(q+2r=n)\tag{3-30}$$

用部分分式展开

$$G(s)=\sum_{j=1}^{q}\frac{A_j}{s+P_j}+\sum_{k=1}^{r}\frac{B_k(s+\zeta_k\omega_{nk})+C_k\omega_{nk}\sqrt{1-\zeta_k^2}}{s^2+2\zeta_k\omega_{nk}s+\omega_{nk}^2}\tag{3-31}$$

由于单位脉冲函数的拉普拉斯变换等于 1，所以系统的脉冲响应函数就是系统闭环传递函数的拉普拉斯反变换。

因此，系统的脉冲响应函数为

$$g(t)=\sum_{j=1}^{q}A_j\mathrm{e}^{-p_jt}+\sum_{k=1}^{r}\left[B_k\mathrm{e}^{-\zeta_k\omega_{nk}t}\cos\omega_{nk}\sqrt{1-\zeta_k^2}t+C_k\mathrm{e}^{-\zeta_k\omega_{nk}t}\sin\omega_{nk}\sqrt{1-\zeta_k^2}\right]\quad(t\geqslant 0)\tag{3-32}$$

由式（3-32）可知，若要满足 $\lim\limits_{t\to\infty}g(t)=0$，则必须 $\mathrm{Re}[-P_j]<0$，系统特征方程的根全部具有负实部，也即闭环特征方程式的根必须都位于 s 的左半平面，则零输入响应最终将衰减到零。

那么，一个在零输入下稳定的系统，会不会因某个参考输入信号的加入而使其稳定性受到破坏？

假设系统受到单位阶跃信号 $R(s)=\dfrac{1}{s}$ 的作用，则

$$C(s)=G(s)R(s)=\Phi(s)R(s)=\frac{K\prod\limits_{i=1}^{m}(s+s_i)}{s\prod\limits_{j=1}^{q}(s+P_j)\prod\limits_{k=1}^{r}(s^2+2\zeta_k\omega_{nk}s+\omega_{nk}^2)}\tag{3-33}$$

$$\begin{aligned}c(t)&=A_0+\sum_{j=1}^{q}A_j\mathrm{e}^{-p_jt}+\sum_{k=1}^{r}\left[B_k\mathrm{e}^{-\zeta_k\omega_{nk}t}\cos\omega_{nk}\sqrt{1-\zeta_k^2}t+C_k\mathrm{e}^{-\zeta_k\omega_{nk}t}\sin\omega_{nk}\sqrt{1-\zeta_k^2}\right]\\&=A_0+g(t)\quad(t\geqslant 0)\end{aligned}\tag{3-34}$$

由式（3-34）可知，一个在零输入下稳定的系统，在参考输入信号作用下仍将继续保持稳定。

线性定常系统的稳定性取决于系统的固有特征（如系统的结构、参数等），与系统的输入信号无关。

通过上述分析讨论，现不加证明给出线性定常系统稳定的充分必要条件是：系统特征方

程的根均具有负实部（或均在左半 s 平面）。

3.5.3 线性控制系统时域稳定性判据

由 3.5.2 可知，线性定常系统稳定的充要条件是闭环特征方程式的根必须都位于 s 的左半平面。因此，判别系统稳定性的问题就转化为求系统特征方程根的问题。但是，当系统的阶数高于 4 阶时，求解特征方程的根就会变得比较困难。因此，利用特征方程的根来判别系统的稳定性就显得非常的不便。

那么，能否无须求解特征根，直接通过特征方程的根与系数的关系来判别系统的稳定性呢?

劳斯稳定判据给出了肯定的回答。它无须求解特征方程的根，而是直接通过特征方程的根与系数的关系就可以判别系统的稳定性。

1. 劳斯（Routh）判据

（1）系统稳定的必要条件。

令系统的闭环特征方程为

$$D(s)=a_0s^n+a_1s^{n-1}+a_2s^{n-2}+\cdots+a_{n-1}s+a_n=0 \tag{3-35}$$

现在证明：如果方程式的根都具有负实部，或实部为负的复数根，则其特征方程式的各项系数均为正值，且无零系数。

证明：设 $-p_1$，$-p_2$，…，$-p_i$，…，$-p_n$ 为系统的特征根，其中 p_1，p_2，…，p_i，…，p_n 都是正值，则式（3-35）可写作

$$\begin{aligned}D(s)&=a_0s^n+a_1s^{n-1}+a_2s^{n-2}+\cdots+a_{n-1}s+a_n\\&=a_0\left(s^n+\frac{a_1}{a_0}s^{n-1}+\frac{a_2}{a_0}s^{n-2}+\cdots+\frac{a_{n-1}}{a_0}s+\frac{a_n}{a_0}\right)\\&=a_0(s-p_1)(s-p_2)\cdots(s-p_n)=0\end{aligned}$$

由根与系数的关系可得

$$\left.\begin{aligned}&\frac{a_1}{a_0}=-(p_1+p_2+\cdots+p_n)\\&\frac{a_2}{a_0}=(-1)^2(p_1p_2+p_2p_3+\cdots+p_{n-1}p_n)\\&\frac{a_3}{a_0}=(-1)^3(p_1p_2p_3+p_2p_3p_4+\cdots+p_{n-2}p_{n-1}p_n)\\&\cdots\\&\frac{a_n}{a_0}=(-1)^n(p_1p_2\cdots p_n)\end{aligned}\right\} \tag{3-36}$$

由式（3-36）可知：如果方程式的根都具有负实部，或实部为负的复数根，则必须满足：系统特征方程式的各项系数具有相同的符号，且无零系数。如出现零系数，则必然出现实部为零或实部有正有负的特征根，此时系统就将处于临界稳定或不稳定状态。

在控制系统中，一般取 a_0 为正值，故线性定常系统稳定的必要条件是要使特征方程式的根都具有负实部，则其特征方程式的各项系数均为正值，且无零系数。

但是，特征方程式的各项系数均为正值且无零系数并不能保证特征方程式的根都具有负实部，因为，特征方程式根的实部有正有负，其组合的结果仍然有可能满足式（3-36）。因此，上述结论只是系统稳定的必要条件而并非充分条件。

（2）系统稳定的充分必要条件（劳斯稳定判据）。

令系统的闭环特征方程为

$$D(s)=a_0s^n+a_1s^{n-1}+a_2s^{n-2}+\cdots+a_{n-1}s+a_n=0$$

其特征方程式的各项系数均为正值，且无零系数。劳斯稳定判据指出：系统稳定的充分必要条件是劳斯阵列中第一列所有元素的值均大于零。

劳斯阵列中第一列系数的符号变化的次数等于该特征方程式的根在 s 的右半平面上的个数，相应的系统为不稳定。

将系统特征方程式的（$n+1$）个系数，按下面的行和列的格式排成劳斯阵列：

$$\begin{array}{lllll}
s^n & a_0 & a_2 & a_4 & a_6 & \cdots \\
s^{n-1} & a_1 & a_3 & a_5 & a_7 & \cdots \\
s^{n-2} & b_1 & b_2 & b_3 & b_4 & \cdots \\
s^{n-3} & c_1 & c_2 & c_3 & \cdots \\
\cdots & \cdots & \cdots & \cdots \\
s^2 & e_1 & e_2 \\
s^1 & f_1 \\
s^0 & g_1
\end{array}$$

劳斯阵列的第一行和第二行元素是已知的，直接根据特征方程式的系数写出，从第三行开始的元素按式（3-37）计算得出。由式（3-37）可看出每一行元素的计算是有一定规律的。每一行的各个元素均计算到等于零为止。排列完毕的劳斯阵列元素呈倒三角形分布。

$$\begin{cases}
b_1=\dfrac{a_1a_2-a_0a_3}{a_1},b_2=\dfrac{a_1a_4-a_0a_5}{a_1},b_3=\dfrac{a_1a_6-a_0a_7}{a_1}\cdots \\
c_1=\dfrac{b_1a_3-a_1b_2}{b_1},c_2=\dfrac{b_1a_5-a_1b_3}{b_1},c_3=\dfrac{b_1a_7-a_1b_4}{b_1}\cdots \\
\cdots\quad\cdots\quad\cdots\quad\cdots
\end{cases} \tag{3-37}$$

例 3.3　已知一调速系统的特征方程式为

$$s^3+41.5s^2+517s+2.3\times10^4=0$$

试用劳斯判据判别系统的稳定性。

解　原特征方程式的各项系数均为正值，且无零系数。故满足系统稳定的必要条件。

排劳斯阵列：

$$\begin{array}{llll}
s^3 & 1 & 517 & 0 \\
s^2 & 41.5 & 2.3\times10^4 & 0 \\
s^1 & -37.2 \\
s^0 & 2.3\times10^4
\end{array}$$

该阵列第一列系数符号不全为正，因而系统是不稳定的；且符号变化了两次，所以该方程中有 2 个根在 s 的右半平面。

（3）劳斯判据特殊情况。

1）劳斯阵列中某一行中的第一项等于零，而该行的其余各项不等于零或没有其余项。那么可以用一个很小的正数 $\boldsymbol{\varepsilon}$ 来代替为零的这项，并据此算出其余的各项，完成劳斯阵列的排列。

若劳斯阵列第一列中系数的符号有变化，其变化的次数就等于该方程在 s 右半平面上根的数目，相应的系统为不稳定。

如果第一列 ε 上面的系数与 ε 下面的系数符号相同，则表示该方程中有一对共轭虚根存在，相应的系统也属不稳定。

例 3.4 已知系统的特征方程式为

$$s^3+2s^2+s+2=0$$

试用劳斯判据判别该系统的稳定性。

解 原特征方程式的各项系数均为正值，且无零系数。故满足系统稳定的必要条件。

排劳斯阵列：

$$\begin{array}{lll} s^3 & 1 & 1 \\ s^2 & 2 & 2 \\ s^1 & 0(\varepsilon) & \\ s^0 & 2 & \end{array}$$

由于表中第一列 ε 上面的系数与 ε 下面的系数符号相同，则表示该方程中有一对共轭虚根存在，相应的系统不稳定。

可用因式分解来验证上述结果

$$s^3+2s^2+s+2=(s^2+1)(s+2)=0$$

可知确实有一对共轭虚根存在。

2）劳斯阵列中出现全零行。则表明在 s 平面内存在一些大小相等、但径向位置相反的根，即相应特征方程中含有一些大小相等但符号相反的实根或共轭虚根。此时可用系数全为零行的上一行系数构造一个辅助多项式，并以这个辅助多项式导数的系数来代替阵列中系数为全零的行，完成劳斯阵列的排列。

这些大小相等、径向位置相反的根可以通过求解这个辅助方程式得到，而且其根的数目总是偶数的，相应的系统为不稳定。

例 3.5 已知系统的特征方程式为

$$s^6+2s^5+8s^4+12s^3+20s^2+16s+16=0$$

试用劳斯判据判别该系统的稳定性。

解 原特征方程式的各项系数均为正值，且无零系数。故满足系统稳定的必要条件。

排劳斯阵列：

$$\begin{array}{lllll} s^6 & 1 & 8 & 20 & 16 \\ s^5 & 2 & 12 & 16 & 0 \\ s^4 & 2 & 12 & 16 & \longleftarrow \text{辅助多项式}\ P(s)=2s^4+12s^2+16 \\ s^3 & 0 & 0 & 0 & \\ & 8 & 24 & \longleftarrow \dfrac{\mathrm{d}P(s)}{\mathrm{d}s}=8s^3+24s & \\ s^2 & 6 & 16 & & \\ s^1 & \dfrac{8}{3} & 0 & & \\ s^0 & 16 & & & \end{array}$$

辅助多项式

$$P(s) = 2s^4 + 12s^2 + 16$$

$$\frac{\mathrm{d}P(s)}{\mathrm{d}s} = 8s^3 + 24s$$

由

$$P(s) = 2s^4 + 12s^2 + 16 = 2(s^4 + 6s^2 + 8) = 2(s^2 + 2)(s^2 + 4) = 0$$

得特征方程式的根为

$$\pm \mathrm{j}\sqrt{2}, \quad \pm \mathrm{j}2$$

显然，该系统处于不稳定状态。

2. 关于劳斯判据的几点说明

(1) 如果第一列中出现一个小于零的值，系统就不稳定；

(2) 如果第一列中有等于零的值，说明系统处于临界稳定状态；

(3) 第一列中数据符号改变的次数等于系统特征方程正实部根的数目，即系统中不稳定根的个数。

3. 劳斯判据的应用

(1) 利用劳斯判据设计系统的稳定裕度。

劳斯稳定判据能回答特征方程式的根在 s 平面上的分布情况，而不能确定根的具体数值，即劳斯稳定判据只回答了有关系统的绝对稳定性问题，而没有解决系统相对稳定性的判别问题。对于一个实际的系统我们还希望知道位于 s 左半平面上的根距离虚轴有多少的距离，即稳定程度如何，离不稳定边缘还有多远。这是工程上最关心的问题，即系统的相对稳定性。

为了解决上述问题，可以用坐标平移的办法。

假设 $s = s_1 - a$，a 为常数，代入原方程式中，得到以 s_1 为变量的特征方程式，然后用劳斯判据去判别该方程中是否有根位于 $s = -a$ 垂线的右侧。

此方法可以估计一个稳定系统的各根中最靠近右侧的根距离虚轴有多远，从而了解系统的稳定裕度。

例 3.6　用劳斯判据检验下列特征方程

$$2s^3 + 10s^2 + 13s + 4 = 0$$

是否有根在 s 的右半平面上，并检验有几个根在垂线 $s = -1$ 的右方。

解　原特征方程式的各项系数均为正值，且无零系数，故满足系统稳定的必要条件。

排劳斯阵列：

s^3	2	13
s^2	10	4
s^1	12.2	
s^0	4	

第一列全为正，所有的根均位于左半平面，系统稳定。

令 $s = s_1 - 1$ 代入原方程式中，得

$$2(s_1 - 1)^3 + 10(s_1 - 1)^2 + 13(s_1 - 1) + 4 = 0$$

$$2s_1^3 + 4s_1^2 - s_1 - 1 = 0$$

上述特征方程式的系数出现负值，故不满足系统稳定的必要条件。即有根在垂线 $s=-1$ 的左方。

列劳斯阵列：

$$\begin{array}{lll} s^3 & 2 & -1 \\ s^2 & 4 & -1 \\ s^1 & -\frac{1}{2} & \\ s^0 & -1 & \end{array}$$

第一列的系数符号变化了一次，表示原方程有一个根在垂线 $s=-1$ 的右方。

（2）利用劳斯判据设计系统的参数。

劳斯判据在线性控制系统使用时是有其局限性的，它无法解决如何改善系统的稳定性以及如何使不稳定的系统达到稳定等问题；但是利用劳斯稳定判据可确定系统一个或两个可调参数对系统稳定性的影响。

例 3.7　已知某调速系统的特征方程式为

$$s^3+41.5s^2+517s+1670(1+K)=0$$

求该系统稳定的 K 值范围。

解　排劳斯阵列：

$$\begin{array}{llll} s^3 & 1 & 517 & 0 \\ s^2 & 41.5 & 1670(1+K) & 0 \\ s^1 & \dfrac{41.5\times 517-1670(1+K)}{41.5} & & 0 \\ s^0 & 1670(1+K) & & \end{array}$$

由劳斯判据可知，若系统稳定，则劳斯阵列中第一列的系数必须全为正值。

即

$$\begin{cases} 517-40.2(1+K)>0 \\ 1670(1+K)>0 \end{cases}$$

得

$$-1<K<11.9$$

所以，当 $-1<K<11.9$ 时，系统稳定。

例 3.8　已知一单位反馈控制系统如图 3-17 所示，试回答：

1) $G_c(s)=1$ 时，闭环系统是否稳定？

2) $G_c(s)=\dfrac{K_p(s+1)}{s}$ 时，闭环系统稳定的条件是什么？

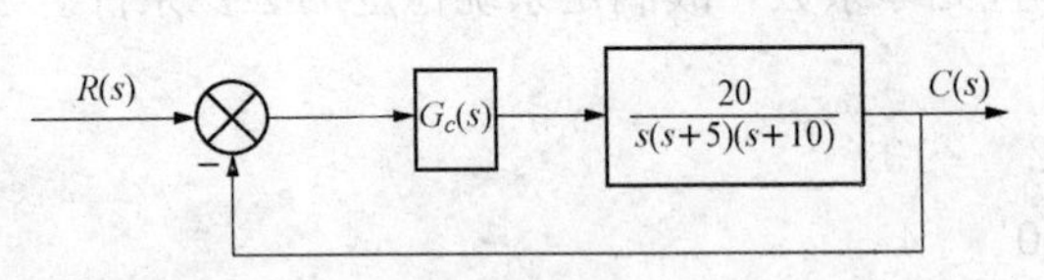

图 3-17　单位反馈控制系统框图

解　该闭环系统的特征方程为

$$D(s)=1+G(s)H(s)=s(s+5)(s+10)+20G_c(s)=0$$

1) $G_c(s)=1$ 时，上式变为

$$s^3+15s^2+50s+20=0$$

排劳斯阵列：

$$
\begin{array}{lcc}
s^3 & 1 & 50 \\
s^2 & 15 & 20 \\
s^1 & 146/3 & \\
s^0 & 20 &
\end{array}
$$

劳斯阵列中第一列的系数全为正值，故系统稳定。

2) $G_c(s)=\dfrac{K_p(s+1)}{s}$ 时，系统的开环传递函数

$$G_c(s)G(s)=\frac{20K_p(s+1)}{s^2(s+5)(s+10)}$$

特征方程式变为

$$s^2(s+5)(s+10)+20K_p(s+1)=0$$

即

$$s^4+15s^3+50s^2+20K_ps+20K_p=0$$

排劳斯阵列：

$$
\begin{array}{llll}
s^4 & 1 & 50 & 20K_p \\
s^3 & 15 & 20K_p & 0 \\
s^2 & \dfrac{750-20K_p}{15} & 20K_p & \\
s^1 & \dfrac{\dfrac{750-20K_p}{15}20K_p-15\times 20K_p}{(750-20K_p)/15} & & \\
s^0 & 20K_p & &
\end{array}
$$

欲使系统稳定，第一列的系数必须全为正值，故有

$$K_p>0$$

$$750-20K_p>0\Rightarrow K_p<37.5$$

$$\frac{20K_p\left(\dfrac{750-20K_p}{15}-15\right)}{\dfrac{750-20K_p}{15}}>0\Rightarrow\frac{750-20K_p}{15}-15>0\Rightarrow K_p<26.25$$

所以 $0<K_p<26.25$ 时，系统稳定。

由例 3.8 可得：增加系统开环积分环节的数目对系统稳定性不利。

3.6　稳 态 性 能 分 析

由于自动控制系统的结构、输入作用的类型（参考输入量或扰动输入量）、输入函数的形式（阶跃、斜坡或抛物线）不同，使得自动控制系统在稳态时系统的输出量与输入量不一定能完全吻合，即存在稳态误差。稳态误差表示系统的稳态准确度，是系统控制精度或抗扰动能力的一种度量。

3.6.1　系统误差的定义

典型闭环控制系统方框图如图 3-18 所示。

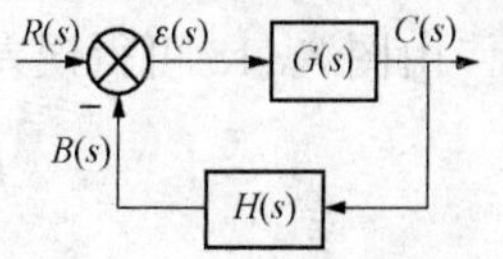

图 3-18　控制系统的框图

系统误差有两种定义。

(1) 由输入来定义:

$$\varepsilon(s) = R(s) - B(s)$$

$\varepsilon(s)$ 称为系统的偏差。

从图 3-18 可得

$$\varepsilon(s) = \frac{1}{1+G(s)H(s)} \cdot R(s)$$

(2) 由输出来定义:

$$E(s) = C_r(s) - C(s)$$

$E(s)$ 称为系统的误差。

上式中 $C_r(s)$ 为系统的希望输出（或称系统的参考输入），$C(s)$ 为系统的实际输出。因为系统参考输入与系统输入之间的关系为

$$R(s) = H(s)C_r(s)$$

所以有 $$C_r(s) = \frac{1}{H(s)} \cdot R(s)$$

则 $$E(s) = C_r(s) - C(s) = \frac{1}{H(s)} \cdot \frac{1}{1+G(s)H(s)} \cdot R(s)$$

故有 $$E(s) = \frac{\varepsilon(s)}{H(s)}$$

显然，对单位反馈系统有 $$E(s) = \varepsilon(s)$$

由于偏差 $\varepsilon(s)$ 与误差 $E(s)$ 之间有简单的固定关系式（求得了偏差也就求得了误差），又由于上述两种误差定义方式对于单位反馈系统是一致的，加之系统的希望输出 $C_r(s)$ 在实际系统中往往无法量测，所以在控制工程中通常只采用第一种误差定义的方法来进行误差的分析和计算，在这种规定下，前述的偏差改称为误差，前述的 $\varepsilon(s)$ 改写为 $E(s)$。

3.6.2 稳态误差的计算

众所周知，在输入信号作用下，控制系统的时间响应包含瞬态响应（指系统从初始状态到稳定状态的动态响应过程）和稳态响应（指当时间 t 趋近于无穷大时，系统响应的稳态值）。瞬态响应随时间而最终消逝，稳态响应随时间而最终复现了系统对输入信号的跟随准确度。同理，系统误差时间响应 $e(t) = r(t) - b(t)$ 也包含瞬态响应与稳态响应，$e(t)$ 的稳态响应称为稳态误差，表示为

$$e_{ss} = e(\infty) = \lim_{t\to\infty} e(t)$$

由拉氏变换的终值定理，控制系统的稳态误差也可表示为

$$e_{ss} = \lim_{t\to\infty} e(t) = \lim_{s\to 0} sE(s)$$

终值定理的应用条件：$sE(s)$ 的极点均位于左半 s 开平面。

由图 3-18 可得误差为

$$E(s) = R(s) - B(s) = \frac{1}{1+G(s)H(s)} \cdot R(s)$$

故稳态误差 $$e_{ss} = \lim_{t\to\infty} e(t) = \lim_{s\to 0} sE(s) = \lim_{s\to 0} \frac{sR(s)}{1+G(s)H(s)} \tag{3-38}$$

式（3-38）是根据前述第一种误差定义，由控制系统的方框图得出的稳态误差计算公式。由式（3-38）可知：稳态误差与系统的开环传递函数$G(s)H(s)$、输入信号$R(s)$有关。对于稳定的系统，当输入信号$R(s)$形式一定时，系统的稳态误差就只取决于开环传递函数$G(s)H(s)$的结构和参数了。

3.6.3　系统的类型

既然各种系统结构的不同导致跟踪输入信号的能力也不同，那么按照系统的结构对系统进行分类是很有意义的。

系统可根据开环传递函数$G(s)H(s)$中含有的积分环节个数进行分类。下面对系统的类型（具体称为型别）进行分析。

图3-18所示的闭环控制系统，其开环传递函数一般可写作

$$G(s)H(s)=\frac{K\prod_{i=1}^{m}(\tau_i s+1)}{s^{\nu}\prod_{j=1}^{n-\nu}(T_j s+1)}\quad (n\geqslant m)\tag{3-39}$$

式中　K——系统的开环增益；

ν——系统中含有的积分环节数，$\begin{cases}\nu=0 & (0\text{型系统})\\ \nu=1 & (\text{Ⅰ型系统})\\ \nu=2 & (\text{Ⅱ型系统})\\ \vdots & \quad\vdots\end{cases}$

设

$$G_0(s)H_0(s)=\frac{\prod_{i=1}^{m}(T_i s+1)}{\prod_{j=1}^{n-\nu}(T_j s+1)}$$

则

$$G(s)H(s)=\frac{K}{s^{\nu}}G_0(s)H_0(s)$$

$$\lim_{s\to 0}G(s)H(s)=\lim_{s\to 0}\frac{K}{s^{\nu}}G_0(s)H_0(s)=\lim_{s\to 0}\frac{K}{s^{\nu}}$$

所以

$$e_{ss}=\lim_{s\to 0}sE(s)=\lim_{s\to 0}\frac{sR(s)}{1+G(s)H(s)}=\lim_{s\to 0}\frac{sR(s)}{1+\dfrac{KG_0(s)H_0(s)}{s^{\nu}}}$$

$$=\lim_{s\to 0}\frac{[s^{\nu+1}R(s)]}{s^{\nu}+KG_0(s)H_0(s)}=\frac{\lim\limits_{s\to 0}[s^{\nu+1}R(s)]}{K\lim\limits_{s\to 0}G_0(s)H_0(s)+\lim\limits_{s\to 0}s^{\nu}}$$

$$e_{ss}=\frac{\lim\limits_{s\to 0}[s^{\nu+1}R(s)]}{K+\lim\limits_{s\to 0}s^{\nu}}\tag{3-40}$$

由式（3-40）可知，稳态误差与系统的开环增益K、系统的型别ν及输入信号$R(s)$有关。下面分别讨论阶跃、斜坡和抛物线函数输入时单位反馈系统的稳态误差。

（1）单位阶跃信号输入

$$R(s)=\frac{1}{s}$$

则

$$e_{ss}=\frac{\lim\limits_{s\to 0}[s^{\nu+1}R(s)]}{K+\lim\limits_{s\to 0}s^{\nu}}=\frac{\lim\limits_{s\to 0}\left[s^{\nu+1}\frac{1}{s}\right]}{K+\lim\limits_{s\to 0}s^{\nu}}=\frac{\lim\limits_{s\to 0}[s^{\nu}]}{K+\lim\limits_{s\to 0}s^{\nu}}$$

因此

$$e_{ss}=\begin{cases}\dfrac{1}{1+K} & (\nu=0)\\ 0 & (\nu\geqslant 1)\end{cases}$$

要求对于阶跃信号输入作用下不存在稳态误差，则必须选用Ⅰ型及Ⅰ型以上的系统。

(2) 单位斜坡信号输入

$$R(s)=\frac{1}{s^2}$$

则

$$e_{ss}=\frac{\lim\limits_{s\to 0}[s^{\nu+1}R(s)]}{K+\lim\limits_{s\to 0}s^{\nu}}=\frac{\lim\limits_{s\to 0}\left[s^{\nu+1}\frac{1}{s^2}\right]}{K+\lim\limits_{s\to 0}s^{\nu}}=\frac{\lim\limits_{s\to 0}[s^{\nu-1}]}{K+\lim\limits_{s\to 0}s^{\nu}}$$

因此

$$e_{ss}=\begin{cases}\infty & (\nu=0)\\ \dfrac{1}{K} & (\nu=1)\\ 0 & (\nu\geqslant 2)\end{cases}$$

故，要求对于斜坡信号输入作用下不存在稳态误差，则必须选用Ⅱ型及Ⅱ型以上的系统。

(3) 单位抛物线信号输入

$$R(s)=\frac{1}{s^3}$$

则

$$e_{ss}=\frac{\lim\limits_{s\to 0}[s^{\nu+1}R(s)]}{K+\lim\limits_{s\to 0}s^{\nu}}=\frac{\lim\limits_{s\to 0}\left[s^{\nu+1}\frac{1}{s^3}\right]}{K+\lim\limits_{s\to 0}s^{\nu}}=\frac{\lim\limits_{s\to 0}[s^{\nu-2}]}{K+\lim\limits_{s\to 0}s^{\nu}}$$

因此

$$e_{ss}=\begin{cases}\infty & (\nu=0、1)\\ \dfrac{1}{K} & (\nu=2)\\ 0 & (\nu\geqslant 3)\end{cases}$$

故，要求对于抛物线信号输入作用下不存在稳态误差，则必须选用Ⅲ型及Ⅲ型以上的系统。

由此可见，系统的型别越高，跟踪幂函数输入信号的无差能力越强，所以系统的型别反映了系统对输入信号无差的度量，故又称为无差度。

3.6.4 稳态误差系数

因为

$$e_{ss}=\lim_{s\to 0}sE(s)=\lim_{s\to 0}\frac{sR(s)}{1+G(s)H(s)}$$

(1) 在单位阶跃信号 $R(s)=\frac{1}{s}$ 输入下，稳态误差

$$e_{ss}=\lim_{s\to 0}sE(s)=\frac{1}{1+\lim_{s\to 0}G(s)H(s)}$$

若定义 $K_p=\lim_{s\to 0}G(s)H(s)$ 为稳态位置误差系数，则

$$e_{ss}=\frac{1}{1+K_p}$$

(2) 在单位斜坡信号 $R(s)=\frac{1}{s^2}$ 输入下，稳态误差

$$e_{ss}=\lim_{s\to 0}sE(s)=\frac{1}{\lim_{s\to 0}sG(s)H(s)}$$

若定义 $K_v=\lim_{s\to 0}sG(s)H(s)$ 为稳态速度误差系数，则

$$e_{ss}=\frac{1}{K_v}$$

(3) 在单位抛物线信号 $R(s)=\frac{1}{s^3}$ 输入下，稳态误差

$$e_{ss}=\lim_{s\to 0}sE(s)=\frac{1}{\lim_{s\to 0}s^2G(s)H(s)}$$

若定义 $K_a=\lim_{s\to 0}s^2G(s)H(s)$ 为稳态加速度误差系数，则

$$e_{ss}=\frac{1}{K_a}$$

以上分析说明单位反馈控制系统在三种不同的典型输入信号的作用下，其稳态误差分别可以用稳态误差系数 K_p、K_v、K_a的形式来表示。这三个稳态误差系数只与反馈控制系统的结构形式 $G(s)H(s)$ 有关，而与输入信号无关。

对于单位反馈控制系统在三种典型输入信号作用下的稳态误差归纳如下：

(1) 在单位阶跃信号输入下

$$e_{ss}=\begin{cases}\dfrac{1}{1+K_p} & (\nu=0)\\ 0 & (\nu\geqslant 1)\end{cases}$$

(2) 在单位斜坡信号输入下

$$e_{ss}=\begin{cases}\infty & (\nu=0)\\ \dfrac{1}{K_v} & (\nu=1)\\ 0 & (\nu\geqslant 2)\end{cases}$$

(3) 在单位抛物线信号输入下

$$e_{ss}=\begin{cases}\infty & (\nu=0、1)\\ \dfrac{1}{K_a} & (\nu=2)\\ 0 & (\nu\geqslant 3)\end{cases}$$

由此可见，稳态误差系数的增大将减小稳态误差。

稳态误差系数与系统类型的关系见表 3-3，系统类型在不同输入信号作用下的稳态误差见表 3-4。

表 3-3　稳态误差系数与系统类型关系

稳态误差系数类型 / 系统类型	稳态位置误差系数 K_p	稳态速度误差系数 K_v	稳态加速度误差系数 K_a
0 型	K	0	0
Ⅰ型	∞	K	0
Ⅱ型	∞	∞	K

表 3-4　系统类型在不同输入信号作用下的稳态误差

输入信号类型 / 系统类型	单位阶跃信号	单位斜坡信号	单位抛物线信号
0 型	$1/(1+K)$	∞	∞
Ⅰ型	0	$1/K$	∞
Ⅱ型	0	0	$1/K$

例 3.9　图 3-19 所示系统中，假设

$$G(s)=\frac{2}{s(s+2)},\quad H(s)=1$$

求在单位阶跃信号作用下的稳态误差。

解　因为在单位阶跃信号作用下，有

$$e_{ss}=\lim_{s\to 0}sE(s)=\frac{1}{1+\lim\limits_{s\to 0}G(s)H(s)}$$

所以

$$e_{ss}=\lim_{s\to 0}sE(s)=\frac{1}{1+\lim\limits_{s\to 0}G(s)H(s)}=\frac{1}{1+\lim\limits_{s\to 0}\dfrac{2}{s(s+2)}}=0$$

另解　因为

$$K_p=\lim_{s\to 0}G(s)H(s)=\infty$$

所以

$$e_{ss}=\frac{1}{1+K_p}=0$$

例 3.10　控制系统如图 3-20 所示，其中输入 $r(t)=t$，证明当 $K_d=\dfrac{2\zeta}{\omega_n}$ 时，稳态时系统的输出能无误差地跟踪单位斜坡输入信号。

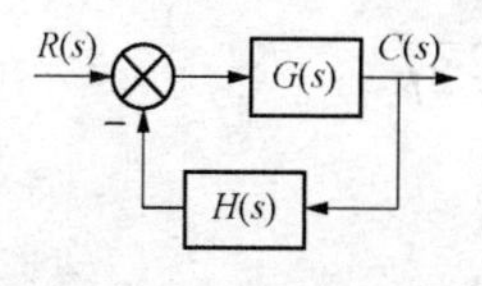

图3-19 例3.9图

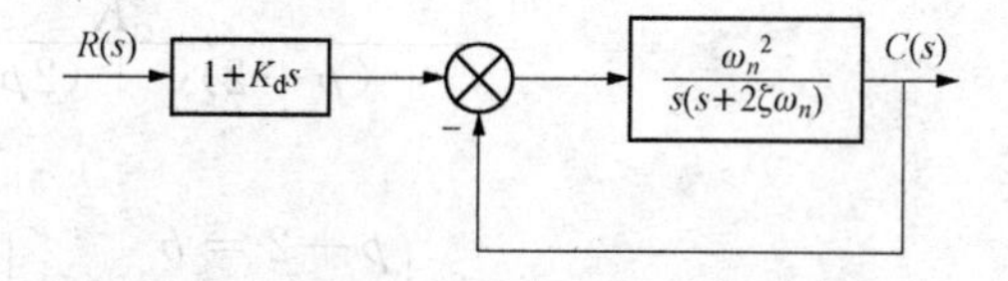

图3-20 例3.10图

解 系统的闭环传递函数

$$\frac{C(s)}{R(s)}=\frac{(1+K_d s)\omega_n^2}{s^2+2\zeta\omega_n s+\omega_n^2}$$

$$C(s)=\frac{(1+K_d s)\omega_n^2}{s^2+2\zeta\omega_n s+\omega_n^2}\cdot\frac{1}{s^2}$$

$$E(s)=R(s)-C(s)=\frac{1}{s^2}-\frac{(1+K_d s)\omega_n^2}{s^2(s^2+2\zeta\omega_n s+\omega_n^2)}$$

$$=\frac{s^2+2\zeta\omega_n s-K_d\omega_n^2 s}{s^2(s^2+2\zeta\omega_n s+\omega_n^2)}$$

$$e_{ss}=\lim_{s\to 0}sE(s)=\lim_{s\to 0}\frac{s+2\zeta\omega_n-K_d\omega_n^2}{s^2+2\zeta\omega_n s+\omega_n^2}=\frac{2\zeta}{\omega_n}-K_d$$

因此，只要令 $K_d=\frac{2\zeta}{\omega_n}$，就可以实现系统在稳态时无误差地跟踪单位斜坡输入。

在这里提出两个思考问题，一是此题中的误差 $E(s)$ 为什么不能用 $E(s)=\frac{1}{1+G(s)H(s)}\cdot R(s)$ 来表出，而是用定义式 $E(s)=R(s)-C(s)$ 来表出？二是此系统为Ⅰ型系统，为什么单位斜坡输入时的稳态误差本应是 $1/K_v$，这里却是0？请读者画出 $R(s)$、$R'(s)$、$C(s)$ 的时域曲线分析之。

例3.11 一单位反馈控制系统，若要求：

1）跟踪单位斜坡输入时系统的稳态误差为2；

2）设该系统为三阶，其中一对复数闭环极点为 $-1\pm j1$。

求满足上述要求的开环传递函数。

解 根据1）和2）的要求，可知系统是Ⅰ型三阶系统，因而令其开环传递函数为

$$G(s)=\frac{K}{s(s^2+bs+c)}$$

按定义

$$K_v=\lim_{s\to 0}sG(s)H(s)=\frac{K}{c}$$

依题意 $e_{ss}=\frac{1}{K_v}=2$，所以有

$$K_v=\frac{K}{c}=0.5$$

故有 $$K=0.5c$$

相应的闭环传递函数

$$G_B(s)=\frac{K}{s^3+bs^2+cs+K}=\frac{K}{(s^2+2s+2)(s+p)}$$

$$=\frac{K}{s^3+(p+2)s^2+(2p+2)s+2p}$$

故有

$$\begin{cases}p+2=b\\2p+2=c\\2p=K\\K=0.5c\end{cases}\Rightarrow\begin{cases}p=1\\c=4\\K=2\\b=3\end{cases}$$

所求开环传递函数为

$$G(s)=\frac{2}{s(s^2+3s+4)}$$

3.6.5 扰动引起的稳态误差和系统总误差

对于控制系统来说，负载力矩的变化、电网电压波动和环境温度的变化等等，这些都是系统的扰动输入作用，都会引起系统的稳态误差。图 3-21 为系统在输入信号 $R(s)$ 和扰动信号 $N(s)$ 作用下的框图，下面对其进行系统稳态误差的分析。

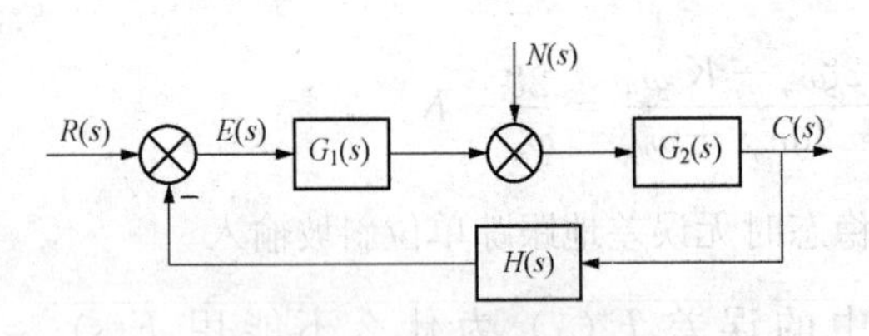

图 3-21 控制系统在输入信号 $R(s)$ 和扰动信号 $N(s)$ 作用下的框图

（1）扰动信号 $N(s)$ 作用下的稳态误差 e_{ssn}。由于线性自动控制系统在正常输入和扰动输入下的输出符合线性系统的叠加原理，故求扰动信号作用下的稳态误差时可令 $R(s)=0$，即可求得扰动信号作用下的稳态误差 e_{ssn}。

由误差定义式 $E(s)=R(s)-H(s)C(s)$ 可知

$$E(s)=-H(s)C(s) \tag{3-41}$$

又由图 3-21 得

$$C(s)=\frac{G_2(s)}{1+G_1(s)G_2(s)H(s)}\cdot N(s) \tag{3-42}$$

由式（3-41）和式（3-42）可得误差

$$E_n(s)=-\frac{H(s)G_2(s)}{1+G_1(s)G_2(s)H(s)}\cdot N(s)$$

如已知 $G_1(s)$、$G_2(s)$、$H(s)$、$N(s)$，即可求得稳态误差

$$e_{ssn}=\lim_{s\to 0}sE_n(s)=\lim_{s\to 0}s\cdot\frac{-H(s)G_2(s)}{1+G_1(s)G_2(s)H(s)}\cdot N(s)$$

（2）输入信号 $R(s)$ 作用下的稳态误差 e_{ssr}。

求输入信号作用下的稳态误差时可令 $N(s)=0$，此时，由图 3-21 得误差

$$E_r(s)=\frac{1}{1+G_1(s)G_2(s)H(s)}\cdot R(s)$$

则稳态误差

$$e_{ssr}=\lim_{s\to 0}sE_r(s)=\lim_{s\to 0}\frac{sR(s)}{1+G_1(s)G_2(s)H(s)}$$

（3）系统的总误差 e_{ss}。

$$e_{ss}=e_{ssr}+e_{ssn}=\lim_{s\to 0}\frac{s}{1+G_1(s)G_2(s)H(s)}\cdot R(s)$$

$$+\lim_{s\to 0}s\cdot\frac{-H(s)G_2(s)}{1+G_1(s)G_2(s)H(s)}\cdot N(s)$$

例 3.12　图 3-22 中，已知

$$G_1(s)=\frac{5}{(0.2s+1)}$$

$$G_2(s)=\frac{2}{s(s+1)}$$

$$H(s)=0.1$$

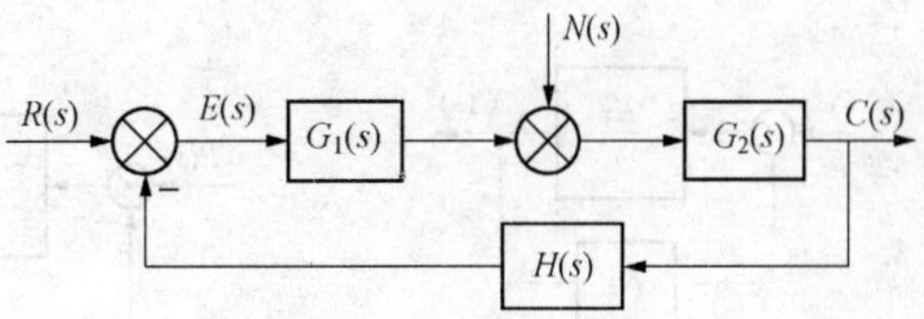

求扰动信号 $N(s)=\dfrac{1}{s}$ 作用下的稳态误差。

图 3-22　例 3.12 图

解　因为

$$e_{ssn}=\lim_{s\to 0}s\cdot\frac{-H(s)G_2(s)}{1+G_1(s)G_2(s)H(s)}\cdot N(s)$$

所以

$$e_{ssn}=\lim_{s\to 0}s\frac{-0.1\times\dfrac{2}{s(s+1)}}{1+\dfrac{5}{0.2s+1}\cdot\dfrac{2}{s(s+1)}\times 0.1}\cdot\frac{1}{s}=-0.2$$

习　题

3.1　温度计传递函数为 $\Phi(s)=\dfrac{1}{Ts+1}$，用其测量容器内的水温，1min 才能示出该温度的 98%的数值。问温度计的时间常数为多大？

3.2　单位阶跃作用下惯性环节各时刻的输出值见表 3-5，试求该环节的传递函数。

表 3-5　单位阶跃作用下惯性环节的输出

t	0	1	2	3	4	5	6	7	∞
$c(t)$	0	1.61	2.79	3.72	4.38	4.81	5.1	5.36	6.00

3.3　已知系统单位脉冲响应 $g(t)=0.0125e^{-1.25t}$，试求系统闭环传递函数 $\Phi(s)$。

3.4　设二阶控制系统的单位阶跃响应曲线如图 3-23 所示。如果该系统为单位反馈控制系统，试确定其开环传递函数及闭环传递函数。

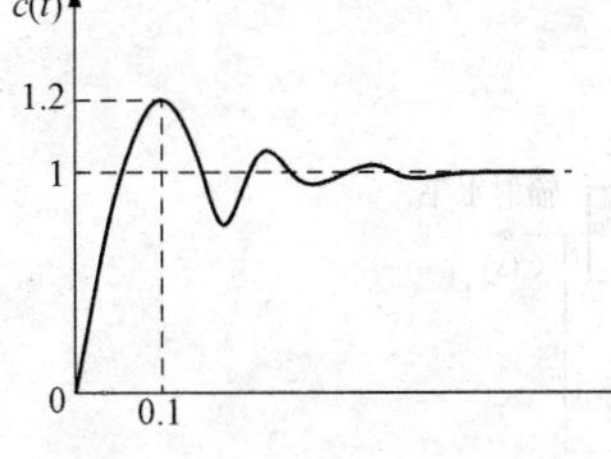

图 3-23　单位阶跃响应曲线

3.5　一阶系统框图如图 3-24 所示。要求系统闭环增益 $K_\Phi=2$，调节时间 $t_s\leqslant 0.4$s，试确定参数 K_1、K_2 的值。

3.6　单位反馈系统开环传递函数 $G(s)=\dfrac{4}{s(s+5)}$，求单位阶跃响应 $h(t)$ 和调节时间 t_s。

3.7　设角速度指示随动系统框图如图 3-25 所示。若要

求系统单位阶跃响应无超调，且调节时间尽可能短，问开环增益 K 应取何值，调节时间 t_s 是多少？

3.8 某典型二阶系统的单位阶跃响应如图 3-26 所示。试确定系统的闭环传递函数。

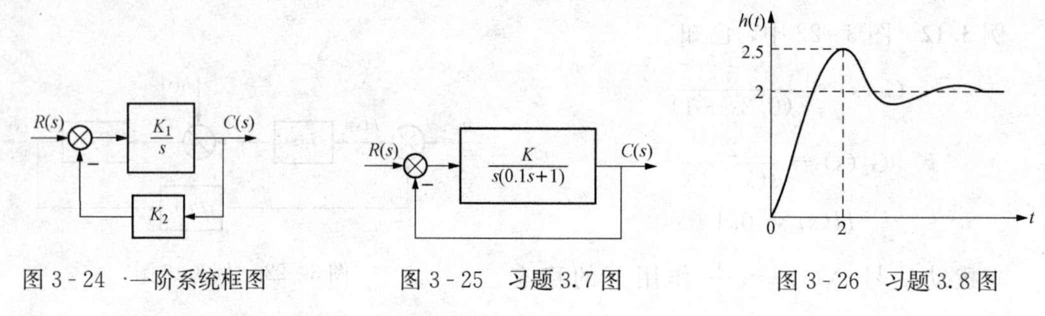

图 3-24 一阶系统框图　　图 3-25 习题 3.7 图　　图 3-26 习题 3.8 图

3.9 已知控制系统的闭环传递函数

$$\Phi(s)=\frac{\omega_n^2}{s^2+2\zeta\omega_n s+\omega_n^2}$$

使系统阶跃响应的峰值时间 $t_p=0.5\text{s}$，超调量 $\sigma\%=2\%$。求 ζ 和 ω_n。

3.10 已知系统的特征方程，试判别系统的稳定性，并确定在右半 s 平面根的个数及纯虚根。

(1) $D(s)=s^5+2s^4+2s^3+4s^2+11s+10=0$

(2) $D(s)=s^5+3s^4+12s^3+24s^2+32s+48=0$

3.11 单位反馈系统的开环传递函数为

$$G(s)=\frac{12.5}{s(0.2s+1)}$$

试求系统在误差初条件 $e(0)=10$，$\dot{e}(0)=1$ 作用下的时间响应。

3.12 单位反馈系统的开环传递函数为

$$G(s)=\frac{K}{s(s+3)(s+5)}$$

要求系统特征根的实部不大于-1，试确定开环增益的取值范围。

3.13 图 3-27 为核反应堆石墨棒位置控制闭环系统，其目的在于获得希望的辐射水平，增益 4.4 就是石墨棒位置和辐射水平的变换系数，辐射传感器的时间常数为 0.1s，直流增益为 1，设控制器传递函数 $G_c(s)=1$。

(1) 求使系统稳定的功率放大器增益 K 的取值范围；

(2) 设 $K=20$，传感器的传递函数 $H(s)=\dfrac{1}{\tau s+1}$（τ 不一定是 0.1），求使系统稳定的 τ 的取值范围。

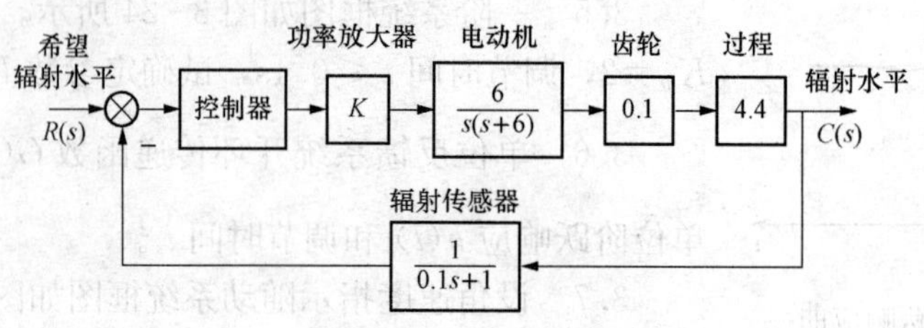

图 3-27 习题 3.13 图

3.14　系统框图如图 3-28 所示。试求局部反馈（即局部负反馈 $H_f(s)=2$）加入前、后系统的稳态位置误差系数、稳态速度误差系数和稳态加速度误差系数。

3.15　已知单位反馈系统的开环传递函数为

$$G(s)=\frac{7(s+1)}{s(s+4)(s^2+2s+2)}$$

试分别求出当输入信号 $r(t)=1(t)$，t 和 t^2 时，系统的稳态误差 $[e(t)=r(t)-c(t)]$。

3.16　单位反馈系统的开环传递函数为

$$G(s)=\frac{25}{s(s+5)}$$

求各静态误差系数和输入 $r(t)=1+2t+0.5t^2$ 时的稳态误差 e_{ss}。

3.17　系统框图如图 3-29 所示。已知 $r(t)=n_1(t)=n_2(t)=1(t)$，试分别计算 $r(t)$，$n_1(t)$ 和 $n_2(t)$ 作用时的稳态误差，并说明积分环节设置的位置对减小输入和干扰作用下的稳态误差的影响。

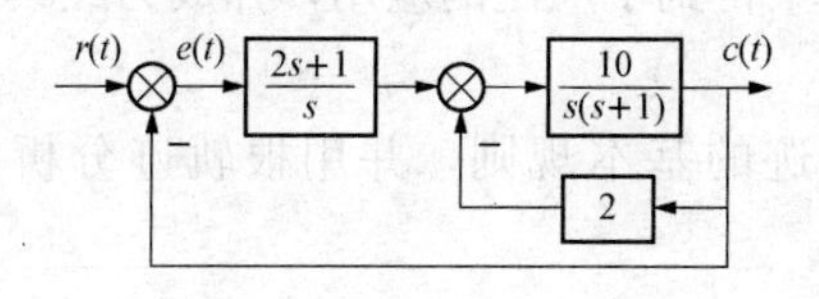

图 3-28　习题 3.14 图

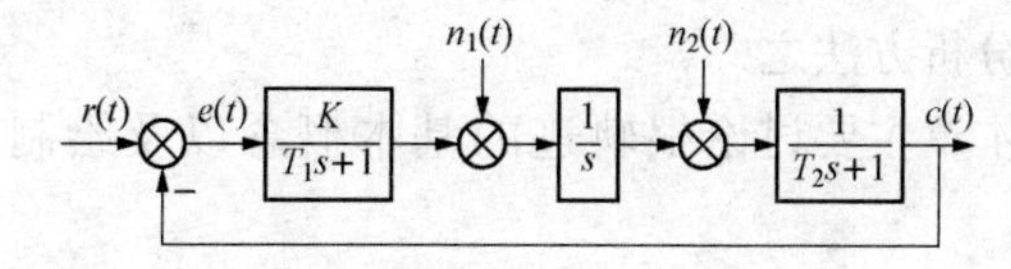

图 3-29　习题 3.17 图

第4章 根 轨 迹 法

由前述可知，反馈控制系统的全部性质，取决于系统的闭环传递函数。其中系统的稳定性是由闭环传递函数的极点所决定的，而系统瞬态响应的基本特性也与闭环传递函数极点在复平面上的具体分布有着密切的关系。为了研究系统瞬态响应的特征，通常需要确定闭环传递函数的极点，也即闭环系统特征方程式的根。由于高阶系统特征方程式的求解一般较为困难，因而限制了时域分析法在二阶以上系统中的应用。伊文斯（W. R. Evans）根据反馈控制系统开环传递函数与其闭环特征方程式之间的内在联系，提出了一种非常实用的求取闭环特征根的图解法——根轨迹法。由于这种方法简单、实用，既适用于线性定常连续控制系统，也适用于线性定常离散控制系统，因而它在工程中得到了广泛的应用，并成为经典控制理论分析方法之一。

本章主要讨论根轨迹的基本概念以及绘制根轨迹的基本规则，并用根轨迹分析控制系统。

4.1 根轨迹的基本概念

根轨迹的基本概念主要有三个：

特征根——闭环系统特征方程式的根，也就是闭环传递函数的极点。

根平面——s 平面或复平面。

根轨迹——一种图形，它是在 s 平面上表示特征方程式的根与系统某一个参数或某些参数的全部数值（从 0～∞变化）的关系，也就是闭环系统特征方程式的根随着参数的变化而变化，在根平面上移动的轨迹。

下面通过一个简单的例子说明根轨迹的概念。

例 4.1 如图 4-1 为一闭环控制系统，其中参数 K 为开环增益，试绘制当 K 从 0～∞变化时的根轨迹。

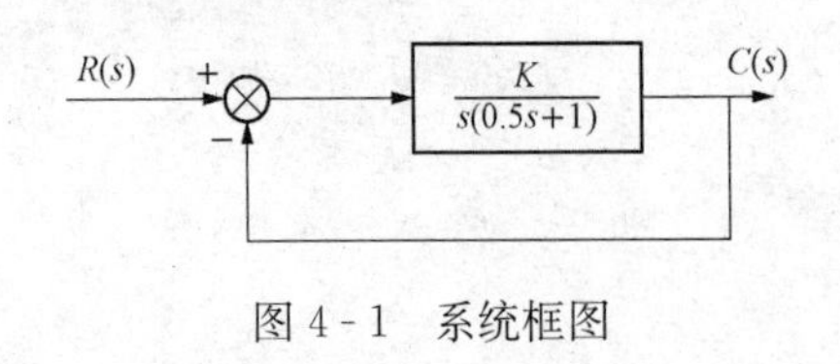

图 4-1 系统框图

解 其开环传递函数为

$$G(s)H(s)=\frac{K}{s(0.5s+1)}=\frac{2K}{s(s+2)}$$

闭环传递函数为

$$\Phi(s)=\frac{2K}{s^2+2s+2K}=\frac{\omega_n^2}{s^2+2\zeta\omega_n s+\omega_n^2}$$

其中，$\omega_n^2=2K$，$\zeta=\dfrac{1}{\sqrt{2K}}$

闭环特征方程式为

$$s^2+2s+2K=0$$

特征根为

$$s_{1,2}=-1\pm\sqrt{1-2K}$$

由特征根表达式可见，特征根 s_1 和 s_2 都将随着参数 K 的变化而变化。

1. 讨论参数 K 与两个特征根 s_1、s_2 的关系

（1）当 $K=0$ 时，$s_1=-2$，$s_2=0$。两个特征根分别为开环传递函数的两个极点。

（2）当 $K=0.32$ 时，$s_1=-0.4$，$s_2=-1.6$。两个特征根一个由 -2 开始增大，另一个由 0 开始减小。

（3）当 $K=0.5$ 时，$s_1=-1$，$s_2=-1$。两个特征根相等。

（4）当 $K=1$ 时，$s_1=-1+\mathrm{j}$，$s_2=-1-\mathrm{j}$。两个特征根为实部相等的一对共轭复数根。

（5）当 $K=\infty$ 时，$s_1=-1+\mathrm{j}\infty$，$s_2=-1-\mathrm{j}\infty$。两个特征根仍为实部相等的一对共轭复数根。

根据上面的讨论，把所求的两个特征根 s_1、s_2 随着参数 K 的变化而变化的过程画在根平面上，并把它们连成曲线就得到该系统的根轨迹，如图 4-2 所示。

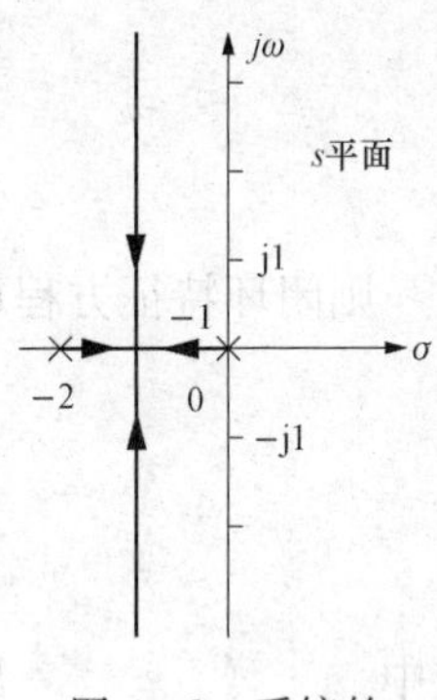

图 4-2 系统的根轨迹

2. 分析参数变化对系统性能的影响

根据图 4-2 所示的根轨迹图，可以分析系统的性能如下：

（1）稳定性。当开环增益 K 由 $0\rightarrow\infty$ 时，根轨迹不会越过虚轴进入根平面的右半平面，因此系统对所有 K 的取值都是稳定的。

（2）动态特性。

1）当 $0<K<0.5$ 时，s_1、s_2 为两个不相等的负实数根，$\zeta>1$，此时系统处于过阻尼状态，单位阶跃响应是单调变化的；

2）当 $K=0.5$ 时，s_1、s_2 为两个相等的负实数根，$\zeta=1$，此时系统处于临界阻尼状态，单位阶跃响应仍然是单调变化的；

3）当 $K>0.5$ 时，s_1、s_2 为一对共轭复数根，且实部恒等于 -1，$0<\zeta<1$，此时系统工作在欠阻尼状态，单位阶跃响应是衰减振荡变化的。

（3）稳态特性。在第三章中已知系统的稳态误差与开环增益 K 有关，本例中，由开环传递函数可知该系统在坐标原点处有一个开环极点，所以属于Ⅰ型系统，因此根轨迹上所对应的 K 值就是稳态速度误差系数 K_v，则单位速度输入时的稳态误差 $e_{ss}=\dfrac{1}{K_v}=\dfrac{1}{K}$。

4.2 根轨迹方程

应用根轨迹法研究控制系统的性能，首先应绘制出系统的根轨迹。图 4-2 所示的根轨迹是直接求解特征方程的根应用描点法绘制出来的。由于高阶方程求根困难，并且描点绘制计算量大，费时费力，因而这种方法不适用于三阶以上的复杂系统。伊文斯研究了系统的闭环特征方程与开环传递函数之间的关系，依据描述系统闭环特征方程与开环传递函数之间关系的根轨迹方程，由系统开环零、极点在根平面上的分布便可以按照一定的规则简单便捷地绘制出闭环系统的根轨迹。

下面推导根轨迹方程。

典型闭环控制系统的结构如图 4-3 所示。

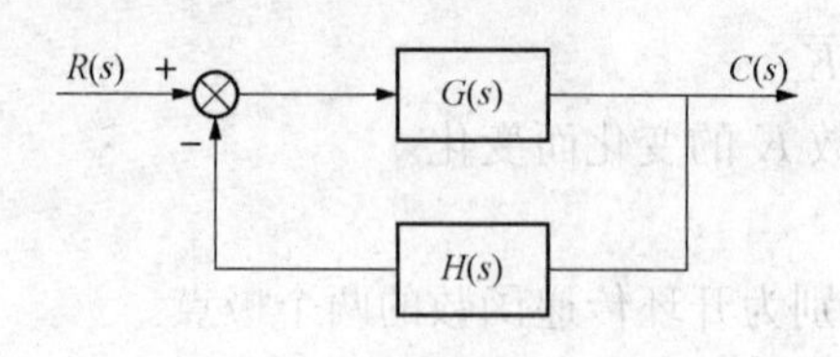

图 4-3 典型闭环控制系统

该系统的闭环传递函数为

$$\Phi(s)=\frac{C(s)}{R(s)}=\frac{G(s)}{1+G(s)H(s)} \tag{4-1}$$

闭环特征方程为

$$1+G(s)H(s)=0 \tag{4-2}$$

即

$$G(s)H(s)=-1 \tag{4-3}$$

由式（4-3）可知，能够满足闭环系统的开环传递函数等于-1的s值均为闭环极点或特征根。因此式（4-3）表明了系统的闭环特征方程与开环传递函数之间的关系。

设开环传递函数的表达式为

$$G(s)H(s)=K_g\frac{M(s)}{N(s)}=K_g\frac{\prod_{i=1}^{m}(s+z_i)}{\prod_{j=1}^{n}(s+p_j)} \tag{4-4}$$

则闭环特征方程可写为

$$K_g\frac{\prod_{i=1}^{m}(s+z_i)}{\prod_{j=1}^{n}(s+p_j)}=-1 \tag{4-5}$$

式中 K_g——系统的根轨迹增益；

$-z_i(i=1,2,3,\cdots,m)$——系统开环传递函数的零点；

$-p_j(j=1,2,3,\cdots,n)$——系统开环传递函数的极点。

满足式（4-5）的任何一个复变量s都是系统的闭环极点，所以，当系统的结构参数如根轨迹增益K_g在某一范围内连续变化时，满足式（4-5）的复变量s在根平面上连续变化描绘出来的轨迹就是系统的根轨迹。式（4-5）称为根轨迹方程。

由于$G(s)H(s)$是复数，可以用矢量表示，所以根轨迹方程可以分别用模值条件方程及相角条件方程来表示。

1. 根轨迹的模值条件方程

由式（4-5）可以得出模值条件方程

$$\frac{\prod_{i=1}^{m}|s+z_i|}{\prod_{j=1}^{n}|s+p_j|}=\frac{1}{K_g} \tag{4-6}$$

式（4-6）表明，根轨迹的模值条件方程不仅取决于系统开环零、极点的分布，同时还取决于开环根轨迹增益K_g。

2. 根轨迹的相角条件方程

由式（4-5）两端相角相等可以写出相角条件方程

$$\sum_{i=1}^{m}\angle(s+z_i)-\sum_{j=1}^{n}\angle(s+p_j)=\pm(2k+1)\times180^\circ \tag{4-7}$$

式中，$k=0$，1，2，…。

满足式（4-7）的根轨迹，通常称为180°根轨迹。式（4-7）表明，根轨迹的相角条件方程仅仅取决于系统开环零、极点的分布，而与开环根轨迹增益 K_g 无关。

凡是满足模值条件方程和相角条件方程的复变量 s 的取值，都是闭环传递函数的极点，也就是特征方程式的根，这些复变量 s 的值构成了系统的根轨迹。实际应用中，通常在复平面上寻找满足相角条件方程的复变量 s 值来绘制根轨迹曲线，用模值条件方程确定根轨迹曲线上各点所对应的根轨迹增益 K_g 值。

几点说明：

（1）工程上的定义：①$0<K_g<+\infty$ 时的根轨迹称为主要根轨迹或180°根轨迹，它是描述负反馈系统的根轨迹；②$-\infty<K_g<0$ 时的根轨迹称为辅助根轨迹或补根轨迹，亦称0°根轨迹，它是描述正反馈系统的根轨迹；③$-\infty<K_g<+\infty$ 时的根轨迹称为完全根轨迹，简称全根轨迹。因为工程上常见的系统均是负反馈系统，所以本书详细介绍主要根轨迹（180°根轨迹），简称根轨迹。

（2）根轨迹图上的箭头表示根轨迹增益 K_g 取值增加的方向。

3. 根轨迹方程的几何意义

某闭环控制系统开环传递函数的零、极点分布如图4-4所示，设 s_0 是根轨迹上的一点，则 s_0 必满足

$$\angle G(s_0)H(s_0)=\angle(s_0+z_1)-\sum_{j=1}^{3}\angle(s_0+p_j)$$

$$=\beta_1-(\alpha_1+\alpha_2+\alpha_3)=\pm(2k+1)\times 180^\circ$$

$$K_g=\frac{\prod\limits_{j=1}^{n}|s_0+p_j|}{\prod\limits_{i=1}^{m}|s_0+z_i|}=\frac{d_1\times d_2\times d_3}{b_1}$$

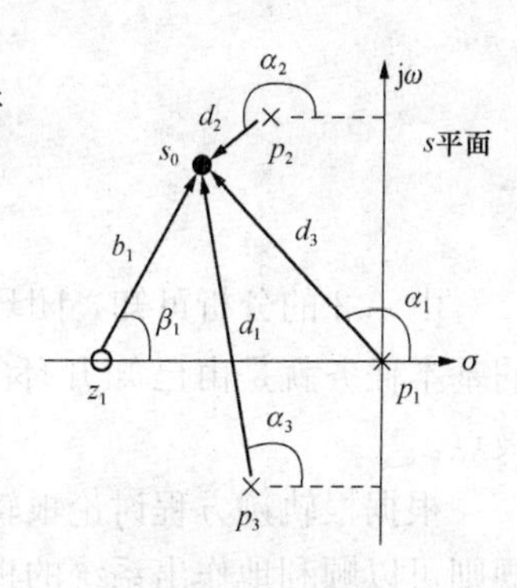

图4-4　根轨迹方程的意义

例4.2　设某反馈控制系统的开环传递函数为

$$G(s)H(s)=\frac{K_g(s+4)}{s(s+2)(s+6.6)}$$

试问：1）点 $s_1=-1.5\pm j2.5$ 是否在根轨迹上？

2）如果是，确定与点 s_1 对应的 K_g 值。

解　开环传递函数的零、极点分布如图4-5所示。

1）根据相角条件方程：

$$\angle(s_1+4)-\angle s_1-\angle(s+2)-\angle(s+6.6)=45^\circ-120^\circ-79^\circ-26^\circ=-180^\circ$$

因此点 s_1 确实是根轨迹上的点。

2）根据模值条件方程，点 s_1 处所对应的 K_g 值为

$$K_g=\frac{2.9\times 2.6\times 5.8}{3.6}\approx 12.15$$

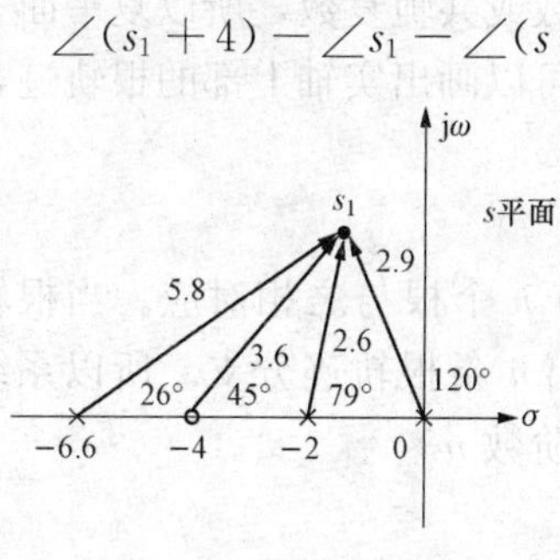

图4-5　例4.2图

4. 根轨迹增益 K_g 与开环增益 K 之间的关系

开环传递函数的零极点表示形式，也就是根轨迹分析法中通常使用的表示方式，即

$$G(s)H(s) = K_g \frac{\prod_{i=1}^{m}(s+z_i)}{\prod_{j=1}^{n}(s+p_j)} \tag{4-8}$$

由前文可知，开环传递函数的时间常数表示方式为

$$G(s)H(s) = K \frac{\prod_{i=1}^{m}(\tau_i s+1)}{\prod_{j=1}^{n}(T_j s+1)} \tag{4-9}$$

上式中的 K 称为开环增益。

比较式（4-8）和式（4-9）两表达式可知

$$K = K_g \frac{\prod_{i=1}^{m} z_i}{\prod_{j=1}^{n} p_j} \tag{4-10}$$

4.3 绘制根轨迹的规则

由 4.2 的分析可知，闭环极点与开环零、极点以及根轨迹增益 K_g 均有关系。根轨迹法的基本任务就是由已知开环零、极点的分布及根轨迹增益 K_g，通过图解的方法找到闭环极点。

根据根轨迹方程讨论根轨迹的一些基本性质，又称为根轨迹作图的基本规则，利用这些规则可以顺利地作出系统的根轨迹草图。根轨迹的准确绘制可以利用 MATLAB 软件等计算机辅助工具来实现，具体方法见附录 A。

本节的研究中，系统参数为根轨迹增益 K_g。

规则 1：根轨迹的连续性。

由于根轨迹增益 K_g 从 $0 \to \infty$ 的变化是连续的，所以闭环系统特征方程式的根也是连续变化的，也就是说复平面上的根轨迹是连续的。利用根轨迹的这一性质，只需要精确计算出根轨迹上的某些特定点，那么点与点之间的轨迹就可以用平滑的曲线连接而成。

规则 2：根轨迹的对称性。

一般物理系统特征方程的系数是实数，其特征根必为实数或共轭复数，所以复平面上的根轨迹位于实轴上或对称于实轴。利用根轨迹的这一性质，可以画出实轴上部的根轨迹，实轴下部的根轨迹可以由对称性绘制出来。

规则 3：根轨迹的分支数。

n 阶系统对于任意根轨迹增益 K_g，其闭环特征方程均有 n 个根与之相对应。当根轨迹增益 K_g 从 $0 \to \infty$ 变化时，系统的 n 个根将在复平面上描绘出 n 条根轨迹分支。所以系统根轨迹的分支数等于其闭环特征方程根的个数，即等于系统的阶数 n。

规则 4：根轨迹的起始点与终止点。

根轨迹起始于开环的极点，终止于开环的零点。

根轨迹的起始点就是 $K_g=0$ 的位置，终止点就是 $K_g \to \infty$ 的位置。由根轨迹的模值条件

方程式

$$\frac{\prod_{i=1}^{m}|s+z_i|}{\prod_{j=1}^{n}|s+p_j|}=\frac{1}{K_g}$$

可知：当 $K_g=0$ 时，欲使模值条件方程成立，应有 $s=-p_j$，$-p_j$ 是系统的开环极点，所以对于 n 阶系统，系统的 n 条根轨迹分支分别起始于系统的 n 个开环极点 $-p_j$；当 $K_g\to\infty$ 时，欲使模值方程成立，应有 $s=-z_i$，或者 $s=\infty$，其中 $s=-z_i$ 是系统的开环零点。对于一般系统而言，$n\geqslant m$ 总是成立的，所以系统的 n 条根轨迹分支有 m 条终止于 m 个有限的开环零点，其余的（$n-m$）条根轨迹终止于复平面的无穷远处，即 $s=\infty$，这时认为系统存在（$n-m$）个无限远处的开环零点。

规则 5：实轴上根轨迹的分布。

在实轴上根轨迹段的右侧，开环实数极点与开环实数零点的个数之和应为奇数。

证明：在复平面的实轴上任取一试验点 s_1 如图 4-6 所示，其左侧的每个开环实数极点或每个开环实数零点到试验点 s_1 的矢量角均为 0°，因此，试验点 s_1 左侧的开环实数极点和开环实数零点与试验点 s_1 构成的矢量角不影响实轴上根轨迹的相角关系；对于复平面上的开环零点、极点，由于是共轭复数对，每对共轭的开环复数零点或每对共轭的开环复数极点为实轴上的试验点 s_1 提供的相角之和为 360°，同样不影响实轴上根轨迹的相角关系；对于试验点 s_1 右侧的每个开环实数极点或每个开环实数零点到试验点 s_1 的矢量角均为 180°，满足根轨迹的相角条件方程，所以根据根轨迹的相角条件方程，如果试验点 s_1 所在的实轴段是根轨迹段，其右侧的开环实数极点和开环实数零点的数目之和必须为奇数。

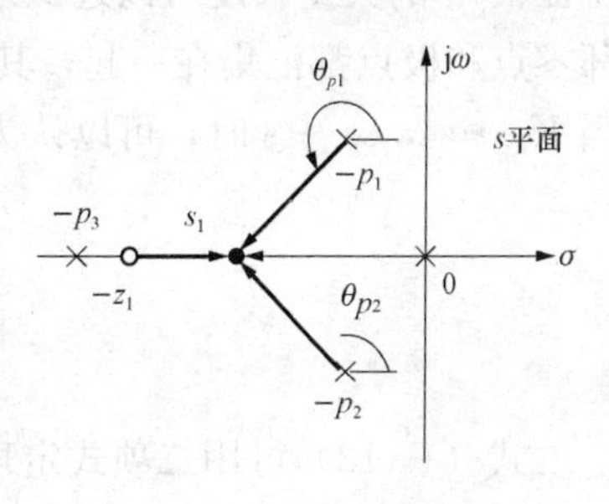

图 4-6　实轴上根轨迹

例 4.3　已知某闭环控制系统的开环传递函数为

$$G(s)H(s)=\frac{K_g}{s(s+1)(s+2)}$$

试确定根轨迹的分支数、起始点、终止点及根轨迹在实轴上的分布。

解　由开环传递函数 $G(s)H(s)$ 分母的阶次 $n=3$，分子的阶次 $m=0$，所以根轨迹的分支有三条；而且其开环极点分别是 $p_1=0$，$-p_2=-1$，$-p_3=-2$，所以三条根轨迹分别起始于系统的三个开环极点，终止于无穷远处；根据规则 4 可知，实轴上 $-1\sim0$ 区间是根轨迹段，$-\infty\sim-2$ 区间也是根轨迹段，如图 4-7 所示。

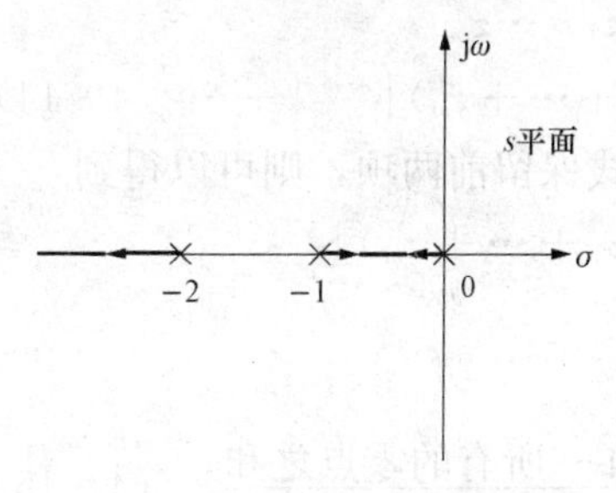

图 4-7　例 4.3 实轴上根轨迹分布

规则 6：根轨迹的渐近线。

基于规则 5，当 $n>m$ 时有（$n-m$）条根轨迹分支的终点趋向于无穷远处，那么，（$n-m$）条根轨迹是从什么方位趋于无限远呢？这（$n-m$）条根轨迹变化趋向的直线叫作根轨迹的渐近线，因此，渐近线也有（$n-m$）条，如果知道了渐近线的倾斜角以及经过复平面的一点，那么这些渐近线就可以确定了，也就是趋近于无限远处的（$n-m$）条根轨迹分支就确定了。

（1）渐近线的倾斜角。设试验点 s_i 在复平面的无穷远处，则它到各开环极点和零点的矢量与实轴正方向的夹角可视为都是相等的，用 φ_a 表示。这样，m 个开环零点指向试验点 s_i 矢量所产生的相角 $m\varphi_a$ 被 m 个开环极点指向试验点 s_i 矢量所产生的相角 $-m\varphi_a$ 所抵消，余下的（$n-m$）个开环极点指向试验点 s_i 的矢量实质上是同一条直线，这条直线就是根轨迹的渐近线。如果试验点 s_i 是位于无穷远处根轨迹上的一点，则其应满足相角条件方程，即

$$-(n-m)\varphi_a = \pm(2k+1)\times 180^\circ$$

于是得到渐近线的倾斜角为

$$\varphi_a = \pm\frac{(2k+1)\times 180^\circ}{n-m} \tag{4-11}$$

式（4-11）中：$k=0$，1，2，…。它表示由（$n-m$）个开环极点出发的根轨迹分支，当 $K_g\to\infty$ 时，将按图 4-8 所示角度的渐近线趋向于无穷远。显然渐近线的数目等于趋向于无穷远根轨迹的分支数，即（$n-m$）条。

（2）渐近线与实轴的交点。

设在无限远处有特征根 s_d，则复平面上所有开环有限零点 $-z_i$ 和所有开环极点 $-p_j$ 到特征根 s_d 的矢量长度可以近似地认为都相等。于是对于无穷远处的特征根 s_d 而言，所有开环零点和极点都汇集在一起，其位置在 $-\sigma_a$ 处，如图 4-8 所示，它就是所求渐近线的交点。当 $K_g\to\infty$，$s_d\to\infty$ 时，可以认为 $-z_i=-p_j=-\sigma_a$，则

$$\frac{\prod_{j=1}^{n}(s+p_j)}{\prod_{i=1}^{m}(s+z_i)} = (s+\sigma_a)^{n-m} \tag{4-12}$$

式（4-12）可用二项式定理展开为

$$(s+\sigma_a)^{n-m} = s^{n-m} + \sigma_a(n-m)s^{n-m-1} + \cdots \tag{4-13}$$

同时，式（4-12）左端可用长除法处理为

$$\begin{aligned}\frac{\prod_{j=1}^{n}(s+p_j)}{\prod_{i=1}^{m}(s+z_i)} &= \frac{(s+p_1)(s+p_2)\cdots(s+p_n)}{(s+z_1)(s+z_2)\cdots(s+z_m)}\\ &= \frac{s^n+(p_1+p_2+\cdots p_n)s^{n-1}+\cdots+p_1p_2\cdots p_n}{s^m+(z_1+z_2+\cdots+z_m)s^{m-1}+\cdots+z_1z_2\cdots z_m}\\ &= s^{n-m}+[(p_1+p_2+\cdots+p_n)-(z_1+z_2+\cdots+z_m)]s^{n-m-1}+\cdots\end{aligned} \tag{4-14}$$

当 $s\to\infty$ 时，式（4-12）和式（4-13）等式右边的多项式保留前两项，则可以得到

$$\sigma_a(n-m) = [(p_1+p_2+\cdots+p_n)-(z_1+z_2+\cdots+z_m)]$$

由此可得渐近线的交点 $-\sigma_a$ 为

$$-\sigma_a = \frac{\sum_{j=1}^{n}(-p_j)-\sum_{i=1}^{m}(-z_i)}{n-m} = \frac{\text{所有的极点之和}-\text{所有的零点之和}}{n-m} \tag{4-15}$$

几点说明：

（1）渐近线的交点总在实轴上，即 $-\sigma_a$ 必为实数。

（2）计算$-\sigma_a$时共轭复数零、极点的虚部相互抵消，所以计算时只需要代入开环零、极点的实部计算即可。

由式（4-11）可知，渐近线的倾斜角与系统开环极点与零点的个数之差$(n-m)$有关，$(n-m)$为不同值时的渐近线如图4-8所示。

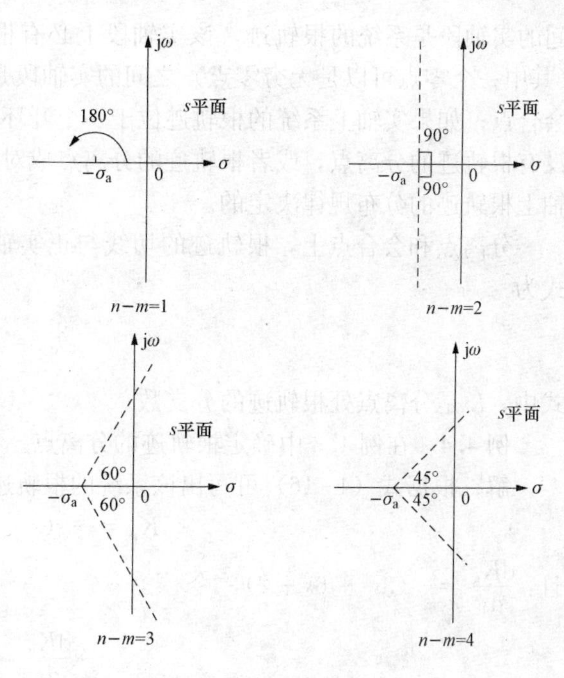

图4-8 渐近线

规则7：根轨迹的分离点与会合点。

两条或两条以上的根轨迹在复平面上相遇后又立即分开的点称为根轨迹的分离点或会合点（见图4-9）。

观察图4-9所示的分离点与会合点沿实轴上K_g的变化情况。观察图4-9（a），两个极点p_1、p_2处的K_g值均为零（根轨迹的起点），当根轨迹从p_1变化到p_2时，K_g值从0逐渐增大到分离点p_3时达到最大，再移向p_2点时K_g值又减小到0，由此可知分离点p_3处K_g有极大值；观察图4-9（b），当开环零点从z_1点处向z_2点处移动时，K_g值从∞逐渐减小，到会合点z_3处时达到最小，再移向z_2点处时K_g值又增加到∞，可见在会合点z_3处K_g值最小。

从以上分析可知，根据函数求极值的原理来确定分离点和会合点。由于根轨迹上的变点s满足系统的特征方程式（4-5），故可以根据式（4-5）写出K_g作为复变量s的函数表达式

$$K_g = -\frac{\prod_{j=1}^{n}(s+p_j)}{\prod_{i=1}^{m}(s+z_i)} \tag{4-16}$$

并求该函数的极值点。为此，可由式（4-16）求K_g对复变量s的一阶导数并令该导数为零，即求满足

$$\frac{dK_g}{ds} = 0 \tag{4-17}$$

的s值，如果求出的s值有几个时，其中使式（4-16）的K_g值为正实数的，即为所求分离点或会合点的位置。

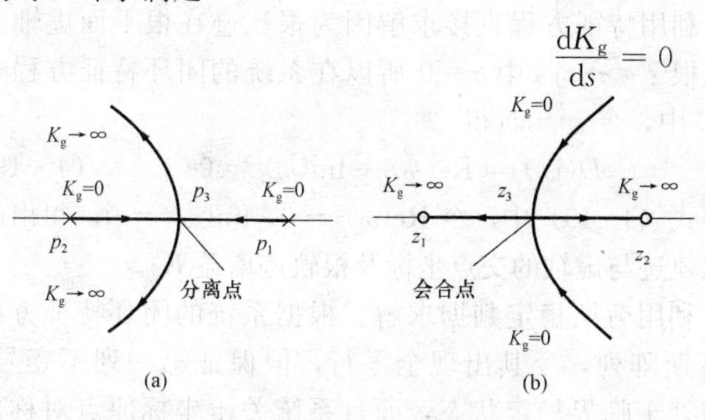

图4-9 分离点与会合点

（a）分离点；（b）会合点

根轨迹的分离点一般位于复平面的实轴上（有时也成对出现在复平面内），实轴上根轨迹的分离点具有如下性质：如果实轴上相邻开环极点（其中一个极点可以是无穷极点）之

间的实轴段是系统的根轨迹，该实轴段上必有根轨迹的分离点；如果实轴上相邻开环零点（其中一个零点可以是无穷零点）之间的实轴段是系统的根轨迹，该实轴段上必有根轨迹的会合点；如果实轴上系统的根轨迹位于一个开环零点和一个开环极点之间，该实轴段上或者没有根轨迹的分离点，或者根轨迹的分离点成对出现，这些性质是由系统状态的连续性和实轴上根轨迹的分布规律决定的。

分离点和会合点上，根轨迹的切线与正实轴的夹角称为根轨迹的分离角。分离角计算式为

$$\theta_{\mathrm{d}}=\frac{\pi}{L} \tag{4-18}$$

式中，L 是分离点处根轨迹的分支数。

例 4.4 在例 4.3 中确定根轨迹的分离点。

解 根据式（4-16）可写出该系统的根轨迹增益 K_g 的表达式为

$$K_g=-s(s+1)(s+2)$$

且：$\frac{\mathrm{d}K_g}{\mathrm{d}s}=-(3s^2+6s+2)$，令

$$\frac{\mathrm{d}K_g}{\mathrm{d}s}=0$$

解得

$$s_1\approx-0.423,\quad s_2\approx-1.58$$

把 s_1、s_2 值代入 K_g 表达式，分别得到

$$K_{g1}\approx0.38>0,\quad K_{g2}\approx-0.38<0$$

所以，$s_1\approx-0.423$ 是根轨迹的分离点，而 $s_2\approx-1.58$ 不是根轨迹的分离点。或者，由图 4-10 所示实轴上的根轨迹可知分离点必在 $-1\sim0$ 之间，所以 $s_1\approx-0.423$ 是根轨迹的分离点。

规则 8： 根轨迹与虚轴的交点。

由根轨迹的渐近线知识可知，当 $n-m\geqslant3$ 时，渐近线与虚轴有交点，也就是根轨迹与虚轴有交点，它表示系统的闭环特征方程式有纯虚数根存在，此时系统处于临界稳定状态。因此正确地确定根轨迹与虚轴的交点及其相应的参数就显得十分重要。交点的坐标包括闭环极点与临界稳定的根轨迹增益 K_g，可按下述两种方法来确定：

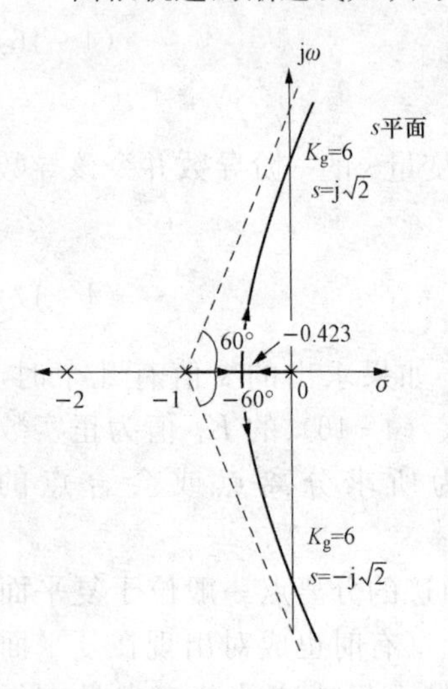

图 4-10 例 4.4、例 4.5 图

（1）利用特征方程直接求解因为根轨迹在根平面虚轴上时，特征根 $s=\sigma+\mathrm{j}\omega$ 中 $\sigma=0$ 所以在系统的闭环特征方程式 $D(s)=0$ 中，令 $s=\mathrm{j}\omega$ 得

$$D(\mathrm{j}\omega)=\mathrm{Re}(\omega)+\mathrm{Im}(\omega)=0 \tag{4-19}$$

即在式（4-19）中，令 $\mathrm{Re}(\omega)=0$，$\mathrm{Im}(\omega)=0$，得出的解就是根轨迹与虚轴的交点坐标及根轨迹增益 K_g。

（2）利用劳斯稳定判据求解。根据系统的闭环特征方程式列写劳斯阵列，令其出现全零行，但保证第一列不变号，这时系统处于临界稳定状态，而且系统关于坐标原点对称的根就是根轨迹与虚轴的交点。

例 4.5 在例 4.3 中，确定根轨迹与虚轴的交点。

解 系统的闭环特征方程式为

$$s(s+1)(s+2)+K_g=0$$

即

$$s^3+3s^2+2s+K_g=0$$

解法 1：令 $s=\mathrm{j}\omega$，则有

$$-\mathrm{j}\omega^3-3\omega^2+\mathrm{j}2\omega+K_g=0$$

即

$$2\omega-\omega^3=0$$

$$K_g-3\omega^2=0$$

故有

$$\begin{cases}\omega=\pm\sqrt{2}\\K_g=6\end{cases} \quad 与 \quad \begin{cases}\omega=0\\K_g=0\end{cases} \quad （舍去）$$

解法 2：列写劳斯阵列

$$\begin{array}{lll} s^3 & 1 & 2 \\ s^2 & 3 & K_g \\ s^1 & \dfrac{6-K_g}{3} & \\ s^0 & K_g & \end{array}$$

令 $\dfrac{6-K_g}{3}=0$，则

$$K_g=6$$

辅助方程为

$$3s^2+K_g=0, \quad s^2=-\frac{K_g}{3}=-\frac{6}{3}=-2$$

所以根轨迹与虚轴的两个交点为

$$s_{1,2}=\pm\mathrm{j}\sqrt{2}\approx\pm\mathrm{j}1.414$$

如图 4-10 所示。

规则 9： 根轨迹的出射角与入射角。

某些控制系统存在着共轭的开环复数零、极点。在共轭开环复数极点处，根轨迹的切线方向与复平面正实轴之间的夹角称为根轨迹的出射角；在共轭开环复数零点处，根轨迹的切线方向与复平面正实轴之间的夹角，称为根轨迹的入射角。如图 4-11 所示。计算出射角与入射角的目的在于了解复数极点或复数零点附近根轨迹的变化趋向，便于绘制根轨迹。出射角与入射角可以由根轨迹的相角条件方程求解。

设系统存在一对共轭开环复数极点 p_x 和 p_{x+1}，则在 p_x 和 p_{x+1} 处根轨迹的出射角 θ_{px}，θ_{px+1} 分别为

$$\theta_{px}=(2k+1)\times180^\circ+\sum_{i=1}^{m}\angle(p_x-z_i)-\sum_{\substack{j=1\\j\neq x}}^{n}\angle(p_x-p_j) \tag{4-20}$$

$$\theta_{px+1}=-\theta_{px} \tag{4-21}$$

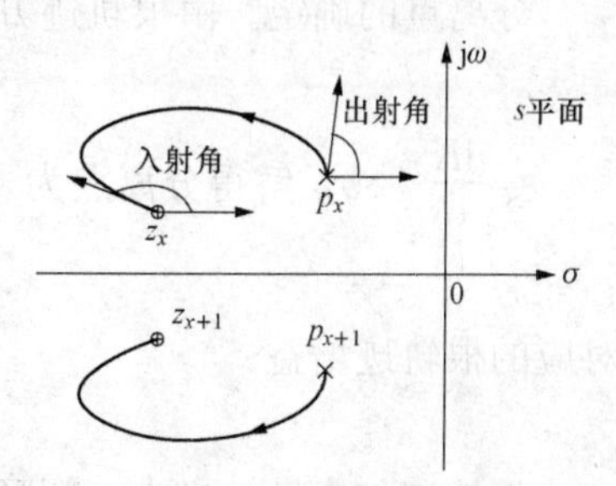

图 4-11 出射角与入射角

设系统存在一对共轭开环复数零点 z_x 和 z_{x+1}，则在 z_x

和 z_{x+1} 处根轨迹的入射角 θ_{zx}，θ_{zx+1} 分别为

$$\theta_{zx} = (2k+1)\times 180° - \sum_{\substack{i=1 \\ i\neq x}}^{m} \angle(z_x - z_i) + \sum_{j=1}^{n} \angle(z_x - p_j) \tag{4-22}$$

$$\theta_{zx+1} = -\theta_{zx} \tag{4-23}$$

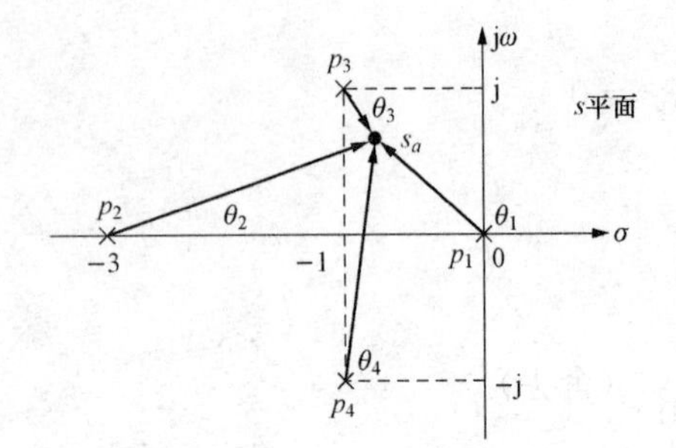

图 4-12 例 4.6 出射角的计算

例 4.6 已知某系统开环传递函数为

$$G(s)H(s) = \frac{K_g}{s(s+3)(s^2+2s+2)}$$

试绘制系统的根轨迹。

解 开环零、极点的分布如图 4-12 所示。

由开环传递函数已知，$n=4$，$m=0$，所以根轨迹起始于 0、−3、$-1\pm j$ 四个开环极点，终止于复平面无穷远处。

根据规则 4 可知，实轴上 −3～0 区间为根轨迹段。

根轨迹渐近线的倾斜角 φ_a 为

$$\varphi_a = \pm\frac{(2k+1)\times 180°}{n-m} = \pm\frac{(2k+1)\times 180°}{4} = \begin{cases} \pm 45° & (k=0) \\ \pm 135° & (k=1) \end{cases}$$

根轨迹渐近线与实轴的交点 $-\sigma_a$ 为

$$-\sigma_a = -\frac{\sum_{j=1}^{n}(-p_j) - \sum_{i=1}^{m}(-z_i)}{n-m} = -\frac{0+3+1+1-0}{4} = -1.25$$

共轭复数极点 $-p_{3,4} = -1\pm j$ 附近根轨迹的形状如何呢?

在复数极点 $-p_3 = -1+j$ 附近取一个试验点 s_a，如图 4-12 所示，各开环零到试验点 s_a 的矢量角之和减去各开环极点到试验点 s_a 的矢量角之和应满足相角条件方程，当 s_a 点无限趋近该复数极点 $-p_3 = -1+j$ 时，可以求出根轨迹从 $-p_3$ 处的出射角为

$$0 - (\theta_1 + \theta_2 + \theta_3 + \theta_4) = \pm(2k+1)\times 180°$$

如果 s_a 无限靠近极点 $-p_3$，则有

$$\theta_1 = 135°,\quad \theta_2 = 30°,\quad \theta_4 = 90°$$

则

$$\theta_3 = -75°$$

根据根轨迹的对称性可知，极点 $-p_4$ 处的出射角 $\theta_4 = 75°$。

分离点的确定。由根轨迹方程式可以写出

$$K_g = -(s^4 + 5s^3 + 8s^2 + 6s)$$

令 $\dfrac{dK_g}{ds} = 0$，解得分离点为

$$s_d \approx -2.3$$

对应的根轨迹增益

$$K_g \approx 4.33$$

根轨迹与虚轴的交点。闭环特征方程式为

$$s^4+5s^3+8s^2+6s+K_g=0$$

列写劳斯阵列：

s^4	1	8	K_g
s^3	5	6	
s^2	6.8	K_g	
s^1	$\frac{6.8\times 6-5K_g}{6.8}$		
s^0	K_g		

令$\frac{6.8\times 6-5K_g}{6.8}=0$，解得 $K_g=8.16$。

辅助方程：

$$6.8s^2+K_g=0$$

解得与虚轴的交点为 $s_{1,2}\approx\pm j1.1$。

完整的根轨迹如图 4-13 所示。

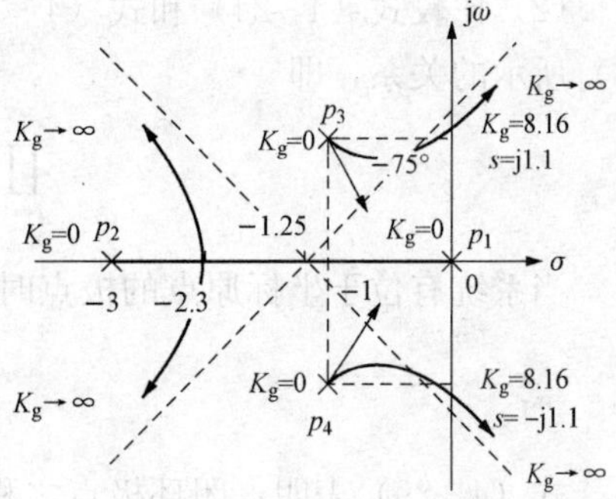

图 4-13 例 4.6 完整的根轨迹

规则 10： 根轨迹的走向。

设闭环控制系统的开环传递函数为

$$G(s)H(s)=\frac{K_g\prod_{i=1}^{m}(s+z_i)}{\prod_{j=1}^{n}(s+p_j)}$$

$$=K_g\frac{s^m+b_{m-1}s^{m-1}+\cdots+b_1s+b_0}{s^n+a_{n-1}s^{n-1}+\cdots+a_1s+a_0}$$

$$=K_g\frac{s^m+\sum_{i=1}^{m}z_is^{m-1}+\cdots+\prod_{i=1}^{m}z_i}{s^n+\sum_{j=1}^{n}p_js^{n-1}+\cdots+\prod_{j=1}^{n}p_j} \tag{4-24}$$

$b_{m-1}=\sum_{i=1}^{m}z_i$ 称为开环零点之和，$b_0=\prod_{i=1}^{m}z_i$ 称为开环零点之积；$a_{n-1}=\sum_{j=1}^{n}p_j$ 称为开环极点之和，$a_0=\prod_{j=1}^{n}p_j$ 称为开环极点之积。

由式（4-24）可写出系统的闭环特征方程式为

$$s^n+a_{n-1}s^{n-1}+\cdots+a_1s+a_0+K_g(s^m+b_{m-1}s^{m-1}+\cdots+b_1s+b_0)=0 \tag{4-25}$$

设式（4-25）的特征根为 s_i，则闭环特征方程式可写为

$$D(s)=\prod_{i=1}^{n}(s+s_i)=s^n+c_{n-1}s^{n-1}+\cdots+c_1s+c_0=0 \tag{4-26}$$

式中，$c_{n-1}=\sum_{i=1}^{n}s_i$ 称为闭环极点之和，$c_0=\prod_{i=1}^{n}s_i$ 称为闭环极点之积。

（1）如果 $n-m\geqslant 2$，则特征方程式（4-25）的第二项与 K_g 无关，比较式（4-24）和（4-26）可知，系统的闭环极点之和等于其开环极点之和，且为常数。即

$$c_{n-1}=\sum_{i=1}^{n}s_i=\sum_{j=1}^{n}p_j \tag{4-27}$$

该常数称为系统闭环极点或开环极点的重心。

式（4-25）表明，当 K_g 变化时，一些特征根增大时，另一些特征根必然减小。即一些根轨迹右行时，另一些根轨迹必然左行，其极点的重心保持不变。

（2）比较式（4-24）和式（4-26）还可知，闭环极点之积与开环特性之间存在式（4-28）所示的关系，即

$$\prod_{i=1}^{n}s_i=\prod_{j=1}^{n}p_j+K_g\prod_{i=1}^{m}z_i \tag{4-28}$$

当系统有位于坐标原点的极点时，$\prod_{j=1}^{n}p_j=0$，则式（4-28）可写为

$$\prod_{i=1}^{n}s_i=K_g\prod_{i=1}^{m}z_i \tag{4-29}$$

式（4-29）表明：闭环极点之积与根轨迹增益 K_g 成正比。

利用闭环极点的和与积可以在闭环主导极点和根轨迹增益 K_g 已知时，确定出全部的闭环极点。

例 4.7 例 4.3 中，求与虚轴交点处临界 K_g 值所对应的第三个特征根。

解 系统的特征方程式为

$$s^3+3s^2+2s+K_g=0$$

由例 4.5 已求出根轨迹与虚轴的交点坐标为

$$s_{1,2}=\pm \mathrm{j}\sqrt{2}$$

根据式（4-7）可知

$$\sum_{j=1}^{3}s_j=c_{n-1}=c_2$$

即

$$s_1+s_2+s_3=\mathrm{j}\sqrt{2}+(-\mathrm{j}\sqrt{2})+s_3=-3$$

所以有临界点处 $s_3=-3$。

规则 11：根轨迹上 K_g 值的计算。

完整的根轨迹应在一些点上标出可变参数 K_g 的数值，以便定量地分析可变参数 K_g 对闭环极点的影响。为此，可以利用模值条件方程式（4-6）得出根轨迹上任一点 s 所对应 K_g 值的计算公式

$$K_g=\frac{\prod_{j=1}^{n}|s+p_j|}{\prod_{i=1}^{n}|s+z_i|} \tag{4-30}$$

以上是绘制根轨迹的基本规则。应用这些规则，就能迅速地绘制出根轨迹的大致形状，这对于系统的初步分析或设计是很有实用价值的，同时它也反映了系统根轨迹的基本特点和根轨迹曲线变化的基本规律，是理解、检验和利用计算机绘制根轨迹并对系统进行分析或设计的基础。为便于查看，把上述规则归纳于表 4-1 中。

表 4-1 根轨迹绘制规则

序号	名　称	规　则
1	根轨迹的连续性	根轨迹是一条平滑的曲线
2	根轨迹的对称性	根轨迹对称于实轴
3	根轨迹的分支数	根轨迹的分支数等于开环的极点数
4	根轨迹实轴上的分布	实轴上某一段右边的开环极点数和开环零点数之和为奇数时，则这段实轴是根轨迹的一部分
5	根轨迹的起始点与终止点	起始于开环的极点，m 条终止于开环的有限零点，$(n-m)$ 条终止于无限远处的零点
6	根轨迹的渐近线	条数：$n-m$ 倾斜角：$\varphi_a = \dfrac{(2k+1)\pi}{n-m}, k=0,1,2,\cdots$ 与实轴的交点：$-\sigma_a = \dfrac{\sum_{j=1}^{n}(-p_j) - \sum_{i=1}^{m}(-z_i)}{n-m}$
7	根轨迹的分离点与会合点	分离点与会合点： $\dfrac{dK_g}{ds} = 0$，其中 $K_g = -\dfrac{\prod_{j=1}^{n}(s+p_j)}{\prod_{i=1}^{m}(s+z_i)}$ 分离角与会合角：$\theta_d = \dfrac{\pi}{L}$，其中 L 为分支数
8	根轨迹与虚轴的交点	(1) 令 $s=j\omega$ 代入特征方程求解出 ω； (2) 用劳斯判据确定临界稳定时的特征根
9	根轨迹的出射角与入射角	出射角：$\theta_{px} = (2k+1)\pi + \sum_{i=1}^{m}\angle(p_x - z_i) - \sum_{j=1, j\neq x}^{n}\angle(p_x - p_j)$ 入射角：$\phi_{zx} = (2k+1)\pi - \sum_{i=1, i\neq x}^{m}\angle(z_x - z_i) + \sum_{j=1}^{n}\angle(z_x - p_j)$
10	根轨迹的走向	当 $(n-m) \geqslant 2$ 时，一些根轨迹向右，则另一些根轨迹将向左
11	根轨迹上任一点处的 K_g 值	$K_g = \dfrac{\prod_{j=1}^{n}\lvert s+p_j\rvert}{\prod_{i=1}^{n}\lvert s+z_i\rvert}$

系统根轨迹的形状只取决于开环零极点的分布，而与开环根轨迹增益 K_g 的取值无关，K_g 的大小只是影响闭环极点的具体位置。因此不同的开环零极点分布，将具有不同的根轨迹形状。

说明：绘制根轨迹的目的在于分析系统的性能，因此其重要的部分既不在实轴上，也不在无限远处，而是在靠近虚轴和坐标原点的区域，对于这个区域中根轨迹的绘制一般没有什么规则可循，只能按照相角条件方程绘制出。绘制根轨迹的步骤如下：

（1）在根平面上标注开环零、极点的分布图；

（2）确定实轴上的根轨迹段；

（3）确定 $n-m$ 条渐近线的倾斜角及与实轴的交点；

（4）计算根轨迹的出射角、入射角；

（5）求出根轨迹与虚轴的交点；

（6）确定根轨迹的分离点、会合点。

结合根轨迹的连续性、对称性、根轨迹的分支数、起始点和终止点，闭环极点之和与闭环极点之积等性质绘制出完整的根轨迹。

4.4 控制系统根轨迹分析

控制系统的根轨迹分析，首先根据系统的结构和参数绘制出闭环系统的根轨迹，然后在根轨迹图上分析系统的稳定性、计算系统的动态性能和稳态性能。

自动控制系统的稳定性，由它的闭环极点唯一确定，其动态性能与系统的闭环极点和零点在 s 平面上的分布有关。因此确定控制系统闭环极点和零点在 s 平面上的分布，特别是从已知的开环零、极点的分布确定闭环零、极点的分布，是对控制系统进行分析必须首先要解决的问题。根轨迹法是解决上述问题的一条途径，它是在已知系统开环传递函数零、极点分布的基础上，研究某一个和某些参数的变化对系统闭环极点分布的影响的一种图解方法。由于根轨迹图直观、完整地反映系统特征方程的根在 s 平面上分布的大致情况，通过一些简单的作图和计算，就可以看到系统参数的变化对系统闭环极点的影响趋势。这对分析研究控制系统的性能和提出改善系统性能的合理途径都具有重要意义。

4.4.1 开环零、极点对系统性能的影响

系统根轨迹的整体格局是由开环传递函数的零点、极点所共同决定的。开环零、极点数目不同，根轨迹的走向差异很大。

设某闭环系统的开环传递函数为

$$G(s)H(s)=\frac{K_{g}}{s(s+a)}\quad(a>0)\tag{4-31}$$

对应的根轨迹如图 4-14（a）所示，下面将以此为例分三种情况来介绍开环零、极点对系统性能的影响。

1. 增加开环极点

若增加一个开环极点，则其开环传递函数变为

$$G(s)H(s)=\frac{K_{g}}{s(s+a)(s+b)}\quad(b>a)$$

对应的根轨迹如图 4-14（b）所示。

显然，增加极点后系统的阶次变高，趋向于无穷远处的根轨迹将增加，渐近线与实轴的夹角减小。由于附加开环极点在 s 平面的任一点都要产生一个负的相角，所以使复平面上的根轨迹向右移以满足根轨迹方程的相角条件方程。因此，单独增加一个开环极点，系统的稳定性变差，单位阶跃响应调节时间延长。附加极点越靠近坐标原点，其作用越强，对系统瞬态性能的不良影响也就越大。本例中，原系统是稳定的，根轨迹始终位于复平面的左半平

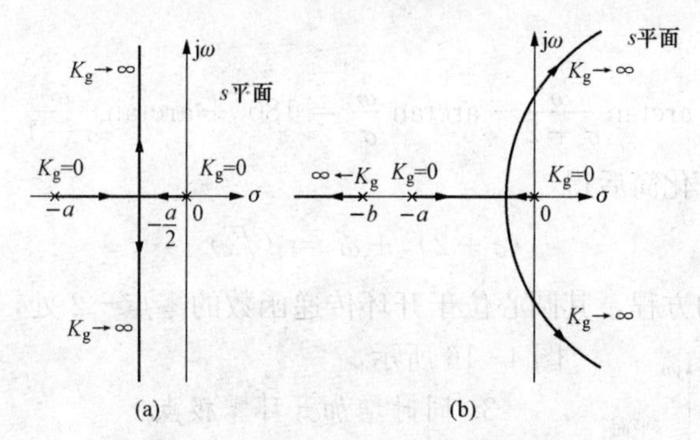

图 4-14 增加极点对根轨迹的影响

(a) 增加极点前的根轨迹；(b) 增加极点后的根轨迹

面，增加一个开环极点后，系统由原来的二阶变为三阶，当根轨迹增益大于某一临界值时系统将不稳定。

2. 增加开环零点

若增加一个开环零点，则其开环传递函数变为

$$G(s)H(s)=\frac{K_g(s+b)}{s(s+a)}$$

对应的根轨迹如图 4-15 (b) 所示。

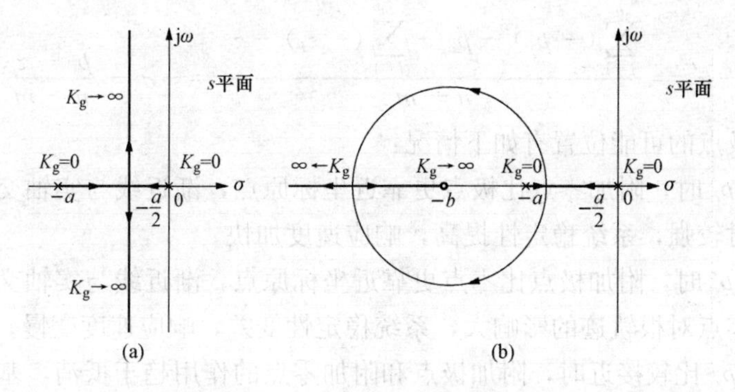

图 4-15 增加零点对根轨迹的影响

(a) 增加零点前的根轨迹；(b) 增加零点后的根轨迹

显然，由于零点在复平面上任一点都产生一个正的相角，使得根轨迹在离开实轴后便向左弯曲，系统稳定性提高，瞬态性能也变好。另外，增加开环零点，根轨迹渐近线与实轴夹角增大，也可以说明 K_g 增大时根轨迹将左移。因此附加开环零点常常被用来改善系统的瞬态性能。

例 4.8 已知一单位反馈控制系统的开环传递函数为

$$G(s)H(s)=\frac{K_g(s+2)}{s(s+1)}$$

试证明该系统根轨迹的复数部分为一圆。

解 根据根轨迹的相角条件方程有

$$\angle(s+2)-\angle s-\angle(s+1)=180^\circ$$

令 $s=\sigma+j\omega$ 代入，则得

$$\arctan\frac{\omega}{\sigma+2}-\arctan\frac{\omega}{\sigma}-\arctan\frac{\omega}{\sigma+1}=180^\circ$$

把等式变形，则有

$$\arctan\frac{\omega}{\sigma+2}-\arctan\frac{\omega}{\sigma}=180^\circ+\arctan\frac{\omega}{\sigma+1}$$

上式两边取正切，化简后得

$$(\sigma+2)^2+\omega^2=(\sqrt{2})^2$$

显然这是一个圆的方程，其圆心位于开环传递函数的零点-2处，半径为$\sqrt{2}$。根轨迹如图4-16所示。

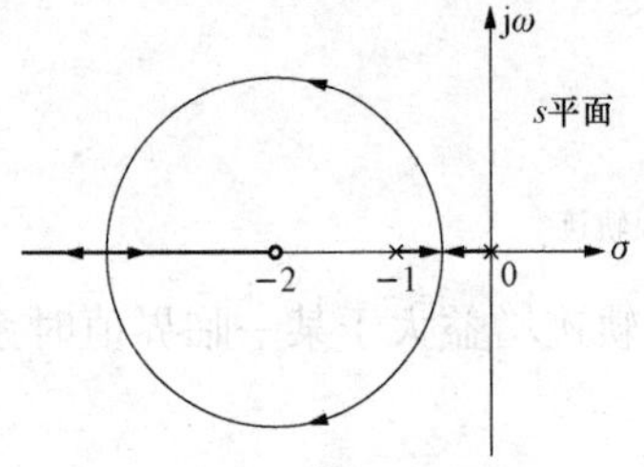

图4-16 例4.8根轨迹

3. 同时增加开环零极点

若同时增加位于复平面左半平面的开环零点$-z_c$和开环极点$-p_c$，即在原系统前向通道中串入特性为

$$G_c(s)=\frac{s+z_c}{s+p_c}$$

的附加装置，开环传递函数变为

$$G_k'(s)=\frac{K_g(s+z_c)}{s(s+a)(s+p_c)}$$

此时，趋向于无穷远处的根轨迹分支数不变，渐近线与实轴的夹角不变，但渐近线与实轴的交点为

$$-\sigma_a'=\frac{\sum_{j=1}^{n}(-p_j)-p_c-\sum_{i=1}^{m}(-z_i)-z_c}{n-m}=-\sigma_a-\frac{p_c-z_c}{n-m}$$

附加开环零极点的可能位置有如下情况：

(1) 当$z_c<p_c$时，附加零点比极点更靠近坐标原点，渐近线与实轴交点左移，零点对根轨迹的影响相对较强，系统稳定性提高，响应速度加快。

(2) 当$z_c>p_c$时，附加极点比零点更靠近坐标原点，渐近线与实轴交点右移，极点对根轨迹的影响比零点对根轨迹的影响大，系统稳定性变差，响应速度变慢。

(3) 当z_c和p_c比较接近时，附加极点和附加零点的作用趋于抵消，基本上不影响远离它们的系统根轨迹，这样的一对零极点前面介绍过称为一对偶极子。坐标原点附近的一对极点比零点更靠近坐标原点的偶极子，常被用来在系统瞬态性能已满足要求时，改善系统的稳态性能。其作用原理分析如下：

式(4-31)所表示的系统，附加开环零极点后根轨迹的方程式为

$$\frac{K_g(s+z_c)}{s(s+a)(s+p_c)}=-1$$

满足该系统根轨迹方程的模值条件为

$$K_g=\left|\frac{s(s+a)(s+p_c)}{s+z_c}\right|\approx|s(s+a)|$$

满足该系统根轨迹方程的相角条件为

$$\angle(s+z_c)-\left[\frac{\pi}{2}+\angle(s+a)+\angle(s+p_c)\right]=\pm(2k+1)\times180^\circ$$

对于远离偶极子的根轨迹上任意一点s_1如图4-17所示，有

$$\angle(s_1+z_c)\approx\angle(s_1+p_c)$$

由此可知，靠近坐标原点的偶极子基本不改变距离较远的原系统复平面上的根轨迹，即对系统瞬态性能基本没有影响，但增加偶极子后，可使系统的放大倍数增大，即

$$K'_g = K_g \frac{z_c}{p_c} = K_g \cdot D \tag{4-32}$$

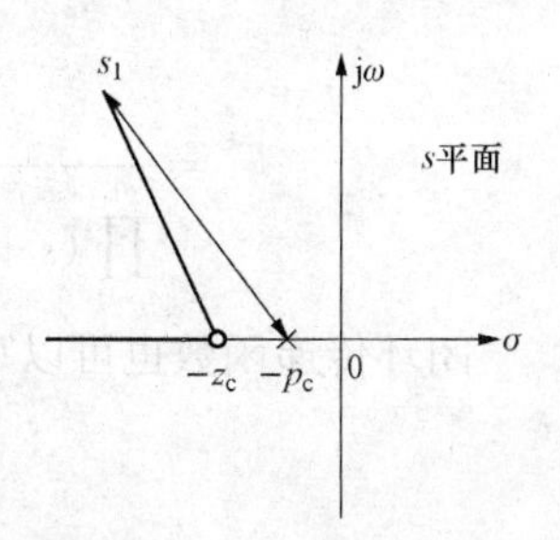

图 4-17 偶极子对放大倍数的影响

式中，K_g 和 K'_g 分别为增加偶极子前后的系统开环放大倍数。因此，在坐标原点附近选择极点比零点更靠近坐标原点的偶极子，使 $z_c = D \cdot p_c$，$D > 1$，作为系统的附加零极点，系统开环放大倍数将提高到原系统的 D 倍，稳态误差降低，而系统的瞬态性能基本不受影响。

4.4.2 闭环零点和闭环极点的确定

对于结构及参数已知的情况下，在求出其闭环零点和闭环极点之后，就可以方便地获得一定输入信号作用下系统的根轨迹，以实现对系统性能的分析。系统的闭环零点可由系统的开环传递函数直接求出，系统的闭环极点可由系统的根轨迹图试探确定。

1. 由开环传递函数确定系统的闭环零点

不失一般性，考察图 4-18 所示的反馈控制系统。

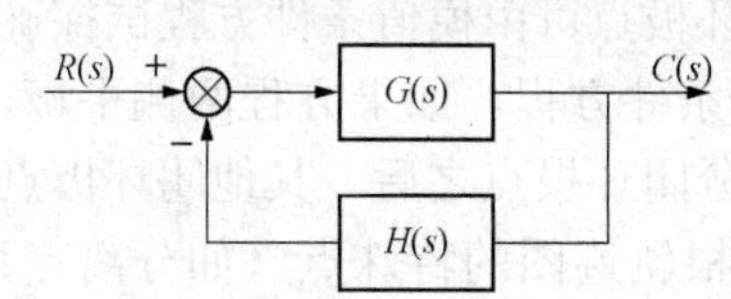

图 4-18 典型控制系统的结构

设前向通道的传递函数为

$$G(s) = \frac{K_{Gg}\prod_{i=1}^{m_1}(s+z_i)}{\prod_{j=1}^{n_1}(s+p_j)} \tag{4-33}$$

式中，$-z_i$、$-p_j$、K_{Gg} 分别为系统前向通路传递函数的零点、极点和根轨迹增益。

反馈通路的传递函数为

$$H(s) = \frac{K_{Hh}\prod_{k=1}^{m_2}(s+z_k)}{\prod_{l=1}^{n_2}(s+p_l)} \tag{4-34}$$

式中，$-z_k$、$-p_l$、K_{Hh} 分别为系统反馈通路传递函数的零点、极点和根轨迹增益。于是，系统的闭环传递函数为

$$\Phi(s) = \frac{C(s)}{R(s)} = \frac{G(s)}{1+G(s)H(s)} = \frac{\dfrac{K_{Gg}\prod_{i=1}^{m_1}(s+z_i)}{\prod_{j=1}^{n_1}(s+p_j)}}{1+\dfrac{K_{Gg}\prod_{i=1}^{m_1}(s+z_i)}{\prod_{j=1}^{n_1}(s+p_j)}\times\dfrac{K_{Hh}\prod_{k=1}^{m_2}(s+z_k)}{\prod_{l=1}^{n_2}(s+p_l)}}$$

$$=\frac{K_{Gg}\prod_{i=1}^{m_1}(s+z_i)\prod_{l=1}^{n_2}(s+p_l)}{\prod_{j=1}^{n_1}(s+p_j)\prod_{l=1}^{n_2}(s+p_l)+K_{Gg}K_{Hh}\prod_{i=1}^{m_1}(s+z_i)\prod_{k=1}^{m_2}(s+z_k)} \tag{4-35}$$

闭环传递函数也可以写成

$$\Phi(s)=\frac{K_{\Phi g}\prod_{j=1}^{m}(s+z_j)}{\prod_{i=1}^{n}(s+p_i)} \tag{4-36}$$

比较式（4-35）和式（4-36）有如下结论：

（1）系统的闭环零点由其前向通路传递函数 $G(s)$ 的零点（m_1 个）和其反馈通路传递函数 $H(s)$ 的极点（n_2 个）两部分组成。对于单位反馈系统，$H(s)=1$，即单位反馈系统的闭环零点就是其开环零点。

（2）系统的闭环根轨迹增益等于其前向通路根轨迹增益。对于单位反馈系统，系统的闭环根轨迹增益等于其开环根轨迹增益。

2. 由开环传递函数确定系统的闭环极点

在绘制出闭环系统根轨迹图之后，对于某一增益下的闭环极点可由模值条件方程试探确定。即在系统根轨迹上取一试探点 s_1 代入已知增益下的模值条件方程，如果方程两侧平衡，s_1 就是已知系统增益下的一个闭环极点，当试探出系统的部分闭环极点之后，其他闭环极点也可根据闭环极点和与积的性质求出。试探过程中，可根据根轨迹图的特殊点（如分离点、根轨迹与虚轴的交点）坐标，确定根的搜索范围。需要指出，应用试探法确定系统的闭环极点往往是比较麻烦的，求出的特征根也有一定的精度限制。闭环极点的精确求解借助于MATLAB等计算机软件计算将非常简便。

4.4.3 闭环零、极点的分布对系统性能的影响

利用根轨迹得到闭环零、极点在复平面的分布情况，就可以写出系统的闭环传递函数，进而进行系统的性能分析。

设 n 阶闭环系统的传递函数为

$$\Phi(s)=\frac{K_{\Phi g}\prod_{j=1}^{m}(s+z_j)}{\prod_{i=1}^{n}(s+p_i)}$$

单位阶跃输入作用下系统输出的像函数为

$$C(s)=\Phi(s)\cdot R(s)=\frac{K_{\Phi g}\prod_{j=1}^{m}(s+z_j)}{\prod_{i=1}^{n}(s+p_i)}\times\frac{1}{s}=\frac{A_0}{s}+\sum_{i=1}^{n}\frac{A_1}{s+p_i} \tag{4-37}$$

式中，A_0，A_i 是 $C(s)$ 在输入极点和闭环系统极点上的留数，由复变函数的留数定理可得

$$A_0=\left.\frac{K_{\Phi g}\prod_{j=1}^{m}(s+z_j)}{\prod_{i=1}^{n}(s+p_i)}\right|_{s=0}=\frac{K_{\Phi g}\prod_{j=1}^{m}z_j}{\prod_{i=1}^{n}p_i} \tag{4-38}$$

$$A_i = \frac{K_{\Phi g}\prod_{j=1}^{m}(s+z_j)}{s\prod_{\substack{l=1\\l\neq i}}^{n}(s+p_l)}\Bigg|_{s=s_i} = \frac{K_{\Phi g}\prod_{j=1}^{m}(s_i+z_j)}{s_i\prod_{i=1}^{n}(s_i+p_l)} \tag{4-39}$$

由式（4-38）和式（4-39）可知，A_0、A_i 取决于系统闭环零极点的分布。

经过拉普拉斯反变换，可求出系统的单位阶跃响应为

$$c(t) = A_0 + \sum_{i=1}^{n} A_i e^{s_i t} \tag{4-40}$$

式（4-40）表明，系统单位阶跃响应的暂态分量由 A_i、s_i 决定，即与系统闭环零、极点的分布有关。分析上述各式，闭环零、极点的分布对系统性能影响的一般规律如下：

（1）稳定性。系统稳定要求其闭环极点全部位于复平面的左半平面，欲使系统稳定工作，其根轨迹必须全部位于复平面的左半平面。如果系统的根轨迹存在三条或三条以上的渐近线，则必有一个 K_g 值，使系统处于临界稳定状态（根轨迹与虚轴存在交点），这时系统是条件稳定或不稳定的。稳定性与闭环零点分布无关。

（2）运动形态。如果系统的某一闭环零点和系统的某一闭环极点重合，二者构成一对闭环偶极子，偶极子中的闭环极点对应的系统响应分量可以忽略不计。设系统不存在闭环偶极子，如果闭环极点全部为实数，即对应的根轨迹全部位于实轴上，则系统的时间响应一定是单调的；如果系统存在闭环复数极点，则系统的时间响应一定是有振荡的。

（3）平稳性。系统响应的平稳性由系统阶跃响应的超调量来度量。欲使系统响应平稳，系统闭环复数极点的阻尼角应尽可能小，兼顾系统响应的快速性，闭环主导极点的阻尼角一般取±45°。

（4）快速性。要使系统具有好的快速性，其响应的各暂态分量应具有较大的衰减因子，且各暂态分量的系数应尽可能小，即系统的闭环极点应远离虚轴，或用闭环零点与虚轴附近的闭环极点构成偶极子。

4.4.4 根轨迹法分析控制系统性能实例

根轨迹反映了闭环系统特征方程式的根随可调参数变化的过程。利用根轨迹图可以讨论系统开环参数、闭环主导极点在复平面上的位置及闭环系统性能指标之间的关系。

1. 利用根轨迹分析参数变化对系统性能的影响

例 4.9 已知装有自动驾驶仪的飞机在纵向运动中的开环传递函数为

$$G(s)H(s) = \frac{K_g(s+1)}{s(s-1)(s^2+4s+16)}$$

绘制系统的根轨迹并讨论 K_g 的变化对系统性能的影响。

解 该系统为非最小相位系统（因为有一个开环极点位于复平面的右半平面），但根轨迹的绘制规则与最小相位系统（开环传递函数的零极点没有落在复平面的右半平面）根轨迹的绘制规则是完全相同的，根据根轨迹绘制规则绘制根轨迹过程如下：

1）根轨迹的起始点与终止点。起始于开环极点 0，−2，$-2\pm j2\sqrt{3}$；终止于开环零点 −1。

2）实轴上的根轨迹段。实轴上（−∞，−1）和（0，1）两个区间的右侧实数极点与实数零点个数之和为奇数个，所以该两个区间为实轴上根轨迹段。

3）实轴上根轨迹段（$-\infty$，-1）区间位于有限的开环零点-1和无限远处的零点之间，期间必有一个会合点；区间（0，1）位于两个开环极点之间，其间必有分离点。根据式（4-12）得

$$K_{\mathrm{g}}=-\frac{s(s-1)(s^2+4s+16)}{s+1}$$

令

$$\frac{\mathrm{d}K_{\mathrm{g}}}{\mathrm{d}s}=-\frac{3s^4+10s^3+21s^2+24s-16}{(s+1)^2}=0$$

解之得分离点 $d_1\approx 0.46$。

对应的根轨迹增益为

$$K_{\mathrm{g}d_1}=-\frac{0.46(0.46-1)(0.46^2+4\times 0.46+16)}{0.46+1}\approx 3.07$$

会合点 $d_2\approx -2.22$。

对应的根轨迹增益为

$$K_{\mathrm{g}d_2}=-\frac{-2.22(-2.22-1)[(-2.22)^2+4\times(-2.22)+16)]}{-2.22+1}\approx 70.6$$

4）开环零点个数 $m=1$，开环极点个数 $n=4$，$n-m=3$，右三条根轨迹终止于复平面无穷远处，因此有三条根轨迹渐近线。

渐近线的倾斜角为

$$\varphi_{\mathrm{a}}=\pm\frac{(2k+1)\times 180^\circ}{n-m}=\pm\frac{(2k+1)\times 180^\circ}{3}=\begin{cases}\pm 60^\circ & (k=0)\\ 180^\circ & (k=1)\end{cases}$$

渐近线与实轴的交点为

$$-\sigma_{\mathrm{a}}=-\frac{\sum\limits_{j=1}^{n}(-p_j)-\sum\limits_{i=1}^{m}(-z_i)}{n-m}=-\frac{(0+1-2+\mathrm{j}2\sqrt{3}-2-\mathrm{j}2\sqrt{3})-(-1)}{3}=-\frac{2}{3}$$

5）根轨迹与虚轴的交点。系统的闭环特征方程式为

$$s^4+3s^3+12s^2+(K_{\mathrm{g}}-16)s+K_{\mathrm{g}}=0$$

劳斯阵列为

$$\begin{array}{llll}
s^4 & 1 & 12 & K_{\mathrm{g}}\\
s^3 & 3 & K_{\mathrm{g}}-16 & \\
s^2 & \dfrac{52-K_{\mathrm{g}}}{3} & K_{\mathrm{g}} & \\
s^1 & \dfrac{-K_{\mathrm{g}}^2+59K_{\mathrm{g}}-832}{52-K_{\mathrm{g}}} & 0 & \\
s^0 & K_{\mathrm{g}} & &
\end{array}$$

若阵列表中 s^1 行元素全等于零，即

$$\frac{-K_{\mathrm{g}}^2+59K_{\mathrm{g}}-832}{52-K_{\mathrm{g}}}=0$$

系统临界稳定。解得 $K_{\mathrm{g}}\approx 35.7$ 和 $K_{\mathrm{g}}\approx 23.3$。对应于 K_{g} 的值由辅助方程

$$\frac{52-k}{3}s^2+K_{\mathrm{g}}=0$$

来确定根轨迹与虚轴的交点。

当 $K_g=23.3$ 时，$s\approx\pm j1.56$；当 $K_g=35.7$ 时，$s\approx\pm j2.56$。

6）由于开环传递函数中存在一对共轭复数的极点 $s_{1,2}=-2\pm j2\sqrt{3}$，根据式（4-20）可以求出复数极点处的出射角

$$\theta_{1,2}=\pm 180°+106°-120°-130.5°-90°\approx\pm 54.5°$$

根据上述数据绘制系统的根轨迹如图 4-19 所示。

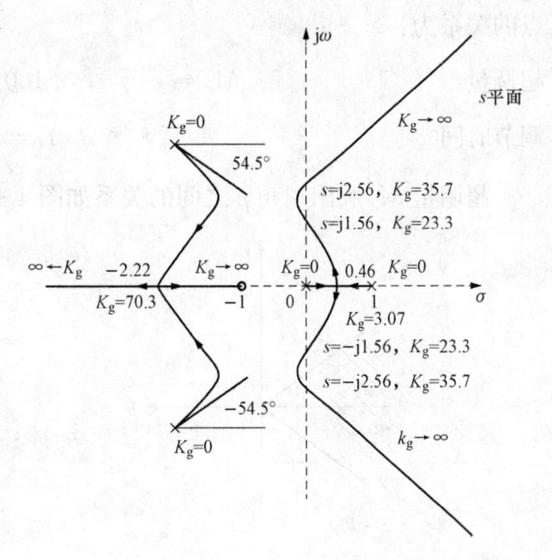

图 4-19 例 4.9 根轨迹

稳定性分析：由图 4-19 可以清楚地看出根轨迹起始于两个共轭复数极点的根轨迹分支始终位于复平面左半平面，对整个系统的稳定性没有影响；对于从开环极点 $-p_1=0$，$-p_2=1$ 出发的两条根轨迹分支，当 $23.3<K_g<35.7$ 时，根轨迹位于复平面的左半平面，控制系统稳定；当 K_g 取值超出 23.3～35.7 范围时，根轨迹位于复平面的右半平面，系统将是不稳定的。这种参数必须在一定范围内取值才能使之稳定的系统称为条件稳定系统。开环为非最小相位（有开环极点和零点落在复平面右半平面）的系统一定是条件稳定的。在系统运行过程中，条件稳定是危险的，一旦参数变化使 K_g 的取值对应于不稳定的工作状态，系统稳定性即遭到破坏，保护装置将起作用，使系统强迫停车。实际应用中应尽量避免条件稳定，一般在系统中增加适当的校正装置可以缓解或消除条件稳定的问题。

瞬态性能分析：条件稳定系统具有复平面右半平面的根轨迹分支，即使根轨迹位于复平面的左半平面，系统稳定，但闭环极点也离虚轴很近，阻尼角 β 较大，阻尼系数 ζ 较小，系统在单位阶跃输入信号作用下超调量很大，过渡时间也较长，因此条件稳定的系统其性能不能令人满意，这也是要避免系统条件稳定的一个重要原因。

稳态性能分析：系统的稳态误差与开环系统前向通路所包含积分环节的个数及开环放大系数有关。

2. 根据对系统性能的要求确定系统可调参数的值

利用根轨迹可以清楚地看到开环根轨迹增益 K_g 或其他开环系统参数变化时，闭环系统极点位置及其瞬态性能的改变情况。以二阶系统为例。

典型二阶系统的开环传递函数为

$$G(s)H(s)=\frac{\omega_n^2}{s(s+2\zeta\omega_n)}$$

闭环传递函数为

$$\Phi(s)=\frac{\omega_n^2}{s^2+2\zeta\omega_n s+\omega_n^2}$$

在欠阻尼的情况下共轭复数极点为

$$s_{1,2}=-\zeta\omega_n\pm j\omega_n\sqrt{1-\zeta^2}$$

闭环极点的张角为

$$\beta=\arccos\zeta$$

β 称为阻尼角，射线 OA、OB 称为等阻尼线，如图 4-20 所示。

我们知道闭环二阶系统的主要的性能指标是超调量和调整时间，这些性能指标和闭环极点的关系为：

超调量 $$M_p=e^{-\frac{\zeta\pi}{\sqrt{1-\zeta^2}}}\times 100\%=e^{-\pi\cot\beta}\times 100\%$$

调节时间 $$t_s=\frac{3}{\zeta\omega_n}$$

超调量 M_p 和阻尼角 β 之间的关系如图 4-21 所示。

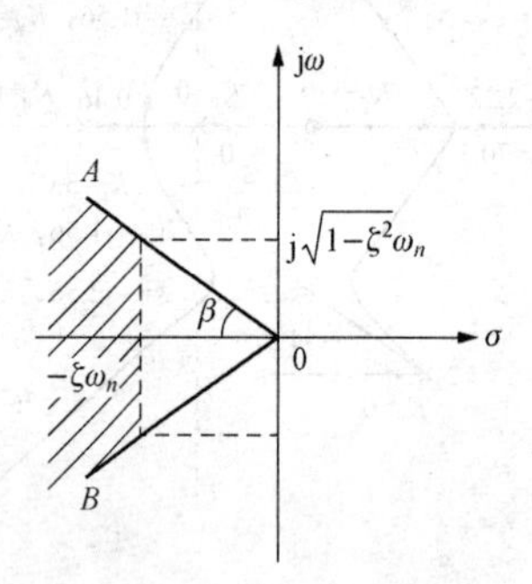

图 4-20 等阻尼线

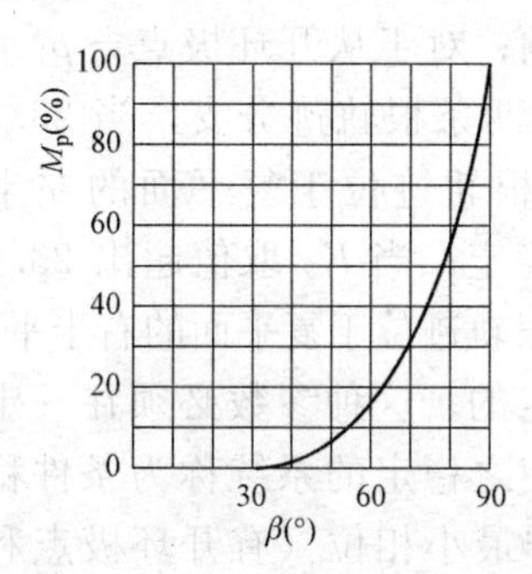

图 4-21 M_p 和 β 之间的关系

若闭环极点落在图 4-20 所示的阴影区域中，则

$$M_p=e^{-\pi\cot\beta}\times 100\%,\quad t_s\leqslant\frac{3}{\zeta\omega_n}$$

该结论也可应用于具有闭环主导极点的高阶系统中。

例 4.10 单位反馈系统的开环传递函数为

$$G(s)H(s)=\frac{K_g}{s(s+4)(s+6)}$$

若要求系统单位阶跃响应的最大超调量 $M_p\leqslant 18\%$，试确定开环放大系数 K。

解 根据根轨迹绘制规则可以绘制出系统的根轨迹如图 4-22 所示。通过计算可知根轨迹与虚轴的交点为 $s_{1,2}=\pm j2\sqrt{6}$，对应的 $K_g=240$，显然，当 $K_g=240$ 时系统临界稳定，当 $K_g>240$ 时闭环系统不稳定。

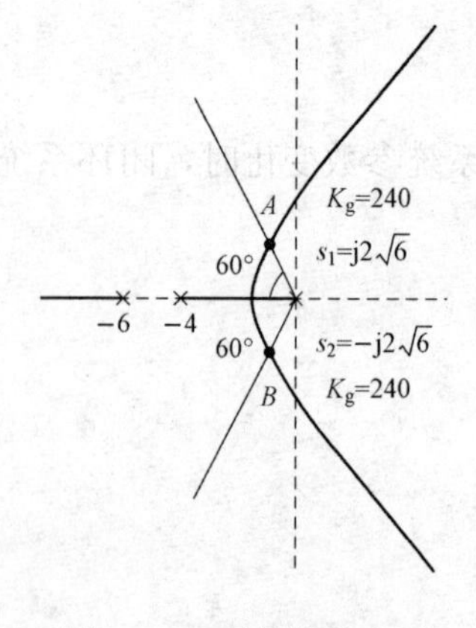

图 4-22 系统根轨迹图

本系统是一个三阶系统，从根轨迹上看出，随着 K_g 的增加，主导极点的作用越显著。所以可以用二阶系统的性能指标近似计算。根据超调量 $M_p=e^{-\pi\cot\beta}\times 100\%$，当 $M_p\leqslant e^{-\pi\cot\beta}\times 100\%$ 时解得 $\beta\leqslant 61.37°$。由超调量 M_p 确定阻尼角 β 之后，在根轨迹图上画两条与实轴夹角为 $\beta=60°$ 的射线与根轨迹交于 A、B 两点。则 A、B 两点就是闭环共轭主导极点，这时系统的超调量小于 18%。通过求 A、B 两点的坐标，可以确定这时的根轨迹增益 K_g，进而求得开环放大系数 K。

设 A 点坐标为 $-\sigma+j\omega$，则

$$\frac{\omega}{\sigma}=\tan 60°=\sqrt{3} \quad ①$$

由图 4-23 根据相角条件：

$$\beta_1+\beta_2+\beta_3=180°$$

即

$$120°+\arctan\frac{\omega}{4-\sigma}+\arctan\frac{\omega}{6-\sigma}=180° \quad ②$$

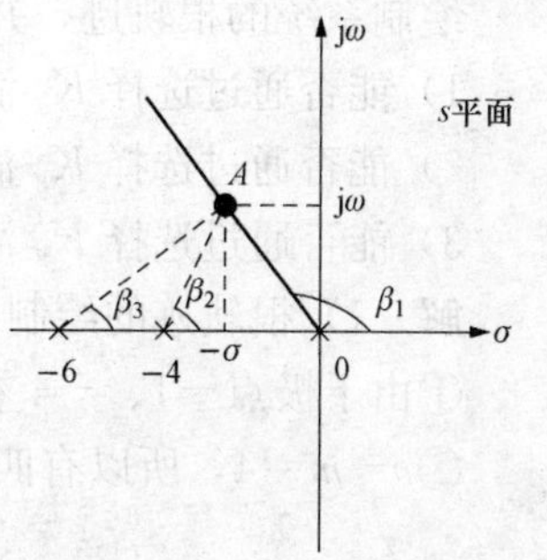

解式①、式②得

$$\sigma\approx 1.2,\quad \omega\approx 2.1$$

所以共轭主导极点为

$$s_{1,2}=-1.2\pm \mathrm{j}2.1$$

对应的

$$K_g=-s(s+4)(s+6)\big|_{s=-1.2+\mathrm{j}2.1}\approx 43.776$$

图 4-23 满足相角条件的主导极点

开环传递函数以时间常数形式表示为

$$G(s)H(s)=K\frac{\prod_{i=1}^{m}(\tau_i s+1)}{\prod_{j=1}^{n}(T_j s+1)} \quad (4-41)$$

式中，K 称为开环放大系数。

开环传递函数以零、极点形式表示为

$$G(s)H(s)=K_g\frac{\prod_{i=1}^{m}(s+z_i)}{\prod_{j=1}^{n}(s+p_j)} \quad (4-42)$$

式中，K_g 称为根轨迹增益。

开环放大系数与根轨迹增益满足关系式

比较式（4-41）和式（4-42）可知

$$K=K_g\frac{\prod_{i=1}^{m}z_i}{\prod_{j=1}^{n}p_j}$$

所以，开环放大系数

$$K=\frac{43.776}{4\times 6}=1.824$$

由于闭环极点之和等于开环极点之和，即

$$s_1+s_2+s_3=p_1+p_2$$

所以另一个闭环极点为 $s_3=-7.6$，而且有 $\frac{7.6}{1.2}\approx 6>5$，即该极点是共轭复数极点实部的 6 倍多，满足闭环主导极点的要求，因此该系统可以近似为二阶系统。

例 4.11 某单位反馈系统开环传递函数为

$$G(s)H(s)=\frac{K_g}{(s+1)^2(s+4)^2}$$

绘制系统的根轨迹，并回答：

1）能否通过选择 K_g 满足最大超调量 $M_p \leqslant 5\%$ 的要求？

2）能否通过选择 K_g 满足调节时间 $t_s \leqslant 2s$ 的要求？

3）能否通过选择 K_g 满足位置误差系数 $K_p \geqslant 10$ 的要求？

解 1）根轨迹的绘制。

①由于极点－1、－4 右侧实数零极点的个数均为偶数，所以实轴上无根轨迹段。

②$n-m=4$，所以有四条渐近线，渐近线与实轴的交点为

$$-\sigma_a=-\frac{\sum_{j=1}^{n}(-p_j)-\sum_{i=1}^{m}(-z_i)}{n-m}=-\frac{1+1+4+4}{4}=-2.5$$

渐近线的倾斜角为

$$\varphi_a=\pm\frac{2k+1}{n-m}\times 180°=\pm\frac{2k+1}{4}\times 180°=\begin{cases}\pm 45° & (k=0)\\ \pm 135° & (k=1)\end{cases}$$

③闭环特征方程式为

$$s^4+10s^3+33s^2+40s+16+K_g=0$$

列写劳斯阵列为

$$\begin{array}{llll} s^4 & 1 & 33 & 16+K_g \\ s^3 & 10 & 40 & \\ s^2 & 29 & 16+K_g & \\ s^1 & \frac{1000-10K_g}{29} & & \\ s^0 & 16+K_g & & \end{array}$$

令 $\frac{1000-10K_g}{29}=0$，则 $K_g=100$。

辅助方程式为

$$29s^2+16+K_g=29s^2+116=0$$

解得根轨迹与虚轴的交点为

$$s_{1,2}=\pm j2$$

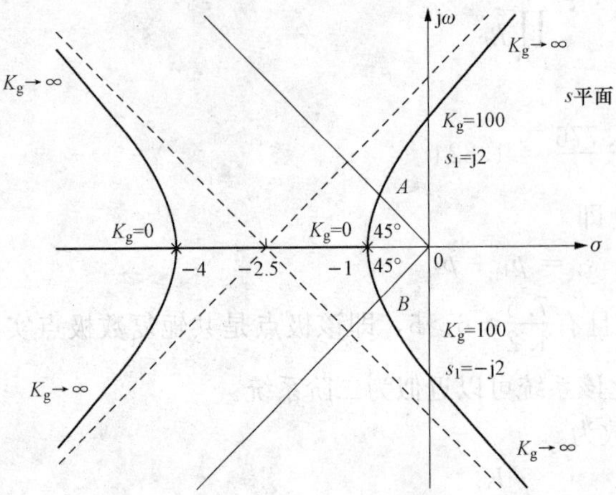

图 4－24　例 4.11 根轨迹

绘制的根轨迹如图 4－24 所示。

2）在根轨迹上做阻尼角为 45° 的等阻尼线与根轨迹相交 A、B 两点，由图中可求得主导极点为

$$s_{1,2}=-0.8\pm j0.8$$

对应的根轨迹增益为

$$K_g=-(s^4+10s^3+33s^2+40s+16)\big|_{s=-0.8+j0.8}=7.4$$

相应地另一对极点为

$$s=-4.2\pm j0.8$$

且 $\frac{-4.2}{-0.8}=5.25>5$，所以满足闭环

主导极点的要求。

因此，当取阻尼角为45°的闭环主导极点时，能够通过选择 K_g 满足 $M_p \leqslant 5\%$ 的要求。

3）要求 $t_s \leqslant 2s$，即要求 $\frac{3}{\zeta\omega_n} \leqslant 2$，也就是 $\zeta\omega_n \geqslant 1.5$，由图 4-24 所示的根轨迹图可知主导极点实部的绝对值小于1，所以不能通过选择 K_g 满足 $t_s \leqslant 2s$ 的要求。

4）静态位置误差系数为

$$K_p = \lim_{s\to 0} G(s)H(s) = \lim_{s\to 0}\frac{100}{(s+1)^2(s+4)^2} = 6.25 < 10$$

所以不能通过选择 K_g 满足 $K_g \geqslant 10$ 的要求。

4.5 参数根轨迹

前面讨论的系统根轨迹绘制方法，都是以根轨迹增益 K_g 为可变参量，这种根轨迹称为常规根轨迹。而在实际控制系统中，有时需要研究根轨迹增益 K_g 以外的其他参数，如某个微分或积分时间常数、反馈系数等的变化对系统闭环极点的影响，这时需要绘制除根轨迹增益以外的其他参数的根轨迹，称为系统的参数根轨迹。通过对系统闭环特征方程式的简单处理，可参照常规根轨迹的绘制方法绘制出系统的参数的根轨迹。

设某闭环控制系统的开环传递函数为

$$G(s)H(s) = \frac{K_g\prod_{i=1}^{m}(s+z_i)}{\prod_{j=1}^{n}(s+p_j)} = K_g\frac{M(s)}{N(s)} \tag{4-43}$$

常规根轨迹方程式为

$$1+G(s)H(s) = 1+K_g\frac{M(s)}{N(s)} = 0 \tag{4-44}$$

如果选择其他参数，如某一参数 a 为可变参数时，用特征方程式中不含 a 的项去除常规根轨迹方程式即可得到参数根轨迹方程式，具体变换为

$$1+G_1(s)H_1(s) = 1+a\frac{P(s)}{Q(s)} = 0 \tag{4-45}$$

$a\frac{P(s)}{Q(s)}$ 称为等效开环传递函数，即

$$G_1(s)H_1(s) = a\frac{P(s)}{Q(s)} \tag{4-46}$$

等效开环传递函数中 a 所处的位置与原开环传递函数中 K_g 的位置相当，这样就可以按照常规根轨迹绘制的方法进行以 a 为可变参数的根轨迹绘制。

例 4.12 已知某系统的开环传递函数为

$$G(s)H(s) = \frac{K_g(s+a)}{s(s^2+2s+2)}$$

试绘制当 $K_g=1$，a 从 0→∞变化时的参数根轨迹，并讨论 a 值对系统稳定性的影响。

解 系统的特征方程式为

$$D(s) = s^3+2s^2+2s+K_g s+K_g a = 0$$

以 $s^3+2s^2+2s+K_g s$ 除以特征方程式两边，得

$$1+a\frac{K_g}{s^3+2s^2+2s+K_g s}=0$$

等效开环传递函数为

$$G_1(s)H_1(s)=\frac{aK_g}{s^3+2s^2+2s+K_g s}$$

当 $K_g=1$ 时，有

$$G_1(s)H_1(s)=\frac{a}{s(s^2+2s+3)}=\frac{a}{s(s+1-\mathrm{j}\sqrt{2})(s+1+\mathrm{j}\sqrt{2})}$$

此时就可以按照常规根轨迹的绘制方法绘制参数根轨迹如图 4-25 所示。

渐近线与实轴的交点

$$-\sigma_a=-\frac{\sum_{j=1}^{n}(-p_j)-\sum_{i=1}^{m}(-z_i)}{n-m}=-\frac{2}{3}$$

渐近线的倾斜角：

$$\varphi_a=\pm\frac{(2k+1)}{n-m}\times180^\circ=\pm\frac{(2k+1)}{3}\times180^\circ=\begin{cases}\pm60^\circ & (k=0)\\180^\circ & (k=1)\end{cases}$$

根轨迹与虚轴的交点。系统的闭环特征方程式为

$$s^3+2s^2+3s+a=0$$

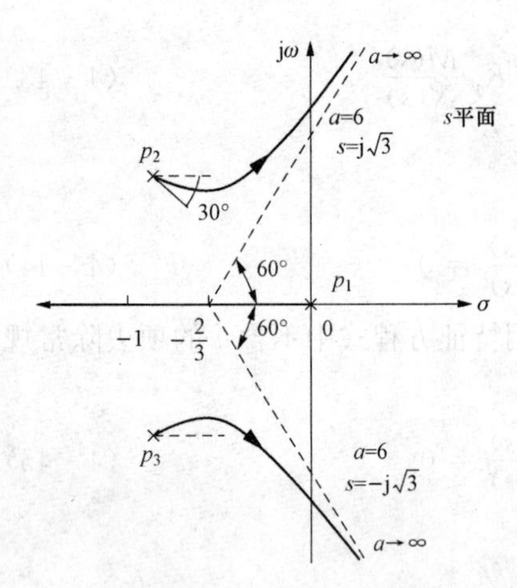

图 4-25 例 4.12 题根轨迹

根据三阶系统稳定的充要条件得

$$a=2\times3=6$$

对应的与虚轴的交点为

$$s_{1,2}=\pm\mathrm{j}\sqrt{3}$$

复数极点处的出射角为

$$\theta=(2k+1)\times180^\circ+\sum_{i=1}^{m}\angle(p_j-z_i)-\sum_{\substack{i=1\\i\neq j}}^{n}\angle(p_j-p_i)$$

$$=180^\circ-(180^\circ-\arctan\sqrt{3})-90^\circ=-30^\circ$$

因此绘制的系统根轨迹如图 4-25 所示。

控制系统可供选择的参数不仅仅局限于根轨迹增益 K_g 这一个参数，有时还需要对其他的一些参数进行选择，对于这种情况也可以用根轨迹法来确定。

例 4.13 设某反馈控制系统如图 4-26 所示，试选择参数 k_1 和 k_2，以使系统同时满足下列性能指标的要求：

1）单位斜坡输入时，系统的稳态误差 $e_{ss}\leqslant0.35$。

2）闭环极点的阻尼比 $\zeta\geqslant0.707$。

3）调整时间 $t_s\leqslant3\text{s}$。

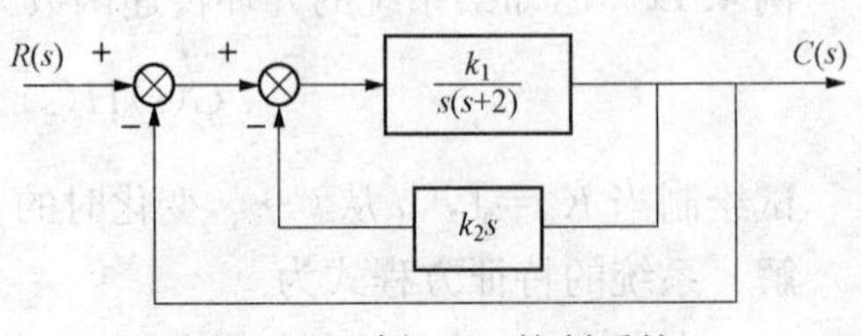

图 4-26 例 4.13 控制系统

解 系统的开环传递函数为

$$G(s)H(s)=\frac{k_1}{s(s+2+k_1k_2)}$$

相应的稳态速度误差系数为

$$K_v=\lim_{s\to 0}sG(s)H(s)=\frac{k_1}{2+k_1k_2}$$

由题意得

$$e_{ss}=\frac{1}{K_v}=\frac{2+k_1k_2}{k_1}\leqslant 0.35$$

由上式可见，若满足系统稳态误差的要求，k_2 必须取值较小，k_1 必须取值较大。

在复平面的左半平面，过坐标原点作一与负实轴成45°角的射线，在此射线上的闭环极点的阻尼比 ζ 均为 0.707，这样的射线称为等阻尼线（见图 4 - 27）。

要求调整时间

$$t_s=\frac{4}{\zeta\omega_n}\leqslant 3\text{s}$$

因而闭环极点的实部 $\zeta\omega_n$ 必须满足

$$\zeta\omega_n\geqslant\frac{4}{3}$$

为了同时满足阻尼比 ζ 和调节时间 t_s 的要求，闭环极点应位于图 4 - 27 所示的阴影区域。系统的闭环特征方程为

$$s^2+2s+k_1k_2s+k_1=0 \qquad ①$$

令 $k_1=\alpha$，$k_2k_1=\beta$，则式①可以写为

$$s^2+2s+\beta s+\alpha=0 \qquad ②$$

设 $\beta=0$，则

$$s^2+2s+\alpha=0$$

写成关于 α 的参数根轨迹方程式

$$1+\frac{\alpha}{s(s+2)}=0 \qquad ③$$

根据式③作出以 α 为参变量的根轨迹如图 4 - 28 所示。

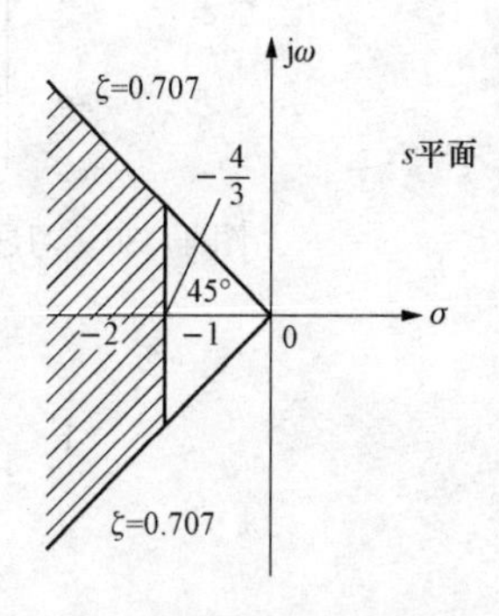

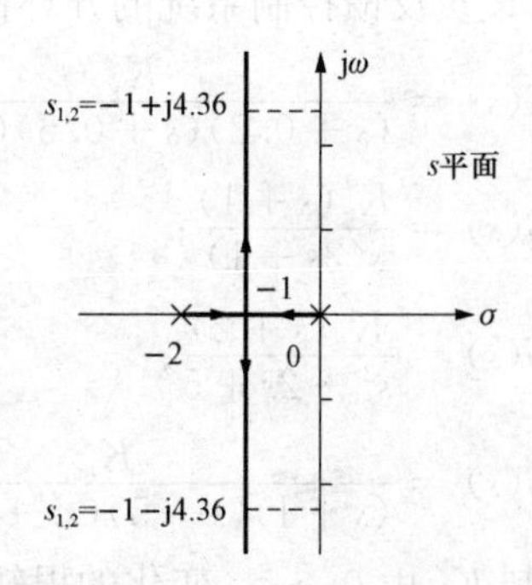

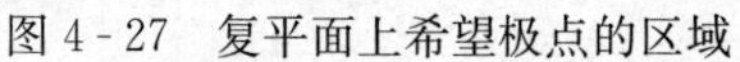
图 4 - 27 复平面上希望极点的区域

图 4 - 28 以 α 为参变量的根轨迹

为了满足稳态性能的要求，取 $k_1=\alpha=20$，则根据式（4 - 45），式②可以写成参数根轨迹方程

$$1+\frac{\beta s}{s^2+2s+20}=0 \qquad ④$$

式④中，等效开环传递函数的极点为 $s_{1,2}\approx -1\pm \text{j}4.36$，以 β 为参变量的根轨迹如图

4-29所示。

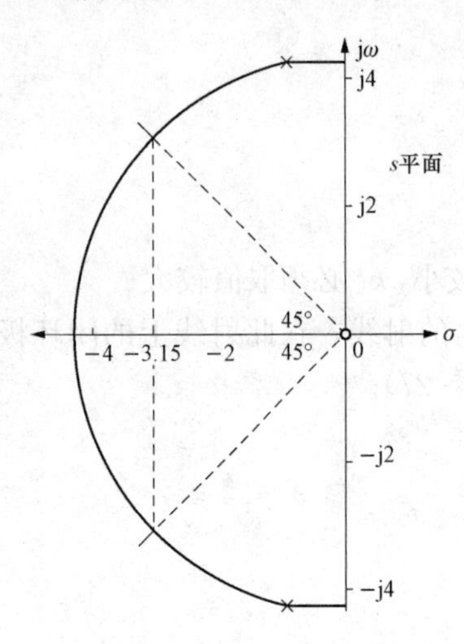

图4-29 例4.13图解

在图4-29中过坐标原点作一与负实轴夹角成45°的射线并与根轨迹相交于点$-3.15\pm j3.17$，由根轨迹方程的模值条件可求得

$$\beta=\left|\frac{s^2+2s+20}{s}\right|_{s=-3.15\pm j3.17}\approx 4.3$$

即$20k_2=4.3$，所以

$$k_2=0.215$$

由于所求闭环极点的实部

$$-\zeta\omega_n=-3.15$$

因而系统的调整时间为

$$t_s=\frac{4}{\zeta\omega_n}=\frac{4}{3.15}\mathrm{s}\approx 1.27\mathrm{s}<3\mathrm{s}$$

在单位斜坡输入下，系统的稳态误差为

$$e_{ss}=\frac{2+k_1k_2}{k_1}=\frac{2+20\times 0.215}{20}=0.315<0.35$$

由此可见，$k_1=20$，$k_2=0.215$，能使系统达到预期的性能要求。

习 题

4.1 某闭环控制系统的开环零、极点分布如图4-30所示，试写出系统的开环传递函数表达式，并检验点$A(-3.25, j1.23)$、$B(-1.65, -j0.35)$、$C(-1.22, j1.66)$是否在该系统的根轨迹上？如果在，用满足根轨迹方程的模值条件计算相应的根轨迹增益K_g的取值。

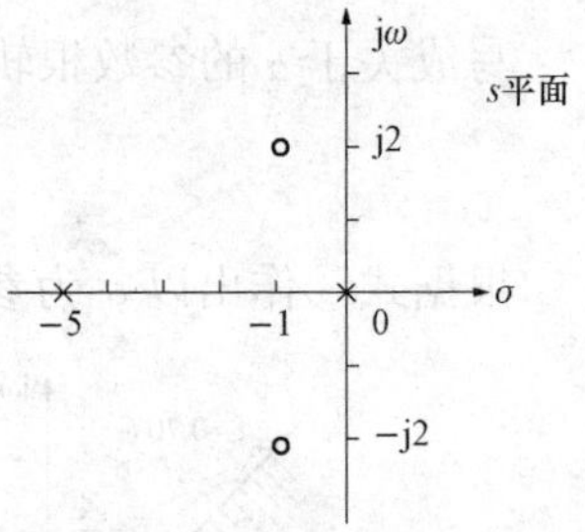

图4-30 习题4.1图

4.2 设负反馈控制系统的开环传递函数分别如下：

(1) $G(s)=\dfrac{K_g}{(s+0.2)(s+0.5)(s+1)}$；

(2) $G(s)=\dfrac{K_g(s+1)}{s(2s+1)}$；

(3) $G(s)=\dfrac{K_g(s+2)}{s^2+2s+5}$；

(4) $G(s)=\dfrac{K_g}{(s+1)(s+5)(s^2+6s+13)}$

试绘制K_g由$0\to\infty$变化的根轨迹图。

4.3 设某负反馈系统的开环传递函数为

$$G(s)H(s)=\frac{K(s+1)}{s^2(0.1s+1)}$$

试绘制该系统的根轨迹图。

4.4 某系统的框图如图4-31所示。

(1) 绘制系统的根轨迹草图；

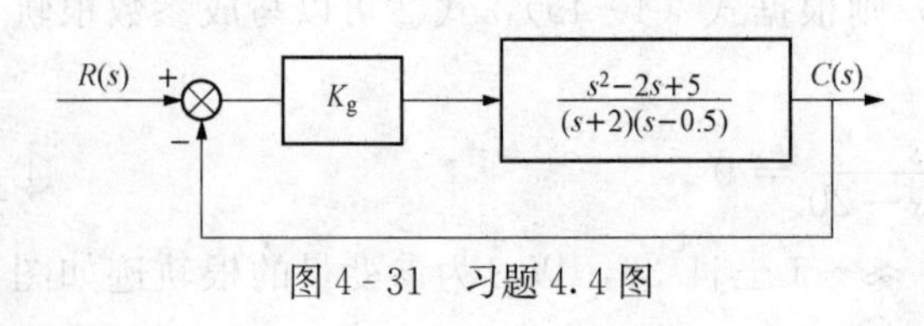

图4-31 习题4.4图

(2) 用根轨迹法确定使系统稳定的 K_g 值范围；

(3) 用根轨迹法确定使系统的阶跃响应不出现超调的 K_g 的最大值。

4.5 已知控制系统前向通道和反馈通道传递函数分别为

$$G(s)=\frac{K_g(s-1)}{s^2+4s+4},\quad H(s)=\frac{5}{s+5}$$

(1) 绘制当 K_g 从 $0\to\infty$ 变化时系统的根轨迹，确定使系统闭环稳定的 K_g 取值范围；

(2) 若已知系统闭环极点 $s_1=-1$，试确定系统的闭环传递函数。

4.6 已知单位反馈系统的开环传递函数为

$$G(s)=\frac{K_g}{(s+1)^2(s+4)^2}$$

(1) 绘制 K_g 由 $0\to\infty$ 变化的闭环根轨迹图；

(2) 求出使系统闭环稳定的 K_g 取值范围。

4.7 已知单位负反馈系统的开环传递函数为

$$G(s)=\frac{K_g}{s(s+1)(0.5s+1)}$$

(1) 试绘制 K_g 由 $0\to+\infty$ 变化的闭环根轨迹图；

(2) 用根轨迹法确定使系统的阶跃响应不出现超调时的 K_g 取值范围。

4.8 已知负反馈系统的开环传递函数为

$$G(s)H(s)=\frac{2.6}{s(0.1s+1)(Ts+1)}$$

试绘制出 T 从 $0\to+\infty$ 的根轨迹图。

4.9 已知某单位反馈系统的开环函数为

$$G(s)=\frac{K_g}{s^2(s+1)}$$

(1) 试绘制系统的根轨迹图，说明其稳定性；

(2) 如果在负实轴上增加一个零点 $-a(0\leqslant a<1)$，对系统的稳定性有何影响？试仍以根轨迹图来说明。

4.10 某具有局部反馈的系统结构如图 4-32 所示：

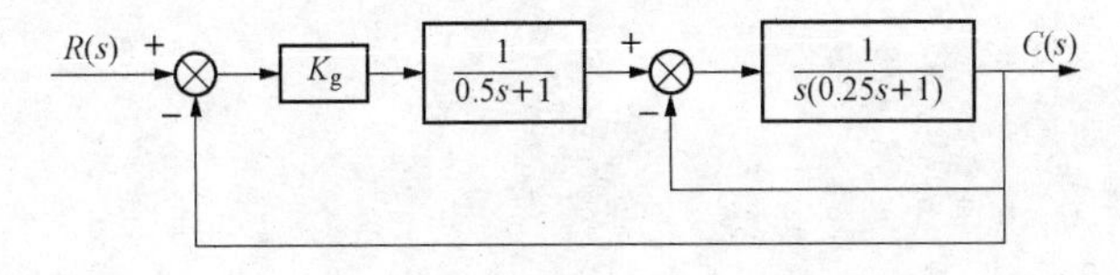

图 4-32 习题 4.10 图

(1) 画出当 K_g 从 $0\to\infty$ 变化时，闭环系统的根轨迹；

(2) 用根轨迹法确定使系统具有阻尼比 $\zeta=0.5$ 时 K_g 的取值以及相应的闭环极点；

(3) 用根轨迹法确定系统在单位阶跃信号作用下，稳态控制精度的允许值。

4.11 已知单位负反馈系统的闭环传递函数为

$$G(s)=\frac{as}{s^2+as+16}$$

(1) 试绘制 a 由 $0\to+\infty$ 变化的闭环根轨迹图；

(2) 判断点 $(-\sqrt{3}, \mathrm{j})$ 是否在根轨迹上；

(3) 由根轨迹求出使闭环系统阻尼比 $\zeta=0.5$ 时 a 的值。

4.12　系统闭环特征方程分别如下，试概略绘制 K 由 $0\to+\infty$ 变化的闭环根轨迹图。

(1) $s^3+(K-1.8)s^2+4Ks+3K=0$；(2) $s^3+3s^2+(K+2)s+10K=0$。

第5章 控制系统的频域分析法

基于微分方程的控制系统时域分析法对于复杂的系统显得非常烦琐；另外一方面，当系统的响应不能满足预期要求时，用时域分析方法很难确定如何调整系统的结构与参数以获得预期的效果。于是在传递函数基础上又产生了对控制系统的频域分析法。

应用频率特性研究线性系统的方法称为频域分析法。该方法是以输入信号的频率为变量，对系统的性能在频率域内进行研究的一种方法。这种分析法有利于系统设计，能够估计到影响系统性能的频率范围。特别地，当系统中存在难以用数学模型描述的某些元部件时，采用容易使用的正弦信号发生器和精密的测量装置所做的频率响应实验通常简便而又准确，从而可对系统和元件进行准确而有效的分析。一些复杂元件的传递函数也经常是使用频率响应实验的方法来确定的。这对于难以列写微分方程式的元部件或系统来说，具有重要的实际意义。此外，频率响应法还有这样一些优点：由于频率响应法主要通过开环频率特性的图形对系统进行分析，因而具有形象直观和计算量少的特点；能够设计出使噪声达到忽略不计的系统；还可以将这种分析和设计方法应用于传递函数不是有理数的纯滞后系统和部分非线性系统。

控制系统的频域分析法具有以下特点：不必求解微分方程就可以表示出系统的性能；同时，又能指出如何调整系统性能技术指标以满足预期的要求。

本章介绍频率特性的基本概念、典型环节和系统的开环频率特性、奈奎斯特稳定判据和系统的相对稳定性、由系统开环频率特性求闭环频率特性的方法、系统性能的频域分析方法以及频率特性的实验确定方法。

5.1 频 率 特 性

5.1.1 频率特性的概念

频率特性是系统（或元件）针对不同频率的正弦输入信号的传递特性。频率特性描述了系统在正弦输入信号作用下，其稳态输出信号与输入信号之间的关系。

设系统的传递函数为 $G(s)$，一般有

$$G(s)=\frac{N(s)}{D(s)}=\frac{N(s)}{(s+p_1)(s+p_2)\cdots(s+p_n)}$$

其中 $D(s)$ 与 $N(s)$ 分别为传递函数的分母与分子多项式。

给系统输入一个正弦信号

$$r(t)=E\sin\omega t$$

式中 E—— $r(t)$ 的振幅，为一常值；

ω——正弦函数的角频率。

其拉普拉斯变换

$$R(s)=\frac{E\omega}{s^2+\omega^2}$$

则系统输出为

$$C(s)=G(s)R(s)=\frac{N(s)}{(s+p_1)(s+p_2)\cdots(s+p_n)}\cdot\frac{E\omega}{s^2+\omega^2}$$

$-p_1,-p_2,\cdots,-p_n$ 为系统的实数或复数极点，且具有负的实部。

假设系统无重极点，则对于稳定系统

$$C(s)=\sum_{i=1}^{n}\frac{b_i}{s+p_i}+\frac{a}{s+\mathrm{j}\omega}+\frac{\bar{a}}{s-\mathrm{j}\omega} \tag{5-1}$$

a，$\bar{a}$ 和 $b_i(i=1,2,\cdots,n)$ 为待定系数，a、$\bar{a}$ 共扼。

由拉普拉斯反变换可得

$$c(t)=a\mathrm{e}^{-\mathrm{j}\omega t}+\bar{a}\mathrm{e}^{\mathrm{j}\omega t}+\sum_{i=1}^{n}b_i\mathrm{e}^{-p_it}$$

则系统输出的稳态分量

$$c(t)=a\mathrm{e}^{-\mathrm{j}\omega t}+\bar{a}\mathrm{e}^{\mathrm{j}\omega t}$$

如果系统中含有 r 个重极点 p_0，则在输出中将出现 $t^k\mathrm{e}^{-p_0t}(k=0,1,2,\cdots,r-1)$ 的项，然而对于稳定的系统来说，由于 p_0 具有负实部，所以 $t^k\mathrm{e}^{-p_0t}$ 各项都将随着 t 趋于无穷大而趋于零。因此具有重极点的稳定系统的稳态分量具有和上式相同的形式。

$$\begin{aligned}a&=G(s)\frac{E\omega}{s^2+\omega^2}(s+\mathrm{j}\omega)\Big|_{s=-\mathrm{j}\omega}\\&=G(-\mathrm{j}\omega)\frac{E\omega}{(s+\mathrm{j}\omega)(s-\mathrm{j}\omega)}(s+\mathrm{j}\omega)\Big|_{s=-\mathrm{j}\omega}\\&=G(-\mathrm{j}\omega)\frac{-E}{2\mathrm{j}}\end{aligned}$$

$$\bar{a}=G(s)\frac{E\omega}{s^2+\omega^2}(s-\mathrm{j}\omega)\Big|_{s=\mathrm{j}\omega}=G(\mathrm{j}\omega)\frac{E}{2\mathrm{j}}$$

由于 $G(\mathrm{j}\omega)$ 是一个复数向量，因而可表示为

$$G(\mathrm{j}\omega)=|G(\mathrm{j}\omega)|\mathrm{e}^{\mathrm{j}\angle G(\mathrm{j}\omega)} \tag{5-2}$$

$|G(\mathrm{j}\omega)|$ 和 $\angle G(\mathrm{j}\omega)$ 分别为 $G(\mathrm{j}\omega)$ 的模和幅角。

同理，

$$G(-\mathrm{j}\omega)=|G(-\mathrm{j}\omega)|\mathrm{e}^{\mathrm{j}\angle G(-\mathrm{j}\omega)}$$

可以证明，$|G(-\mathrm{j}\omega)|=|G(\mathrm{j}\omega)|$ 是 ω 的偶函数；$\angle G(-\mathrm{j}\omega)=-\angle G(\mathrm{j}\omega)$ 是 ω 的奇函数。故

$$G(-\mathrm{j}\omega)=|G(\mathrm{j}\omega)|\mathrm{e}^{-\mathrm{j}\angle G(\mathrm{j}\omega)} \tag{5-3}$$

因此

$$G(\pm\mathrm{j}\omega)=|G(\mathrm{j}\omega)|\mathrm{e}^{\pm\mathrm{j}\angle G(\mathrm{j}\omega)}=A(\omega)\mathrm{e}^{\pm\mathrm{j}\varphi(\omega)} \tag{5-4}$$

则

$$\begin{cases}A(\omega)=|G(\mathrm{j}\omega)|\\\varphi(\omega)=\angle G(\mathrm{j}\omega)\end{cases} \tag{5-5}$$

$$c(t)=a\mathrm{e}^{-\mathrm{j}\omega t}+\bar{a}\mathrm{e}^{\mathrm{j}\omega t}=A(\omega)\mathrm{e}^{-\mathrm{j}\varphi(\omega)}\mathrm{e}^{-\mathrm{j}\omega t}\frac{-E}{2\mathrm{j}}+A(\omega)\mathrm{e}^{\mathrm{j}\varphi(\omega)}\mathrm{e}^{\mathrm{j}\omega t}\frac{E}{2\mathrm{j}}$$

因为

$$\frac{\mathrm{e}^{\mathrm{j}\varphi}-\mathrm{e}^{-\mathrm{j}\varphi}}{2\mathrm{j}}=\sin\varphi$$

所以

$$c(t)=A(\omega)E\sin[\omega t+\varphi(\omega)] \tag{5-6}$$

式（5-6）表明，线性定常系统的稳态输出是和输入具有相同频率的正弦信号，只不过是振幅和初相角（相位差）与输入不同了，而振幅和初相角（相位差）是角频率 ω 的函数。显然，稳态时系统（或元件）$G(s)$ 对正弦输入信号产生的同频率的正弦输出信号只是在幅值 $A(\omega)$（放大或缩小）和初相角（相位差）（超前或滞后）发生了随角频率 ω 的传递变化。这就是系统（或元件）的随频率变化的频率特性的概念。

5.1.2　频率特性的定义

系统频率特性的定义：系统在正弦输入信号作用下，稳态输出与输入的复数比。

$$\frac{C(\mathrm{j}\omega)}{R(\mathrm{j}\omega)}=G(\mathrm{j}\omega)\text{—— 频率特性}$$

频率特性又称频率传递函数。

由式（5-4）和式（5-5），并考虑到角频率 ω 的物理意义（即 $0\leqslant\omega<+\infty$），则有 $G(\mathrm{j}\omega)=A(\omega)\varphi(\omega)=|G(\mathrm{j}\omega)|\angle G(\mathrm{j}\omega)=|G(\mathrm{j}\omega)|\mathrm{e}^{\mathrm{j}\angle G(\mathrm{j}\omega)}$

其中 $A(\omega)$ 称作幅频特性，$\varphi(\omega)$ 称作相频特性。

5.1.3　频率特性的求取

频率特性常用以下三种方法求取：

（1）根据系统的微分方程求取。将输入以正弦函数代入微分方程，零初始条件下求其稳态解，取输出稳态分量和输入正弦函数的复数之比求得。

（2）根据系统的传递函数求取。令 $s=\mathrm{j}\omega$ 代入传递函数中，可直接得到系统的频率特性。

（3）通过实验测得。

一般经常采用的是后两种方法，这里主要讨论如何根据传递函数求取系统的频率特性。

下面以 RC 电路为例，说明频率特性的求取。

例 5.1　求图 5-1 所示电路的频率特性。

解　设输入电压

$$u_i(t)=E\sin(\omega t)$$

由图 5-1 可得

$$\frac{U_o(s)}{U_i(s)}=G(s)=\frac{1}{1+RCs}$$

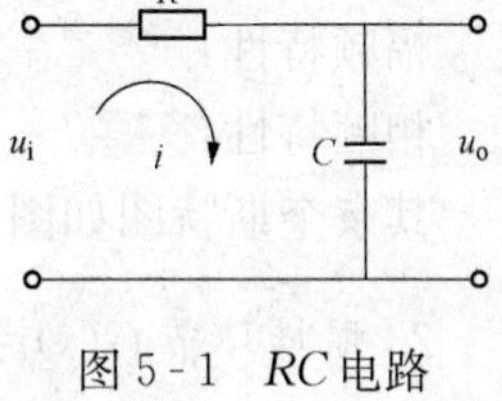

图 5-1　RC 电路

将 $s=\mathrm{j}\omega$ 代入上式

$$\frac{U_o(\mathrm{j}\omega)}{U_i(\mathrm{j}\omega)}=G(\mathrm{j}\omega)=\frac{1}{1+RC\mathrm{j}\omega}=\frac{1}{1+T\mathrm{j}\omega}$$

则

$$A(\omega)=|G(\mathrm{j}\omega)|=\frac{1}{\sqrt{1+T^2\omega^2}} \tag{5-7}$$

$$\varphi(\omega)=-\arctan T\omega \tag{5-8}$$

式中

$$T=RC$$

故

$$G(\mathrm{j}\omega)=A(\omega)\mathrm{e}^{\mathrm{j}\varphi(\omega)}=\frac{1}{\sqrt{1+T^2\omega^2}}\angle-\arctan T\omega \tag{5-9}$$

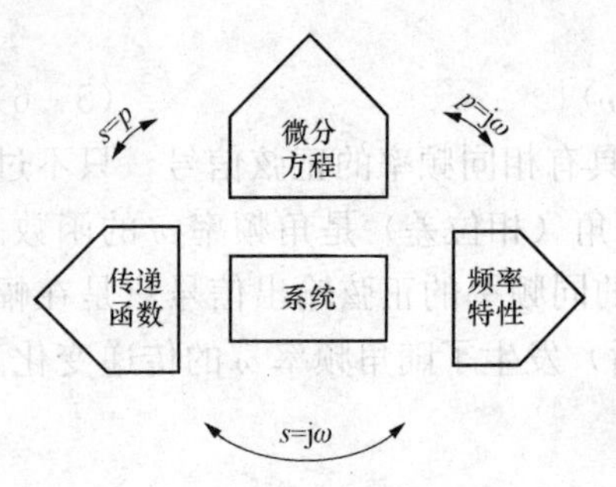

图 5-2　三大模型之间的关系

微分方程、传递函数是控制系统的数学模型，从形式和结构上看，频率特性与之包含了相同的信息量，从而频率特性也是控制系统的数学模型。

控制系统的微分方程模型、传递函数模型以及频率特性模型之间的关系如图 5-2 所示，图中 $P=\frac{\mathrm{d}}{\mathrm{d}t}$。

5.2　幅相频率特性及其绘制

在控制工程分析和设计中，为了直观、方便，通常把频率特性画成一些曲线，在曲线上进行研究。即在所需要的频率范围内，以频率 ω 作为参数来表示频率特性的幅值和相角关系图。常用的图示表达方式有三种：幅相频率特性（奈奎斯特图或极坐标图）、对数频率特性（伯德图）、对数幅相频率特性（对数幅相图或尼柯尔斯图）。本章只介绍幅相频率特性和对数频率特性。

首先介绍幅相频率特性（极坐标图或奈奎斯特图）。在复平面上，把频率特性的模和幅角同时表示出来的图就是极坐标图。它是当 ω 由 0 变化到无穷大时，表示在极坐标上的 $G(\mathrm{j}\omega)$ 的幅值与相角的关系图。即当频率 ω 变化时，频性特性 $G(\mathrm{j}\omega)$ 矢量端点在复平面上形成的轨迹，称为极坐标图或奈奎斯特（Nyquist）图，简称奈氏图。采用极坐标图的优点是它能在一幅图上表示出系统在整个频率范围内的频率响应特性，但它不能清楚地表明开环传递函数中每个因子对系统的具体影响。

5.2.1　典型环节的幅相频率特性——奈奎斯特图

1. 比例环节 $G(s)=k$

频率特性：　$G(\mathrm{j}\omega)=k$

幅频特性：　$|G(\mathrm{j}\omega)|=k$

相频特性：　$\angle G(\mathrm{j}\omega)=0°$

其奈奎斯特图如图 5-3 所示。

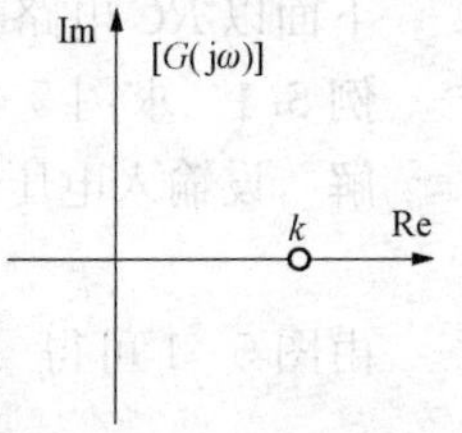

图 5-3　比例环节的奈奎斯特图

2. 惯性环节 $G(s)=\frac{k}{1+Ts}$

频率特性：

$$G(\mathrm{j}\omega)=\frac{k}{1+\mathrm{j}\omega T}=\frac{k}{\sqrt{1+\omega^2T^2}}\angle-\arctan\omega T$$

幅频特性：

$$|G(\mathrm{j}\omega)|=\frac{k}{\sqrt{1+\omega^2T^2}}$$

相频特性：

$$\angle G(j\omega)=\angle-\arctan\omega T$$

其奈奎斯特如图5-4所示。

3. 积分环节 $G(s)=\dfrac{1}{s}$

频率特性

$$G(j\omega)=\frac{1}{j\omega}$$

幅频特性

$$|G(j\omega)|=\frac{1}{\omega}$$

相频特性

$$\angle G(j\omega)=-\frac{\pi}{2}$$

其奈奎斯特图如图5-5所示。

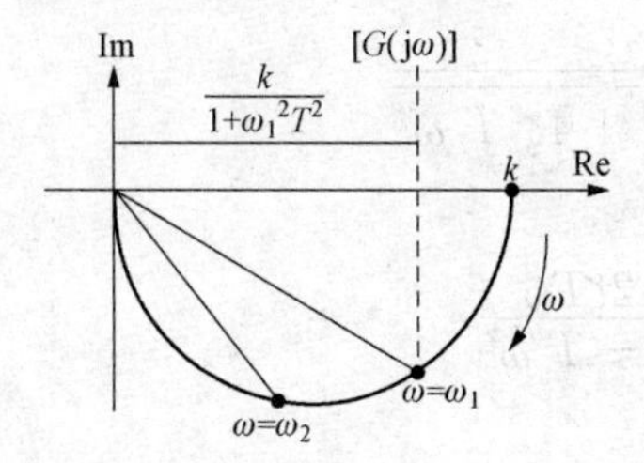

图5-4　惯性环节的奈奎斯特图

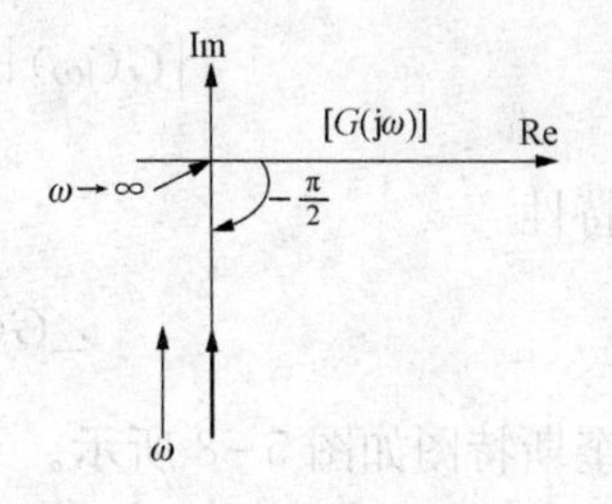

图5-5　积分环节的奈奎斯特图

4. 一阶微分环节 $G(s)=s$

频率特性

$$G(j\omega)=j\omega$$

幅频特性

$$|G(j\omega)|=\omega$$

相频特性

$$\angle G(j\omega)=\frac{\pi}{2}$$

其奈奎斯特图如图5-6所示。

5. 二阶微分环节 $G(s)=T^2s^2+2\zeta Ts+1$

频率特性

$$G(j\omega)=1-T^2\omega^2+j2\zeta T\omega$$

幅频特性

$$|G(j\omega)|=\sqrt{(1-T^2\omega^2)^2+4\zeta^2T^2\omega^2}$$

相频特性

$$\angle G(j\omega)=\arctan\frac{2\zeta T\omega}{1-T^2\omega^2}$$

其奈奎斯特图如图5-7所示。

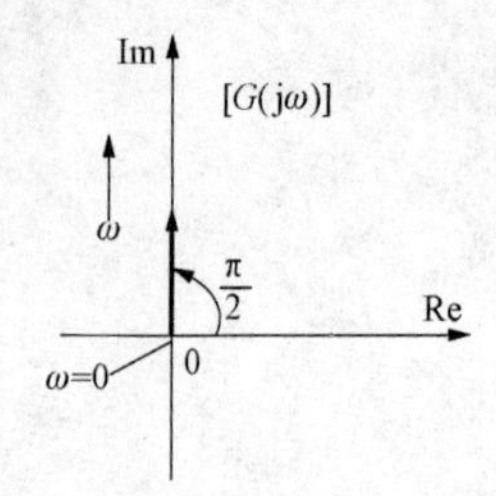

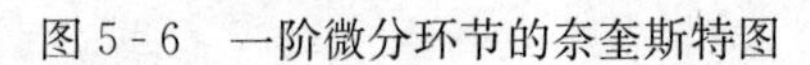
图 5-6　一阶微分环节的奈奎斯特图

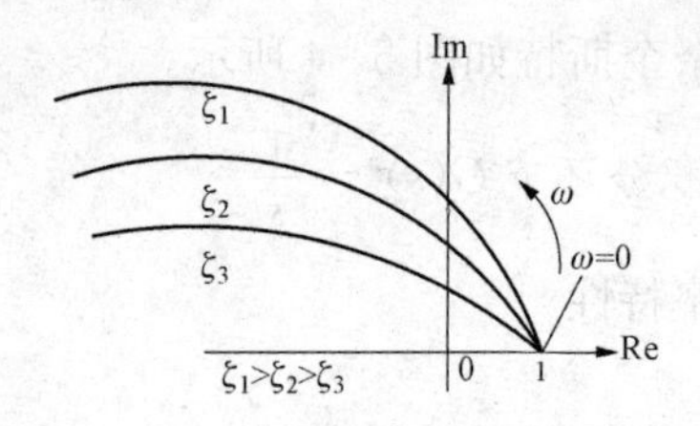

图 5-7　二阶微分环节的奈奎斯特图

6. 振荡环节 $G(s)=\dfrac{1}{T^2s^2+2\zeta Ts+1}$

频率特性

$$G(\mathrm{j}\omega)=\frac{1}{1-T^2\omega^2+\mathrm{j}2\zeta T\omega}$$

幅频特性

$$|G(\mathrm{j}\omega)|=\frac{1}{\sqrt{(1-T^2\omega^2)^2+4\zeta^2T^2\omega^2}}$$

相频特性

$$\angle G(\mathrm{j}\omega)=-\arctan\frac{2\zeta T\omega}{1-T^2\omega^2}$$

其奈奎斯特图如图 5-8 所示。

7. 延迟环节 $G(s)=\mathrm{e}^{-Ts}$

频率特性

$$G(\mathrm{j}\omega)=\mathrm{e}^{-\mathrm{j}T\omega}=\cos\omega T-\mathrm{j}\sin\omega T$$

幅频特性

$$|G(\mathrm{j}\omega)|=1$$

相频特性

$$\angle G(\mathrm{j}\omega)=-\omega T$$

由幅频特性、相频特性可知，其奈奎斯特图为一个圆（见图 5-9）。

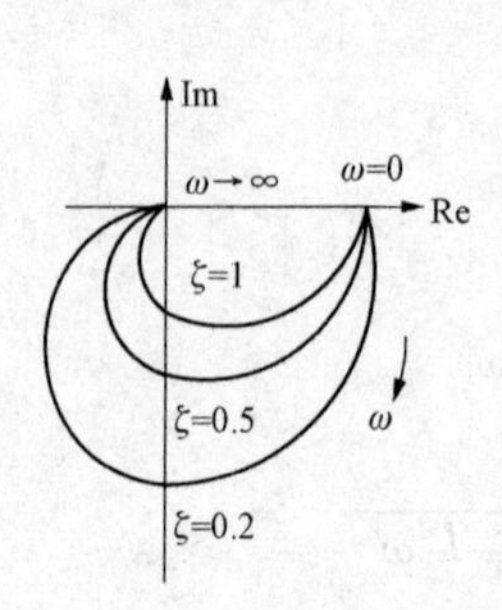

图 5-8　振荡环节的奈奎斯特图

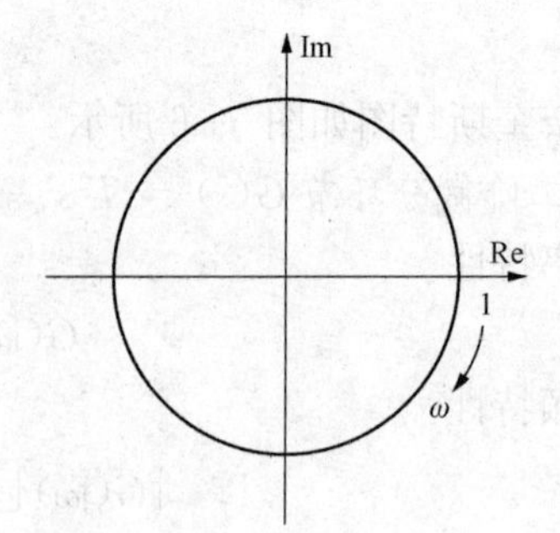

图 5-9　延迟环节的奈奎斯特图

5.2.2　控制系统开环幅相频率特性曲线——奈奎斯特图的绘制

运用典型环节的奈奎斯特图的绘制方法即可完成系统开环传递函数的奈奎斯特图的绘

制。开环幅相频率特性曲线—奈奎斯特图的一般绘制方法：

（1）系统的开环传递函数写成若干个典型环节的串联组合，即

$$G(s)=G_1(s)G_2(s)\cdots G_n(s)$$

（2）根据传递函数写出系统频率特性，并表示为幅频和相频特性的形式，即

$$\begin{aligned}G(\mathrm{j}\omega)&=A(\omega)\mathrm{e}^{\mathrm{j}\varphi(\omega)}=A_1(\omega)\mathrm{e}^{\mathrm{j}\varphi_1(\omega)}A_2(\omega)\mathrm{e}^{\mathrm{j}\varphi_2(\omega)}\cdots A_n(\omega)\mathrm{e}^{\mathrm{j}\varphi_n(\omega)}\\&=A_1(\omega)A_2(\omega)\cdots A_n(\omega)\mathrm{e}^{\mathrm{j}[\varphi_1(\omega)+\varphi_2(\omega)+\cdots+\varphi_n(\omega)]}\end{aligned}$$

（3）分别求出起始点 $\omega=0$ 和终止点 $\omega=\infty$ 的幅频和相频，并表示在极坐标上；

（4）找出必要的特征点，如 $\omega=\frac{1}{T}$，计算出奈奎斯特曲线与实轴、虚轴的交点；

（5）根据已知点和 $A(\omega)$、$\varphi(\omega)$ 的变化规律，绘制奈奎斯特图的大致形状。

例 5.2　已知单位反馈系统的开环传递函数为

$$G(s)=\frac{k}{(T_1s+1)(T_2s+1)}$$

试绘制系统开环幅相特性曲线。

解　系统开环频率特性

$$G(\mathrm{j}\omega)=k\frac{1}{(T_1\mathrm{j}\omega+1)}\frac{1}{(T_2\mathrm{j}\omega+1)}$$

即系统是由一个比例环节和两个惯性环节组成。

其幅频特性为

$$A(\omega)=\frac{k}{\sqrt{1+(\omega T_1)^2}\sqrt{1+(\omega T_2)^2}}$$

相频特性为

$$\varphi(\omega)=-\arctan\omega T_1-\arctan\omega T_2$$

幅频、相频特性随频率变化如图 5 - 10 所示。

将 $G(\mathrm{j}\omega)$ 写成代数形式，即

$$\begin{aligned}G(\mathrm{j}\omega)&=\frac{k}{(T_1\mathrm{j}\omega+1)(T_2\mathrm{j}\omega+1)}\\&=\frac{k(1-T_1T_2\omega^2)}{(1+T_1^2\omega^2)(1+T_2^2\omega^2)}-\mathrm{j}\frac{k(T_1+T_2)\omega}{(1+T_1^2\omega^2)(1+T_2^2\omega^2)}\end{aligned}$$

令 $\mathrm{Re}[G(\mathrm{j}\omega)]=0$ 则得

$$\omega_x=\frac{1}{\sqrt{T_1T_2}}$$

将 $\omega_x=\frac{1}{\sqrt{T_1T_2}}$ 代入 $\mathrm{Im}[G(\mathrm{j}\omega)]$，则得 $\mathrm{Im}[G(\mathrm{j}\omega)]=-\frac{k\sqrt{T_1T_2}}{T_1+T_2}$。

此即奈奎斯特曲线与负虚轴的交点。完整的奈奎斯特曲线如图 5 - 10 所示。

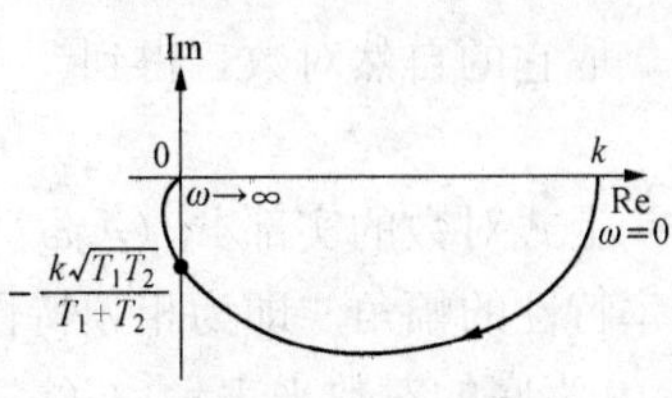

图 5 - 10　奈奎斯特图

一般地，对于线性定常控制系统的开环频率特性可表示为

$$G(\mathrm{j}\omega)=\frac{K(\tau_1\mathrm{j}\omega+1)(\tau_2\mathrm{j}\omega+1)\cdots(\tau_m\mathrm{j}\omega+1)}{(\mathrm{j}\omega)^\nu(T_1\mathrm{j}\omega+1)(T_2\mathrm{j}\omega+1)\cdots(T_{n-\nu}\mathrm{j}\omega+1)}(n>m)$$

式中 n 为分母多项式阶次，m 为分子多项式阶次。

开环频率特性的奈奎斯特曲线的低频段（$\omega=0$）和高频段（$\omega\to\infty$）有如图 5-11 所示的规律。

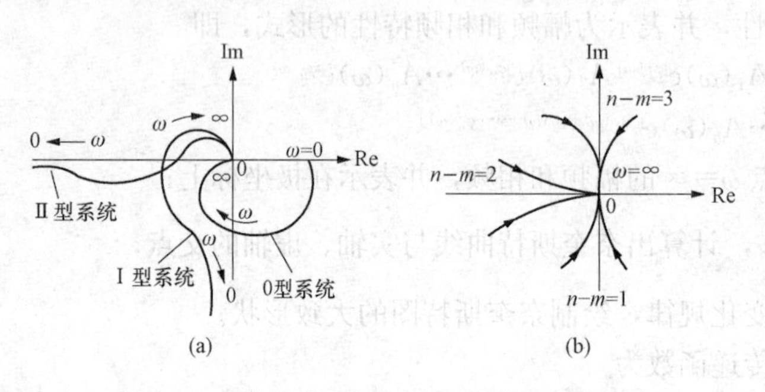

图 5-11　线性定常控制系统的开环奈奎斯特图
（a）0 型、Ⅰ型、Ⅱ型系统在低频区域内的奈奎斯特图；
（b）高频区域内的奈奎斯特图

对于 0 型系统（$\nu=0$）：奈奎斯特曲线的起点 $\omega=0$ 是一个位于正实轴的有限值，见图 5-11（a）；奈奎斯特曲线的终点 $\omega=\infty$ 位于坐标原点，并且这一点上的曲线与一个坐标轴（实轴或虚轴）相切 $[\varphi(\omega)=-(n-m)\times 90°]$，见图 5-11（b）。

对于Ⅰ型系统（$\nu=1$）：当 $\omega=0$ 时，$\varphi(\omega)=-90°$，$A(\omega)=\infty$，在低频段，奈奎斯特曲线的渐近线是一条与负虚轴平行的直线，见图 5-11（a）；当 $\omega=\infty$ 时其幅值为零，曲线收敛于原点，且曲线与一个坐标轴（实轴或虚轴）相切 $[\varphi(\omega)=-(n-m)\times 90°]$，见图 5-11（b）。

对于Ⅱ型系统（$\nu=2$）：当 $\omega=0$ 时，$\varphi(\omega)=-180°$，$A(\omega)=\infty$，奈奎斯特曲线的渐近线是一条与负实轴平行的直线；当 $\omega=\infty$ 时，$G(\mathrm{j}\omega)$ 曲线收敛于原点且与一个坐标轴（实轴或虚轴）相切 $[\varphi(\omega)=-(n-m)\times 90°]$，见图 5-11（b）。

5.3　对数频率特性及其绘制

对数频率特性曲线由两条曲线组成：其一为对数幅频特性；其二为对数相频特性。

两条曲线分别绘制出两张图，在两张图中的横坐标均为 ω 轴，以 ω 的常用对数分度表示之，对数幅频特性的纵坐标采用线性分度，其值为 $L(\omega)=20\lg|G(\mathrm{j}\omega)|$，单位是分贝(dB)。相频特性的纵坐标也采用线性分度，其单位是度或弧度。对数频率特性又称为伯德(Bode) 图，采用对数坐标图的主要优点就在于可以将幅值的相乘转化为幅值的相加。其次，由于这种方法是建立在渐近近似的基础上的，所以绘制近似的对数幅值曲线的方法简单方便。如果只需要频率响应特性的粗略信息，用渐近直线来近似表示时也是足够的。如果需要精确的曲线，在渐近直线的基础上进行修正也是比较简单的，是目前应用较为广泛的一种频率响应图。

控制系统的频率特性为

$$G(\mathrm{j}\omega)=|G(\mathrm{j}\omega)|\mathrm{e}^{\mathrm{j}\angle G(\mathrm{j}\omega)}$$

取它的自然对数，得到

$$\ln G(\mathrm{j}\omega)=\ln|G(\mathrm{j}\omega)|+\mathrm{j}\angle G(\mathrm{j}\omega)$$

上式对数的实部 $\ln|G(\mathrm{j}\omega)|$ 是频率特性模的对数，即为对数幅频特性。虚部 $\angle G(\mathrm{j}\omega)$ 是频率特性的幅角。即为相频特性。在实际应用中，往往不是用自然对数幅频特性，而是采用以 10 为底的对数来表示。$G(\mathrm{j}\omega)$ 的对数幅频的表达式可写为 $L(\omega)=20\lg|G(\mathrm{j}\omega)|$，表达式中采用的单位是分贝，以 dB（decibel）表示。在对数表达式中，对数幅频特性和对数相频

特性曲线画在半对数坐标纸上，频率采用对数分度，而幅值（dB）和角（度或弧度）则采用线性分度。

需要注意的是，在以 lgω 划分的频率轴（横坐标）上，一般只标注 ω 的自然数值。其特点是：若在横轴上任意取两点使其满足则在对数频率轴上$\frac{\omega_2}{\omega_1}=10$ 两点的距离为 lg10=1。

因此，不论起点如何，只要角频率变化 10 倍，在横轴上线段长均等于一个单位，将此称为一个 10 倍频程，记作 dec（decade）。即频率变化 10 倍时，则频率变化了一个 10 倍频程，如图 5-12 所示。

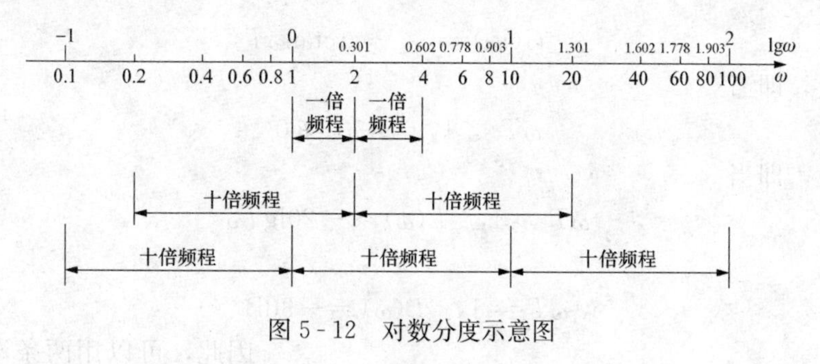

图 5-12　对数分度示意图

5.3.1　典型环节的对数频率特性——伯德图

1. 比例环节 $G(s) = k$（见图 5-13）

频率特性

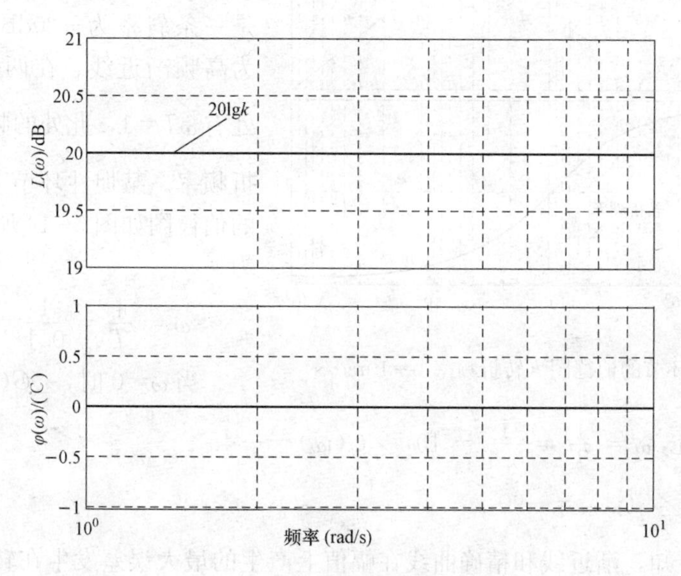

图 5-13　比例环节的伯德图（取 $k=10$）

$$G(\mathrm{j}\omega) = k$$

对数幅频特性

$$L(\omega) = 20\lg|G(\mathrm{j}\omega)| = 20\lg k \quad (\mathrm{dB})$$

相频特性

$$\angle G(\mathrm{j}\omega) = 0^\circ$$

2. 惯性环节 $G(s)=\dfrac{1}{1+Ts}$（见图 5-14）

频率特性

$$G(\mathrm{j}\omega)=\frac{1}{1+\mathrm{j}\omega T}=\frac{1}{\sqrt{1+\omega^2T^2}}\angle-\arctan\omega T$$

对数幅频特性

$$L(\omega)=20\lg|G(\mathrm{j}\omega)|=-20\lg\sqrt{1+\omega^2T^2}$$

相频特性

$$\angle G(\mathrm{j}\omega)=\angle-\arctan\omega T$$

在低频段，即当

$$\omega T\ll1,\quad L(\omega)\approx0$$

在高频段，即当

$$\omega T\gg1,\quad L(\omega)\approx-20\lg T\omega$$

当

$$\omega T=1,\quad L(\omega)=-3\mathrm{dB}$$

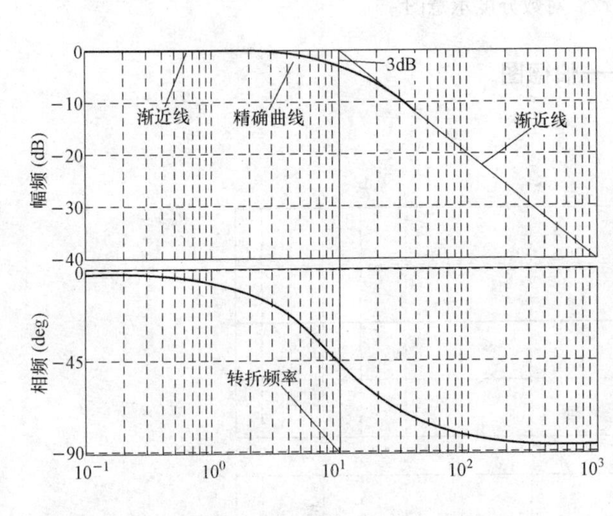

图 5-14 惯性环节的伯德图（转折频率 ω=10rad/s）

因此，可以用两条渐近线来近似表示对数幅频特性曲线：当 $0<\omega T<1$ 时，是一条幅值等于 0dB 的水平线，称为低频渐近线；当 $1<\omega T<\infty$ 时，是一条斜率为−20dB/dec 的直线，称为高频渐近线。在两条渐近线的相交处有 $\omega T=1$，此处的频率 $\omega=\dfrac{1}{T}$称为转折频率。某惯性环节（其中 $T=0.1\mathrm{s}$）的伯德图如图 5-14 所示，其转折频率为

$$\omega=\frac{1}{T}=\frac{1}{0.1}=10(\mathrm{rad/s})$$

当 $\omega=0$ 时，$\angle G(\mathrm{j}\omega)=0^\circ$；

在转折频率处，$\omega=\dfrac{1}{T}=\dfrac{1}{0.1}=10$，$\angle G(\mathrm{j}\omega)=-45^\circ$；

当 $\omega\to\infty$时，$\angle G(\mathrm{j}\omega)=-90^\circ$。

由图 5-14 可知，渐近线和精确曲线在幅值上产生的最大误差发生在转折频率 $\omega=\dfrac{1}{T}=10$ 处，等于 3dB。另外从图 5-14 可看出惯性环节具有低通滤波器的作用。

3. 积分环节 $G(s)=\dfrac{1}{s}$（见图 5-15）

频率特性

$$G(\mathrm{j}\omega)=\frac{1}{\mathrm{j}\omega}$$

对数幅频特性

$$L(\omega) = 20\lg|G(\mathrm{j}\omega)| = -20\lg\omega$$

相频特性

$$\angle G(\mathrm{j}\omega) = -\frac{\pi}{2}$$

由图5-15可知，积分环节的对数幅频特性是一条斜率为-20dB/dec的直线，且与0dB线交于$\omega=1$这一点，即

$$L(\omega) = 20\lg|G(\mathrm{j}\omega)| = -20\lg\omega = 0$$

积分环节的对数相频特性为$-90°$的水平直线，与频率ω无关。

4. 一阶微分环节$G(s)=s$（见图5-16）

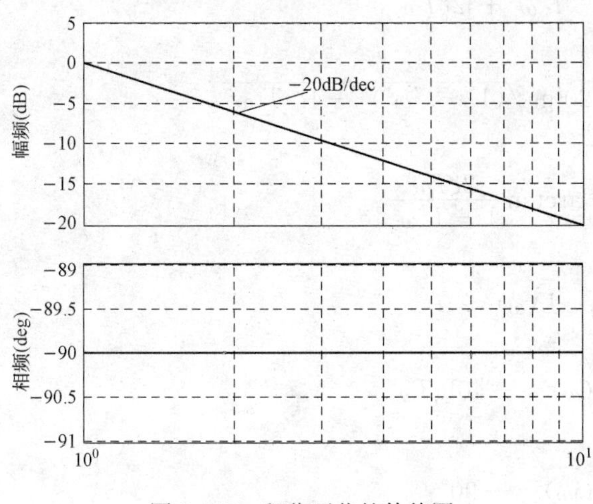

图5-15　积分环节的伯德图

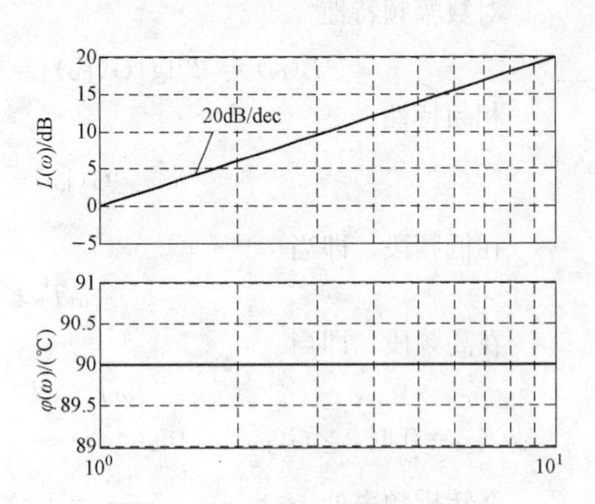

图5-16　一阶微分环节的伯德图

频率特性

$$G(\mathrm{j}\omega) = \mathrm{j}\omega$$

对数幅频特性

$$L(\omega) = 20\lg|G(\mathrm{j}\omega)| = 20\lg\omega$$

相频特性

$$\angle G(\mathrm{j}\omega) = \frac{\pi}{2}$$

由图5-16可知，微分环节的对数幅频特性是一条斜率为20dB/dec的直线，且与0dB线交于$\omega=1$这一点，即

$$L(\omega) = 20\lg|G(\mathrm{j}\omega)| = 20\lg\omega = 0$$

一阶微分环节的对数相频特性为$90°$的水平直线，与频率ω无关。

5. 二阶微分环节$G(s) = T^2s^2 + 2\zeta Ts + 1$（见图5-17）

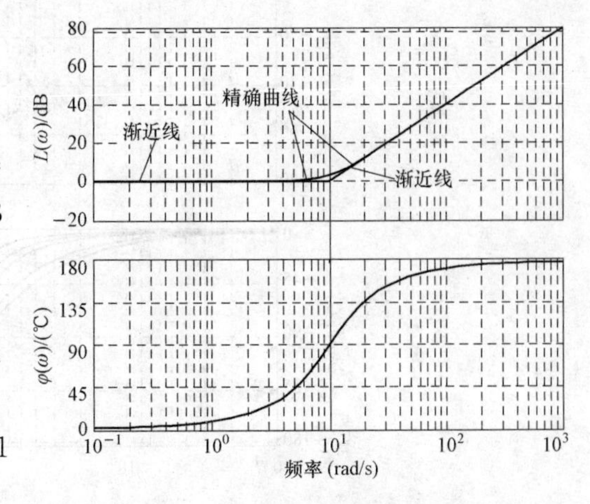

图5-17　二阶微分环节的伯德图

频率特性

$$G(\mathrm{j}\omega) = 1 - T^2\omega^2 + \mathrm{j}2\zeta T\omega$$

对数幅频特性

$$L(\omega) = 20\lg|G(\mathrm{j}\omega)| = 20\lg\sqrt{(1 - T^2\omega^2)^2 + 4\zeta^2 T^2\omega^2}$$

相频特性

$$\angle G(\mathrm{j}\omega) = \arctan\frac{2\zeta T\omega}{1 - T^2\omega^2}$$

6. 振荡环节 $G(s) = \dfrac{1}{T^2s^2 + 2\zeta Ts + 1}$（见图 5-18）

频率特性

$$G(\mathrm{j}\omega) = \frac{1}{1 - T^2\omega^2 + \mathrm{j}2\zeta T\omega}$$

对数幅频特性

$$L(\omega) = 20\lg|G(\mathrm{j}\omega)| = -20\lg\sqrt{(1 - T^2\omega^2)^2 + 4\zeta^2 T^2\omega^2}$$

相频特性

$$\angle G(\mathrm{j}\omega) = -\arctan\frac{2\zeta T\omega}{1 - T^2\omega^2}$$

在低频段，即当

$$\omega T \ll 1,\quad L(\omega) \approx 0$$

在高频段，即当

$$\omega T \gg 1\quad L(\omega) \approx -40\lg T\omega$$

当 $\omega=0$ 时，$\angle G(\mathrm{j}\omega) = 0°$。

在转折频率处，$\omega = \dfrac{1}{T} = \dfrac{1}{0.1} = 10\angle G(\mathrm{j}\omega) = -90°$。

当 $\omega \to \infty$ 时，$\angle G(\mathrm{j}\omega) = -180°$。

图 5-18 中，转折频率为 10rad/s，响应曲线自上而下阻尼比分别为

$$\zeta = 0.1、0.2、0.3、0.7、1$$

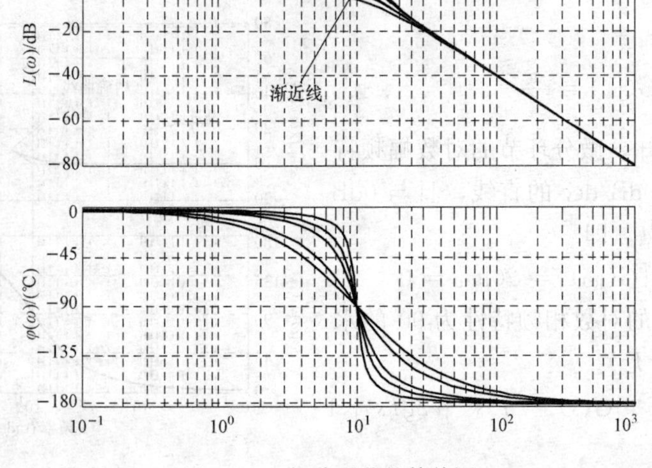

图 5-18 振荡环节的伯德图

振荡环节的伯德图如图 5-18 所示，由图可知：不论阻尼比为多少，渐近线和精确曲线在幅值上产生的最大误差均发生在转折频率 $\omega=10\text{rad/s}$ 处，误差值与阻尼比成反比。

7. 延迟环节 $G(s)=e^{-Ts}$（见图 5-19）

频率特性

$$G(j\omega)=e^{-jT\omega}=\cos\omega T-j\sin\omega T$$

对数幅频特性 $L(\omega)=20\lg|G(j\omega)|=0\text{dB}$，即对数幅频特性恒为 0。

相频特性 $\angle G(j\omega)=-\omega T$，即相角与频率成线性变化。

延迟环节对系统的相角影响很大，其滞后角随频率呈线性变化，当频率趋于无穷时，滞后角也趋于无穷，对系统的稳定性非常不利。

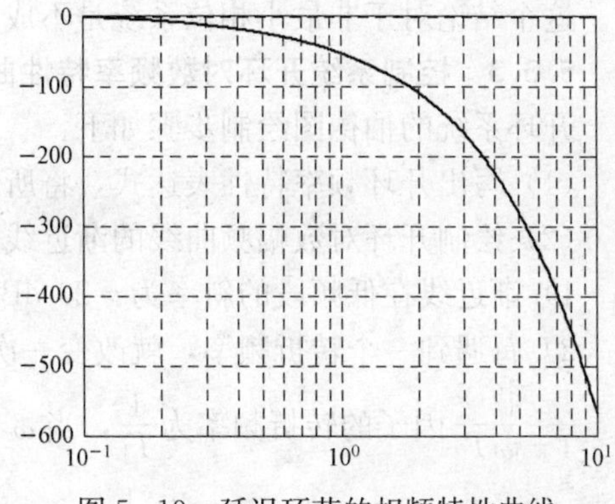

图 5-19　延迟环节的相频特性曲线

5.3.2　最小相位系统及非最小相位系统

在复平面的右半平面内既无极点也无零点的传递函数称为最小相位传递函数。具有最小相位传递函数的系统称为最小相位系统，也即一个系统如果它的开环传递函数的全部零极点都位于 s 平面的左半平面或虚轴上，则称此系统为最小相位系统；反之，在复平面的右半平面内有极点和（或）零点的传递函数称为非最小相位传递函数。具有非最小相位传递函数的系统称为非最小相位系统。

例如：两个系统的传递函数分别为

$$G_1(j\omega)=\frac{1+j\omega T}{1+j\omega T_1},\quad G_2(j\omega)=\frac{1-j\omega T}{1+j\omega T_1}\quad(0<T<T_1)$$

它们具有相同的幅频特性，但相频特性迥然不同，如图 5-20 所示。

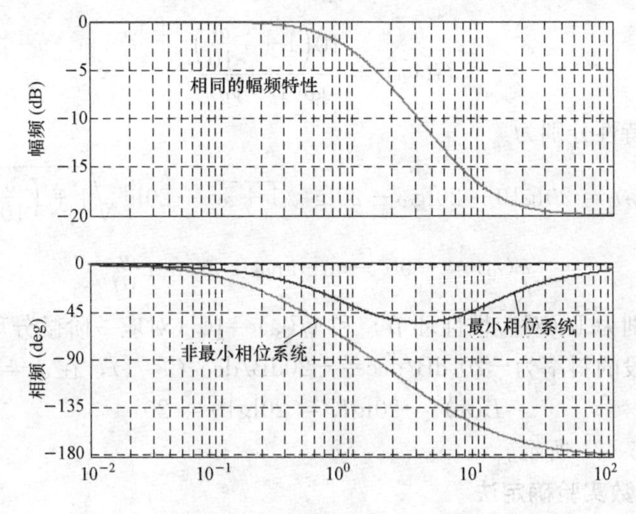

图 5-20　最小相位系统与非最小相位系统伯德图

由图 5-20 可知，在具有相同幅值特性的系统中，最小相位传递函数（系统）的相角范围，在所有这类系统中是最小的。任何非最小相位传递函数的相角范围，都大于最小相位传递函数的相角范围。对于最小相位系统，幅值特性和相角特性之间具有一一对应关系。某频率段的相角主要由该频率段的幅频特性斜率所决定，也受相邻频段的影响。这意味着，如果系统的幅值曲线在从零到无穷大的全部频率范围上给定，则相角曲线被唯一确定；反之亦然。这个结论对于非最小相位系统是不成立的。

5.3.3 控制系统开环对数频率特性曲线——伯德图的绘制

开环系统的伯德图绘制步骤如下：

(1) 写出开环频率特性表达式，将所含各因子的转折频率由小到大依次标在频率轴上。

(2) 绘制开环对数幅频曲线的渐近线。渐近线由若干条分段直线组成：

1) 渐近线在低频段的斜率为-20νdB/dec，在$\omega=1$处，$L(\omega)=20\lg K$；

2) 每遇到一个转折频率，就改变一次分段直线的斜率；

$\dfrac{1}{1+\mathrm{j}\omega T_1}$因子的转折频率为$\dfrac{1}{T_1}$，当$\omega\geqslant\dfrac{1}{T_1}$时，分段直线斜率的变化量为$-20$dB/dec；

$1+\mathrm{j}\omega T_2$因子的转折频率为$\dfrac{1}{T_2}$，当$\omega\geqslant\dfrac{1}{T_2}$时，分段直线斜率的变化量为20dB/dec；

3) 高频渐近线，其斜率为$-20(n-m)$dB/dec，n为极点数，m为零点数；

(3) 作出以分段直线表示的渐近线后，如果需要，再按典型因子的误差曲线，对相应的分段直线进行修正。

(4) 作相频特性曲线。根据表达式，在低频、中频和高频区域中各选择若干个频率点进行计算，然后连成曲线。

例 5.3 已知一反馈控制系统的开环传递函数为

$$G(s)H(s)=\frac{10(1+0.1s)}{s(1+s)}$$

试绘制开环系统的伯德图（幅频特性用分段直线表示）。

解 开环频率特性为

$$G(\mathrm{j}\omega)=\frac{10\left(1+\mathrm{j}\,\dfrac{\omega}{10}\right)}{\mathrm{j}\omega(1+\mathrm{j}\omega)}$$

则幅频、相频特性分别为

$$L(\omega)=20\lg 10-20\lg\omega-20\lg\sqrt{1+\omega^2}+20\lg\sqrt{1+\left(\frac{\omega}{10}\right)^2}$$

$$\varphi(\omega)=-90^\circ-\arctan\omega+\arctan\frac{\omega}{10}$$

其转折频率分别为1（对应惯性环节）和$1/0.1=10$（对应一阶微分环节）。

渐近线在低频段的斜率为-20νdB/dec$=-20$dB/dec（$\nu=1$），在$\omega=1$处

$$L(\omega)=20\lg K=20\lg 10=20$$

其伯德图如图 5-21 所示。

5.3.4 传递函数实验确定法

频率特性反映了系统或元件本身内在的固有的运动规律，从而为实验分析提供了理论依据。从频率特性基本概念可知：对于线性系统或元件，在正弦信号作用下，其稳态输出是与输入信号频率相同、幅值和相位不同的正弦信号。如果在可能涉及的频率范围内，测量出系统或元件在足够多的频率点上的幅值比和相位移，那么就可由实验测得的数据画出系统或元件的伯德图，从而得到系统的传递函数。

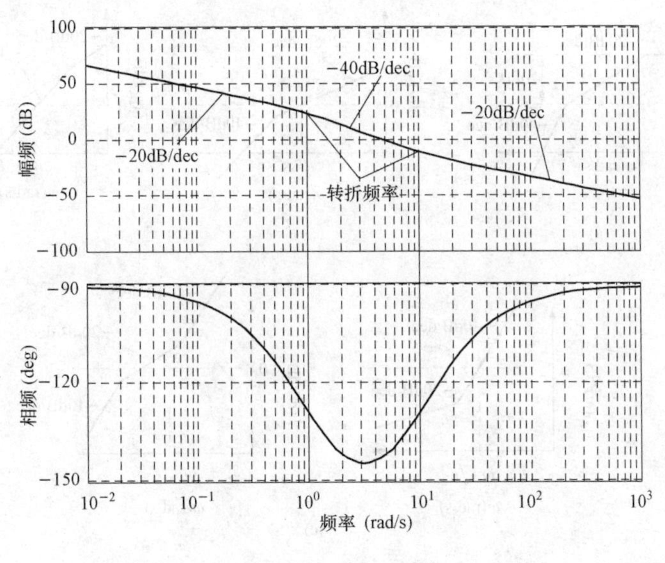

图 5-21　例 5.3 图

对于最小相位系统，由于其对数幅频特性和对数相频特性有确定的对应性，所以只要获得对数幅频特性就可求得系统的传递函数。对于不同类型的系统，具体方法如下：

(1) 根据被测系统的对数幅频特性曲线，分别用斜率为 0dB/dec、±20dB/dec 和 ±40dB/dec的直线逼近实验曲线，获得系统或元件的对数幅频特性曲线的渐近线；

(2) 根据渐近线低频段的频率确定系统或元件包含积分环节（或微分环节）的个数；

(3) 从渐近线低频段开始，随着频率的增加，每遇转折频率，根据渐近线频率的变化，写出对应的环节；

(4) 当传递函数中的各个环节确定以后，由对数幅频特性渐近线低频段或其延长线确定增益。由于 $\omega\to 0$ 时频率特性可写作：$\lim\limits_{\omega\to 0}G(j\omega)=\dfrac{K}{(j\omega)^{\nu}}$，一般 $\nu=0$、1、2。

典型 0 型系统的伯德图如图 5-22（a）所示，由 $20\lg|G(j\omega)|=20\lg K$ 可知，低频渐近线是一条 $20\lg K$(dB) 的一水平线，K 值可由该水平渐近线求得，如图 5-22（a）所示。

典型Ⅰ型系统的伯德图如图 5-22（b）所示，由 $20\lg|G(j\omega)|=20\lg K-20\lg\omega$ 可知，低频渐近线斜率为−20dB/dec。低频渐近线或其延长线与 0dB 直线相交处的频率在数值上等于 K，如图 5-22（b）所示。

典型Ⅱ型系统的伯德图如图 5-22（c）所示，由 $20\lg|G(j\omega)|=20\lg K-40\lg\omega$ 可知，低频渐近线斜率为−40dB/dec。低频渐近线或其延长线与 0dB 直线相交处的频率在数值上等于 $\sqrt{K}$，如图 5-22（c）所示。

根据上述结果可初步写出系统或元件的传递函数。按照该传递函数可获得对数相频特性曲线。对于最小相位系统，实验所得的相频特性曲线与用上述方法确定所画出的相频特性曲线在一定程度上相符，且在很低和很高的频率范围内，应当严格一致。如果实验所得的相角在高频时不等于 $-(n-m)\times 90°$，其中 n、m 分别表示传递函数分母、分子的阶次，那么系统必定是一个非最小相位系统。根据实验所得的对数幅频特性渐近线和对数相频特性曲线，可估算非最小相位的传递函数。

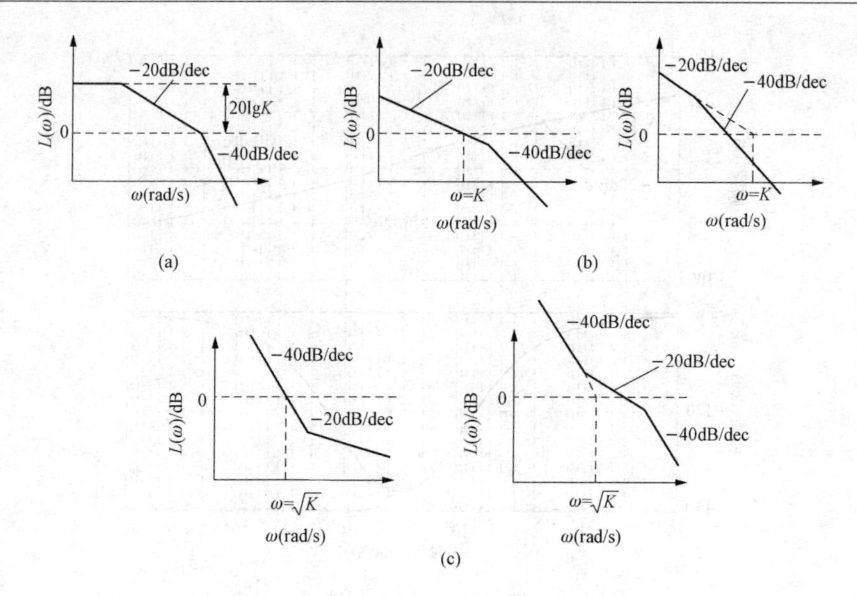

图 5-22 典型0型、Ⅰ型、Ⅱ型系统的伯德图

作频率特性实验时需注意以下问题：

(1) 必须采用合适的正弦信号发生器。对于时间常数比较大的系统，作实验时所取的频率范围可为0.001～1000Hz，正弦信号必须没有谐波和波形畸变。

(2) 必须合理地选择正弦信号的幅值。由于物理系统具有某些非线性因素，如果输入信号幅值太大，就会引起系统饱和，得不到频率特性精确的结果，如果输入信号太小，也会因死区而引起误差。因此，必须合理选择输入正弦信号幅值的大小。为了保证输入信号确实是正弦波，并使系统工作在线性段上，要求在测试过程中对系统的输入输出波形进行检测。

(3) 用以测量系统输出的装置须有足够的频率宽度，在其工作范围内应该具有接近平直的幅频特性。

5.4 稳 定 判 据

在3.5.3中讨论了线性定常系统的时域稳定性判据——劳斯稳定判据。劳斯稳定判据根据闭环系统的特征方程式来判别系统稳定性，是一种代数判据。相应地，在频域中有根据闭环系统的开环频率特性图来判别系统稳定性的频域稳定性判据——奈奎斯特稳定判据。奈奎斯特稳定判据是一种几何判据。

5.4.1 基于幅相曲线的系统稳定性判据——奈奎斯特稳定判据

对于图5-23所示闭环系统，其闭环传递函数为

$$\frac{C(s)}{R(s)}=\frac{G(s)}{1+G(s)H(s)}$$

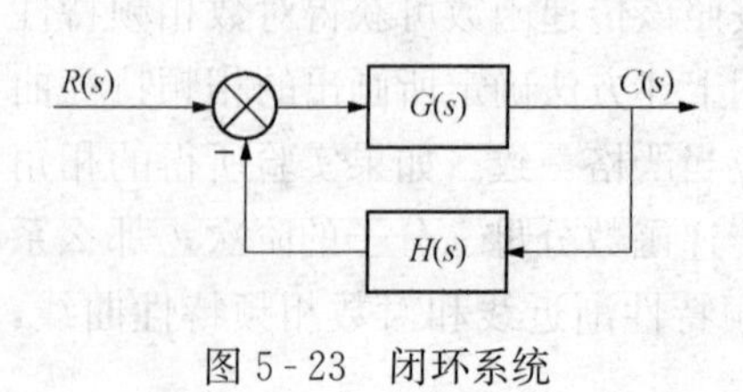

图 5-23 闭环系统

为了保证系统闭环稳定，由第3章可知，系统稳定的充要条件是，其特征方程 $1+G(s)H(s)=0$ 的根，都必须位于左半 s 平面。

奈奎斯特稳定判据是通过图解方法判断系统是否满

足稳定的充分必要条件，也就是利用系统开环幅相特性 $G(j\omega)H(j\omega)$ 来判断闭环系统的稳定性。这种方法无须求出闭环极点，并且可以知道系统的相对稳定性以及改善系统稳定性的方法，因而得到了广泛的应用。

奈奎斯特稳定判据是建立在复变函数理论中的幅角原理的基础上的。为了阐明这一判据，先了解一下幅角原理。

设系统的闭环特征多项式表示为

$$F(s)=1+G(s)H(s)=1+\frac{M_k(s)}{D_k(s)}=\frac{D_k(s)+M_k(s)}{D_k(s)} \tag{5-10}$$

显然，式（5-10）中的分子 $D_k(s)+M_k(s)$ 为系统的闭环特征多项式，分母 $D_k(s)$ 为开环特征多项式。

可以证明，对于 s 平面上给定的一条不通过任何奇点［$F(s)$ 的零点和极点］的顺时针连续行进完整一圈（-2π）的封闭曲线，映射到 $F(s)$ 平面上也是一条封闭曲线，只是这条曲线的形状大小以及围绕圈数随 $F(s)$ 结构形式的不同而不同。这条封闭曲线包围 $F(s)$ 平面中的原点的圈数（次数）和方向与闭环系统的稳定性有关。

（1）幅角原理。幅角原理也称为复平面上的围线映射，其几何意义非常明显。

式（5-10）所表示的复变函数可写为零极点的表达形式如下：

$$F(s)=\frac{D_k(s)+M_k(s)}{D_k(s)}=\frac{K(s-z_1)(s-z_2)\cdots(s-z_n)}{(s-p_1)(s-p_2)\cdots(s-p_n)} \tag{5-11}$$

因为开环特征多项式 $D_k(s)$ 的阶次 n 大于 $M_k(s)$ 的阶次 m，所以从式（5-11）中可看出 $F(s)$ 的零点个数和极点个数相同，均为 n 个。

$F(s)$ 的幅角（相角）为

$$\angle F(s)=\sum_{i=1}^{n}\angle(s-z_i)-\sum_{j=1}^{n}\angle(s-p_j) \tag{5-12}$$

假设一个 $F(s)$ 的零点和极点在 s 平面中分布如图 5-24（a）所示，在 s 平面上任意作出一条不通过任何奇点的顺时针行进完整一圈的封闭曲线 Γ_s，由于该曲线包围了 $F(s)$ 的一个零点，当 s 沿 Γ_s 顺时针行进一圈时，由式（5-12）可知 $F(s)$ 的幅角变化量 $\Delta\angle F(s)=-2\pi$，则映射到 $F(s)$ 平面上的封闭曲线 Γ_F 围绕 $F(s)$ 平面原点顺时针旋转完整一圈（-2π），如图 5-24（b）所示。

同理，若 s 平面上 Γ_s 包围 $F(s)$ 的一个极点，则 $F(s)$ 平面上 Γ_F 围绕原点逆时针旋转完整一圈（2π）；若 Γ_s 包围 $F(s)$ 的一个零点和一个极点［或 Γ_s 不包围 $F(s)$ 的任何零点和极点］，则 Γ_F 不围绕（不包围）$F(s)$ 平面原点。

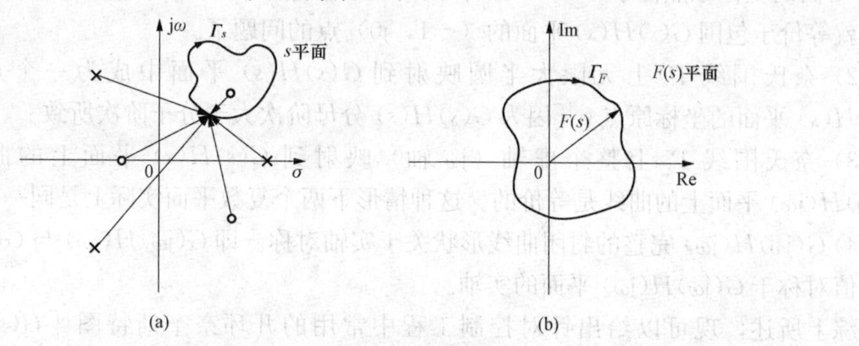

图 5-24　s 与 $F(s)$ 的围线映射关系

设 Z 为 Γ_s 包围的 $F(s)$ 的零点个数；设 P 为 Γ_s 包围的 $F(s)$ 的极点个数；设 N 为 Γ_F 包围 $F(s)$ 平面原点的圈数（次数），顺时针取"+"号，逆时针取"−"号。可以证明幅角定理（幅角原理）如下

$$\angle F(s) = -2\pi(Z-P) = -2\pi N \tag{5-13}$$

故有

$$Z-P=N \tag{5-14}$$

式（5-14）幅角定理给出了被 Γ_s 曲线包围的 $F(s)$ 零点个数 Z，极点个数 P 与 Γ_F 曲线包围 $F(s)$ 平面原点圈数（次数）N 的固定关系。

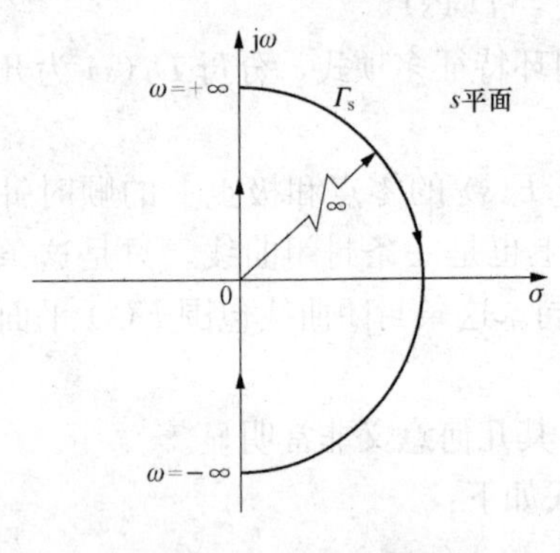

图 5-25 奈奎斯特围线

（2）奈奎斯特稳定判据。由系统稳定的充要条件可知，稳定的系统在右半 s 平面的特征根（闭环极点）个数为零。那么在复平面 s 平面与 $F(s)$ 平面上分析系统稳定性时，就可根据式（5-14）幅角定理，在 s 平面上设定一条包围整个右半 s 平面的封闭曲线 Γ_s，这条曲线由整个虚轴（$j\omega$ 轴）和右半 s 平面上半径为无穷大的半圆曲线构成，并且封闭曲线 Γ_s 为顺时针方向行进完整一圈。这条包围了整个右半 s 平面的围线 Γ_s 称为奈奎斯特围线，如图 5-25 所示。

显然奈奎斯特围线包围了 $F(s)=1+G(s)H(s)$ 的所有位于右半 s 平面的零点和极点。

现给出奈奎斯特稳定判据如下：

设 Z 为系统在右半 s 平面的闭环极点［$F(s)$ 的零点］个数；

设 P 为系统在右半 s 平面的开环极点［$F(s)$ 的极点］个数；

设 N 为 $F(s)$ 曲线包围原点的圈数（次数），顺时针取"+"号，逆时针取"−"号。

则有

$$Z-P=N$$

故有

$$Z=P+N \tag{5-15}$$

式（5-15）中由两个已知量 P 和 N 来确定未知量 Z。若 $Z=0$，闭环系统稳定；若 $Z\neq 0$，闭环系统不稳定。

不难得出几个与开环奈奎斯特图有关的概念如下：

1）$G(s)H(s)$ 平面与 $F(s)$ 平面的关系。由 $F(s)=1+G(s)H(s)$，有 $G(s)H(s)=F(s)-1$。所以 $G(s)H(s)$ 曲线与 $F(s)$ 曲线完全一样，只是位置向左平移了一个单位值，即 $F(s)$ 平面的坐标原点位于 $G(s)H(s)$ 平面的（−1，j0）点。这样一来包围 $F(s)$ 平面的原点问题就等价于包围 $G(s)H(s)$ 平面的（−1，j0）点的问题了。

2）奈氏围线 Γ_s 上无限大半圆映射到 $G(s)H(s)$ 平面中成为一个点，这个点为 $G(s)H(s)$ 平面的坐标原点 0［因为 $G(s)H(s)$ 分母阶次大于分子阶次所致］。

3）奈氏围线 Γ_s 上整个虚轴（$j\omega$ 轴）映射到 $G(s)H(s)$ 平面上的曲线与映射到 $G(j\omega)H(j\omega)$ 平面上的曲线是等价的。这种情形下两个复数平面实际上是同一个平面。

4）$G(j\omega)H(j\omega)$ 完整的封闭曲线形状关于实轴对称。即 $G(j\omega)H(j\omega)$ 与 $G(-j\omega)H(-j\omega)$ 的取值对称于 $G(j\omega)H(j\omega)$ 平面的实轴。

综上所述，现可以给出针对控制工程中常用的开环奈奎斯特图［$G(s)H(s)$ 平面或 $G(j\omega)H(j\omega)$ 平面］的奈奎斯特稳定判据如下：

设 Z 为系统在右半 s 平面闭环极点的个数；设 P 为系统在右半 s 平面开环极点的个数；设 N 为开环频率特性 $G(\mathrm{j}\omega)H(\mathrm{j}\omega)$ 曲线包围（-1，j0）点的圈数（次数），顺时针取“+”号，逆时针取“−”号。则有

$$Z-P=N$$

故有

$$Z=P+N \tag{5-16}$$

若 $Z=0$，闭环系统稳定；若 $Z\neq0$，闭环系统不稳定。

由于通常面对的是类似于图 5-10 所示的具有物理意义（$0\leqslant\omega<+\infty$）的开环奈奎斯特图，这只是完整封闭的奈奎斯特曲线（$-\infty<\omega<+\infty$）的一半，因此根据半个开环奈奎斯特曲线所得出的包围（-1，j0）点的次数必须乘以 2 才是式（5-16）中的 N 值。

（3）开环传递函数中含有积分环节的处理方法。开环传递函数中含有积分环节对应于 s 平面原点处存在开环极点。显然，ν 型系统就有 ν 个重极点在 s 平面原点。图 5-26 所示为Ⅰ型（$\nu=1$）系统的情形。由于奈氏围线不允许通过奇点，因此将 Γ_s 在原点处的开环极点附近作一个半径趋于无穷小，从 a 到 b 再至 c 点逆时针旋转 $+180°$ 的无穷小半圆，这样 Γ_s 仍将包围整个右半 s 平面，仅把原点处的开环极点排除在外。

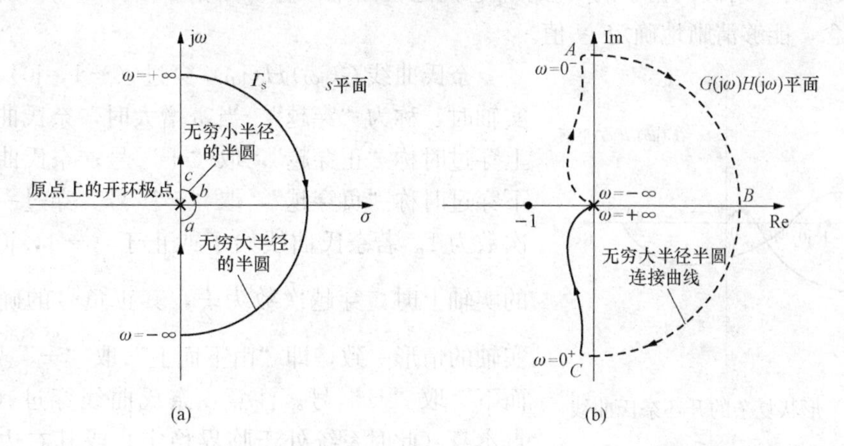

图 5-26　$G(s)H(s)$ 包含一个积分环节时 Γ_s 与开环奈氏曲线的关系

从图 5-26 可看出：s 平面上的逆时针旋转（$+180°$）无穷小半圆 $\overset{\frown}{abc}$ 映射到 $G(\mathrm{j}\omega)H(\mathrm{j}\omega)$ 平面上为一个顺时针旋转（$-180°$）无穷大半圆 $\overset{\frown}{ABC}$。

图 5-26（b）中完整封闭的奈氏曲线由三部分无缝连接组成：实线部分为具有物理意义（$0^+\leqslant\omega<+\infty$）的奈氏曲线；点划线部分为负频率（$-\infty<\omega\leqslant0^-$）的奈氏曲线；虚线部分为 ω 从 0^- 到 0^+ 的连接曲线 $\overset{\frown}{ABC}$。

同理不难得出：Ⅱ型系统（$\nu=2$）时，从 0^- 到 0^+ 的无穷大连接线 $\overset{\frown}{ABC}$ 是从负实轴方向的无穷大处顺时针旋转（$-180°\times2$），即为一个无穷大圆 $\overset{\frown}{ABC}$。Ⅲ型系统（$\nu=3$）时，从 0^- 到 0^+ 的无穷大连接线 $\overset{\frown}{ABC}$ 是从负虚轴方向的无穷大处顺时针旋转（$-180°\times3$），即为旋转一圈半的无穷大连接曲线 $\overset{\frown}{ABC}$。

图 5-27 给出了Ⅰ型、Ⅱ型、Ⅲ型系统只考虑正频率段（$0\leqslant\omega<+\infty$）的开环奈氏图。为了确定 N，可以从正实轴沿顺时针方向到开环奈氏曲线起始点（$\omega=0^+$）之间用一个半径无穷大的圆弧形曲线连接起来，形成一个封闭图形。但要注意这个封闭图形是完整封闭奈氏曲线的一半，据此图得出的包围（-1，j0）点的圈数（次数）再乘以 2，即得出 N 值。

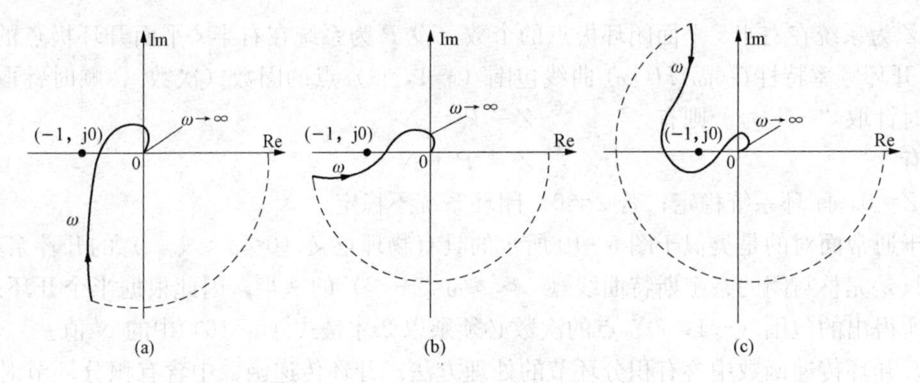

图 5-27　含有积分环节的奈奎斯特图

(a) 含有一个积分环节；(b) 含有两个积分环节；(c) 含有三个积分环节

(4) 奈奎斯特图中的“穿越”概念。当奈氏曲线的形状复杂，包围（−1，j0）点转动的圈数比较多时，奈氏判据中的 N 的确定就比较困难，容易出错。由图 5-28 所示，引入“穿越”概念，能够清晰地确定 N 值。

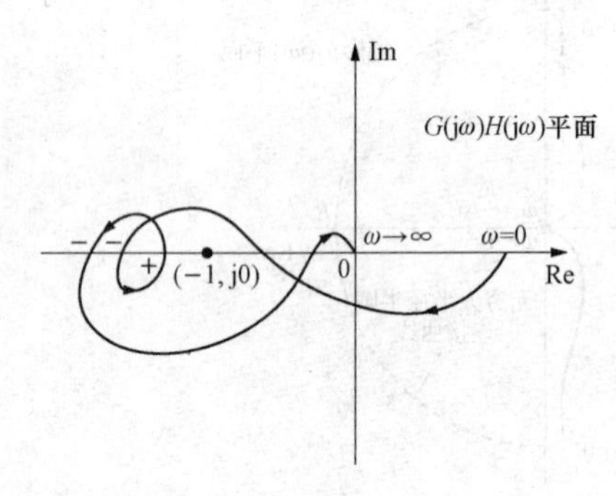

图 5-28　形状复杂的开环奈氏曲线

奈氏曲线 $G(j\omega)H(j\omega)$ 穿过（−1，j0）点左边的实轴时，称为“穿越”。当 ω 增大时，奈氏曲线由下而上穿过时称“正穿越”，取“＋”号；奈氏曲线由上而下穿过时称“负穿越”，取“−”号。穿过一次则穿越次数为 1。若奈氏曲线始于或止于（−1，j0）点左边的实轴上时，穿越次数为$\frac{1}{2}$，其正负号的确定同穿过实轴的情形一致，即“由下而上”取“＋”号，“由上而下”取“−”号。注意：奈氏曲线穿过（−1，j0）点本身（此时系统处于临界稳定）或其右边实轴的情形，不认为是“穿越”。

下面给出 N 值的确定方法：

一个完整封闭的奈氏曲线（$-\infty<\omega<+\infty$）包围（−1，j0）点的次数 N 等于其在（−1，j0）点以左实轴上的正负穿越次数之代数和。

图 5-28 所示的系统已知是开环不稳定的，有 2 个右半 s 平面的开环极点，即 $P=2$，由图中可知半个奈氏曲线（$0\leqslant\omega<+\infty$）的正负穿越次数代数和为“−1”，所以完整的奈氏曲线包围（−1，j0）点的次数 $N=-2$，由奈氏判据得 $Z=P+N=2+(-2)=0$，所以闭环系统是稳定的。

例 5.4　设闭环系统的开环传递函数为

$$G(s)H(s)=\frac{K}{(T_1s+1)(T_2s+1)}\qquad (K>0,T_1>T_2>0)$$

试用奈奎斯特判据判断闭环系统的稳定性。

解　由于开环特征方程的根均为负实数，故开环稳定（$P=0$）。作开环奈奎斯特图，如图 5-29 所示，奈奎斯特曲线不包围（−1，j0）点，故闭环系统稳定。

例 5.5　设闭环系统的开环传递函数为

$$G(s)H(s)=\frac{K}{s(T_1s+1)(T_2s+1)}\quad (K>0, T_1>T_2>0)$$

试确定当 K 较大或较小时闭环系统的稳定性。

解　首先可知系统开环稳定（$P=0$）。当 K 较小时，其开环奈奎斯特图如图 5-30（a），由图可知，奈奎斯特曲线不包围$(-1, j0)$点，故系统闭环稳定。

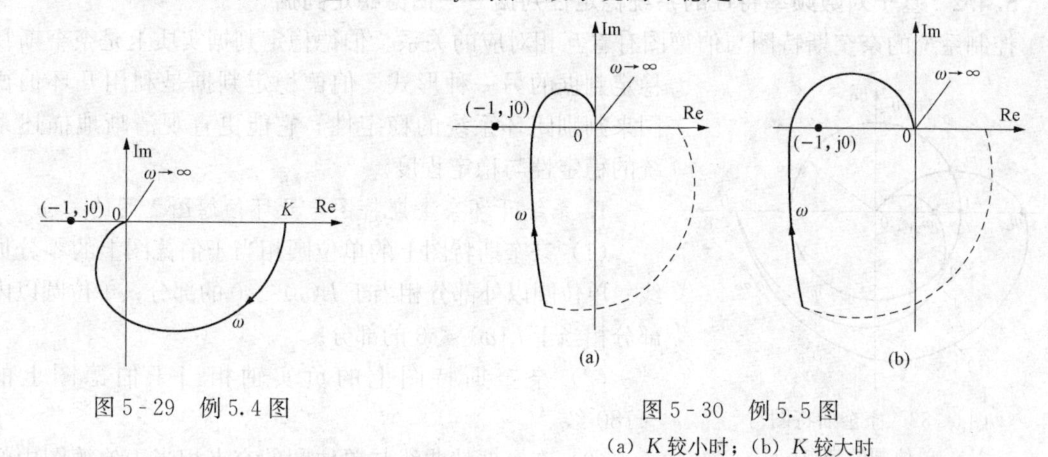

图 5-29　例 5.4 图

图 5-30　例 5.5 图

(a) K 较小时；(b) K 较大时

当 K 较大时，其开环奈奎斯特图如图 5-30（b），由图可知，奈奎斯特曲线包围$(-1, j0)$点，故系统闭环不稳定。再深入一步来看，由于 $Z=P+N=0+2=2$，可知有 2 个闭环极点在右半 s 平面。

例 5.6　某Ⅱ型系统 $G(s)H(s)=\dfrac{K(T_2s+1)}{s^2(T_1s+1)}$，试用奈奎斯特判据判断闭环系统的稳定性。

解　首先可看出 $P=0$。当 $T_1<T_2$ 时，其开环奈奎斯特图位于第三象限，不包围$(-1, j0)$点，故系统闭环稳定。如图 5-31（a）所示。

当 $T_1=T_2$ 时，其开环奈奎斯特图与负实轴重合，穿过（-1，j0）点，故闭环系统临界稳定。一般临界稳定被认为是不稳定。如图 5-31（b）所示。

当 $T_1>T_2$ 时，其开环奈奎斯特图位于第二象限，包围（-1，j0）点，故系统闭环不稳定，如图 5-31（c）所示。

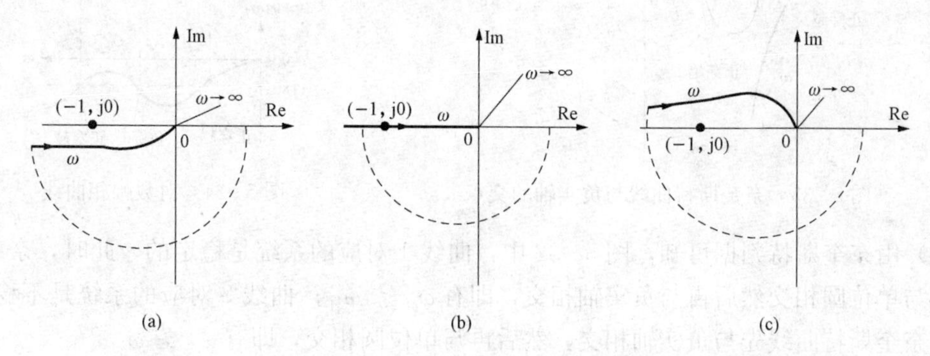

图 5-31　Ⅱ型系统的稳定性分析

通过上述分析，可以得出如下结论：

（1）系统中串联的积分环节越多，系统型别越高，则开环奈奎斯特图就越容易包围（-1，j0）点，系统闭环就越不容易稳定。故一般系统的型别 $\nu\leqslant 3$。

（2）微分环节的时间常数越大，则在低频时就将影响奈奎斯特图的曲线形状，从而可使系统趋于稳定。微分环节的时间常数太小，将不利于闭环系统的稳定。

5.4.2 基于对数频率特性的系统稳定性判据——伯德稳定判据

控制系统的奈奎斯特图与伯德图有着互相对应的关系。伯德稳定判据实质上是奈奎斯特稳定判据的另一种形式，伯德稳定判据是利用开环伯德图来判别闭环系统的稳定性。它能更直观清晰地描述系统的稳定性与稳定程度。

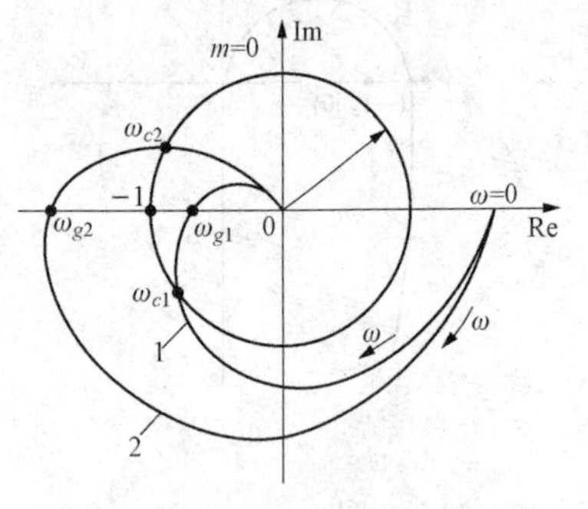

图 5-32 奈奎斯特图与单位圆的交点

1. 系统开环奈奎斯特图与开环伯德图之间的关系

（1）奈奎斯特图上的单位圆相当于伯德图上的零分贝线。单位圆以外部分相当于 $L(\omega)>0$ 的部分；单位圆以内部分相当于 $L(\omega)<0$ 的部分。

（2）奈奎斯特图上的负实轴相当于伯德图上的 $-180°$线。

（3）奈奎斯特曲线与单位圆的交点相当于伯德图中幅频特性曲线与零分贝线的交点，此交点频率记作 ω_c（见图5-32）。

（4）奈奎斯特曲线与负实轴的交点相当于伯德图中相频特性曲线与$-180°$线的交点，此交点频率记作 ω_g（见图5-32）。

（5）开环奈奎斯特曲线与（-1，j0）点以左实轴的穿越点相当于 $L(\omega)>0$ 范围内的对数相频特性曲线与$-180°$线的穿越点。对应于对数相频特性曲线，当 ω 增大时，从下向上穿越$-180°$线（相角滞后减小），为负穿越；对应于对数相频特性曲线，当 ω 增大时，从上向下穿越$-180°$线（相角滞后增大），为正穿越（见图 5-33 和图 5-34）。

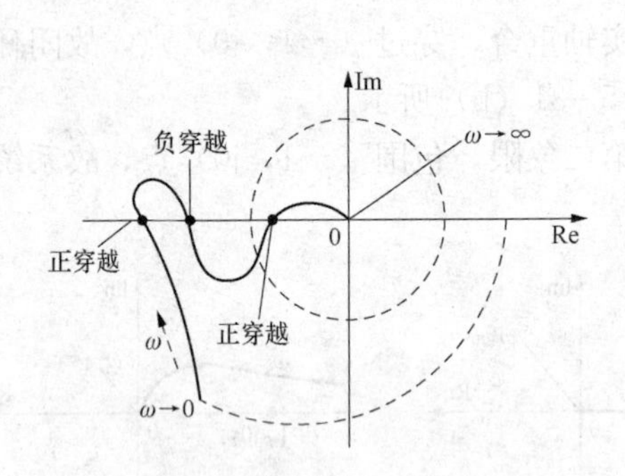

图 5-33 奈奎斯特曲线与负实轴的交点

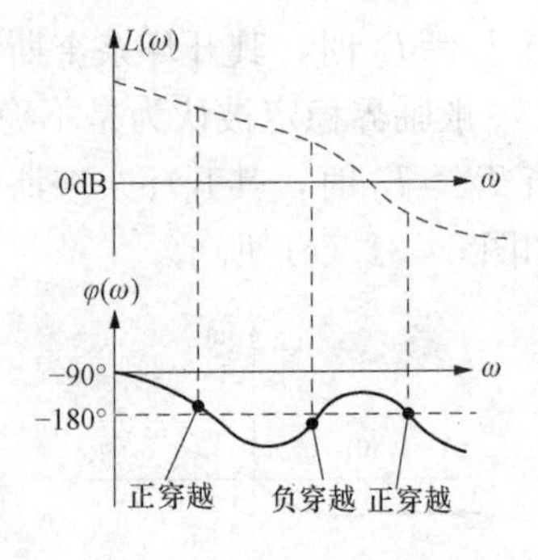

图 5-34 对数幅相曲线

（6）由奈奎斯特判据可知，图 5-32 中，曲线 1 对应的系统是稳定的，此时，奈奎斯特曲线先与单位圆相交然后再与负实轴相交，即有 $\omega_{c1}<\omega_{g1}$；曲线 2 对应的系统是不稳定的，此时，奈奎斯特曲线先与负实轴相交，然后再与单位圆相交，即有 $\omega_{c2}>\omega_{g2}$。

2. 伯德稳定判据

设 P 为系统开环传递函数在 s 的右半平面的特征根的数目。

若系统开环是稳定的，即 $P=0$，则当在 $L(\omega)>0$ 的所有频率范围内，对数相频特性曲

线 $\varphi(\omega)$ 不超过 $-180°$ 线，那么，系统闭环稳定。

若系统开环传递函数有 P 个位于右半 s 平面的特征根，则当在 $L(\omega)>0$ 的所有频率范围内，对数相频特性曲线 $\varphi(\omega)$ 与 $-180°$ 线的正负穿越次数之差（代数和）等于 $-P/2$ 时，系统闭环稳定，否则，闭环不稳定。

例 5.7　若已知三个系统在右半 s 平面的开环极点数 P 以及开环伯德图如图 5-35 所示，试用伯德稳定判据判断系统的闭环稳定性。

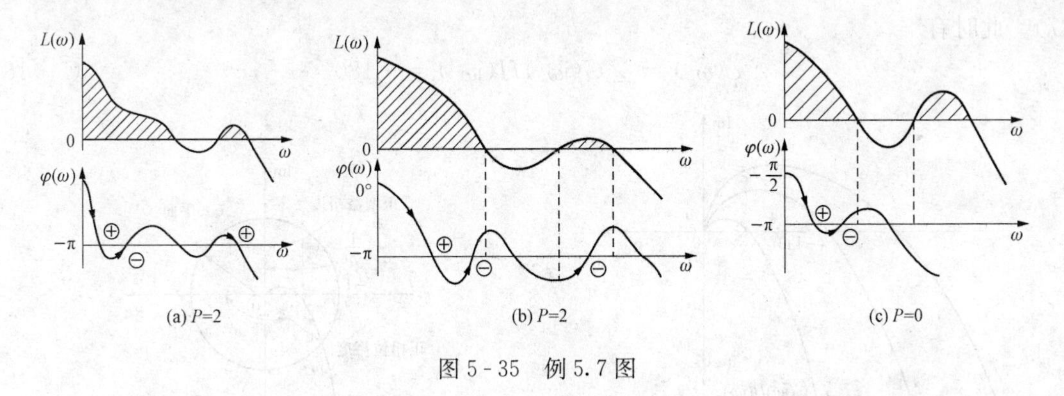

图 5-35　例 5.7 图

解　对图 5-35（a），$-\dfrac{P}{2}=-1$，正负穿越数代数和为 1，系统闭环不稳定。

对图（b），$-\dfrac{P}{2}=-1$，正负穿越数代数和为 -1，系统闭环稳定。

对图（c），$-\dfrac{P}{2}=0$，正负穿越数代数和为 0，系统闭环稳定。

5.5　稳 定 裕 度

控制系统的相对稳定性，在频域中可用稳定裕度来衡量。稳定性裕度可以定量地确定系统离开稳定边界的远近，是评价系统稳定性好坏的性能指标，是系统动态设计的重要依据之一。

根据奈奎斯特稳定判据可知，对于开环稳定的系统，其开环幅相曲线对临界点 $-1+\mathrm{j}0$ 的靠近程度，对闭环稳定性影响很大，开环幅相曲线越是接近临界点 $-1+\mathrm{j}0$，系统稳定的程度就越差。

因此，$G(\mathrm{j}\omega)$ 的轨迹对 $-1+\mathrm{j}0$ 点的靠近程度，可以用来度量系统的相对稳定性（见图 5-36）。

在实际系统中常用相位裕度 $\gamma(\omega_c)$ 和幅值裕度 h 来表示系统的稳定程度。

1. 相位裕度 $\gamma(\omega_c)$

在奈奎斯特图中，奈奎斯特曲线与单位圆相交时的频率称为幅值穿越频率 ω_c（见图 5-37）。ω_c 也称系统的截止频率。此时有

$$A(\omega_c)=|G(\mathrm{j}\omega_c)H(\mathrm{j}\omega_c)|=1$$

相位裕度的含义是，对于闭环稳定系统，如果开环相频特性再滞后 $\gamma(\omega_c)$，则系统将变为临界稳定。

因此，相位裕度可记作（见图 5 - 37）

$$\gamma(\omega_c) = 180^\circ + \angle G(\mathrm{j}\omega_c)H(\mathrm{j}\omega_c) \tag{5-17}$$

相位裕度是设计系统时的一个主要依据，它和系统暂态特性有相当密切的关系。在工程设计中，根据经验，一般地取 $\gamma(\omega_c)=30^\circ\sim60^\circ$。

2. 幅值裕度 h

在奈奎斯特图中，奈奎斯特曲线与负实轴的交点频率称为相角穿越频率 ω_g（见图 5 - 37）。此时有

$$\varphi(\omega_g) = \angle G(\mathrm{j}\omega_g)H(\mathrm{j}\omega_g) = -180^\circ \tag{5-18}$$

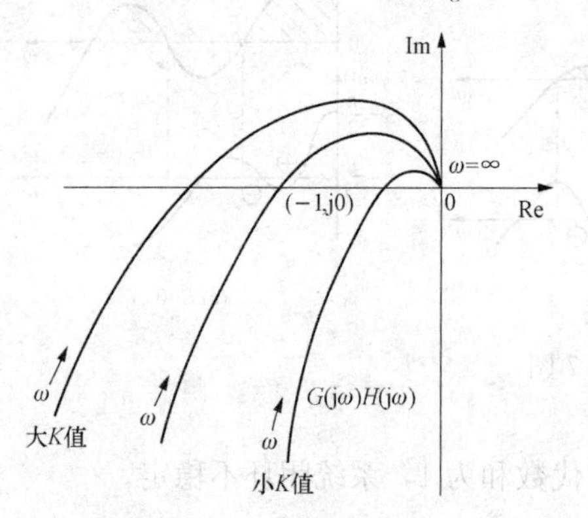

图 5 - 36 开环幅相曲线

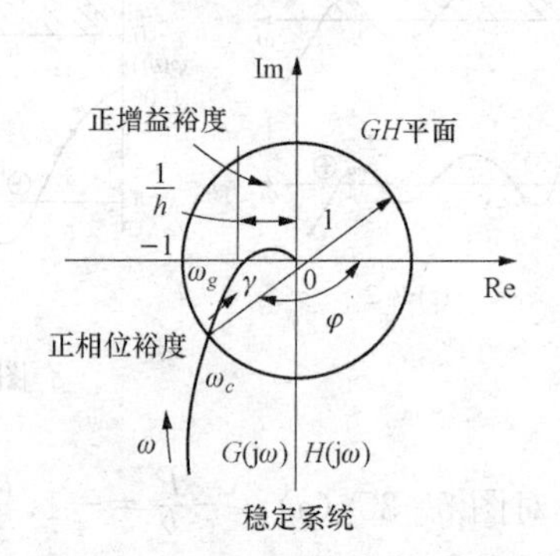

图 5 - 37 奈奎斯特曲线与单位圆相交

幅值裕度定义为：在相角穿越频率 ω_g 上，频率特性幅值 $|G(\mathrm{j}\omega_g)H(\mathrm{j}\omega_g)|$ 的倒数。其含义是，对于闭环稳定系统，如果系统开环幅频特性再增大 h 倍，则系统将变为临界稳定状态。因此，幅值裕度 h 可记作

$$h = \frac{1}{|G(\mathrm{j}\omega_g)H(\mathrm{j}\omega_g)|} \tag{5-19}$$

如以 dB 为单位时，则

$$h(\mathrm{dB}) = -20\lg|G(\mathrm{j}\omega_g)H(\mathrm{j}\omega_g)| \tag{5-20}$$

以 dB 为单位时，如 h 大于 1，则幅值裕度为正，系统稳定；反之，则系统不稳定。

对于稳定的系统而言，幅值裕度指出了系统在变为不稳定之前，允许将幅值增加到多大；对不稳定系统而言，指出了要使系统稳定，必须将幅值减少到多大。

在工程设计中，一般地取 $h=4\sim6\mathrm{dB}$ 或更大一些。

3. 对数频率特性与系统的相对稳定性

图 5 - 38 中给出了稳定系统和不稳定系统的频率特性，并标明了其相角和幅值裕度，请读者分析比较。在此不再赘述。

4. 关于相位裕度和幅值裕度的几点说明

（1）一阶或二阶系统的幅值裕度为无穷大，因为这类系统的极坐标图与负实轴不相交。因此，理论上一阶或二阶系统不可能是不稳定的。但是，一阶或二阶系统在一定意义上说只能是近似的，因为在推导系统方程时，忽略了一些小的时间滞后，因此，它们不是真正的一阶或二阶系统。如果计及这些小的滞后，则所谓的一阶或二阶系统则可能是不稳定的。

（2）控制系统的相位裕度和幅值裕度是系统的极坐标图对（$-1+\mathrm{j}0$）点靠近程度的度

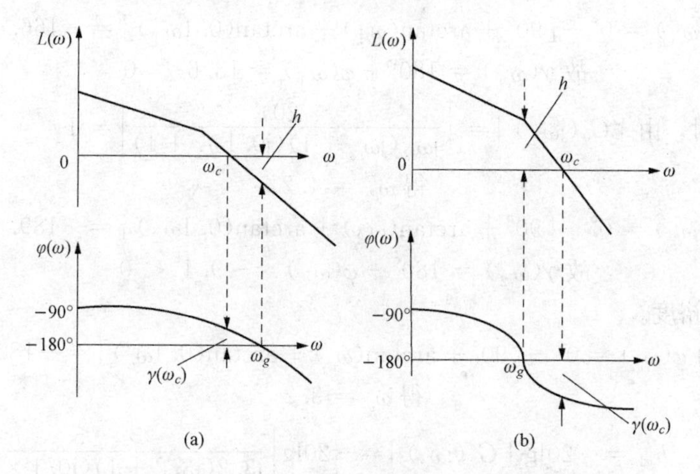

图 5-38　对数频率特性与系统的相对稳定性的关系

(a) 稳定系统；(b) 不稳定系统

量。这两个裕度可以作为设计准则。但只用幅值裕度或相位裕度，都不足以说明系统的相对稳定性。为了确定系统的相对稳定性，必须同时给出这两个量。

(3) 对于最小相位系统，只有当相位裕度和幅值裕度都是正值时，系统才是稳定的。负的裕度表示系统不稳定。适当的相位裕度和幅值裕度可以防止系统中元件变化对系统稳定性的影响。

(4) 为了得到满意的性能，相位裕度应当在 30°～60°之间，幅值裕度应当大于 6dB。

对于伺服机构，一般相位裕度应当在 40°以上，幅值裕度应当在 10～20dB 之间；对于过程控制，一般相位裕度应当在 20°以上，幅值裕度应当在 3～10dB 之间。

例 5.8　某系统的开环传递函数

$$G_0(s)=\frac{K}{s(s+1)(0.1s+1)}$$

当 $K=5$ 和 $K=20$ 时，判断系统的稳定性，并求相位裕度和幅值裕度。

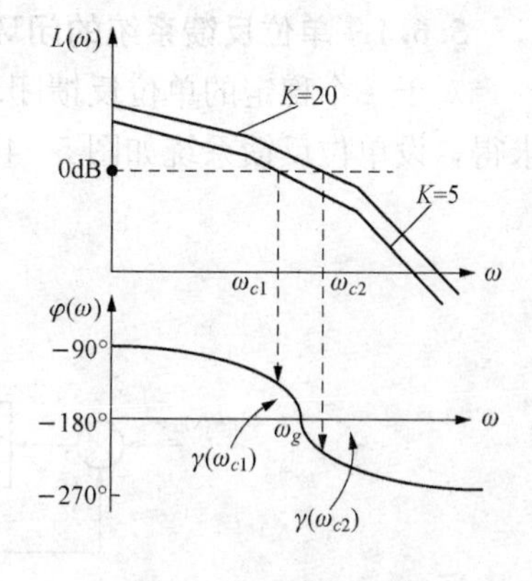

图 5-39　例 5.8 图

解　$K=5$ 时

$$G_0(s)=\frac{5}{s(s+1)(0.1s+1)}$$

$K=20$ 时

$$G_0(s)=\frac{20}{s(s+1)(0.1s+1)}$$

其伯德图如图 5-39 所示。由该图可知，当 $K=5$ 时系统的相位裕度和幅值裕度都是正值，系统稳定。

当 $K=20$ 时系统的相位裕度和幅值裕度都是负值，系统不稳定。

(1) 求相位裕度。

1) $K=5$ 时，由 $|G_0(j\omega_{c1})|=\left|\frac{5}{j\omega_{c1}(j\omega_{c1}+1)(j0.1\omega_{c1}+1)}\right|=1$

得

$$\omega_{c1}=2.1$$

$$\varphi(\omega_{c1}) = 0° - [90° + \arctan(\omega_{c1}) + \arctan(0.1\omega_{c1})] = -166.4°$$

$$故\ \gamma(\omega_{c1}) = 180° + \varphi(\omega_{c1}) = 13.6° > 0$$

2）$K=20$ 时，由 $|G_0(j\omega_{c2})| = \left|\dfrac{20}{j\omega_{c2}(j\omega_{c2}+1)(j0.1\omega_{c2}+1)}\right| = 1$

$$得\ \omega_{c2} = 4.2$$

$$\varphi(\omega_{c2}) = 0° - [90° + \arctan(\omega_{c2}) + \arctan(0.1\omega_{c2})] = -189.4°$$

$$故\ \gamma(\omega_{c2}) = 180° + \varphi(\omega_{c2}) = -9.4° < 0$$

（2）求幅值裕度。

$$由\ \varphi(\omega_g) = 0° - [90° + \arctan(\omega_g) + \arctan(0.1\omega_g)] = -180°$$

$$得\ \omega_g = 3.2$$

1）$K=5$ 时

$$\begin{aligned} h_{g1} &= -20\lg|G_0(j\omega_g)| = -20\lg\left|\frac{5}{j3.2(j3.2+1)(j0.1\times3.2+1)}\right| \\ &= -20(\lg5 - \lg3.2 - \lg\sqrt{3.2^2+1^2} - \lg\sqrt{0.32^2+1^2}) \\ &= 7.06\text{dB} > 0 \end{aligned}$$

2）$K=20$ 时

$$\begin{aligned} h_{g2} &= -20\lg|G_0(j\omega_g)| = -20\lg\left|\frac{20}{j3.2(j3.2+1)(j0.1\times3.2+1)}\right| \\ &= -20(\lg20 - \lg3.2 - \lg\sqrt{3.2^2+1^2} - \lg\sqrt{0.32^2+1^2}) \\ &= -4.98\text{dB} < 0 \end{aligned}$$

故 $K=5$ 时系统稳定；$K=20$ 时系统不稳定。

5.6 闭环系统的频率特性

5.6.1 单位反馈系统的闭环频率特性

对于一个稳定的单位反馈闭环系统，其闭环频率特性可以很方便地由它的开环频率特性求得，设单位反馈系统如图 5-40（a），其闭环传递函数为

$$\frac{C(s)}{R(s)} = \frac{G(s)}{1+G(s)}$$

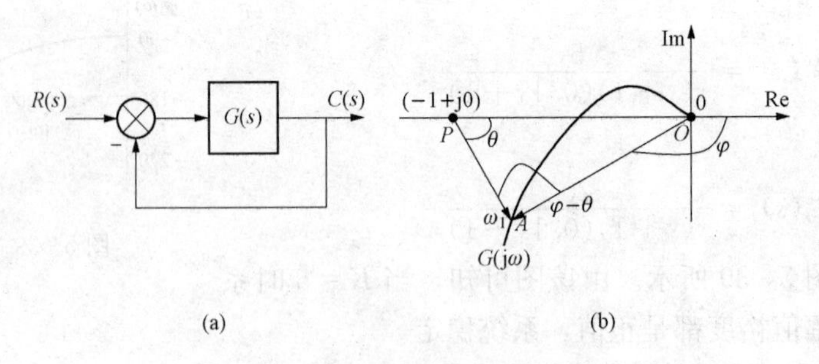

图 5-40 单位反馈系统及其频率特性

（a）单位反馈系统；（b）由开环频率特性确定闭环频率特性

在图 5-40（b）中，向量 OA 表示 $G(j\omega_1)$，其中 ω_1 为 A 点处的频率。向量 OA 的长度为 $|G(j\omega_1)|$，向量 OA 的角度为 $\angle G(j\omega_1)$。由（$-1+j0$）点到奈奎斯特曲线的向量 PA 表

示 $1+G(\mathrm{j}\omega_1)$。故，OA 与 PA 之比就表示闭环系统频率特性，即

$$\frac{OA}{PA}=\frac{G(\mathrm{j}\omega_1)}{1+G(\mathrm{j}\omega_1)}=\frac{C(\mathrm{j}\omega_1)}{R(\mathrm{j}\omega_1)}$$

在 $\omega=\omega_1$ 处，闭环传递函数的幅值即为 OA 与 PA 大小的比值；其相角就是 OA 与 PA 的夹角，即 $\varphi-\theta$，如图所示。当测量出奈奎斯特曲线轨迹上不同频率处的向量的大小和相角后，就可得到闭环系统频率特性曲线。

设闭环系统频率特性的幅值为 $M(\omega)$，相角为 $\alpha(\omega)$，则闭环系统频率特性可表示为

$$\frac{C(\mathrm{j}\omega)}{R(\mathrm{j}\omega)}=M(\omega)\mathrm{e}^{\mathrm{j}\alpha(\omega)} \tag{5-21}$$

5.6.2　非单位反馈系统的闭环频率特性

由图 5-41 可知：非单位反馈系统的闭环频率特性为

$$\Phi(\mathrm{j}\omega)=\frac{G(\mathrm{j}\omega)}{1+G(\mathrm{j}\omega)H(\mathrm{j}\omega)}=\frac{G(\mathrm{j}\omega)H(\mathrm{j}\omega)}{1+G(\mathrm{j}\omega)H(\mathrm{j}\omega)}\times\frac{1}{H(\mathrm{j}\omega)}$$

令

$$\frac{G(\mathrm{j}\omega)H(\mathrm{j}\omega)}{1+G(\mathrm{j}\omega)H(\mathrm{j}\omega)}=M_1(\omega)\mathrm{e}^{\mathrm{j}\alpha_1(\omega)}$$

$$H(\mathrm{j}\omega)=M_2(\omega)\mathrm{e}^{\mathrm{j}\alpha_2(\omega)}$$

则有

$$\Phi(\mathrm{j}\omega)=M(\omega)\mathrm{e}^{\mathrm{j}\alpha(\omega)} \tag{5-22}$$

式中

$$M(\omega)=M_1(\omega)/M_2(\omega),\alpha(\omega)=\alpha_1(\omega)-\alpha_2(\omega)$$

上式表明：非单位反馈系统的闭环频率特性等于单位反馈系统的闭环频率特性乘以 $1/H(\mathrm{j}\omega)$。

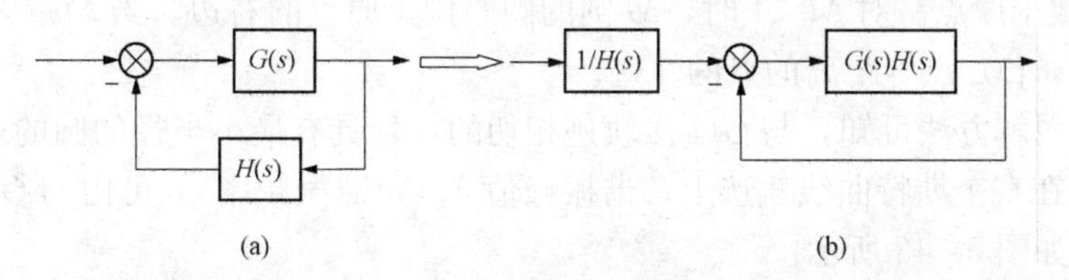

图 5-41　非单位反馈系统转换为单位反馈系统

(a) 非单位反馈系统；(b) 单位反馈系统

5.6.3　等幅值轨迹（*M*）圆

闭环系统的开环频率特性 $G(\mathrm{j}\omega)$ 是一个复数量，它可写作

$$G(\mathrm{j}\omega)=U(\omega)+\mathrm{j}V(\omega)$$

闭环频率特性幅值 $M(\omega)$ 可写成

$$M(\omega)=\frac{|U(\omega)+\mathrm{j}V(\omega)|}{|1+U(\omega)+\mathrm{j}V(\omega)|}$$

则

$$M^2(\omega)=\frac{U^2(\omega)+V^2(\omega)}{[1+U(\omega)]^2+V^2(\omega)} \tag{5-23}$$

如果 $M(\omega)=1$，由式（5-23）可得 $U(\omega)=-0.5$，这是通过点（-0.5，0）且平行于 $V(\omega)$ 轴的直线方程。

如果 $M(\omega)\neq 1$，式（5-23）可写成

$$\left[U(\omega)+\frac{M^2}{M^2-1}\right]^2+V^2(\omega)=\frac{M^2}{(M^2-1)^2} \tag{5-24}$$

式（5-24）表示一个圆的方程，称为等 M 圆。在 $G(s)$ 平面上，等 M 轨迹是一簇圆，如图 5-42 所示。

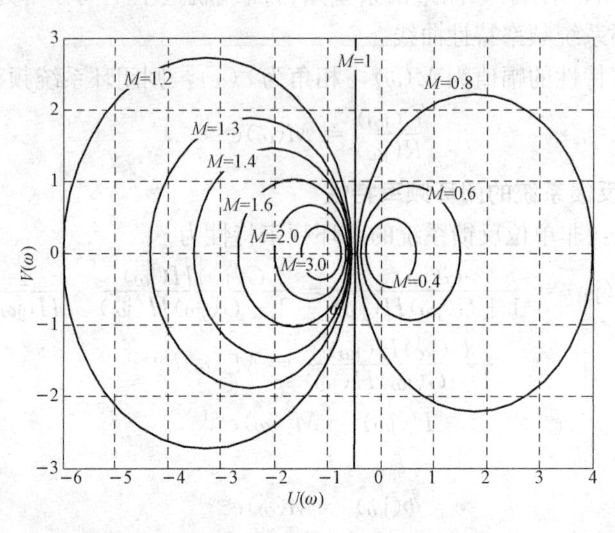

图 5-42 等 M 圆簇

由图 5-42 可知，当 $M>1$ 时，随着 M 的增大 M 圆就越来越小，最后收敛于（$-1+j0$）点。M 圆的圆心位于（$-1+j0$）点的左边。同样，当 $M<1$ 时，随着 M 的减小 M 圆也越来越小，最后收敛于原点。对 $M<1$ 时，M 圆的圆心位于原点的右边。当 $M=1$ 时，是对应于与原点和（$-1+j0$）点等距离的点的轨迹。

由等 M 圆图解方法可知，与 $G(j\omega)$ 轨迹相切的，且具有最小半径的圆的 M 值就是谐振峰值 M_r。故，在奈奎斯特曲线轨迹上，谐振峰值 M_r 和谐振频率 ω_r 可由与 $G(j\omega)$ 轨迹相切的 M 圆求得，如图 5-43 所示。

图 5-43 中奈奎斯特曲线所对应的开环传递函数为 $G(s)=\dfrac{1.59}{s(1+s)}$，其奈奎斯特曲线与 $M=1.4$ 的等 M 圆相切，故系统的谐振峰值 $M_r=1.4$，谐振频率 ω_r 也可从图中得到。

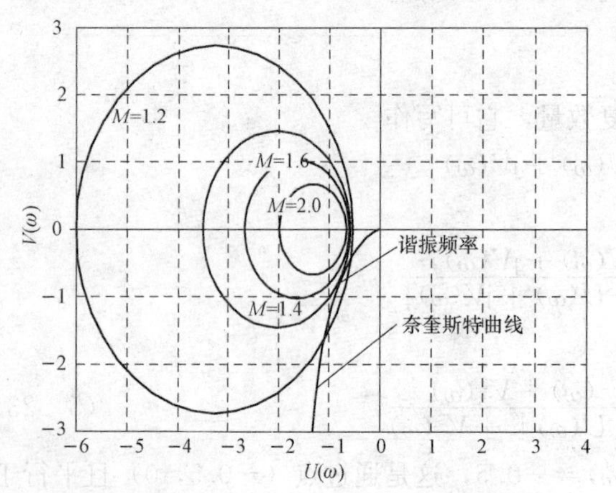

图 5-43 利用等 M 圆确定谐振峰值、谐振频率

5.6.4 增益的调整

在系统的分析和设计中，为了获得满意的性能，通常首先考虑调整幅值。而增益的调整是以所希望的谐振峰值为根据的。以下我们将介绍运用等 M 圆的概念来确定系统增益的一种方法，使得系统在整个频率范围内都不超过某一最大值 M_r。

参照图 5-44 我们可看出，如果 $M_r>1$，那么从原点画一条到所希望的 M_r 的切

线 OP，假设该切线与负实轴的夹角为 ψ，则有

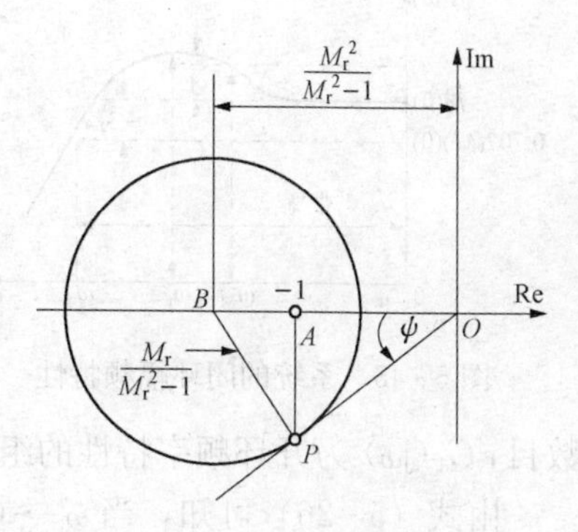

图 5 - 44　利用等 M 圆确定系统增益 K

$$\sin\psi = \frac{PB}{OB} = \left|\frac{\frac{M_r}{M_r^2-1}}{\frac{M_r^2}{M_r^2-1}}\right| = \frac{1}{M_r} \qquad (5\text{-}25)$$

过 P 点作负实轴的垂线，交负实轴于 A 点，可以证明，A 点的坐标为（$-1+\mathrm{j}0$）。

下面我们运用等 M 圆的概念来确定系统的增益，其步骤如下：

（1）将 $G(\mathrm{j}\omega)$ 写作：$G(\mathrm{j}\omega) = KG_1(\mathrm{j}\omega)$，其中 $G_1(j\omega)$ 的增益为单位值 1，画出 $G_1(\mathrm{j}\omega)$ 的奈奎斯特曲线。

（2）由原点作直线，使得它与负实轴的夹角为 ψ，满足

$$\psi = \arcsin\frac{1}{M_r}$$

（3）试作一个圆心在负实轴的圆，使得它既相切于 $G_1(\mathrm{j}\omega)$ 的奈奎斯特曲线又相切于直线 OP，P 为切点（见图 5 - 44）。

（4）由切点 P 作负实轴的垂线 PA，PA 与负实轴交于 A 点。为了使刚才画出的圆相应于所希望的 M_r 圆，则 A 点必须在（$-1+\mathrm{j}0$）点上。

（5）所希望的增益 K 是这样一个值，由于它比例关系的改变，而使 A 点变为（$-1+\mathrm{j}0$）点，因此 $K=1/|OA|$。

例 5.9　已知某单位反馈控制系统的开环传递函数为

$$G(\mathrm{j}\omega) = \frac{K}{\mathrm{j}\omega(1+\mathrm{j}\omega)}$$

试确定的 $M_r=1.4$ 的系统增益 K。

解　因为

$$\psi = \arcsin\frac{1}{M_r} = \arcsin\frac{1}{1.4} \approx 45.6^\circ$$

设

$$G_1(\mathrm{j}\omega) = \frac{1}{\mathrm{j}\omega(1+\mathrm{j}\omega)}$$

（1）作 $G_1(\mathrm{j}\omega)$ 的奈奎斯特曲线，如图 5 - 43 所示。

（2）由原点作直线 OP，使直线 OP 与负实轴的夹角为 $\psi\approx 45.6^\circ$。

（3）作既相切于 $G_1(\mathrm{j}\omega)$ 的奈奎斯特曲线又相切于直线 OP 的圆。

（4）由切点 P 作负实轴的垂线 PA，与负实轴交于 A 点（-0.63，0）。

故

$$K = 1/|OA| = 1/0.63 = 1.59$$

5.6.5　闭环频域指标与时域性能指标之间的关系

用闭环频率特性分析、设计控制系统时，常采用的频域性能指标有零频值 $M(0)$、谐振峰值 $M_{\max}$、谐振频率 ω_r、截止频率 ω_b、频带宽度 $0-\omega_b$、复现频率 ω_M 和复现带宽。

上述性能指标表征了闭环频率特性的曲线在形状和数值上的一些特点，如图 5 - 45 所示，它在很大程度上反映了系统的本质。

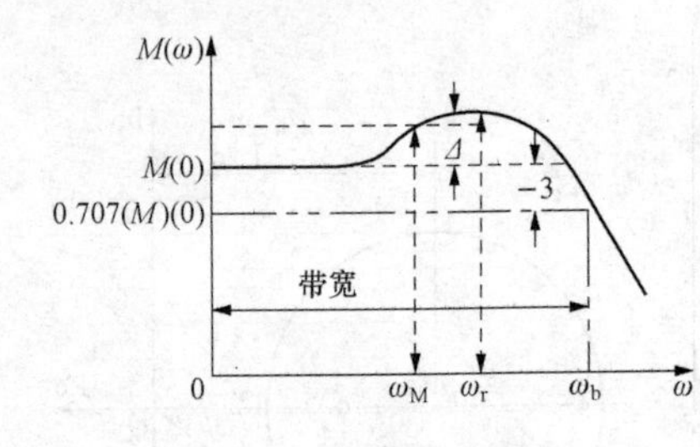

图 5-45 系统的闭环幅频特性

（1）零频值 $M(0)$。表示在频率趋近于零时，系统稳态输出的幅值与输入幅值之比。对于单位反馈系统，闭环频率特性可表示为

$$\Phi(\mathrm{j}\omega)=\frac{G(\mathrm{j}\omega)}{1+G(\mathrm{j}\omega)}=\frac{K\dfrac{G_1(\mathrm{j}\omega)}{(\mathrm{j}\omega)^{\nu}}}{1+K\dfrac{G_1(\mathrm{j}\omega)}{(\mathrm{j}\omega)^{\nu}}} \tag{5-26}$$

式中，K 为开环增益；ν 为开环传递函数中积分环节的数目，$G_1(\mathrm{j}\omega)$ 为开环频率特性的组成部分，其增益为 1，且不含积分环节。

由式（5-26）可知，当 $\omega\to 0$ 时，

$$\begin{cases}M(0)=\dfrac{K}{1+K}<1 & (\nu=0)\\ M(0)=1 & (\nu\geqslant 1)\end{cases} \tag{5-27}$$

显然，$M(0)$ 的值反映了系统的稳态误差。$M(0)$ 的值越接近于 1，系统的稳态误差越小。

（2）相对谐振峰值 M_r、谐振频率 ω_r。

相对谐振峰值 M_r 是谐振峰值 M_{max} 与零频值 $M(0)$ 之比，即

$$M_r=\frac{M_{max}}{M(0)} \tag{5-28}$$

当 $M(0)=1$ 时，$M_r=M_{max}$，对于二阶系统，当 $0<\zeta\leqslant 0.707$ 时，

谐振峰值

$$M_r=\frac{1}{2\zeta\sqrt{1-\zeta^2}} \tag{5-29}$$

故，最大超调量为

$$M_p=\mathrm{e}^{-\frac{\zeta\pi}{\sqrt{1-\zeta^2}}} \tag{5-30}$$

此时，谐振频率

$$\omega_r=\omega_n\sqrt{1-2\zeta^2} \tag{5-31}$$

其过渡过程调整时间为

$$t_s\approx(3\sim4)\sqrt{1-2\zeta^2}/(\zeta\omega_r) \tag{5-32}$$

由式（5-30）及式（5-31）可得，对于小的阻尼比 ζ，谐振频率与阻尼自然频率的值几乎是相同的。因此，阻尼比较小时，谐振频率的值表征了系统瞬态响应的速度。即 ω_r 大的系统，瞬态响应速度快；ω_r 小的系统，瞬态响应速度慢。谐振峰值 M_r、最大超调量 M_p 和阻尼比 ζ 之间的函数关系如图 5-46 所示。可以看出，阻尼比 ζ 越小，谐振峰值 M_r、最大超调量 M_p 的值越大，当 $\zeta>0.4$ 时，M_r 和 M_p 存在相近的关系，M_p 随着 M_r 变化的物理意义在于，当闭环幅频特性有谐振时，系统的输入信号频谱在附近的谐波分量通过系统后显

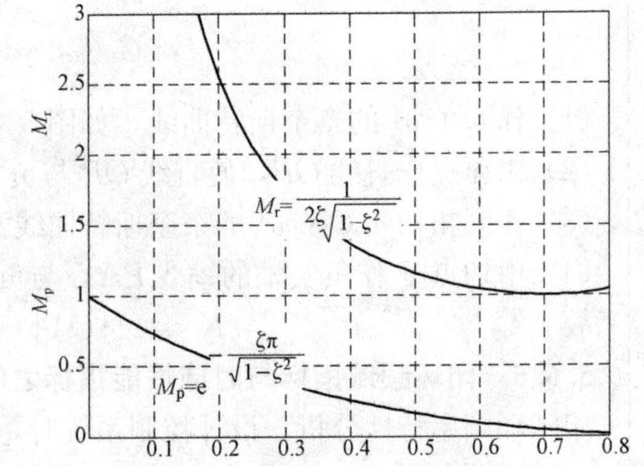

图 5-46 二阶系统的 M_r 和 M_p 随阻尼比 ζ 变化的关系曲线

著增强，从而引起振荡。对于很小的 ζ 值 M_r 将变得很大，M_p 却不会超过1。

在典型的二阶系统中，单位阶跃响应中的最大超调量可以精确地与频率响应中的谐振峰值联系在一起。因此，从本质上看，在频率响应中包含的系统动态特性信息与在瞬态响应中包含的系统的动态特性信息是相同的。

(3) 截止频率 ω_b 与频带宽度 $(0-\omega_b)$。当闭环频率响应的幅值下降到零频率值以下3dB时，对应的频率称为截止频率 ω_b。

对于二阶系统，闭环传递函数为

$$\Phi(s)=\frac{\omega_n^2}{s^2+2\zeta\omega_n s+\omega_n^2}$$

所以，

$$M(\omega)=\frac{1}{\sqrt{\left(1-\frac{\omega^2}{\omega_n^2}\right)^2+\left(2\zeta\frac{\omega}{\omega_n}\right)^2}}$$

因为 $M(0)=1$，故由带宽的定义得

$$\sqrt{\left(1-\frac{\omega_b^2}{\omega_n^2}\right)^2+\left(2\zeta\frac{\omega_b}{\omega_n}\right)^2}=\sqrt{2}$$

即

$$\omega_b=\omega_n\sqrt{1-2\zeta^2+\sqrt{(1-2\zeta^2)^2+1}} \tag{5-33}$$

闭环系统的幅值不低于－3dB时，对应的频率范围称为系统的带宽 $(0-\omega_b)$。带宽表示了这样一个频率，从此频率开始，增益将从其低频时的幅值开始下降。

由图（5-45）可得，闭环系统可以滤掉频率大于截止频率的信号分量，但是可以使频率低于截止频率的信号分量通过。因此，带宽表示了系统跟踪正弦输入信号的能力。对于给定的 ω_n，上升时间随着阻尼比 ζ 的增加而增大。另一方面，带宽随着 ζ 的增加而减小。因此，上升时间与带宽之间成反比关系。

带宽指标一般取决于下列因素：

1）对输入信号的再现能力。大的带宽相应于小的上升时间，即相应于快速特性。粗略地说，带宽与响应速度成反比。

2）对高频噪声必要的滤波特性。为了使系统能够精确地跟踪任意输入信号，系统必须具有大的带宽，即高的截止频率。但是，从噪声的观点来看，因其对高频噪声不能抑制，带宽不应当太大。因此，对带宽的要求是矛盾的，好的设计通常需要折中考虑。具有大带宽的系统需要高性能的元件，因此，元件的成本通常随着带宽的增加而增大。

高阶系统频率响应与时间响应指标之间的关系，不像二阶系统那样存在着确定的关系，这给高阶系统进行频率响应分析和设计带来一定的困难。但是高阶系统一般都设计成具有一对共轭复数闭环主导极点的系统，对于这样的系统，上面讨论的二阶系统频域性能指标和时域性能指标之间的关系，仍具有一定的指导意义。此外，还可以通过经验公式来分析和研究高阶系统。常用的经验公式有

$$\begin{aligned}M_p&=0.16+0.4(M_r-1)\\ t_s&=k\pi/\omega_c\\ k&=2+1.5(M_r-1)+2.5(M_r-1)^2\end{aligned} \tag{5-34}$$

上式建立了频率响应指标 M_r、ω_c 和时域响应的主要指标 M_p、t_s 间的关系。在研究高阶系统时，特别是用频率法分析和设计控制系统时，是很有用的。

一般地，从经验公式所得的结论，比近似采用二阶系统有关公式所得的结论还要精确些。

（4）复现频率 ω_M 和复现带宽。

若给定 Δ 为系统复现低频输入信号的允许误差，而系统首次复现低频输入信号的误差不超过 Δ 时的最高频率称为复现频率 ω_M，$0-\omega_M$ 则称为复现带宽。若根据 Δ 所确定的 ω_M 越大，则系统以规定精度复现输入信号的频带就越宽；若根据 ω_M 所确定的误差 Δ 越小，则系统复现低频输入信号的精度就越高。

上述数值 $M(0)$、ω_M、Δ 决定于系统闭环幅频特性低频段的形状，所以闭环幅频特性在这一频段 $0\leqslant\omega\leqslant\omega_M$ 表征着该闭环系统的稳态性能。

5.6.6　开环频域指标与时域性能指标之间的关系

对于二阶系统，其开环频率特性为

$$G(j\omega)=\frac{\omega_n^2}{j\omega(j\omega+2\zeta\omega_n)}$$

根据幅值穿越频率的定义，有

$$|G(j\omega_c)|=\frac{\omega_n^2}{\omega_c\sqrt{\omega_c^2+(2\zeta\omega_n)^2}}=1$$

所以

$$\omega_c=\omega_n\sqrt{\sqrt{1+4\zeta^4}-2\zeta^2} \tag{5-35}$$

其相频特性为

$$\angle G(j\omega)=-90°-\arctan\omega/2\zeta\omega_n \tag{5-36}$$

当 $\omega=\omega_c$ 时，由式（5-35）、式（5-36）以及式（5-17）可得：

$$\gamma(\omega_c)=90°-\arctan\frac{\sqrt{\sqrt{1+4\zeta^4}-2\zeta^2}}{2\zeta}$$

即有相位裕度

$$\gamma(\omega_c)=\arctan\frac{2\zeta}{\sqrt{\sqrt{1+4\zeta^4}-2\zeta^2}} \tag{5-37}$$

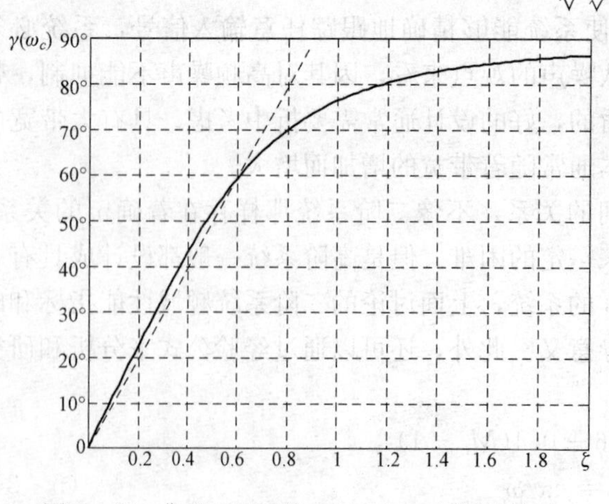

图 5-47　典型二阶系统 $\gamma(\omega_c)$ 与 ζ 之间的关系

式（5-37）说明相位裕度仅仅与阻尼比有关。图 5-47 表示了相位裕度与阻尼比的函数关系。对于典型二阶系统，当 $0<\zeta\leqslant0.6$ 时，相位裕度与阻尼比之间的关系近似地可用直线方程表示如下：

$$\gamma=\zeta/100(°) \tag{5-38}$$

因此，在一定的阻尼比范围内，相位裕度相当于阻尼比。对于具有一对主导极点的高阶系统，当根据频率响应估计瞬态响应中的相对稳定性（即阻尼比）时，根据经验，可以应用这个公式。

关于 M_p 随 γ 和 ω_c/ω_n 随 ζ 的变化曲线

分别如图 5-48 和图 5-49 所示。

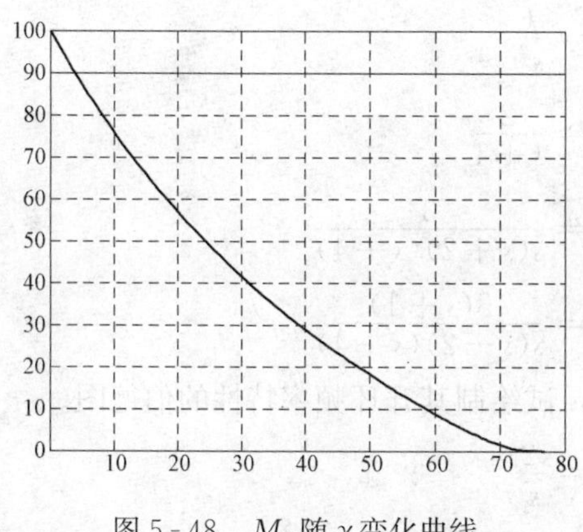

图 5-48　M_p 随 γ 变化曲线

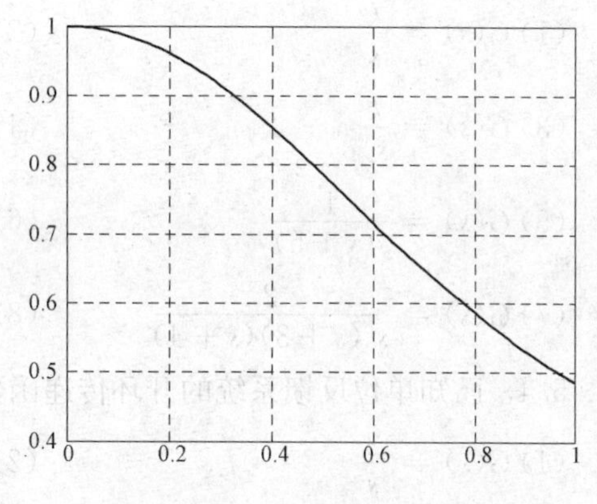

图 5-49　ω_c/ω_n 随 ζ 变化曲线

5.6.7　开环对数频率特性与时域性能指标之间的关系

在研究控制系统的开环对数频率特性与时域性能指标之间的关系时，通常把开环对数频率特性（伯德图）分成低频段、中频段和高频段三个频段。

（1）低频段。低频段一般指频率低于开环伯德图第一个转折频率的频段，或者说频率低于中频段的频率范围。频率特性的低频段主要影响时间响应的结尾段。开环伯德图低频渐近线的斜率反映系统含积分环节的个数（即型别），而它的高度则反映系统的开环增益，因此低频渐近线的斜率和高度决定着系统的稳态精度。

（2）中频段。中频段是指开环伯德图截止频率 ω_c 附近的频段，即 ω_c 前、后转折频率之间的频率范围，中频段的特征量有截止频率、相位裕度、对数幅频特性的斜率以及中频宽度，即 ω_c 与其相邻两个转折频率的比值等。

对于最小相位系统，其开环对数幅频和对数相频曲线存在单值对应关系。一般而言，要保证有 30°～60°的相位裕度，则意味着开环对数幅频曲线在截止频率 ω_c 附近的斜率应小于－40db/dec，且有一定的宽度。在大多数实际系统中，要求斜率为－20dB/dec，如果此斜率设计为－40dB/dec，系统即使稳定，相位裕度也过小。如果此斜率为－60dB/dec 或更大，则系统是不稳定的。

（3）高频段。高频段是指频率大于 ω_c 后的转折频率，小于 20 ω_c 的区域，即中频段以后的区段。高频段伯德图呈很陡的斜率下降将有利于降低噪声，也就是说控制系统应该是一个低通滤波器。

5.1　某系统框图如图 5-50 所示，试根据频率特性的物理意义，求 $r(t)=\sin 2t$ 输入信号作用时，系统的稳态输出 $c_s(t)$ 和稳态误差 $e_s(t)$。

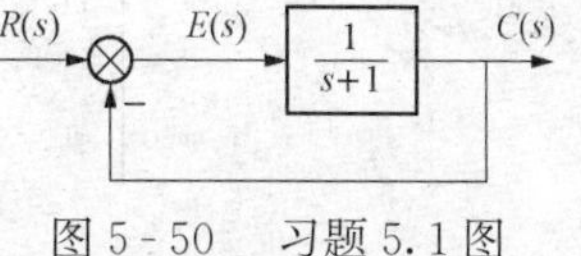

图 5-50　习题 5.1 图

5.2　若系统单位阶跃响应

$$h(t)=1-1.8\mathrm{e}^{-4t}+0.8\mathrm{e}^{-9t}\quad(t\geqslant 0)$$

试求系统频率特性。

5.3 已知单位反馈系统的开环传递函数如下，试绘制其开环频率特性的奈奎斯特图。

(1) $G(s)=\dfrac{k}{s}$ (2) $G(s)=\dfrac{k}{s^2}$

(3) $G(s)=\dfrac{k}{s^3}$ (4) $G(s)=\dfrac{2}{s+1}$

(5) $G(s)=\dfrac{1}{s(s+5)}$ (6) $G(s)=\dfrac{3}{s(s+2)(s+4)}$

(7) $G(s)=\dfrac{2}{s^2(s+3)(s+4)}$ (8) $G(s)=\dfrac{3(s+1)}{s(s-2)(s+4)}$

5.4 已知单位反馈系统的开环传递函数如下，试绘制其开环频率特性的伯德图。

(1) $G(s)=\dfrac{2}{s}$ (2) $G(s)=\dfrac{2}{s^2}$

(3) $G(s)=\dfrac{2}{s^3}$ (4) $G(s)=\dfrac{2}{s+1}$

(5) $G(s)=\dfrac{1}{s(s+5)}$ (6) $G(s)=\dfrac{3}{s(s+2)(s+4)}$

(7) $G(s)=\dfrac{2}{s^2(s+3)(s+4)}$ (8) $G(s)=\dfrac{3(s+1)}{s^2(s+2)(s+4)}$

5.5 绘制下列函数的伯德图并进行比较。

(1) $G(s)=\dfrac{T_1s+1}{T_2s+1}\quad (T_1>T_2>0)$

(2) $G(s)=\dfrac{T_1s-1}{T_2s+1}\quad (T_1>T_2>0)$

5.6 已知系统开环传递函数

$$G(s)H(s)=\frac{10}{s(2s+1)(s^2+0.5s+1)}$$

试分别计算 $\omega=0.5$ 和 $\omega=2$ 时开环频率特性的幅值 $A(\omega)$ 和相角 $\varphi(\omega)$。

5.7 已知系统开环传递函数

$$G(s)=\frac{K(-T_2s+1)}{s(T_1s+1)}\quad (K、T_1、T_2>0)$$

当 $\omega=1$ 时，$\angle G(\mathrm{j}\omega)=-180°$，$|G(\mathrm{j}\omega)|=0.5$；当输入为单位速度信号时，系统的稳态误差为 1。试写出系统开环频率特性表达式 $G(\mathrm{j}\omega)$。

5.8 三个最小相位系统传递函数的近似对数幅频特性曲线分别如图 5-51（a）、（b）和（c）所示。要求：

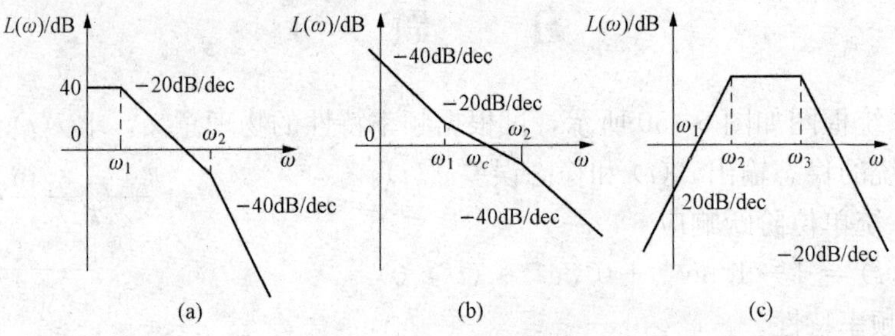

图 5-51 习题 5.8 图

（1）写出对应的传递函数；

（2）概略绘制对应的对数相频特性曲线。

5.9　已知 $G_1(s)$、$G_2(s)$ 和 $G_3(s)$ 均为最小相位系统的传递函数，其近似对数幅频特性曲线如图 5-52 所示。试概略绘制传递函数 $G_4(s)=\dfrac{G_1(s)G_2(s)}{1+G_2(s)G_3(s)}$ 的对数幅频、对数相频和幅相特性曲线。

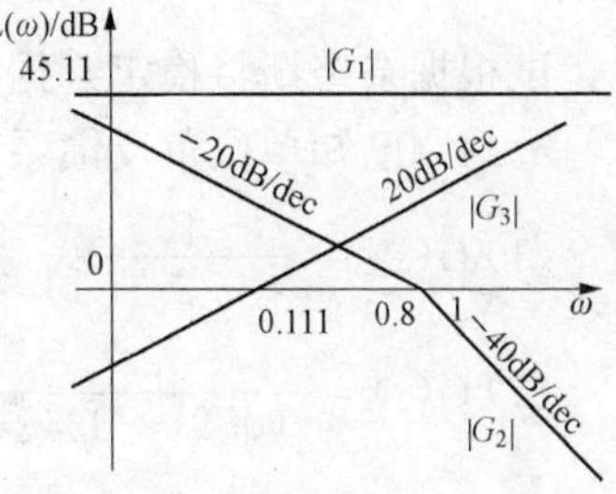

图 5-52　习题 5.9 图

5.10　已知系统开环传递函数

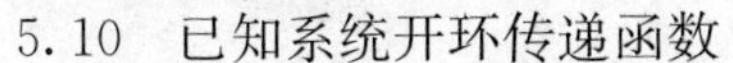

$$G(s)=\frac{K}{s(Ts+1)(s+1)}\quad (K、T>0)$$

试根据奈奎斯特稳定判据，确定其闭环稳定的条件：

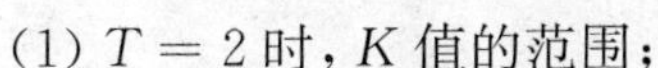

(1) $T=2$ 时，K 值的范围；

(2) $K=10$ 时，T 值的范围。

5.11　试用奈奎斯特稳定判据判别如图 5-53 所示曲线对应闭环系统的稳定性。已知图 5-53 (a)～(j) 对应的开环传递函数分别为：

(1) $G(s)=\dfrac{K}{(T_1s+1)(T_2s+1)(T_3s+1)}$　　(2) $G(s)=\dfrac{K}{s(T_1s+1)(T_2s+1)}$

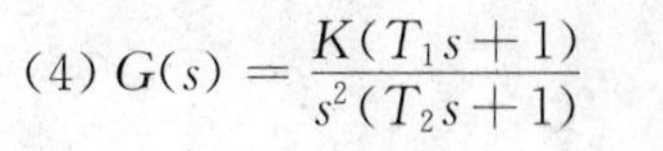

(3) $G(s)=\dfrac{K}{s^2(Ts+1)}$　　(4) $G(s)=\dfrac{K(T_1s+1)}{s^2(T_2s+1)}$

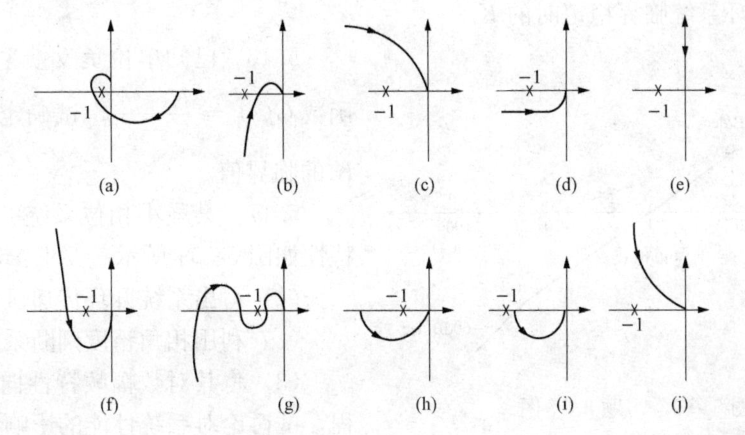

图 5-53　习题 5.11 图

(5) $G(s)=\dfrac{K}{s^3}$　　(6) $G(s)=\dfrac{K(T_1s+1)(T_2s+1)}{s^3}$

(7) $G(s)=\dfrac{K(T_5s+1)(T_6s+1)}{s(T_1s+1)(T_2s+1)(T_3s+1)(T_4s+1)}$　　(8) $G(s)=\dfrac{K}{Ts-1}\quad (K>1)$

(9) $G(s)=\dfrac{K}{Ts-1}\quad (K<1)$　　(10) $G(s)=\dfrac{K}{s(Ts-1)}$

5.12　已知系统开环传递函数

$$G(s)=\frac{10(s^2-2s+5)}{(s+2)(s-0.5)}$$

试概略绘制幅相特性曲线，并根据奈奎斯特稳定判据判定闭环系统的稳定性。

5.13 已知系统开环传递函数

$$G(s)=\frac{10}{s(0.2s^2+0.8s-1)}$$

试根据奈奎斯特稳定判据确定闭环系统的稳定性。

5.14 已知单位负反馈系统，其开环传递函数为

(1) $G(s)=\dfrac{100}{s(0.2s+1)}$

(2) $G(s)=\dfrac{50}{(0.2s+1)(s+2)(s+0.5)}$

(3) $G(s)=\dfrac{10}{s(0.1s+1)(0.25s+1)}$

(4) $G(s)=\dfrac{100\left(\dfrac{s}{2}+1\right)}{s(s+1)\left(\dfrac{s}{10}+1\right)\left(\dfrac{s}{20}+1\right)}$

试用奈奎斯特判据或对数稳定判据判断闭环系统的稳定性，并确定系统的相角裕度和幅值裕度。

5.15 已知系统中

$$G(s)=\frac{10}{s(s-1)},\quad H(s)=1+K_hs$$

试确定闭环系统临界稳定时的 K_h。

5.16 已知单位负反馈系统的开环传递函数 $G(s)=\dfrac{K\mathrm{e}^{-0.8s}}{s+1}$，试确定使系统稳定的 K 的临界值。

5.17 某最小相位系统的开环对数幅频特性如图 5-54 所示。要求：

(1) 写出系统开环传递函数；

(2) 利用相角裕度判断系统的稳定性；

(3) 将其对数幅频特性向右平移十倍频程，试讨论对系统性能的影响。

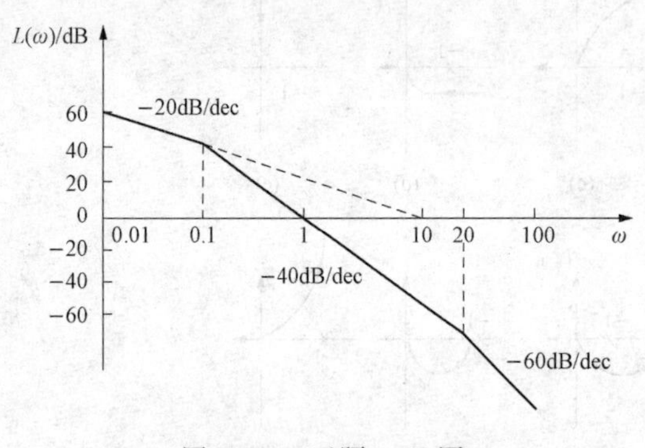

图 5-54 习题 5.17 图

第 6 章　控制系统的综合与校正

控制系统的分析与控制系统的综合是一对互逆的命题。在前面章节中已介绍并讨论了控制系统的分析方法。掌握了这些方法，就可根据控制系统的数学模型对其进行定性分析和定量计算，从而认识并掌握控制系统的性质以及各项性能指标。以上这些工作称为控制系统的分析。

本章将介绍讨论另一个命题，即控制系统的综合。如何根据预先给定的性能指标，去设计一个能满足性能要求的控制系统的工作称为控制系统的综合。对于一个不满足给定性能指标的既有的控制系统，在内部的相关位置设计添加若干装置，使其满足性能要求的工作称为控制系统的校正。

6.1　控制系统校正的基本概念

6.1.1　校正的一般概念

在控制工程中对自动控制系统提出的工作任务、技术要求、经济性要求、可靠性要求等均归结为控制系统的性能指标，设计系统时根据性能指标首先进行系统的初步综合。由于控制系统中的被控对象往往是确定不变的，并且测量反馈元件、比较元件、放大元件、执行元件中除放大元件的放大系数可作适当调整外，其他元件的参数基本上是固定不变的，因此被称为系统的固有部分或不可变部分 $G_o(s)$。大多数情况下，仅由系统固有部分组成的反馈控制系统，其动态、稳态性能较差，不能满足系统性能指标要求，甚至不稳定，不能正常工作。因此在设计系统时就必须在系统固有部分的基础之上添加新的环节，使其满足性能指标要求。这种为改善系统的稳定性、动态性能和稳态性能而引入的新装置，称为校正装置 $G_c(s)$。

系统的校正工作主要是根据设计要求选择校正方式，确定校正装置的类型，计算具体的参数，使加入校正装置后的系统有满意的性能。校正装置的类型可根据系统的具体要求分别选用电子、电气、机械、气动、液压等器件。

6.1.2　控制系统校正的方法

控制系统校正的方法大致有三种：其一为时域法；其二为根轨迹法；其三为频域法（也称频率法）。这些校正方法的实质均是在系统中引入新的环节，改变系统的传递函数（时域法），改变系统的零极点分布（根轨迹法），改变系统的开环伯德图形状（频域法），从而使系统达到满意的性能。由于控制工程中较多应用时域法和频域法，所以本章介绍讨论这两种校正方法。

时域法的基本思想是在系统原有的传递函数基础上增加一定的校正环节，使校正后被改变了传递函数的系统在性能上满足要求。

频域法主要是应用系统的开环特性来研究系统的闭环特性。它的基本做法是利用恰当的校正装置，配合开环增益的调整，来修改原有的开环伯德图，使得校正后的开环伯德图符合闭环系统性能指标的要求。

6.1.3 控制系统校正的方式

按照校正装置在系统中的连接方式，控制系统校正方式可分为串联校正、反馈校正、前馈校正和复合校正四种。

串联校正装置一般接在系统误差测量点之后和放大器之前，串接于系统前向通路之中；反馈校正装置接在系统局部反馈通路之中。串联校正与反馈校正连接方式如图 6-1 所示。

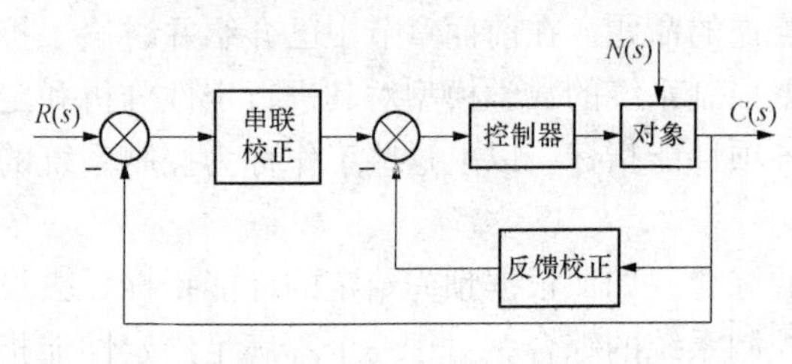

图 6-1 串联校正与反馈校正

前馈校正又称顺馈校正，是在系统主反馈回路之外采用的校正方式。前馈校正装置接在系统给定值（或指令、参考输入信号）之后及主反馈作用点之前的前向通道上，如图 6-2（a）所示，这种校正方式的作用相当于对给定值信号进行整形或滤波后，再送入反馈系统；另一种前馈校正装置接在系统可测扰动作用点与误差测量点之间，对扰动信号进行直接或间接测量，并经变换后接入系统，形成一条附加的对扰动影响进行补偿的通路，如图 6-2（b）所示。前馈校正可以单独作用于开环控制系统，也可以作为反馈控制系统的附加校正而组成复合控制系统。

复合校正方式是在反馈控制回路中，加入前馈校正通路，组成一个有机整体，如图 6-3 所示，其中（a）为按扰动补偿的复合控制形式，（b）为按输入补偿的复合控制形式。

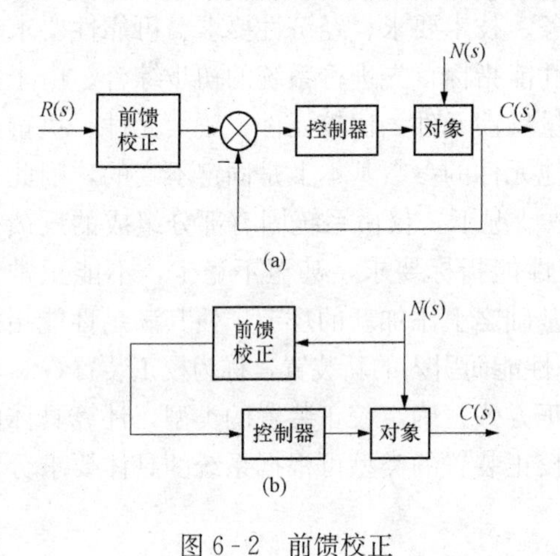

图 6-2 前馈校正

（a）对给定值处理；（b）对扰动的补偿

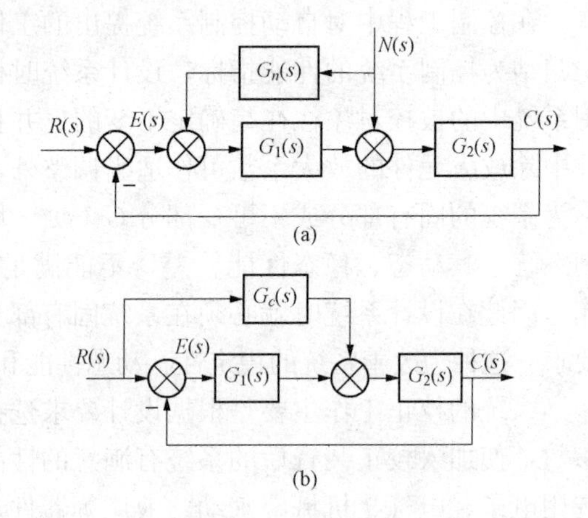

图 6-3 复合校正

（a）按扰动补偿的复合控制系统；

（b）按输入补偿的复合控制

在控制系统设计中，常用的校正方式为串联校正和反馈校正两种。选用哪种校正方式，取决于系统中的信号的性质、技术实现的方便性、可供选用的元件、抗干扰性要求、经济性要求、环境使用条件以及设计者的经验等因素。

一般来说，串联校正设计比反馈校正设计简单，也比较容易对信号进行各种必要形式的变换，但需注意负载效应的影响。

在直流控制系统中，由于传递直流电压信号，适于采用串联校正；在交流载波控制系统中，如果采用串联校正，一般应接在解调器和滤波器之后，否则由于参数变化和载频漂移，校正装置的工作稳定性很差。串联校正装置又分无源和有源两类。无源串联校正装置通常由

RC 无源网络构成，结构简单，成本低廉，但会使信号在变换过程中产生幅值衰减，且其输入阻抗较低，输出阻抗又较高，因此常常需要附加放大器，以补偿其幅值衰减，并进行阻抗匹配。为了避免功率损耗，无源串联校正装置通常安置在前向通路中能量较低的部位上。有源串联校正装置由运算放大器和 *RC* 网络组成，其参数可以根据需要调整。在工业自动化设备中，经常采用由有源电动（或气动）单元构成的 PID 控制器（或称 PID 调节器），它由比例单元、微分单元和积分单元组合而成，可以实现各种要求的控制规律。

在实际控制系统中，也广泛采用反馈校正装置。一般来说，反馈校正所需元件数目比串联校正少。由于反馈信号通常由系统输出端或放大器输出级供给，信号是从高功率点传向低功率点，因此反馈校正一般无须附加放大器。此外，反馈校正可消除系统原有部分参数波动对系统性能的影响。在性能指标要求较高的控制系统设计中，常常兼用串联校正与反馈校正两种方式。

对系统的校正可以是指采取上述几种方式中的任一种，也可以是指在系统中同时采取多种方式。例如，飞行模拟转台的框架随动系统，它对快速性、平稳性及精度的要求都很高，为了达到这一要求，通常采用串联校正、反馈校正以及对控制作用的前置校正。图 6-4 表示某转台框架随动系统的结构组成原理图，图中测速机起反馈校正作用，滞后网络起串联校正作用。

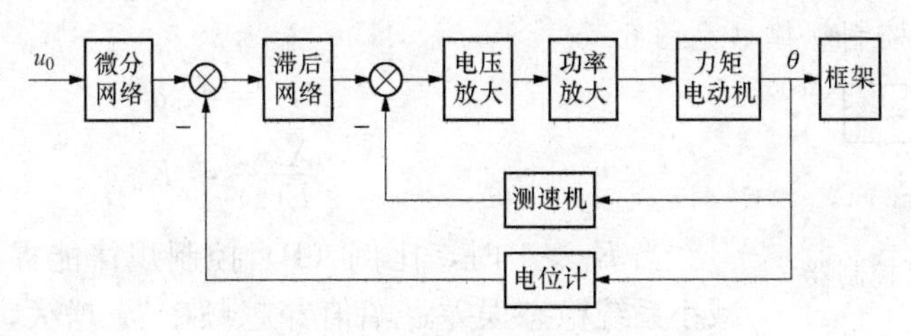

图 6-4　转台框架随动系统

6.1.4　系统指标的确定

进行控制系统的校正设计，除了应已知系统不可变部分的特性与参数外，还需要已知对系统提出的全部性能指标。性能指标通常是由使用单位或被控对象的设计制造单位提出的，不同的控制系统对性能指标的要求应有不同的侧重。例如，调速系统对平稳性和稳态精度要求较高，而随动系统则侧重于快速性要求。

性能指标的提出，应符合实际系统的需要与可能。一般来说，性能指标不应当比完成给定任务所需要的指标更高。例如，若系统的主要要求是具备较高的稳态工作精度，则不必对系统的动态性能提出不必要的过高要求。实际系统能具备的各种性能指标，会受到组成元部件的固有误差、非线性特性、能源的功率以及机械强度等各种实际物理条件的制约。如果要求控制系统应具备较快的响应速度，则应考虑系统能够提供的最大速度和加速度，以及系统容许的强度极限。除了一般性指标外，具体系统往往还有一些特殊要求，如低速平稳性。对变载荷的适应性等，也必须在系统设计时分别加以考虑。

在控制系统设计中，采用的设计方法一般依据性能指标的形式而定。如果性能指标以单位阶跃响应的峰值时间、调节时间、超调量、阻尼比、稳态误差等时域特征量给出，可采用时域法校正或根轨迹法校正；如果性能指标以系统的相角裕度、幅值裕度、谐振裕度、闭环带宽、稳态误差系数等频域特征量给出，一般采用频率法校正。时域法与频域法是两种常用的方法，其性能指标可以互换。

6.2 基本控制规律

比例-积分-微分（PID）控制器是在工业过程控制中最常见的一种控制调节器，是对偏差信号 $e(t)$ 进行比例、积分和微分运算变换后形成的一种控制规律，是控制工程中技术成熟、理论完善、应用最为广泛的一种控制策略。PID 控制器在技术上已经经历了从气动元器件到电子管、晶体管和集成电路组成的微处理器的技术实现历程。微处理器对 PID 控制器的技术实现其意义重大，目前制造的所有 PID 控制器几乎都是基于微处理器的，这就给自整定、自适应和增益可调等附加特性提供了条件。PID 有几个重要的功能：提供比例控制；通过积分作用可以消除稳态误差；通过微分作用可以预测将来。P、PI、PD 或 PID 控制适用于数学模型已知或通常情况下数学模型难以确定的控制系统或过程，尤其适用于工程中对过程动态性质及控制性能要求不太高的场合。PID 控制以其通用、简洁、有效而被称为“次最优控制”。

PID 控制器以其参数整定方便，结构灵活，在工程实际中容易被理解和实现而得到广泛运用。

1. 比例（P）控制规律（见图 6-5）

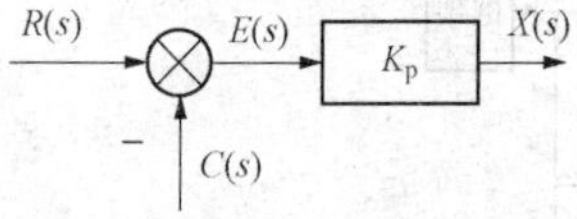

图 6-5 P 控制器

$$x(t) = K_p e(t)$$

$$\frac{X(s)}{E(s)} = K_p \tag{6-1}$$

当 $K_p > 1$ 时，比例（P）控制规律能提高系统开环增益，减小系统稳态误差；幅值穿越频率 ω_c 增大，过渡过程时间缩短；幅值裕度减少，系统稳定程度变差。因此，比例控制一般适用于原稳定裕度充分大的系统。当 $K_p < 1$ 时，对系统性能的影响正好相反。

因此，比例控制器实质上是一种增益可调的放大器，如图 6-6 所示。

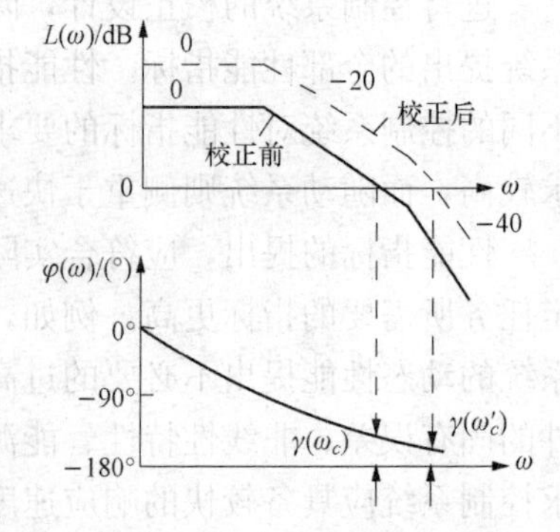

图 6-6 P 控制器的作用

2. 比例-微分（PD）控制规律（见图 6-7）

具有比例-微分控制规律的控制器，称为 PD 控制器。

$$x(t) = K_p e(t) + K_p \tau \frac{\mathrm{d}e(t)}{\mathrm{d}t}$$

$$\frac{X(s)}{E(s)} = K_p(1+\tau s) \tag{6-2}$$

式中，K_p 为可调比例系数，τ 为可调微分时间常数。

输出信号同时与其输入信号及输入信号的微分成比例。

微分控制总是力图阻止偏差的变化，因此，PD 控制通过引入合适的微分作用可以改善系统的动态性能，如抑制阶跃响应的超调，使超调量减小；相位裕度增加，稳定性提高；ω_c 增大，即调节时间缩短；并且，比例控制增大可使稳态误差减小，提高了控制精度。但当 τ 太大时，微分作用太强，会引起过大的超调，使被调量激烈振荡，系统不稳定；而 τ 太小时，微分作用太弱，调节质量改善不大。所以，只有合适的 τ 才可以得到令人满意的过渡过程。另外，PD 控制使高频段增益上升，可能导致执行元件输出饱和，并且降低了系统抗干扰的能力；当 $K_p=1$ 时，系

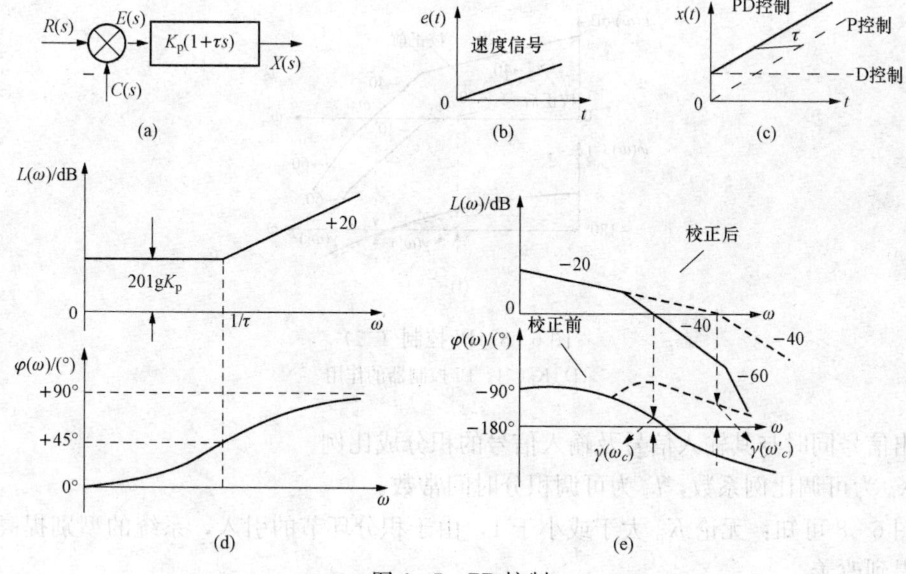

图 6-7　PD 控制

（a）PD 控制器；（b）速度输入；（c）PD 控制器输出；

（d）PD 控制器伯德图（$K_p>1$）；（e）PD 控制器的作用

统的稳态性能没有变化。

值得注意的是，微分控制仅仅在系统的瞬态过程中起作用，所以一般不单独使用微分控制。

3．比例-积分（PI）控制规律（见图 6-8）

具有比例-积分控制规律的控制器，称为 PI 控制器。

$$x(t)=K_pe(t)+\frac{K_p}{T_i}\int_0^t e(t)\mathrm{d}t$$

$$\frac{X(s)}{E(s)}=K_p\left(1+\frac{1}{T_is}\right) \tag{6-3}$$

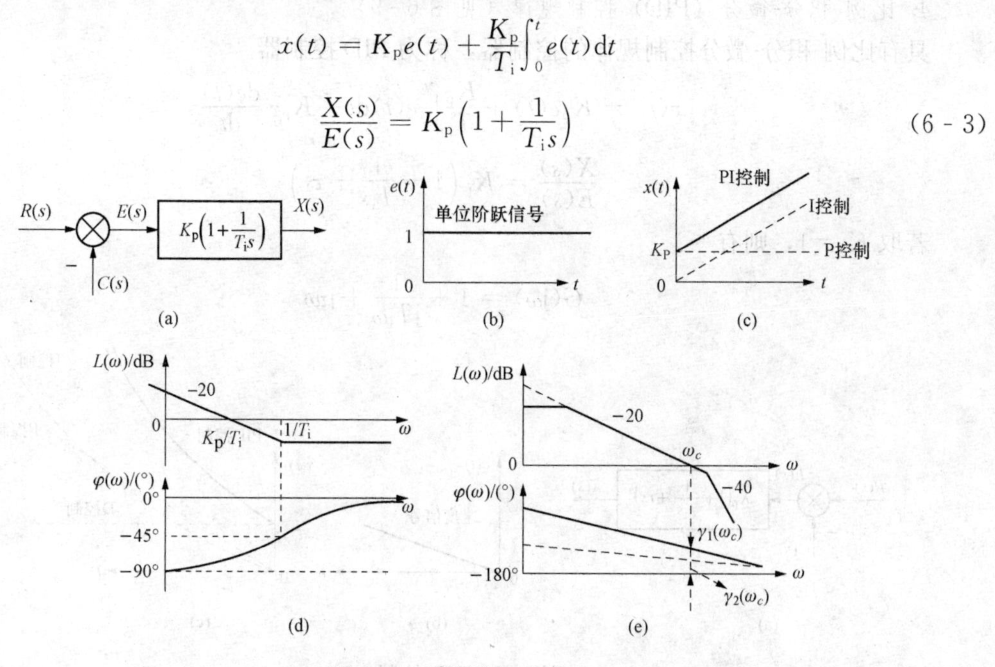

图 6-8　PI 控制（一）

（a）PI 控制器；（b）单位阶跃输入；（c）PI 控制器输出；

（d）PI 控制器伯德图（$K_p<1$）；（e）$K_p>1$，PI 控制器的作用

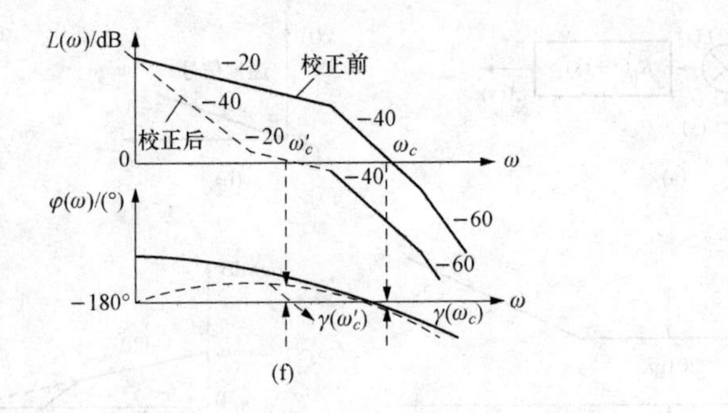

图 6-8　PI 控制（二）

(f) $K_p<1$，PI 控制器的作用

输出信号同时与其输入信号及输入信号的积分成比例。

式中，K_p 为可调比例系数，T_i 为可调积分时间常数。

由图 6-8 可知：无论 K_p 大于或小于 1，由于积分环节的引入，系统的型别提高，使稳态性能得到改善。

当 $K_p>1$ 时，由图 6-8（e）可得：相位裕度减小，稳定程度变差。

当 $K_p<1$ 时，由图 6-8（f）可得：系统从不稳定变为稳定；但 ω_c 减小，快速性变差。由于 $\varphi(\omega)=\arctan T_i\omega-90°<0$，导致引入 PI 控制器后，系统的相位滞后增加，因此，若要通过 PI 控制器改善系统的稳定性，必须选择 $K_p<1$，以降低系统的幅值穿越频率，保证相位裕度为正值。

PI 控制器主要用来改善控制系统的稳态性能。

4. 比例-积分-微分（PID）控制规律（见图 6-9）

具有比例-积分-微分控制规律的控制器，称为 PID 控制器。

$$x(t)=K_p e(t)+\frac{K_p}{T_i}\int_0^t e(t)\mathrm{d}t+K_p\tau\frac{\mathrm{d}e(t)}{\mathrm{d}t}$$

$$\frac{X(s)}{E(s)}=K_p\left(1+\frac{1}{T_i s}+\tau s\right) \tag{6-4}$$

若取 $K_p=1$，则有

$$G(\mathrm{j}\omega)=1+\frac{1}{\mathrm{j}T_i\omega}+\mathrm{j}\tau\omega$$

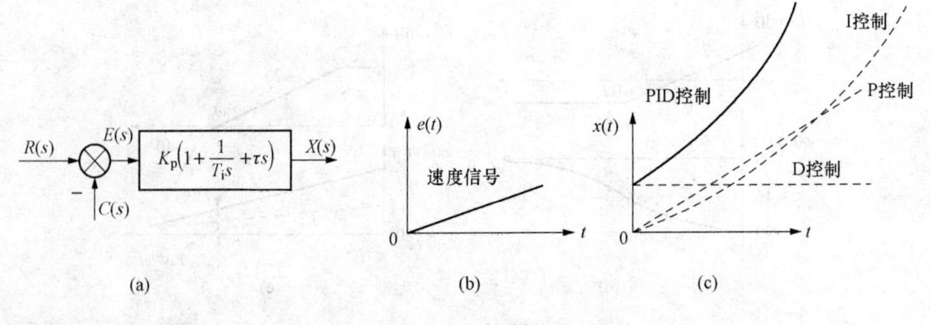

图 6-9　PID 控制（一）

(a) PID 控制器；(b) 速度输入；(c) PID 控制器输出

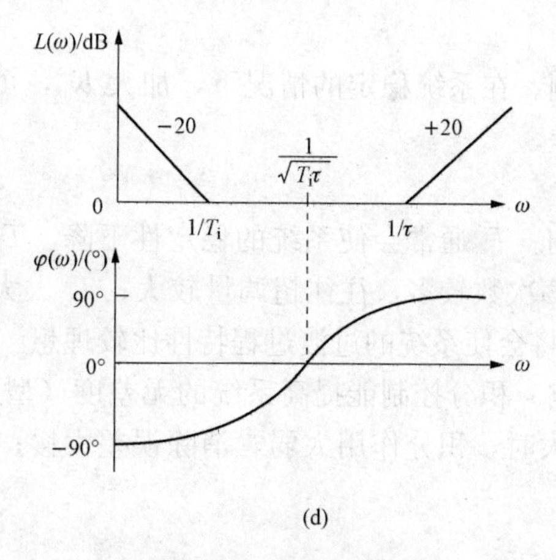

(d)

图 6-9　PID 控制（二）

（d）PID 控制器的伯德图

令

$$\omega_i = 1/T_i \quad \omega_d = 1/\tau$$

且 $\omega_i < \omega_d$，则有

$$G(j\omega) = \left(1 + j\frac{\omega}{\omega_i} - \frac{\omega^2}{\omega_i\omega_d}\right) \Big/ j\frac{\omega}{\omega_i}$$

PID 控制器的幅频、相频特性分别为

$$L(\omega) = 20\lg\sqrt{\left(1 - \frac{\omega^2}{\omega_i\omega_d}\right)^2 + \frac{\omega^2}{\omega_i^2}} - 20\lg\frac{\omega}{\omega_i}$$

$$\varphi(\omega) = \arctan\frac{\dfrac{\omega}{\omega_i}}{1 - \dfrac{\omega^2}{\omega_i\omega_d}} - 90^\circ$$

近似地有

$$\begin{cases} L(\omega) = \begin{cases} -20\lg\dfrac{\omega}{\omega_i} & (\omega \ll \omega_i) \\ 0 & (\omega_i < \omega < \omega_d) \\ 20\lg\dfrac{\omega}{\omega_d} & (\omega \gg \omega_d) \end{cases} \\ \varphi(\omega) = \begin{cases} -90^\circ & (\omega \to 0) \\ 0^\circ & (\omega = \sqrt{\omega_i\omega_d}) \\ +90^\circ & (\omega \to \infty) \end{cases} \end{cases} \tag{6-5}$$

其近似的 Bode 如图 6-9（d）所示。在低频段，PID 控制器通过积分控制作用，改善系统的稳态性能；在中频段，PID 控制器通过微分控制作用，有效提高系统的动态性能。

5. PID 控制规律与参数变化对系统性能的影响总结

K_p 的影响如下：

（1）对动态性能的影响。加大 K_p，使系统动作灵敏，速度加快。K_p 偏大，振荡次数增加，调节时间加长；K_p 太大，则系统趋于不稳定。相反，若 K_p 太小，又会使系统动作缓慢，灵敏度降低。

（2）对稳态性能的影响。在系统稳定的情况下，加大 K_p，可提高控制精度，减小稳态误差，但不能完全消除误差。

T_i 的影响如下：

（1）对动态性能的影响。T_i 通常会使系统的稳定性下降。T_i 太小，积分作用太强，系统将不稳定；T_i 偏小，振荡次数较多，往往超调量较大；T_i 太大，积分作用太弱，对系统性能影响减小；合适的 T_i 将会使系统的过渡过程特性比较理想。

（2）对稳态性能的影响。积分控制能提高系统的无差度（型别），即提高了系统跟随输入信号的控制精度。T_i 太大时，积分作用太弱，消除误差太慢；T_i 太小时，则可导致系统不稳定。

τ 的影响如下：

微分控制总是力图阻止偏差的变化，采用微分控制可以改善系统的动态特性，如超调量减小，调节时间缩短，允许加大比例控制使稳态误差减小，提高控制精度。但 τ 太大时，微分作用太强，会引起过大的超调，使被调量激烈振荡，系统不稳定；τ 太小时，微分作用太弱，调节质量改善不大。所以，只有合适的 τ 才可以得到令人满意的过渡过程特性。

6.3 常用校正装置及其特性

PID 控制规律通常由其相应的校正装置来实现，这些校正装置按照组成装置的元件可分为无源和有源两种。无源校正装置：即由无源元件组成的校正装置（如 R，C，L，…）；有源校正装置：即由含有有源元件组成的校正装置（如电机、运算放大器等）。

按校正的效应可分为以下三种：

（1）超前校正：在所校正的频段，网络对输入信号有明显的微分作用，输出信号相角比输入信号相角超前。

（2）滞后校正：在所校正的频段，网络对输入信号有明显的积分作用，输出信号相角比输入信号相角滞后。

（3）滞后一超前校正：综合以上两种校正的校正方式。

1. 无源超前校正——PD 控制规律的实现

一般而言，当控制系统的开环增益增大到满足其静态性能所要求的数值时，系统有可能不稳定，或者即使能稳定，其动态性能一般也不会理想。在这种情况下，需在系统的前向通路中增加超前校正装置，以实现在开环增益不变的前提下，系统的动态性能亦能满足设计的要求。

接下来我们首先先讨论超前校正网络的特性，而后介绍基于频率响应法的超前校正装置的设计过程。

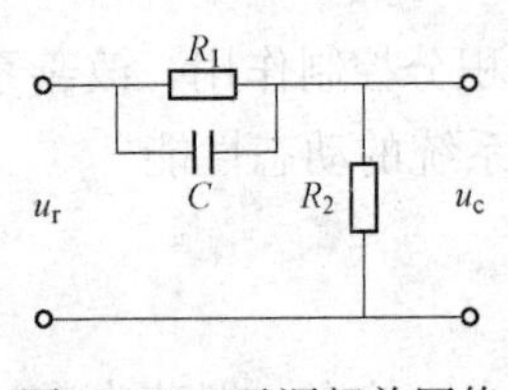

图 6-10 无源超前网络

图 6-10 为一由 R、C 元件组成的无源超前网络，假设该网络信号源的阻抗很小，可以忽略不计，而输出负载的阻抗为无穷大，则其传递函数为

$$\frac{U_c(s)}{U_r(s)} = G_c(s) = \frac{R_2}{R_2 + \dfrac{1}{\dfrac{1}{R_1} + sC}}$$

令 $a=\dfrac{R_1+R_2}{R_2}>1$，a 称为分度系数；$T=\dfrac{R_1R_2C}{R_1+R_2}$ 为时间常数，则

$$G_c(s)=\frac{1}{a}\frac{1+aTs}{1+Ts} \tag{6-6}$$

注意：采用无源超前网络进行串联校正时，由于 $a>1$，故整个系统的开环增益要下降，因此需要提高放大器增益加以补偿（见图 6-11），此时的传递函数

$$aG_c(s)=\frac{1+aTs}{1+Ts} \tag{6-7}$$

超前网络的零极点分布如图 6-12 所示，由于 $a>1$，故超前网络的负实零点总是位于负实极点之右，即零点效应大于极点效应，两者之间的距离由常数 a 决定。可知改变 a 和 T（即电路的参数 R_1、R_2、C 的数值），超前网络的零极点可在 s 平面的负实轴任意移动。

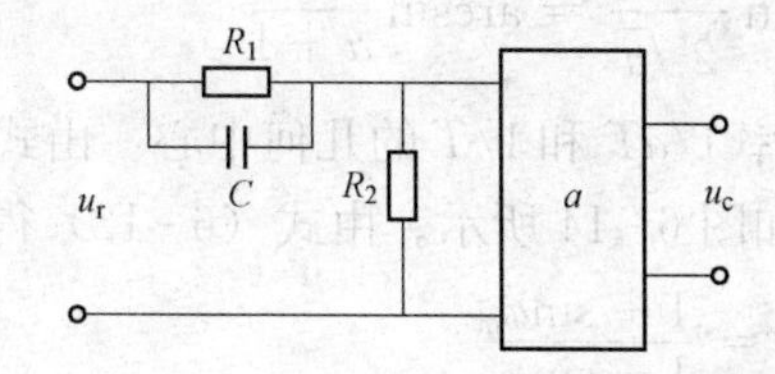

图 6-11　带附加放大器的无源超前校正网络

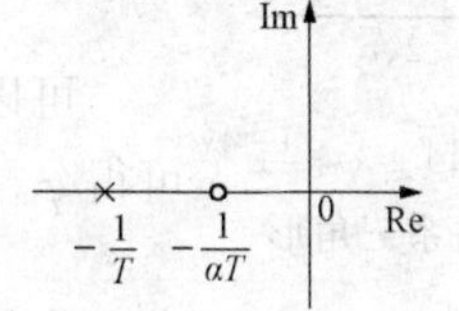

图 6-12　超前网络的零极点分布

对应式（6-7）得

$$20\lg|aG_c(j\omega)|=20\lg\sqrt{1+(aT\omega)^2}-20\lg\sqrt{1+(T\omega)^2} \tag{6-8}$$

$$\varphi_c(\omega)=\arctan aT\omega-\arctan T\omega \tag{6-9}$$

其对数频率特性如图 6-13 所示。显然，超前网络对频率在 $1/aT$ 和 $1/T$ 之间的输入信

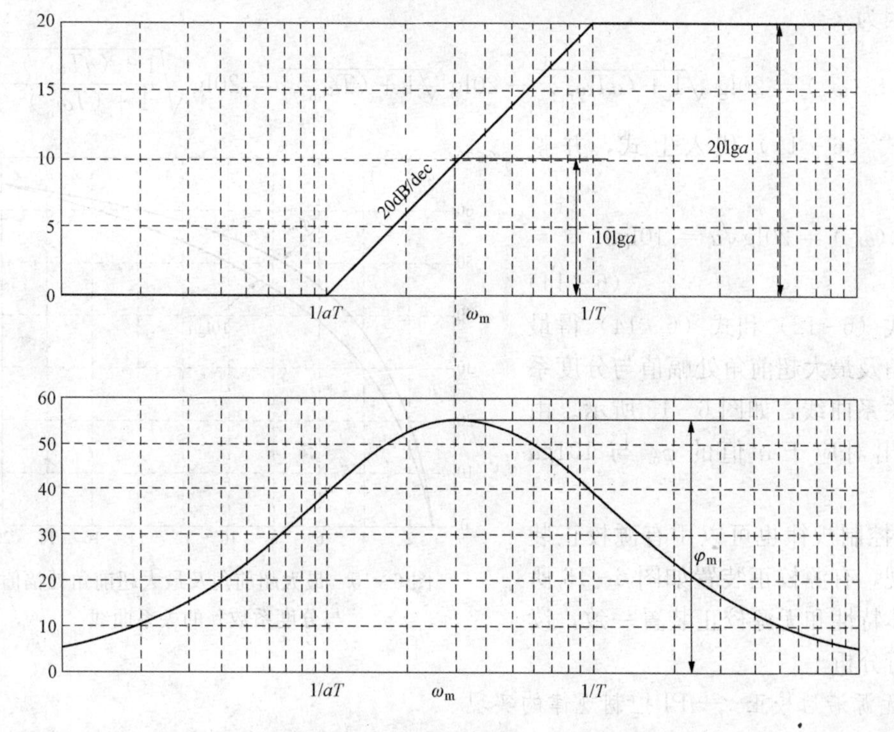

图 6-13　超前网络的对数频率特性

号有明显的微分作用，在该频率范围内输出信号相角超前于输入信号相角，超前网络的名称也由此而得。

对应式（6-7）也可得式（6-9）的另一种表达式为

$$\varphi_c(\omega)=\arctan\frac{(a-1)T\omega}{1+a(T\omega)^2} \tag{6-10}$$

对式（6-10）求导并令其为零，得

最大超前角频率

$$\omega_m=\frac{1}{T\sqrt{a}} \tag{6-11}$$

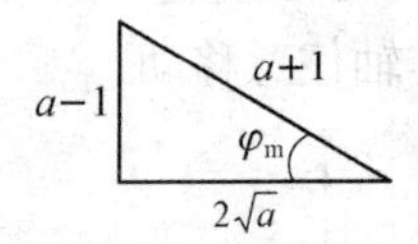

图 6-14 φ_m 与 a 的关系三角形

故其最大超前角

$$\varphi_m=\arctan\frac{a-1}{2\sqrt{a}}=\arcsin\frac{a-1}{a+1} \tag{6-12}$$

可以证明，φ_m 正好处于频率 $1/aT$ 和 $1/T$ 的几何中心。由式（6-12）可得 φ_m 与 a 的关系三角形，如图 6-14 所示。由式（6-12）得

$$a=\frac{1+\sin\varphi_m}{1-\sin\varphi_m} \tag{6-13}$$

由式（6-12）可知：φ_m 只与 a 值有关，与 T 无关，$a\uparrow\rightarrow\varphi_m\uparrow$，$a$ 越大，零、极点也相距越远，微分效应越强，但工程中 a 也不能很大，为了保证较高的信噪比，a 一般不超过 20，这种超前校正网络的最大相位超前角一般不大于 65°，如果需要大于 65°的相位超前角，则需要两个超前网络相串联来实现，并在所串联的两个网络之间加一隔离放大器，以消除它们之间的负载效应。

又因为

$$L_c(\omega_m)=20\lg\sqrt{1+(aT\omega_m)^2}-20\lg\sqrt{1+(T\omega_m)^2}=20\lg\sqrt{\frac{1+(aT\omega_m)^2}{1+(T\omega_m)^2}}$$

将式（6-11）代入上式，并整理得

$$L_c(\omega_m)=20\lg\sqrt{a}=10\lg a \tag{6-14}$$

由式（6-12）和式（6-14）得最大超前角及最大超前角处幅值与分度系数 a 的关系曲线，如图 6-15 所示。由图可找出对应于 a 值的 φ_m 与 $10\lg a$ 的值。

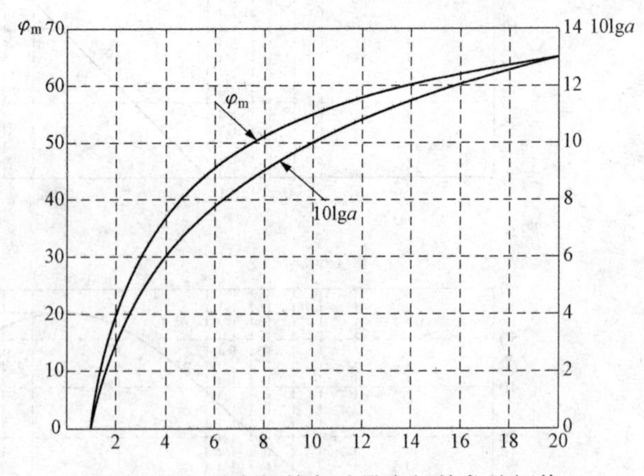

图 6-15 最大超前角及最大超前角处幅值与分度系数 a 的关系曲线

PD 控制规律也可以用有源校正装置来实现，有源校正装置如图 6-16 所示。具体特性和无源校正装置一致，读者可自行分析。

2. 无源滞后校正——PI 控制规律的实现

可实现 PI 控制规律的无源滞后电网络如图 6-17 所示，如果信号源的内部阻抗为零，

负载阻抗为无穷大，则滞后网络的传递函数为

$$\frac{U_c(s)}{U_r(s)}=G_c(s)=\frac{R_2+\frac{1}{sC}}{R_1+R_2+\frac{1}{sC}}$$

$$=\frac{R_2Cs+1}{(R_1+R_2)Cs+1}$$

$$=\frac{\frac{R_1+R_2}{R_1+R_2}\cdot R_2Cs+1}{(R_1+R_2)Cs+1}$$

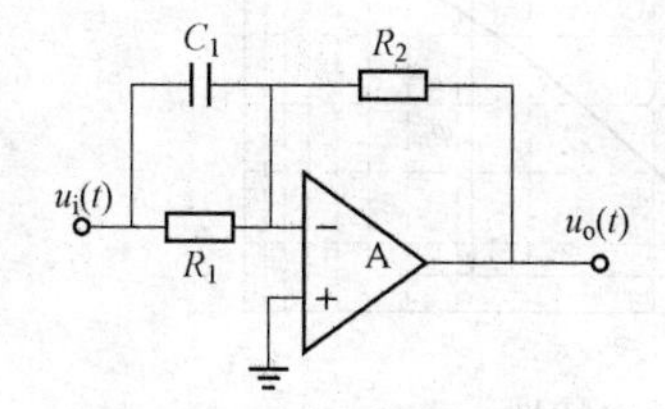

图 6 - 16　有源超前网络

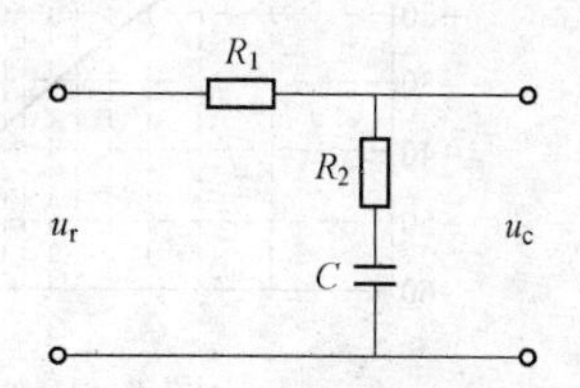

图 6 - 17　无源滞后网络

上式中令：时间常数 $T=(R_1+R_2)C$，分度系数 $b=\frac{R_2}{R_1+R_2}<1$，显然，$bT=R_2C$。

则滞后网络传递函数可写作

$$G_c(s)=\frac{1+bTs}{1+Ts} \tag{6 - 15}$$

滞后网络的零极点分布如图 6 - 18 所示，由于 $b<1$，故滞后网络的负实零点总是位于负实极点之左，即极点效应大于零点效应，两者之间的距离由常数 b 决定。

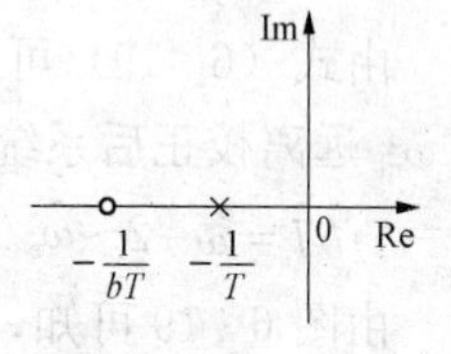

图 6 - 18　滞后网络零极点分布

可知改变 b 和 T（即电路的参数 R_1、R_2、C 的数值），滞后网络的零极点可在 s 平面的负实轴任意移动。

对应式（6 - 15）得

$$20\lg|G_c(j\omega)|=20\lg\sqrt{1+(bT\omega)^2}-20\lg\sqrt{1+(T\omega)^2} \tag{6 - 16}$$

$$\varphi_c(\omega)=\arctan bT\omega-\arctan T\omega \tag{6 - 17}$$

其对数频率特性如图 6 - 19 所示。显然，滞后网络对频率在 $1/T\sim1/bT$ 之间的输入信号有明显的积分作用，在该频率范围内输出信号相角滞后于输入信号相角，滞后网络的名称也由此而得。

对式（6 - 17）求导，并令其等于零，可得

最大滞后角频率

$$\omega_m=\frac{1}{T\sqrt{b}} \tag{6 - 18}$$

故其最大滞后角

$$-\varphi_m=\arcsin\frac{1-b}{1+b} \tag{6 - 19}$$

可以证明，φ_m 正好处于频率 $1/T$ 和 $1/bT$ 的几何中心，由式（6 - 19）可得 φ_m 与 b 的关

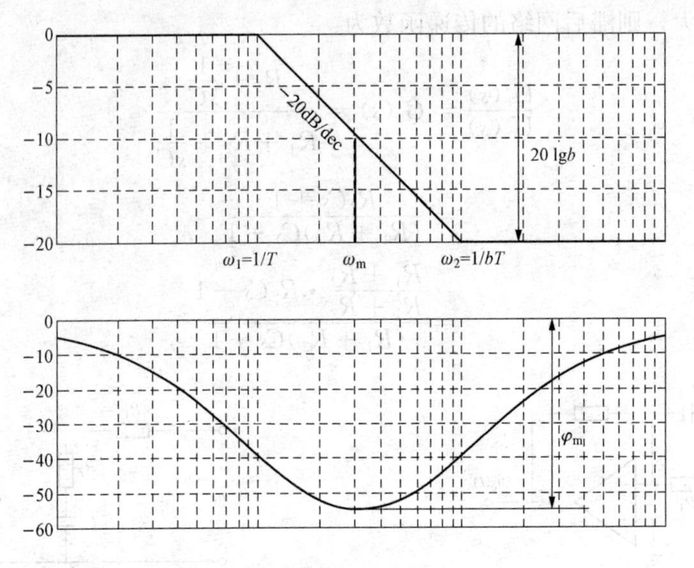

图 6-19　无源滞后网络对数频率特性

系三角形，如图 6-20 所示。由式（6-19）得

$$b=\frac{1+\sin(-\varphi_m)}{1-\sin(-\varphi_m)} \tag{6-20}$$

由式（6-19）可知，b 越小，相位滞后越严重。因此，应尽量使产生最大滞后相角的频率 ω_m 远离校正后系统的幅值穿越频率 ω_c，否则会对系统的动态性能产生不利影响。常取 $\omega_2=1/bT=\omega_c/2\sim\omega_c/10$。

由图 6-19 可知，滞后网络在 $\omega<1/T$ 时，对信号没有衰减作用，因此，滞后校正装置实质上是一个低通滤波器。

$1/T<\omega<1/bT$ 时，对信号有积分作用，呈滞后特性。

在 $1/T<\omega<1/bT$ 这个频段内，对信号衰减作用为 20lg$b$，b 越小，这种衰减作用越强，抑制噪声能力越强。通常选 $b=0.1$ 左右。

PI 控制规律也可以用有源校正装置来实现，有源校正装置如图 6-21 所示。

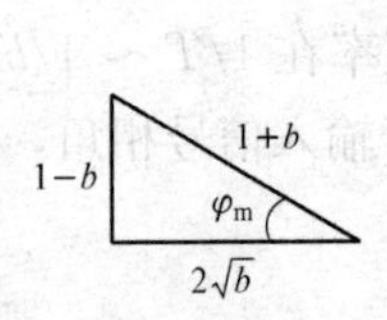

图 6-20　φ_m 与 b 的关系三角形

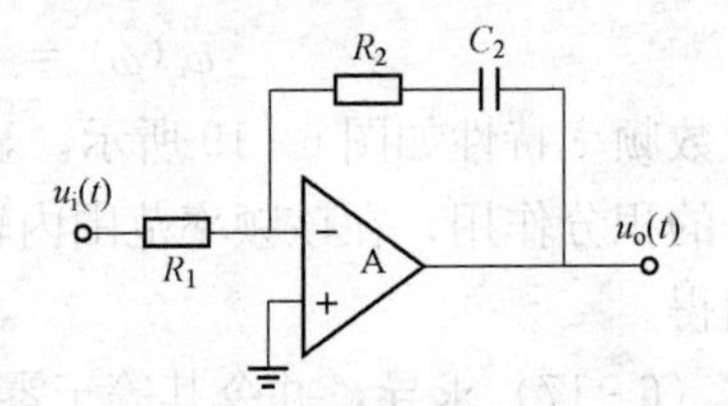

图 6-21　有源滞后网络

具体特性和无源校正装置一致，读者可自行分析。

3. 无源滞后-超前校正——PID 控制规律的实现

可实现 PID 控制规律的无源滞后-超前电网络如图 6-22 所示，如果信号源的内部阻抗为零，负载阻抗为无穷大，则滞后-超前网络的传递函数为

$$G_c(s)=\frac{U_c(s)}{U_r(s)}=\frac{R_2+\frac{1}{sC_2}}{\frac{1}{\frac{1}{R_1}+sC_1}+R_2+\frac{1}{sC_2}}$$

$$=\frac{(R_1C_1s+1)(R_2C_2s+1)}{R_1C_1R_2C_2s^2+(R_1C_1+R_2C_2+R_1C_2)s+1}$$

上式中，令 $T_1=R_1C_1$，$T_2=R_2C_2$，$\frac{T_1}{a}+aT_2=R_1C_1+R_2C_2+R_1C_2$，$a>1$，$T_2>T_1$，则

$$G_c(s)=\frac{(T_1s+1)(T_2s+1)}{\left(\frac{T_1}{a}s+1\right)(aT_2s+1)} \tag{6-21}$$

显然，T_1 为超前部分的参数，T_2 为滞后部分的参数。

滞后-超前网络的零极点分布如图 6-23 所示。

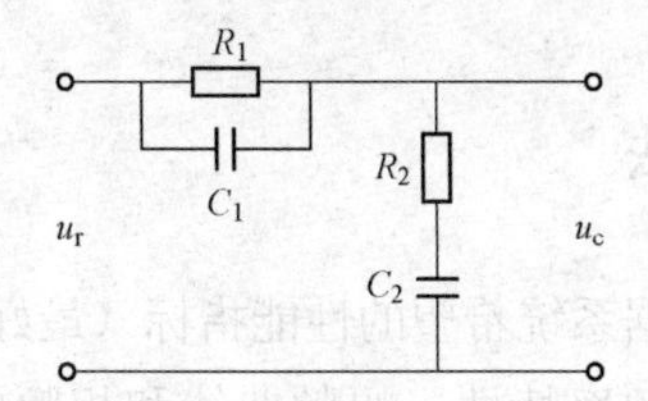

图 6-22　无源滞后-超前网络

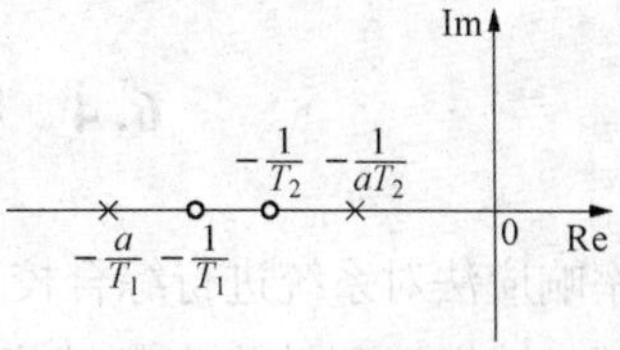

图 6-23　滞后-超前网络的零极点分布

由式（6-21）可得其频率特性为

$$G_c(j\omega)=\frac{(jT_1\omega+1)(jT_2\omega+1)}{\left(j\frac{T_1}{a}\omega+1\right)(jaT_2\omega+1)} \tag{6-22}$$

其幅频、相频特性为

$$L(\omega)=20\lg\sqrt{1+(T_1\omega)^2}+20\lg\sqrt{1+(T_2\omega)^2}$$

$$-20\lg\sqrt{1+\left(\frac{T_1}{a}\omega\right)^2}-20\lg\sqrt{1+(aT_2\omega)^2} \tag{6-23}$$

$$\varphi(\omega)=\arctan T_1\omega+\arctan T_2\omega-\arctan\frac{T_1}{a}\omega-\arctan aT_2\omega \tag{6-24}$$

求相角为零时的角频率 ω_0，令

$$\varphi(\omega_0)=\arctan T_1\omega_0+\arctan T_2\omega_0-\arctan\frac{T_1}{a}\omega_0-\arctan aT_2\omega_0=0$$

整理得

$$\omega_0=\frac{1}{\sqrt{T_1T_2}} \tag{6-25}$$

据式（6-23）~式（6-25）画出带有附加的放大器（$K_p>1$）的无源滞后-超前网络（实际上是有源网络）对数频率特性，如图6-24所示。由图 6-24 可知：

当 $\omega<\omega_0$ 时，校正网络具有相位滞后特性，由于具有使增益衰减的作用，所以允许在低频段提高增益，以改善系统的稳态性能。

当 $\omega>\omega_0$ 时，校正网络具有相位超前特性，可以提高系统的相位裕度，加大幅值穿越

频率，改善系统的动态性能。

PID控制规律也可以用有源校正装置来实现，有源校正装置如图6-25所示。

具体特性和无源校正装置一致，读者可自行分析。

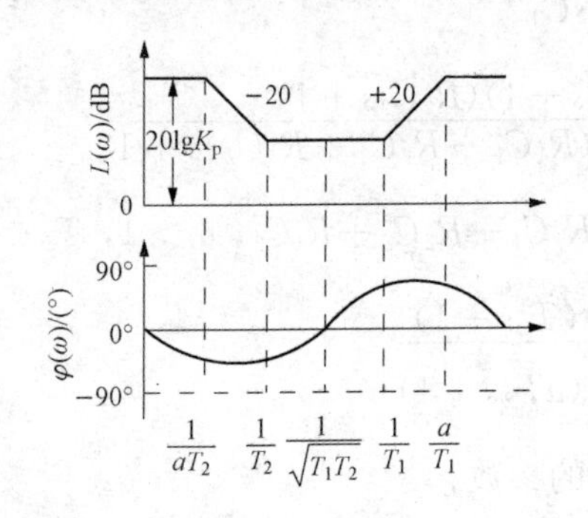

图6-24　有源滞后-超前网络伯德图

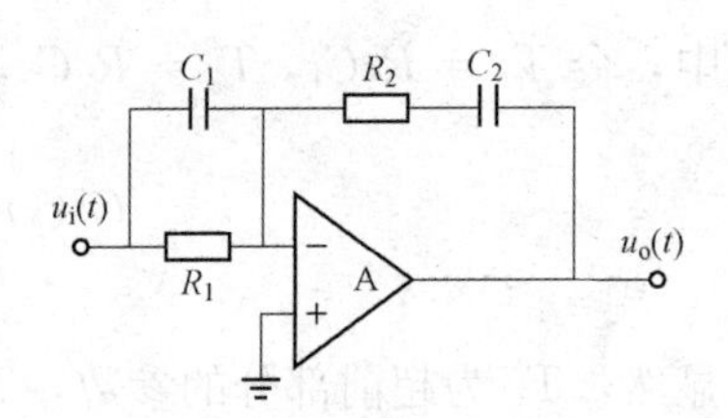

图6-25　滞后-超前网络

6.4　频域校正方法

利用频率响应法对系统进行综合校正的基本原理是：根据系统希望的性能指标（最好是频域指标，若是时域指标可转化为频域指标），将希望系统的频率特性（幅频曲线和相频曲线）与原系统的频率特性进行比较，确定校正方法，进而确定校正参数。该方法简单，实用。

频率特性图可以清楚表明系统改变性能指标的方向。频域设计通常通过伯德图进行处理，十分简单（当采用串联校正时，校正后系统的伯德图即为原有系统伯德图和校正装置的伯德图直接相加而得到）。对于某些数学模型推导起来比较困难的元件，如液压和气动元件，通常可以通过频率响应实验来获得其伯德图。

在涉及高频噪声时，频域法设计比其他方法更为方便。

一个设计合理的系统，其三频段必须满足以下三点：

(1) 低频段的增益满足稳态精度的要求。

(2) 中频段的斜率以−20dB为宜，并具有足够的带宽，以保证系统有足够的相位裕度，带宽越大，相位裕度越大。

(3) 低频段和高频段可以有更大的斜率。低频段斜率大，可以提高稳态性能；高频段要求幅值迅速衰减，可以有效地减少噪声的影响。

6.4.1　串联超前校正

用频率法对系统进行超前校正的基本原理是利用超前校正网络的相位超前特性来增大系统的相位裕度，以达到改善系统瞬态响应的目的。为此，要求校正网络最大的相位超前角出现在系统的截止频率（剪切频率）处。

实际控制系统中广泛采用无源网络进行串联校正，但在放大器级间接入无源校正网络后，由于负载效应问题，有时难以实现希望的规律。此外，复杂网络的设计和调整也不方便。

因此，根据需要可采用有源校正装置。

用频率法对系统进行串联超前校正的一般步骤可归纳如下：

(1) 根据稳态误差的要求，确定开环增益K。

（2）确定开环增益 K 后，画出未校正系统的伯德图，得到 ω_c，由此计算未校正系统的相角裕度 $\gamma(\omega_c)$。

（3）由给定的相位裕度值 γ'，由式（6-26）计算超前校正装置应提供的相位最大超前量 φ_m

$$\varphi_m = \gamma' - \gamma(\omega_c) + \varepsilon \tag{6-26}$$

其中 ε 是用于补偿因超前校正装置的引入，使系统截止频率增大而增加的相角滞后量。其值通常是这样估计的：如果未校正系统的开环对数幅频特性在截止频率处的斜率为 -40dB/dec，一般 ε 取 $5°\sim10°$；如果为 -60dB/dec 则 ε 取 $15°\sim20°$。

（4）根据所确定的最大相位超前角 φ_m，按式（6-27）计算出 a 的值。

$$a = \frac{1+\sin\varphi_m}{1-\sin\varphi_m} \tag{6-27}$$

（5）计算校正装置在 ω_m 处的幅值 $10\lg a$。

由未校正系统的对数幅频特性曲线，求得其幅值为 $-10\lg a$ 处的频率 ω_m，该频率 ω_m 就是校正后系统的开环截止频率 ω_c''，即

$$\omega_c'' = \omega_m \tag{6-28}$$

以保证系统的响应速度，并充分利用网络的相角超前特性。

（6）确定校正网络的转折频率 ω_1 和 ω_2。

$$\omega_1 = \frac{\omega_m}{\sqrt{a}} \tag{6-29}$$

$$\omega_2 = \omega_m\sqrt{a} \tag{6-30}$$

（7）画出校正后系统的伯德图并验算。

验算相位裕度是否满足要求。如果不满足，则需增大 ε 值，从第（3）步开始重新进行计算。

例 6.1 设一单位反馈系统的开环传递函数为

$$G_s(s) = \frac{4K}{s(s+2)}$$

试设计一超前校正装置，使校正后系统的稳态速度误差系数 $K_v = 20s^{-1}$，相位裕度 $\gamma \geqslant 50°$，幅值裕度 $20\lg h$ 不小于 10dB。

解 （1）根据对静态速度误差系数的要求，确定系统的开环增益 K。

$$K_v = \lim_{s\to 0} s\frac{4K}{s(s+2)} = 2K = 20，K = 10$$

当 $K=10$ 时，未校正系统的开环频率特性为

$$G_s(j\omega) = \frac{40}{j\omega(j\omega+2)} = \frac{20}{\omega\sqrt{1+\left(\frac{\omega}{2}\right)^2}}\angle -90° - \arctan\frac{\omega}{2}$$

（2）绘制未校正系统的伯德图，如图 6-26 中的虚线所示。由该图可知未校正系统的相位裕度为 $\gamma=17°$。

也可由计算得到

$$\frac{20}{\omega_c\sqrt{1+\left(\frac{\omega_c}{2}\right)^2}} = 1，\omega_c \approx 6.17，\gamma \approx 17.96°$$

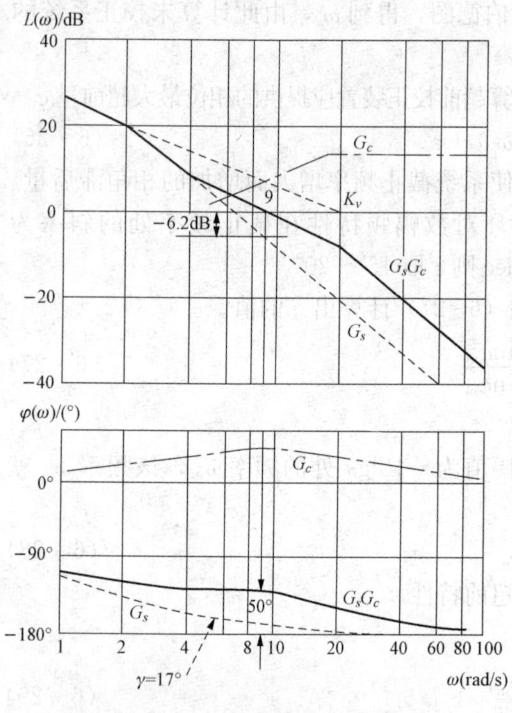

图 6-26 系统校正前、后的伯德图

(3) 根据相位裕度的要求确定超前校正网络的相位超前角：

$$\varphi_m = \gamma' - \gamma + \varepsilon \approx 50° - 17° + 5° = 38°$$

(4) 由式

$$a = \frac{1+\sin\varphi_m}{1-\sin\varphi_m} = \frac{1+\sin 38°}{1-\sin 38°} \approx 4.2$$

(5) 超前校正装置在 ω_m 处的幅值 $10\lg a$：

$$10\lg a = 10\lg 4.2 \approx 6.2\text{dB}$$

据此，可得未校正系统的开环对数幅值为 -6.2dB，对应的频率约为 $\omega_m = 9$rad/s 就是校正后系统的截止频率 $\omega_c' = \omega_m = 9$rad/s。

也可由计算得到，即

$$20\lg 20 - 20\lg\omega_c' - 20\lg\sqrt{1+\frac{(\omega_c')^2}{4}} \approx -6.2$$

得

$$\omega_c' \approx 8.93\text{rad/s}$$

(6) 计算超前校正网络的转折频率：

$$\omega_1 = \frac{\omega_m}{\sqrt{a}} \approx 4.4$$

$$\omega_2 = \omega_m\sqrt{a} \approx 18.4$$

因此，超前校正网络的传递函数

$$G_c(s) = \frac{s+4.4}{s+18.2} = 0.238\,\frac{1+0.227s}{1+0.054s}$$

为了补偿因超前校正网络的引入而造成系统开环增益的衰减，必须使附加放大器的放大倍数为 $a=4.2$，故

$$aG_c(s) = 4.2\,\frac{s+4.4}{s+18.4} = \frac{1+0.227s}{1+0.0542s}$$

(7) 校正后系统的框图如图 6-27 所示，其开环传递函数为

$$G_c(s)G_s(s) = \frac{4.2\times 40(s+4.4)}{(s+18.4)s(s+2)} = \frac{20(1+0.227s)}{s(1+0.5s)(1+0.0542s)}$$

校正后的伯德图如图 6-26 中实线所示。由该图可见，校正后系统的相位裕度为 $\gamma \geqslant 50°$，幅值裕度 $20\lg h = \infty$，均已满足系统设计要求。

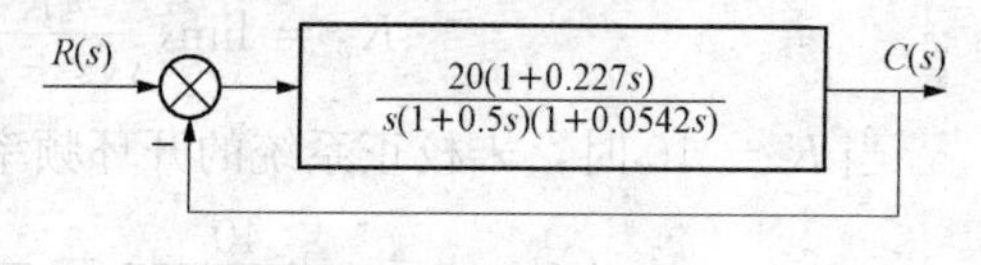

图 6-27 校正后系统框图

基于上述分析，可知串联超前校正有如下特点：

(1) 串联超前校正主要对未校正系统中频段进行校正，使校正后中频段幅值的斜率为 -20dB/dec，且有足够大的相位裕度。

(2) 超前校正会使系统瞬态响应的速度变快。由例 6.1 知，校正后系统的截止频率由未校正前的 6.17rad/s 增大到约 9rad/s。这表明校正后，系统的频带变宽，瞬态响应速度变快；但系统抗高频噪声的能力变差。对此，在校正装置设计时必须注意。

(3) 超前校正一般虽然能比较有效地改善动态性能，但未校正系统的相频特性在截止频

率附近急剧下降时，若用单级超前校正网络去校正，收效不大。因为校正后系统的截止频率向高频段移动，在新的截止频率处，由于未校正系统的相角滞后量过大，因而用单级的超前校正网络难于获得较大的相位裕度。

6.4.2 串联滞后校正

由于滞后校正网络具有低通滤波器的特性，因而当它与系统的不可变部分串联时，会使系统开环频率特性的中频和高频段增益降低和截止频率 ω_c 减小，从而有可能使系统获得足够大的相位裕度，它不影响频率特性的低频段。由此可见，滞后校正在一定的条件下，也能使系统同时满足动态和稳态的要求。

不难看出，滞后校正的不足之处是校正后系统的截止频率会减小，瞬态响应的速度要变慢；在截止频率 ω_c 处，滞后校正网络会产生一定的相角滞后量。为了使这个滞后角尽可能地小，理论上总希望两个转折频率 ω_1、ω_2 比 ω_c 越小越好，但考虑物理实现上的可行性，一般取

$$\omega_2 = 1/T = (0.1 \sim 0.25)\omega_c$$

在系统响应速度要求不高而抑制噪声电平性能要求较高的情况下；保持原有的已满足要求的动态性能不变，而用以提高系统的开环增益，减小系统的稳态误差的情况下。均可考虑采用串联滞后校正。

如果所研究的系统为单位反馈最小相位系统，用频率法对系统进行串联滞后校正的一般步骤可归纳为：

(1) 根据稳态误差的要求，确定开环增益 K。

(2) 利用已确定的开环增益，画出待校正系统的对数频率特性确定待校正系统的幅值穿越频率 ω_c、相角裕度 $\gamma(\omega_c)$。

(3) 根据相角裕度 γ_0 要求，选择已校正系统的截止频率 ω_c'。考虑到滞后网络在新的截止频率 ω_c' 处会产生一定的相角滞后 $\varphi_c(\omega'_c)$，因此下式成立：

$$\gamma(\omega_c') = \gamma_0 + \varphi_c(\omega_c') \tag{6-31}$$

式中，γ_0 为指标要求值，$\varphi_c(\omega_c')$ 在确定 ω_c' 前可取为$-5°\sim-15°$。于是，根据上式的计算结果，在原系统的相频曲线 $\varphi(\omega)$ 上可查出相应的 ω'_c 值。

(4) 根据下述关系式确定滞后网络参数 b 和 T，并由此确定校正装置的转折频率 ω_1 和 ω_2

$$20\lg b - L(\omega_c') = 0 \tag{6-32}$$

$$\omega_2 = 1/T = 0.1\omega_c' \sim \omega_c' \tag{6-33}$$

$$\omega_1 = 1/bT \tag{6-34}$$

要保证已校正系统的截止频率为上一步所选的 ω_c' 值，就必须使滞后网络的衰减 $20\lg b$ 在数值上等于待校正系统在新截止频率 ω_c' 上的对数幅频值 $L(\omega_c')$。该值在待校正系统对数幅频曲线上可以查得，于是由式（6-32）可以算出 b 值。

根据式（6-33)，可以算出滞后网络的 T 值。如果求得的 T 值过大难以实现，则可将式（6-33）中的系数 0.1 适当加大，例如在 $0.1\sim1$ 范围内选取，另一转折频率可由式（6-34）求得。从而确定校正装置的传递函数为

$$G_c(s) = \frac{Ts+1}{bTs+1}$$

注意：上式与式（6-15）是滞后网络传递函数的两种不同的表达形式，其数学模型在

本质上是相同的，只是参数 T、b 的定义有所不同。这里的 $b>1$，式（6-15）中的 $b<1$。

（5）验算已校正系统的相角裕度和幅值裕度。

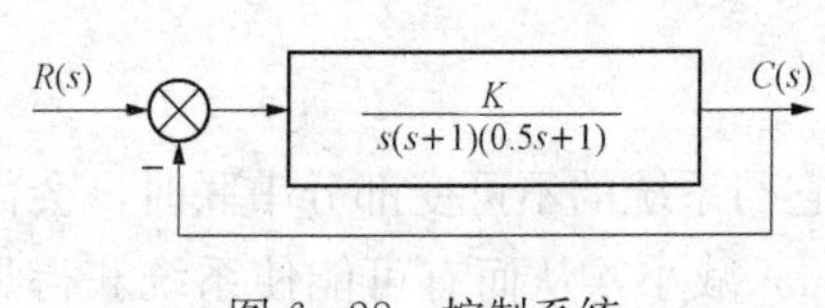

图 6-28 控制系统

例 6.2 设控制系统如图 6-28 所示。若要求校正后的稳态速度误差系数等于 $5/s^{-1}$，相角裕度不小于 40°，试设计串联校正装置。

解 （1）根据给定的静态速度误差系数确定系统的开环增益

$$K_v = \lim_{s\to 0} sG_s(s) = K = 5$$

（2）确定未校正系统的相位裕度和增益裕度。

绘制未校正系统的伯德图，如图 6-29 中的虚线所示。由该图可知未校正系统的幅值穿越频率为 $\omega_c=2.1\text{rad/s}$，相位裕度为 $\gamma=-20°$，故未校正系统是不稳定的。

（3）由于原系统的相位裕度为 $\gamma=-20°$，故需增加的相位裕度较大，如采用一级超前校正，无法实现 $\gamma(\omega_c')\geqslant 40°$ 的要求，如采用两级超前校正，虽可满足 $\gamma(\omega_c')\geqslant 40°$，但抗高频能力下降。由于系统未提出频宽的要求，故可采用无源滞后网络来校正。

考虑到滞后网络在新的截止频率 ω_c' 处会产生一定的相角滞后 $\varphi_c(\omega_c')$，故预取补偿裕度 $\varphi_c(\omega_c')=12°$，则

$$\gamma(\omega_c') = \gamma_0 + \varphi_c(\omega_c') = 40° + 12° = 52°$$

由原系统的对数相频曲线可查得 $\gamma(\omega_c')=52°$ 时对应的频率 $\omega_c'=0.5\text{rad/s}$，以此作为校正后系统的幅值穿越频率。

（4）要保证已校正系统的截止频率为 $\omega_c'=0.5\text{rad/s}$，就必须使滞后网络的衰减 $20\lg b$ 在数值上等于待校正系统在新截止频率 ω_c' 上的对数幅频值 $L(\omega_c')$。该值在原校正系统对数幅频曲线上可以查得，为 $L(\omega_c')=20\text{dB}$。

于是由式（6-32）可以算出 b 值。

$$20\lg b = L(\omega_c') = 20, b = 10$$

为了使校正装置的最大滞后角远离校正后的幅值穿越频率 ω_c'，故选校正装置的转折频率为

$$\omega_2 = 1/T = 0.1\omega_c' \sim \omega_c' = 0.2\times 0.5 = 0.1 \quad T = 10$$

$$\omega_1 = 1/bT = 1/10\times 10 = 0.01 \quad bT = 100$$

所以，校正装置的传递函数

$$G_c(s) = \frac{Ts+1}{bTs+1} = \frac{10s+1}{100s+1}$$

（5）验算。

$$\gamma(\omega_c') = 180° + (\arctan 10\omega_c' - 90° - \arctan 100\omega_c' - \arctan\omega_c' - \arctan 0.5\omega_c') \approx 40°$$

故满足系统相位裕度的设计要求。

校正后系统的开环传递函数为

$$G(s) = G_s(s)G_c(s) = \frac{5(10s+1)}{s(100s+1)(s+1)(0.5s+1)}$$

由此画出系统校正后的伯德图，如图 6-29 所示。

串联超前校正和串联滞后校正方法的适用范围和特点：

超前校正是利用超前网络的相角超前特性对系统进行校正，而滞后校正则是利用滞后网

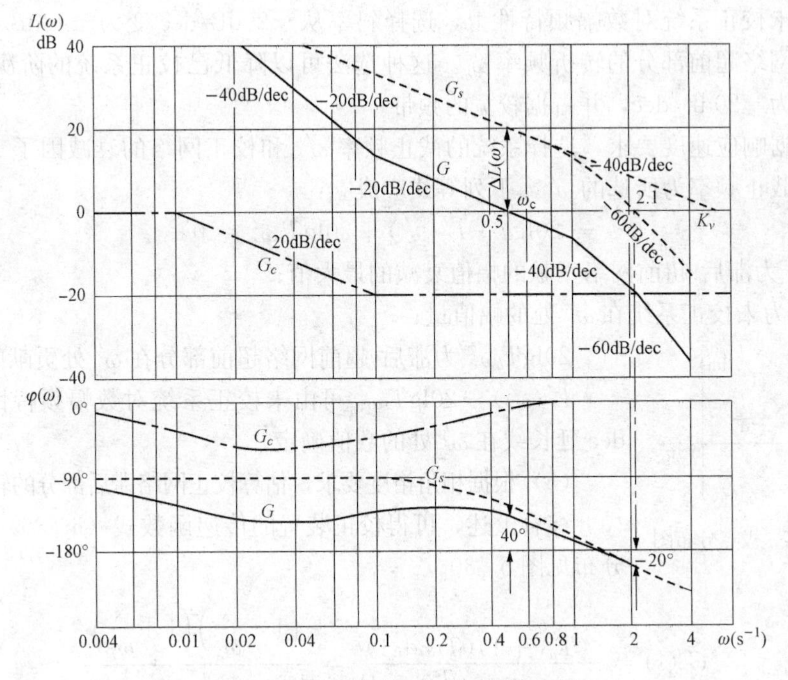

图6-29　系统校正前、后的伯德图

络的幅值衰减特性减小幅值穿越频率 ω_c，来提高系统的相位裕度。通过合理选择转折频率 ω_1、ω_2 使其尽可能向低频范围（向左）布置，回避滞后相角对系统相位裕度的不利影响。

用频率法进行超前校正，旨在减小开环对数幅频渐进线在截止频率处的负斜率（−40dB/dec减小到−20dB/dec）以增加相位裕度，并增大系统的频带宽度。频带的变宽意味着校正后的系统响应变快，调整时间缩短。

对同一系统而言，超前校正的系统的频带宽度一般总大于滞后校正的系统，因此，如果要求校正后的系统具有宽的频带和良好的瞬态响应，则采用超前校正。当噪声电平较高时，显然频带越宽的系统抗噪声干扰的能力也越差。对于这种情况，宜对系统采用滞后校正。

超前校正需要增加一个附加的放大器，以补偿超前校正网络对系统增益的衰减。

6.4.3　串联滞后-超前校正

串联滞后-超前校正兼有滞后校正和超前校正的优点。当未校正系统不稳定，且对校正后的系统的动态和稳态性能均有较高要求时，单独采用上述超前校正或滞后校正，均难以达到预期的校正效果。此时宜采用串联滞后-超前校正。

串联滞后-超前校正，实质上综合应用了滞后和超前校正各自的特点，即利用校正装置的超前部分来增大系统的相位裕度和截止频率，以改善稳定性和动态性能；利用它的滞后部分提高系统的型别（ν）或配合增益 K 的调高来改善系统的稳态性能。两者分工明确，相辅相成。

串联滞后-超前校正的设计步骤如下：

（1）根据稳态性能要求，确定开环增益 K。

（2）画出未校正系统的伯德图，求出未校正系统的截止频率 ω_c、相位裕度 $\gamma(\omega_c)$ 及幅值裕度 h(dB) 等。

(3) 在未校正系统对数幅频特性上，选择斜率从-20dB/dec变为-40dB/de的转折频率作为校正网络超前部分的转折频率ω_b。这种选法可以降低已校正系统的阶次，且可保证中频区斜率为-20dB/dec，并占据较宽的频带。

(4) 根据响应速度要求，选择系统的截止频率ω'_c和校正网络的衰减因子$1/a$，要保证已校正系统截止频率为所选的ω'_c，下列等式应成立：

$$-20\lg a + L'(\omega'_c) + 20\lg T_b\omega'_c = 0 \tag{6-35}$$

$-20\lg a$为滞后-超前网络贡献的幅值衰减的最大值；

$L'(\omega'_c)$为未校正系统在ω'_c处的幅值量；

$20\lg T_b\omega'_c$为滞后-超前网络超前部分在ω'_c处贡献的幅值；

$L'(\omega'_c)+20\lg T_b\omega'_c$可由未校正系统对数幅频特性的$-20$dB/dec延长线在$\omega'_c$处的数值确定。

(5) 根据相角裕度要求，估算校正网络滞后部分的转折频率ω_a。

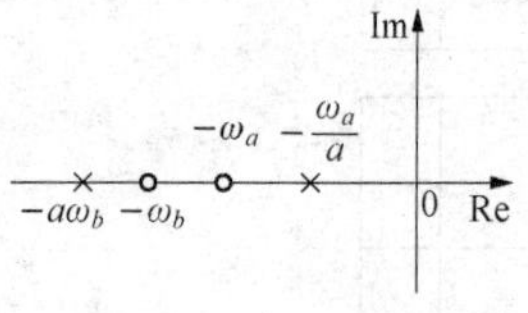

图6-30 零、极点分布图

综合上述，可得校正装置的传递函数式（6-36）和零、极点分布见图6-30。

$$G_c(s)=\frac{(T_as+1)(T_bs+1)}{(aT_as+1)\left(\frac{T_b}{a}s+1\right)}=\frac{\left(1+\frac{s}{\omega_a}\right)\left(1+\frac{s}{\omega_b}\right)}{\left(1+\frac{s}{\frac{\omega_a}{a}}\right)\left(1+\frac{s}{a\omega_b}\right)} \tag{6-36}$$

(6) 校验已校正系统开环系统的各项性能指标。

例6.3 设未校正系统开环传递函数为

$$G_0(s)=\frac{K_v}{s\left(\frac{1}{6}s+1\right)\left(\frac{1}{2}s+1\right)}$$

设计校正装置，使系统满足下列性能指标：

①在最大指令速度为180°/s时，位置滞后误差不超过1°；

②相位裕度为45°±3°；

③幅值裕度不低于10dB；

④过渡过程调节时间不超过3s。

解 1）确定开环增益$K=K_v=180s^{-1}$。

2）作未校正系统对数幅频特性渐近曲线，如图6-31所示，由图得未校正系统截止频率$\omega_c=12.6$rad/s，且

$$\gamma=180°-90°-\arctan\frac{1}{6}\omega_c-\arctan\frac{1}{2}\omega_c\approx-55.5°$$

$$\varphi(\omega_g)=-180°\rightarrow\omega_g\approx3.464\text{rad/s}$$

$$h(\text{dB})=-20\lg|G_o(\text{j}\omega_g)|=-30\text{dB}$$

故未校正系统不稳定。

3）分析为何要采用滞后-超前校正。

如果采用串联超前校正，要将未校正系统的相位裕度从$-55°\rightarrow45°$，至少选用两级串联超前网络。显然，校正后系统的截止频率将过大，可能超过25rad/s。由于

$$M_r = \frac{1}{\sin\gamma} = \sqrt{2}$$

$$K = 2 + 1.5(M_r - 1) + 2.5(M_r - 1)^2 \approx 3.05$$

$$t_s = \frac{K\pi}{\omega_c} \approx 0.38\text{s}$$

可知，比要求的指标提高了近10倍。

另外会产生如下一些问题：

①将造成伺服电机出现饱和，这是因为超前校正系统要求伺服机构输出的变化速率超过了伺服电机的最大输出转速180°/s。

因为 $25\text{rad/s} = 25 \times 180°/\pi = 1432°/\text{s} > 180°/\text{s}$，于是，0.38s的调节时间将变得毫无意义；

②系统带宽过大，造成输出噪声电平过高；

③需要附加前置放大器，从而使系统结构复杂化。

如果采用串联滞后校正，可以使系统的相角裕度提高到45°左右，但是对于本例题要求的高性能系统，也会产生一些问题。

①滞后网络时间常数太大。

若采用传递函数为式（6-15）的滞后网络校正，则校正后

$$\omega_c' = 1,\ L'(\omega_c') = 45.1\text{dB}$$

由

$$L'(\omega_c') + 20\lg b = 0$$

可得

$$b = 1/200,\ 1/bT = 0.1\omega_c'$$

得 $T = 2000\text{s}$，无法实现。

②响应速度指标不满足。由于滞后校正极大地减小了系统的截止频率，使得系统的响应迟缓。

上述分析表明，单独采用超前校正或滞后校正都无法满足系统性能要求。因此，下面采用滞后-超前校正来解决问题。

4）设计滞后-超前校正。

在未校正系统对数幅频特性上，选择斜率从－20dB/dec变为－40dB/de的转折频率作为校正网络超前部分的转折频率 ω_b；从图6-31可以发现 $\omega_b = 2$。

5）根据响应速度要求，选择系统的截止频率 ω_c' 和校正网络的衰减因子。

由于 $t_s \leqslant 3$，则

$$\omega_c' = \frac{K\pi}{t_s} \geqslant 3.2\text{rad/s}$$

考虑到中频区斜率为－20dB/dec，故 ω_c' 应在3.2～6rad/s范围内选取，故选 $\omega_c' = 3.5\text{rad/s}$，相应的 $L'(\omega_c') + 20\lg T_b\omega_c' = 34\text{dB}$（也可从图上得到）。由

$$-20\lg a + L'(\omega_c') + 20\lg T_b\omega_c' = 0$$

得

$$a = 50$$

此时，滞后-超前校正网络的传递函数可写为

$$G_c(s)=\frac{\left(1+\frac{s}{\omega_a}\right)\left(1+\frac{s}{\omega_b}\right)}{\left[1+\frac{s}{\frac{\omega_a}{a}}\right]\left(1+\frac{s}{a\omega_b}\right)}=\frac{\left(1+\frac{s}{\omega_a}\right)\left(1+\frac{s}{2}\right)}{\left(1+\frac{50s}{\omega_a}\right)\left(1+\frac{s}{100}\right)}$$

6）根据相角裕度要求，估算校正网络滞后部分的转折频率 ω_a。

因为

$$G_c(\mathrm{j}\omega)G_0(\mathrm{j}\omega)=\frac{180\left(1+\frac{\mathrm{j}\omega}{\omega_a}\right)}{\mathrm{j}\omega\left(1+\frac{\mathrm{j}\omega}{6}\right)\left(1+\frac{50\mathrm{j}\omega}{\omega_a}\right)\left(1+\frac{\mathrm{j}\omega}{100}\right)}$$

所以

$$\gamma'=180^\circ+\arctan\frac{\omega_c'}{\omega_a}-90^\circ-\arctan\frac{\omega_c'}{6}-\arctan\frac{50\omega_c'}{\omega_a}-\arctan\frac{\omega_c'}{100}$$

即

$$\gamma'=57.7^\circ+\arctan\frac{3.5}{\omega_a}-\arctan\frac{175}{\omega_a}\approx 45^\circ$$

得

$$\omega_a\approx 0.78\mathrm{rad/s}$$

校正网络的传递函数：

$$G_c(s)=\frac{\left(1+\frac{s}{0.78}\right)\left(1+\frac{s}{2}\right)}{\left(1+\frac{50s}{0.78}\right)\left(1+\frac{s}{100}\right)}\approx\frac{(1+1.28s)(1+0.5s)}{(1+64s)(1+0.01s)}$$

校正后系统的传递函数：

$$G_c(s)G_o(s)=\frac{180(1+1.28s)}{s(1+0.167s)(1+64s)(1+0.01s)}$$

7）验算精度指标。

$$\gamma'=45.5^\circ,\ h'=27\mathrm{dB}$$

满足性能指标的要求。

由此画出系统校正后的伯德图，如图 6-31 所示。

6.4.4 串联综合法校正设计

串联综合法校正设计也称为期望特性法，这种方法是将性能指标要求转化为期望开环对数幅频特性，再与待校正系统的开环对数幅频特性比较，从而确定校正装置的形式和参数。该方法适用于最小相位系统。

典型形式的期望对数幅频特性的求法如下：

（1）根据对系统型别及稳态误差要求，通过性能指标中 ν 及开环增益 K，绘制期望特性的低频段。

（2）根据对系统响应速度及阻尼程度要求，通过截止频率 ω_c、相角裕度 γ、中频区宽度 B、中频区特性上下限交接频率 ω_2 与 ω_3 绘制期望特性的中频段，并取中频区特性的斜率为 $-20\mathrm{dB/dec}$，以确保系统具有足够的相角裕度。

（3）绘制期望特性低、中频段之间的衔接频段，其斜率一般与前、后频段相差 $-20\mathrm{dB/}$

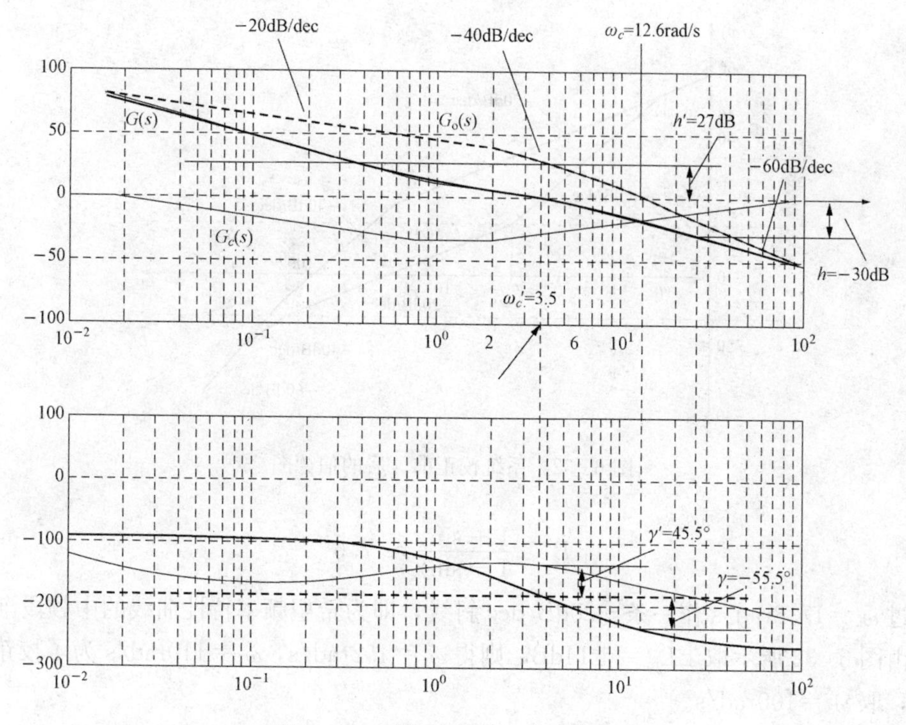

图 6-31　系统校正前、后的伯德图

dec，否则对期望特性的性能有较大影响。

（4）根据对系统幅值裕度 h(dB) 及抑制高频噪声的要求，绘制期望特性的高频段，其高频段曲线最好是与待校正系统的高频段曲线重合，至少是保持平行（斜率一致）。

（5）绘制期望特性的中、高频段之间的衔接频段，其斜率一般为−40dB/dec。

例 6.4　设单位反馈系统开环传递函数为

$$G_s(s)=\frac{200}{s(0.05s+1)(0.01s+1)}$$

试用串联综合校正方法设计串联校正装置，使系统满足

$$K_v=200\mathrm{s}^{-1},\quad M_\mathrm{p}=30\%,\quad t_\mathrm{s}=0.5\mathrm{s}$$

解　1）由于系统为Ⅰ型系统，并且开环增益为200，满足性能指标对系统的要求。

2）绘制系统开环伯德图，如图 6-32 中 $L_\mathrm{s}(\omega)$ 所示。

3）绘制希望伯德图。

①由式（5-34）：

$$M_\mathrm{p}=0.16+0.4(M_\mathrm{r}-1)\Rightarrow M_\mathrm{r}=1.35$$

$$k=2+1.5(M_\mathrm{r}-1)+2.5(M_\mathrm{r}-1)^2=2.83$$

$$t_\mathrm{s}=k\pi/\omega_c\Rightarrow\omega_c\approx17.8\mathrm{rad/s}$$

$$\gamma=\arcsin\frac{1}{M_\mathrm{r}}=47.8^\circ$$

取 $\gamma=50^\circ$

可得中频区宽度

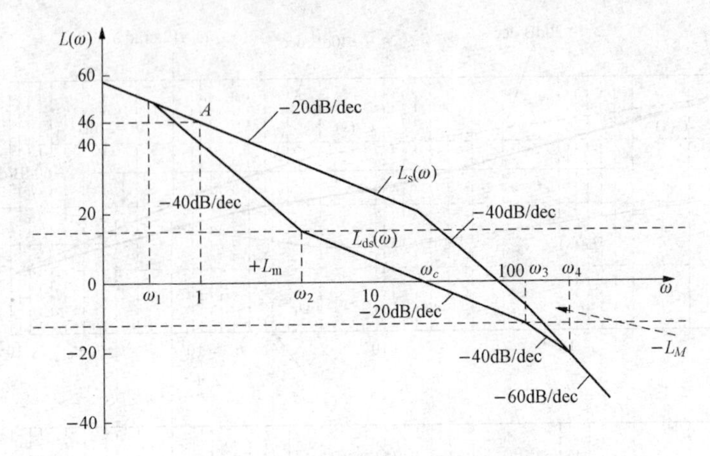

图 6-32 系统校正前、后的伯德图

$$B \geqslant \frac{1+\sin\gamma}{1-\sin\gamma} \approx 7.6$$

②过 $\omega_c=17.8\text{rad/s}$ 作一条 -20dB/dec 斜线，即为希望频率特性曲线的中频段渐近线。

③由图 6-32 所示取 $\pm L_m=\pm 14\text{dB}$，则得 $\omega_2=4.2\text{rad/s}$，$\omega_3=110\text{rad/s}$ 为了校正装置简单起见，取 $\omega_3=100\text{rad/s}$。

④过点（ω_2，L_m）作一条斜率为 -40dB/dec 的斜线交原伯德图低频段于 $\omega_1=0.4\text{rad/s}$ 处。

⑤过点（ω_3，$-L_m$）作一条斜率为 -40dB/dec 的斜线交原伯德图高频段于 $\omega_4=174\text{rad/s}$ 处，从而得到预期的伯德图。如图 6-32 中 $L_{ds}(\omega)$ 所示。

⑥由图 6-32 可得：

$$G_{ds}(s)=\frac{200\left(\dfrac{s}{\omega_2}+1\right)}{s\left(\dfrac{s}{\omega_1}+1\right)\left(\dfrac{s}{\omega_3}+1\right)\left(\dfrac{s}{\omega_4}+1\right)}$$

$$=\frac{200(0.24s+1)}{s(2.5s+1)(0.01s+1)(0.0059s+1)} \tag{6-37}$$

⑦验算性能指标

由 $\omega_c=17.8\text{rad/s}$ 及式（6-37）可得

$$\gamma=180^\circ+\varphi(\omega_c)\approx 53^\circ$$

$$B=\frac{\omega_3}{\omega_2}=\frac{100}{4.2}\approx 23.8 \gg 7.6$$

满足性能指标的要求。

故串联校正装置的传递函数为

$$G_c(s)=G_{ds}(s)/G(s)$$

$$=\frac{200(0.24s+1)}{s(2.5s+1)(0.01s+1)(0.0059s+1)}\Big/\frac{200}{s(0.05s+1)(0.01s+1)}$$

$$=\frac{(0.24s+1)(0.05s+1)}{(2.5s+1)(0.0059s+1)}$$

显然，此校正装置是一个滞后-超前校正装置。

6.4.5　反馈校正

虽然应用超前、滞后和滞后-超前校正装置进行串联校正可完成大多数系统的校正任务，但对于某些系统可能仍然得不到满意的结果。此时，可考虑采用其他的校正方式，比如反馈校正方式。

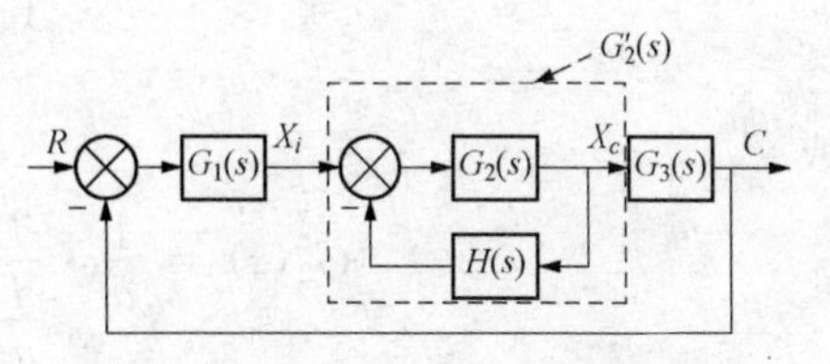

图 6-33　局部反馈的系统框图

一个在局部加有反馈校正的系统如图 6-33 所示，该系统的特点是：系统中一部分传递函数 $G_2(s)$ 被传递函数为 $H(s)$ 的环节所包围，从而形成了局部的反馈结构形式。由于引入这一局部反馈，使得该部分的传递函数由 $G_2(s)$ 变为

$$G_2'(s)=\frac{G_2(s)}{1+G_2(s)H(s)}$$

显然，引入 $H(s)$ 的作用是希望 $G_2'(s)$ 的特性会使整个闭环系统的品质得到改善。除了这种改变局部结构与参数达到校正的目的之外，在一定条件下，$H(s)$ 的引入还会大大削弱 $G_2(s)$ 的特性与参数的变化以及各种干扰给系统带来的不利影响。下面分别予以介绍。

1. 用反馈改变系统的局部结构和参数

最常见反馈校正环节的传递函数 $H(s)$ 为 K_f、$K_v s$、$K_a s^2$ 等，分别称为位置反馈、速度反馈和加速度反馈。下面介绍几种典型情况。

(1) 设 $G_2(s)=K/Ts+1$，$H(s)=K_f$，即用位置反馈（硬反馈）包围惯性环节和放大环节。则

$$G_2'(s)=\frac{K}{1+KK_f}\cdot\frac{1}{\frac{T}{1+KK_f}s+1}=\frac{1}{1+KK_f}\cdot\frac{Ts+1}{\frac{T}{1+KK_f}s+1}\cdot\frac{K}{Ts+1}$$

或

$$G_2'(s)=\frac{1}{a}\cdot\frac{Ts+1}{\frac{T}{a}s+1}\cdot G_2(s)\qquad(a=1+KK_f)\tag{6-38}$$

反馈校正后环节仍为惯性环节，但增益及时间常数均减小，这将使校正后系统的稳态误差增大，相位滞后减小。增益的减小可以通过调整其他部分的增益来补偿。

由式（6-38）可知：位置反馈（硬反馈）可以等效替代串联超前校正。

(2) 设 $G_2(s)=K/Ts$，$H(s)=K_f$，即用位置反馈（硬反馈）包围积分和放大环节，则

$$G'_2(s)=\frac{1}{K_f}\cdot\frac{1}{\frac{T}{KK_f}s+1}$$

或

$$G'_2(s)=\frac{1}{KK_f}\cdot\frac{Ts}{\frac{T}{KK_f}s+1}\cdot G_2(s)\tag{6-39}$$

反馈校正后增益减小，在这里需要特别指出的是硬反馈校正后环节由原来的积分环节改变为惯性环节，使得原系统的型别（无差度）下降。

由式（6-39）可知：位置反馈（硬反馈）可以等效替代串联超前校正。

(3) 设 $G_2(s)=K/s(Ts+1)$，$H(s)=K_v s$，即用速度反馈（软反馈）包围惯性、积分

和放大环节，则

$$G_2'(s)=\frac{K}{1+KK_v}\cdot\frac{1}{s\left(\frac{T}{1+KK_v}s+1\right)}$$

或

$$G_2'(s)=\frac{1}{a}\cdot\frac{Ts+1}{\frac{T}{a}s+1}\cdot G_2(s)\quad(a=1+KK_v)\tag{6-40}$$

校正后由于保持了原有典型环节中的积分环节，因而未改变系统的型别（无差度），而惯性环节的时间常数减小，可以增宽系统的频带，有利于快速性的提高，至于增益下降，也可以通过改变 K 或改变其他部分的增益来弥补。

由式（6 - 40）可知：速度反馈（软反馈）也可以等效替代串联超前校正。

（4）设 $G_2(s)=K\omega_n^2/(s^2+2\zeta\omega_n s+\omega_n^2)(\zeta<1)$，$H(s)=K_v s$，即用速度反馈（软反馈）包围一个二阶振荡环节和放大环节，则

$$G_2'(s)=\frac{K\omega_n^2}{s^2+2(\zeta+0.5KK_v\omega_n)\omega_n s+\omega_n^2}$$

该反馈校正并未改变典型环节的类型，但阻尼比显著增大，从而有效地减弱了小阻尼的不利影响。若 $\zeta+0.5KK_v\omega_n\geqslant 1$，则 $G_2'(s)$ 就退化成两个惯性环节和一个放大环节了。

（5）设 $G_2(s)=K/s(Ts+1)$，$H(s)=K_v s\frac{T_2 s}{T_2 s+1}$，即用速度信号再通过一个微分网络作为反馈环节包围惯性、积分和放大环节。当时间常数 T_2 较小时，$H(s)$ 可以看作加速度反馈，则

$$G_2'(s)=\frac{K(T_2 s+1)}{s\{TT_2 s^2+[(T+T_2)+KK_v T_2]s+1\}}$$

或

$$G_2'(s)=\frac{K(T_2 s+1)(Ts+1)}{s(Ts+1)(T's+1)(T''s+1)}=\frac{(T_2 s+1)(Ts+1)}{(T's+1)(T''s+1)}\cdot G_2(s)\tag{6-41}$$

式中，

$$T'+T''=(T+T_2)+KK_v T_2\quad T'T''=TT_2$$

如 $T>T_2$，则有

$$T''>T>T_2>T'$$

该反馈校正除了可以保持增益不变、型别（无差度）不变之外，还有提高稳定裕度、抑制噪声、增宽频带等特点。由式（6 - 41）可知：相当于串联了一个滞后-超前校正环节。

通过以上分析可知，加入局部反馈校正 $H(s)$，可以改变系统的结构与参数。若从另一个角度来看，等效于加入相应的串联校正的作用。由于应用对数频率特性（伯德图）进行串联校正非常方便易行，因此通过上述在结构上的等价变化，将反馈校正的设计问题转化为一个相应的串联校正的设计问题，也是一种可行的设计校正途径。

以上几种典型情况的分析，都是在已知 $G_2(s)$ 和 $H(s)$ 的条件下，求出 $G_2'(s)$，再将 $G_2'(s)$ 分离成一些典型环节，比较 $G_2(s)$ 和 $G_2'(s)$ 所含的典型环节及参数差异，从而得到加入局部反馈 $H(s)$ 对整个系统的影响，这是一种具有普遍意义的方法。

2. 利用反馈削弱非线性因素的影响

利用反馈削弱非线性因素的影响，最典型的例子是高增益的运算放大器，当运算放大器开环时，它一般总是处在饱和状态，几乎没有线性区。然而当高增益放大器有负反馈形成闭环时，例如组成一个比例器，它就有比较宽的线性区，而且比例器的放大系数由反馈电阻与输入电阻的比值决定，与开环增益无关。在控制系统中，该性质在一定条件下也呈现出来。因为

$$G_2'(\mathrm{j}\omega)=\frac{G_2(\mathrm{j}\omega)}{1+G_2(\mathrm{j}\omega)H(\mathrm{j}\omega)}$$

如 $|G_2(\mathrm{j}\omega)H(\mathrm{j}\omega)|\gg 1$，则

$$G_2'(\mathrm{j}\omega)\approx\frac{1}{H(\mathrm{j}\omega)}$$

这表明 $G_2'(\mathrm{j}\omega)$ 主要取决于 $H(\mathrm{j}\omega)$，而与 $G_2(\mathrm{j}\omega)$ 无关，若反馈元件的线性度比较好，特性比较稳定，那么反馈结构的线性度也好，特性也比较稳定，正向回路中的非线性因素、元件参数不稳定等不利因素均可得到削弱。

而 $|G_2(\mathrm{j}\omega)H(\mathrm{j}\omega)|\gg 1$ 的条件有时或至少在某个频率范围内是不难满足的。

3. 反馈可提高对模型摄动的不灵敏性

若被包围部分 $G_2(s)$ 的某种摄动是由于模型参数变化或某些不确定因素引起的，即 $G_2(s)$ 摄动后变为 $G_2^*(s)$，现在研究串联校正与反馈校正时，摄动对 $G_2(s)$ 输出的影响。图 6-34 表示了 $G_2(s)$ 无摄动时，串联校正与反馈校正的框图。

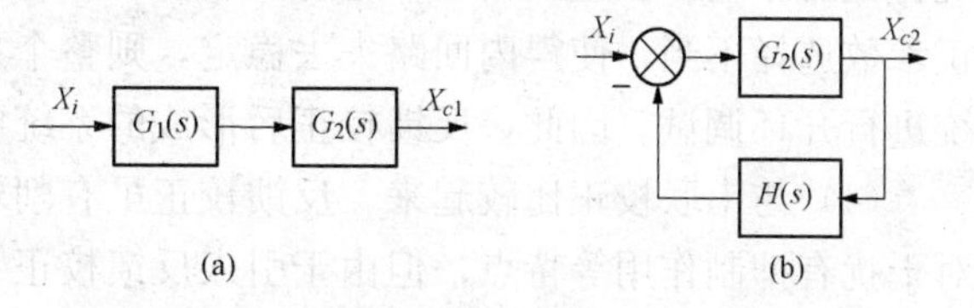

图 6-34 串联校正与反馈校正的框图

(a) 串联校正；(b) 反馈校正

当图中的 $G_1(s)=1/[1+G_2(s)H(s)]$ 时，显然可得 $X_{c1}=X_{c2}$，两种校正方式的结果相同，当 $G_2(s)$ 变为 $G_2^*(s)$ 时，设图 6-34 中的输出分别为 X_{c1}'、X_{c2}'，由于 $G_2(s)$ 变化而带来的输出误差分别为

$$\begin{aligned}X_{c1}'-X_{c1}&=G_1(s)G_2^*(s)-G_1(s)G_2(s)\\&=\frac{1}{1+G_2(s)H(s)}[G_2^*(s)-G_2(s)]\\X_{c2}'-X_{c2}&=\frac{G_2^*(s)}{1+G_2^*(s)H(s)}-\frac{G_2(s)}{1+G_2(s)H(s)}\\&=\frac{G_2^*(s)-G_2(s)}{[1+G_2^*(s)H(s)][1+G_2(s)H(s)]}\end{aligned}$$

所以

$$X_{c2}'-X_{c2}=\frac{X_{c1}'-X_{c1}}{1+G_2^*(s)H(s)}$$

只要 $|1+G_2^*(s)H(s)|>1$，就有 $|X_{c2}'-X_{c2}|<|X_{c1}'-X_{c1}|$，这说明采取反馈校正比串联校正对模型摄动更为不敏感。一般来说，X_i 是低频控制信号，在低频区做到 $|1+G_2^*(s)H(s)|>1$ 是不困难的。这只需要在低频区使 $|G_2^*(s)H(s)|$ 比较大，而 $G_2(s)$ 的摄动在一定限制范围内即可。

4. 利用反馈抑制干扰

这里仅讨论反馈对低频干扰的抑制问题，即此时 $X_i=0$。图 6-35 中的 N 表示了系统中的干扰作用，在没有反馈时，干扰 N 引起的输出为 $X_c=N$。

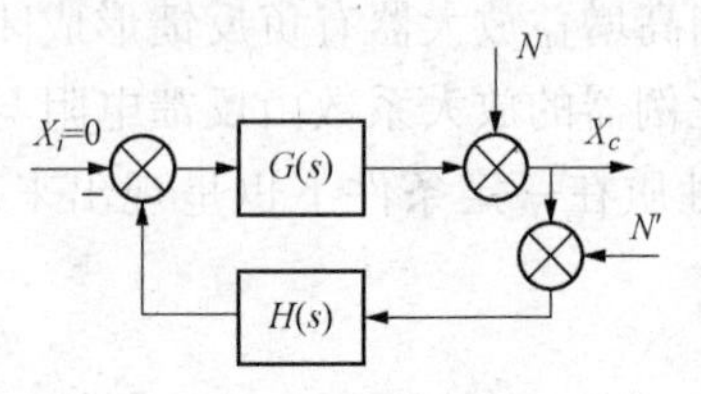

图 6-35　反馈抑制干扰的框图

由于反馈的引入，干扰引起的输出变为 $X_c=[1+G(s)H(s)]^{-1}N$，因此只要 $|1+G(s)H(s)|>1$，干扰的影响就可以得到抑制。但引入反馈环节，一般会产生测量噪声 N'，如图 6-35 所示，由 N' 引起的输出为

$$X_c=-\frac{G(s)H(s)}{1+G(s)H(s)}N'$$

从抑制 N' 的角度，要求 $|G(s)H(s)|\ll 1$，但只需在高频区成立即可，这和抑制低频干扰的要求并不发生矛盾。

反馈校正与串联校正的比较：

(1) 反馈校正可以起到与串联校正同样的作用，且具有较好的抗噪声能力。

(2) 串联校正比反馈校正简单，但串联校正对系统元件特性的稳定性有较高的要求。

(3) 反馈校正对系统元件特性的稳定性要求较低，因为其减弱了元件特性变化对整个系统特性的影响。但应当指出：进行反馈校正设计时，需要注意内回路的稳定性。如果反馈校正参数选择不当，使得内回路失去稳定，则整个系统也难以稳定可靠地工作，且不便于对系统进行开环调试。因此，反馈校正后形成的系统内回路，最好是稳定的。

(4) 与串联校正比较起来，反馈校正虽有削弱非线性因素影响、对模型摄动不敏感以及对干扰有抑制作用等特点，但由于引入反馈校正一般需要专门的测量部件。例如，角速度的测量就需要测速电机、角速度传感器（陀螺）等部件，因此系统的成本提高。另外，反馈校正对系统动态特性的影响比较复杂，设计和调整比较麻烦；而此类问题在采用串联校正时却不会发生。

6.5　复合控制方法

前面所述的控制均属于误差控制方式，而基于误差的控制存在如下问题：

(1) 只有当系统产生误差或干扰产生影响时，系统才被控制以消除误差的影响。

若系统包含有很大时间常数的环节，或者系统响应速度要求很高，调整速度就不能及时跟随输入信号或干扰信号的变化。从而当输入或干扰变化较快时，会使系统经常处于具有较大误差的状态。

(2) 为了减小或消除系统在特定输入作用下的稳态误差，可提高系统开环增益或型别。但这两种方法均会影响系统的稳定性。

(3) 通过适当选择系统带宽可以抑制高频扰动，但对低频扰动却无能为力。特别是存在低频强扰动时，一般的反馈控制校正方法很难满足系统高性能的要求。

解决上述问题的办法就是引入误差补偿通路，与原来的反馈控制一起进行复合控制。

对于稳态精度、平稳性和快速性要求都很高的系统，或者受到经常作用的强干扰的系统，除了在主反馈回路内部进行串联校正或局部反馈校正之外，往往还同时采取设置在回路之外的前置校正或干扰补偿校正，这种开环与闭环相结合的校正，称为复合校正。具有复合校正的控制系统称为复合校正控制系统。下面将分别介绍针对控制作用的附加前置校正和针对干扰作用的附加前置补偿。

6.5.1　按输入（顺馈）补偿的复合控制

按输入补偿的复合控制系统如图 6-36 所示。图中，$G(s)$ 为反馈系统的开环传递函数，$G_c(s)$ 为前馈补偿装置的传递函数。

由图可知，系统的输出和误差分别为

$$C(s)=\frac{1+G_c(s)}{1+G(s)}G(s)R(s)$$

$$E(s)=R(s)-C(s)$$

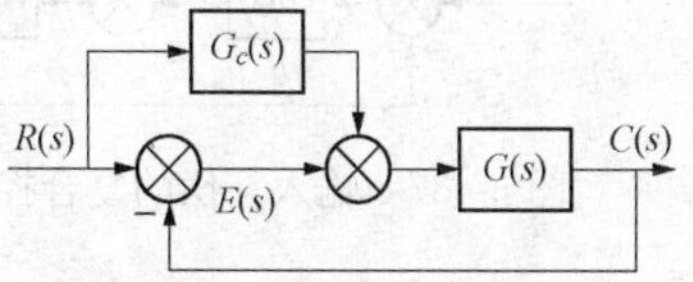

如果选择前馈补偿装置的传递函数

$$G_c(s)=1/G(s) \tag{6-42}$$

图 6-36　输入补偿的复合控制系统

则 $C(s)=R(s)$，表明系统的输出量在任何时刻都可以完全无误地复现输入量，具有理想的时间响应特性。下面说明前馈补偿装置能够完全消除误差的物理意义。

令　$$E(s)=R(s)-C(s)=\frac{1-G_c(s)G(s)}{1+G(s)}R(s)=0$$

由上式可得，当取 $G_c(s)=1/G(s)$ 时，恒有 $E(s)=0$。前馈补偿装置 $G_c(s)$ 的存在，相当于在系统中增加了一个输入信号 $G_c(s)R(s)$，其产生的误差信号与原输入信号 $R(s)$ 产生的误差信号相比，大小相等而方向相反。故式（6-42）称为对输入信号的误差全补偿条件。

由于 $G(s)$ 一般均具有比较复杂的形式，故全补偿条件 $G_c(s)=1/G(s)$ 的物理实现相当困难。在工程实践中，往往采用满足跟踪精度要求的部分补偿条件，或者在对系统性能起主要影响的频段内实现近似全补偿，即满足 $G_c(s)\approx 1/G(s)$ 以使 $G_c(s)$ 的形式简单并易于物理实现。

由图 6-36 可得

系统按输入控制时的传递函数为

$$\Phi_1(s)=\frac{G(s)}{1+G(s)} \tag{6-43}$$

加入顺馈补偿通道后，复合控制系统的传递函数为

$$\Phi_2(s)=\frac{G(s)}{1+G(s)}[1+G_c(s)] \tag{6-44}$$

由式（6-43）、式（6-44）可知，顺馈补偿不改变系统的闭环特征多项式，即顺馈补偿不改变系统的稳定性。因此，顺馈补偿采用了开环控制方式补偿输入作用下的输出误差。解决了一般反馈控制系统在提高控制精度与保证系统稳定性之间存在的矛盾。

有时，前馈补偿信号不是加在系统的输入端，而是加在系统前向通路上某个环节的输入端，以简化误差全补偿条件（见图 6-37）。

6.5.2　按扰动（前馈）补偿的复合控制

若扰动信号可量测，则可采用前馈补偿。图 6-38 为按扰动补偿的复合控制系统，图中 $N(s)$ 为可量测扰动，$G_1(s)$ 和 $G_2(s)$ 为反馈系统的前向通路传递函数，$G_n(s)$ 为前馈补偿装置传递函数。复合校正的目的，是通过选择恰当的 $G_n(s)$，使扰动 $N(s)$ 经过 $G_n(s)$ 对系统输

出 $C(s)$ 产生补偿作用，以抵消扰动 $N(s)$ 通过 $G_2(s)$ 对输出 $C(s)$ 的影响。扰动作用下的输出为

$$C(s)=\frac{G_2(s)[1+G_1(s)G_n(s)]}{1+G_1(s)G_2(s)}N(s)\quad (R(s)=0) \tag{6-45}$$

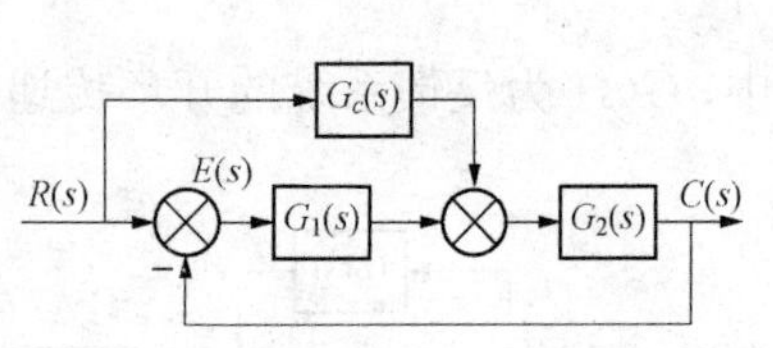

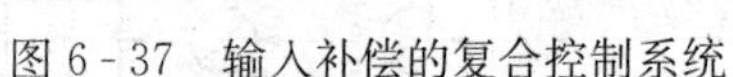
图 6-37 输入补偿的复合控制系统

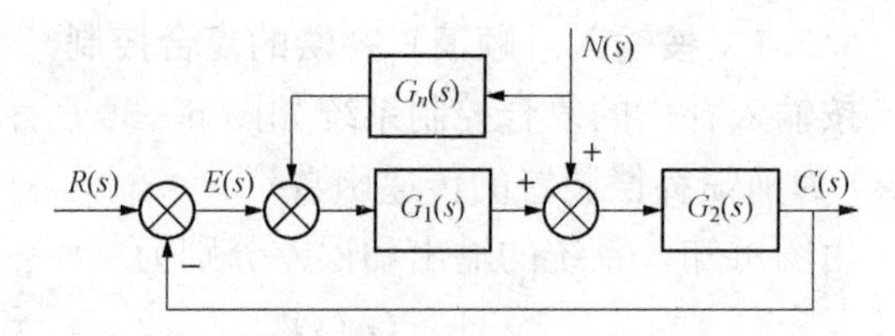

图 6-38 扰动补偿的复合控制系统

扰动作用下的误差为

$$E(s)=-C(s)=-\frac{G_2(s)[1+G_1(s)G_n(s)]}{1+G_1(s)G_2(s)}N(s) \tag{6-46}$$

若选择前馈补偿装置的传递函数

$$G_n(s)=-1/G_1(s) \tag{6-47}$$

则由式（6-45）和式（6-46）可知，必有 $C(s)=0$ 以及 $E(s)=0$。因此，式（6-47）称为对扰动的误差全补偿条件。

具体设计时，可以预先选择 $G_1(s)$［可加入串联校正装置 $G_c(s)$］的形式与参数，使系统获得满意的动态性能和稳态性能；然后按式（6-47）确定前馈补偿装置的传递函数 $G_n(s)$，使系统完全不受可量测扰动的影响。然而，误差全补偿条件 $G_n(s)=-1/G_1(s)$ 在物理上往往无法准确实现，因为对由物理装置实现的 $G_1(s)$ 来说，其分母多项式次数总是大于或等于分子多项式的次数。因此在实际使用时，多在对系统性能起主要影响的频段内采用近似全补偿，或者采用稳态全补偿，以使前馈补偿装置易于物理实现。

从补偿原理来看，由于前馈补偿实际上是采用开环控制方式去补偿可量测的扰动信号，因此前馈补偿并不改变反馈系统的特性。从抑制扰动的角度来看，前馈控制可以减轻反馈控制的负担，所以反馈控制系统的增益可以取得小一些，以有利于系统的稳定性。以上所述均为用复合校正方法设计控制系统的有利因素。

本章介绍的校正装置的各种设计方法具有一定的试凑性质，设计质量的高低往往取决于设计者的经验与熟练程度，具有不确定性。随着控制理论和计算机技术的迅速发展，尤其是 MATLAB 等当今先进的自动控制系统分析和计算软件的运用，大大提高了控制系统设计的效率和质量。

习 题

6.1 试回答下列问题：

（1）有源校正装置和无源校正装置的主要区别是什么？在实现校正规律时，它们的作用是否一致？

（2）在什么条件下，可利用串联滞后校正装置提高系统的稳态精度和稳定性？

（3）反馈校正能否取代串联超前校正？

（4）PI 调节器和 PD 调节器对系统性能会产生何种影响？

（5）哪种控制规律可以使Ⅰ型系统校正后成为Ⅱ型系统，且能保证系统稳定工作？

6.2　单位反馈系统的闭环对数幅频特性如图 6-39 所示。若要求系统具有 30°的相角裕度，试计算开环增益应增大的倍数。

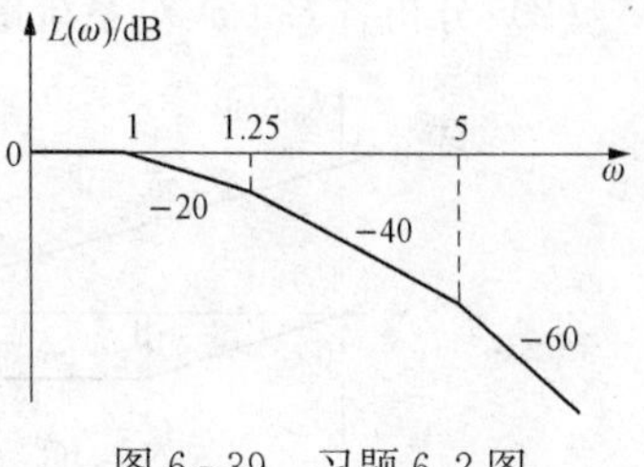

图 6-39　习题 6.2 图

6.3　设有单位反馈的火炮指挥仪伺服系统，其开环传递函数为

$$G(s)=\frac{K}{s(0.2s+1)(0.5s+1)}$$

若要求系统最大输出速度为 2(r/min)，输出位置的容许误差小于 2°，试求：

（1）确定满足上述指标的最小 K 值，计算该 K 值下系统的相角裕度和幅值裕度；

（2）在前向通路中串接超前校正网络

$$G_c(s)=\frac{0.4s+1}{0.08s+1}$$

计算校正后系统的相角裕度和幅值裕度，说明超前校正对系统动态性能的影响。

6.4　设单位反馈系统的开环传递函数为

$$G(s)=\frac{K}{s(s+1)}$$

试设计一串联超前校正装置，使系统满足如下指标：

（1）在单位斜坡输入下的稳态误差 $e_{ss}<\frac{1}{15}$；

（2）截止频率 $\omega_c\geqslant 7.5$(rad/s)；

（3）相角裕度 $\gamma\geqslant 45°$。

6.5　设单位反馈系统的开环传递函数为

$$G(s)=\frac{K}{s(s+1)(0.25s+1)}$$

要求校正后系统的静态速度误差系数 $K_v\geqslant 5$(rad/s)，相角裕度 $\gamma\geqslant 45°$，试设计串联滞后校正装置。

6.6　设单位反馈系统的开环传递函数为

$$G(s)=\frac{40}{s(0.2s+1)(0.0625s+1)}$$

（1）若要求校正后系统的相角裕度为 30°，幅值裕度为 10～12(dB)，试设计串联超前校正装置；

（2）若要求校正后系统的相角裕度为 50°，幅值裕度为 30～40(dB)，试设计串联滞后校正装置。

6.7　设单位反馈系统的开环传递函数

$$G(s)=\frac{K}{s(s+1)(0.25s+1)}$$

要求校正后系统的静态速度误差系数 $K_v\geqslant 5$(rad/s)，截止频率 $\omega_c\geqslant 2$(rad/s)，相角裕度 $\gamma\geqslant 45°$，试设计串联校正装置。

6.8　已知一单位反馈控制系统，其被控对象 $G_0(s)$ 和串联校正装置 $G_c(s)$ 的对数幅频特性分别如图 6-40（a）、（b）和（c）中 L_0 和 L_c 所示。要求：

（1）写出校正后各系统的开环传递函数；

（2）分析各 $G_c(s)$ 对系统的作用，并比较其优缺点。

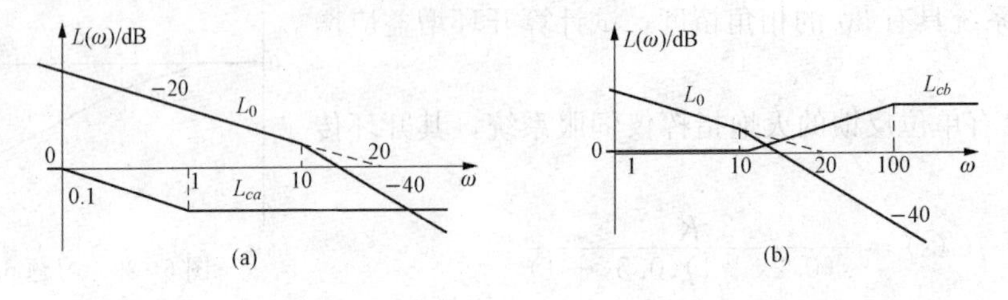

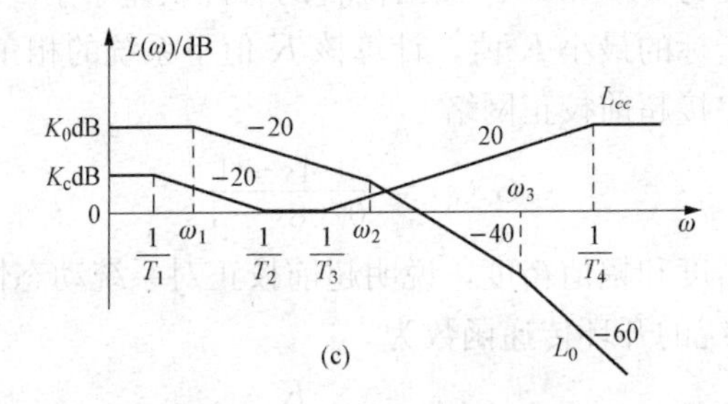

图 6-40　习题 6.8 图

6.9　图 6-41 为三种推荐的串联校正网络的对数幅频特性，它们均由最小相角环节组成。若原控制系统为单位反馈系统，其开环传递函数

$$G(s) = \frac{400}{s^2(0.01s+1)}$$

试问：这些校正网络中，哪一种可使校正后系统的稳定程度最好？

6.10　某系统的开环对数幅频特性如图 6-42 所示，其中虚线表示校正前的，实线表示校正后的。要求

（1）确定所用的是何种串联校正方式，写出校正装置的传递函数 $G_c(s)$；

（2）确定使校正后系统稳定的开环增益范围；

（3）当开环增益 $K=1$ 时，求校正后系统的相角裕度 γ 和幅值裕度 h。

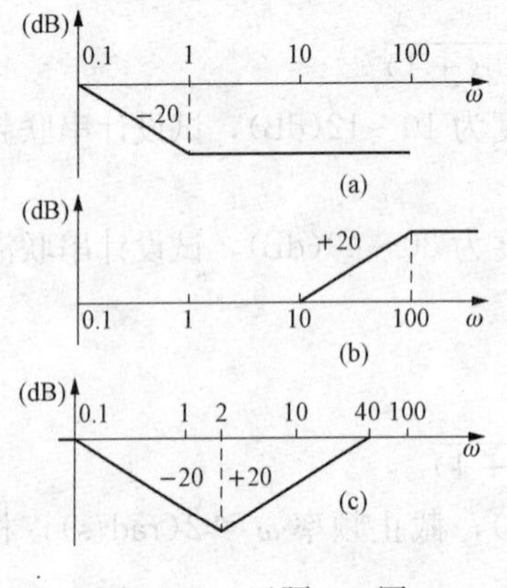

图 6-41　习题 6.9 图

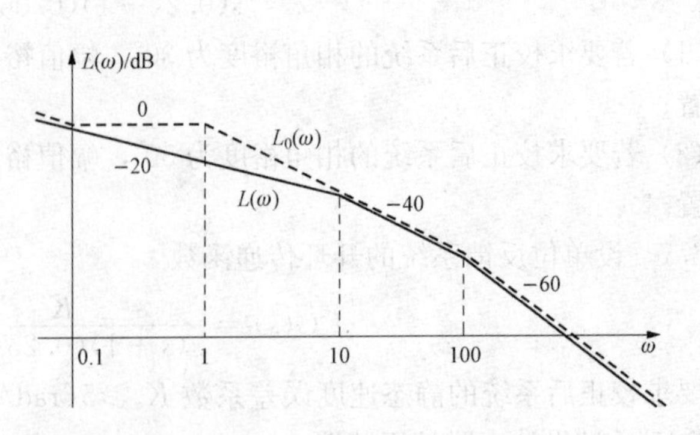

图 6-42　习题 6.10 图

第7章　非线性控制系统

7.1　概　　述

在前面的章节中已经介绍和讨论了线性定常系统的分析和设计问题。然而，在工程实际中绝大多数控制系统从严格意义上讲是非线性的，对于非线性特性较弱的系统，可以将系统在一定条件下做线性化处理，近似成线性系统，从而利用如前所述的线性系统理论方法来分析和设计；而对于非线性特性较强的系统，不符合线性化条件，即不能做线性化处理，这样的系统称为本质非线性系统，必须采用专门针对非线性系统的理论方法进行分析研究。

7.1.1　非线性控制系统的定义

所谓非线性控制系统，是指控制系统中包含有一个或一个以上具有非线性特性的环节。典型的非线性特性包括死区、饱和、间隙及继电器特性等。

(1) 死区特性。死区又称不灵敏区，其非线性特性如图7-1所示。当输入信号在$-a<x<a$的区域中时，输出信号等于零，即输出信号不随输入信号变化；当输入信号$|x|>a$时才有信号输出，并与输入信号呈线性关系。死区非线性特性数学表达式为

$$y=\begin{cases}0 & (|x|\leqslant a)\\ K(x+a) & (x<-a)\\ K(x-a) & (x>a)\end{cases}\qquad(7-1)$$

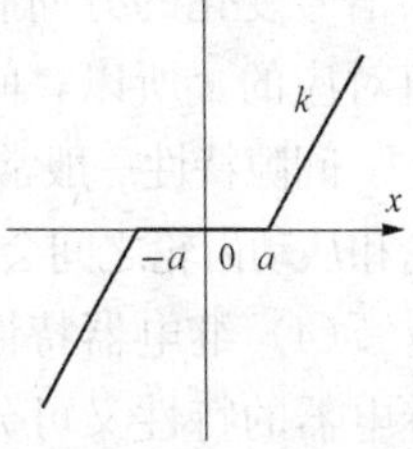

图7-1　死区特性

控制系统中的测量元件、放大元件一般具有死区特性，如在驾驶仪纵向稳定回路中，用来测量角度的垂直陀螺仪，由于它们的输出轴上存在摩擦，因而在测量角度时总有一个不灵敏区。同样，许多执行元件也具有死区特性，例如伺服电动机只有在输入电压达到一定数值时才会转动。死区对系统特性的影响视具体情况而定，有时会引起系统不稳定，有时反而促使系统稳定。就静态特性而言，死区增大了系统静态误差。

(2) 饱和特性。饱和特性如图7-2所示。当输入信号在$-a<x<a$范围内时，输出随输入线性变化；当输出信号超过该范围，即$|x|>a$进入饱和区时，输出不再随输入变化。其数学表达式为

$$y=\begin{cases}K_x & (|x|\leqslant a)\\ M & (x>a)\\ -M & (x<-a)\end{cases}\qquad(7-2)$$

饱和特性最明显的例子是放大器，放大器具有一定的线性工作范围，超出这个范围，放大器就出现了饱和特性。许多执行元件也具有饱和特性，例如伺服电动机，当输入电压超过一定数值时，输出转速就会出现饱和，即速度不再随电压变化。对系统而言，饱和特性往往促使系统稳定，但会减小放大系数，从而导致稳定精度降低。实际上，执行元件一般兼死区与饱和特性。

（3）间隙特性。间隙特性如图 7-3 所示，其数学表达式为

$$y=\begin{cases}\pm b & (\dot{x}=0)\\ K(x-a) & (\dot{x}>0)\\ K(x+a) & (\dot{x}<0)\end{cases} \tag{7-3}$$

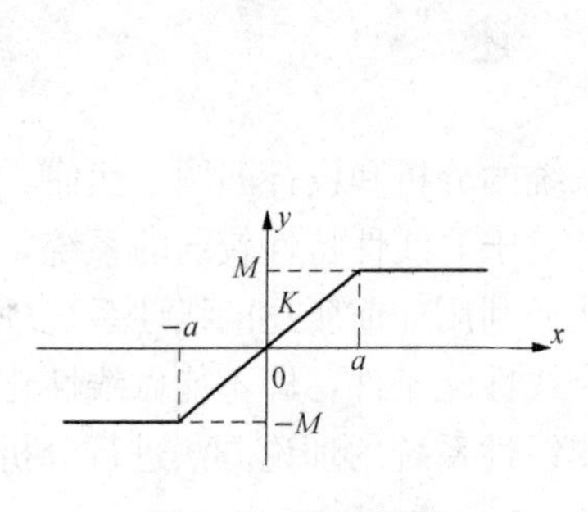

图 7-2　饱和特性

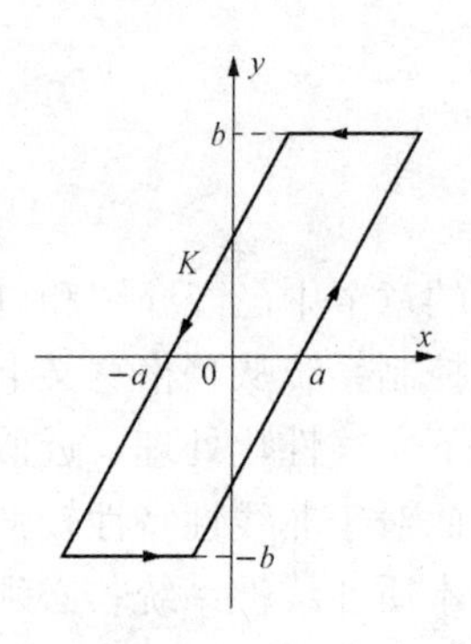

图 7-3　间隙特性

从式（7-3）与图 7-3 可以看出，间隙特性的输出不但与输入信号的大小有关，还与输入信号变化的方向有关。从图 7-3 还可以发现间隙特性形成了回环，即输入与输出是非单值对应的。所以，间隙特性又称回环特性。

间隙特性一般常见于机械传动装置。例如传动齿轮，由于加工精度限制和装配缺陷，主动齿轮和从动齿轮之间会产生间隙特性。由于间隙特性的存在，系统稳定性变差，稳态误差增加。

（4）继电器特性。继电器是控制系统和保护装置中常见的一种器件。按照类型的不同，继电器的特性又可分为以下几类（见图 7-4）：

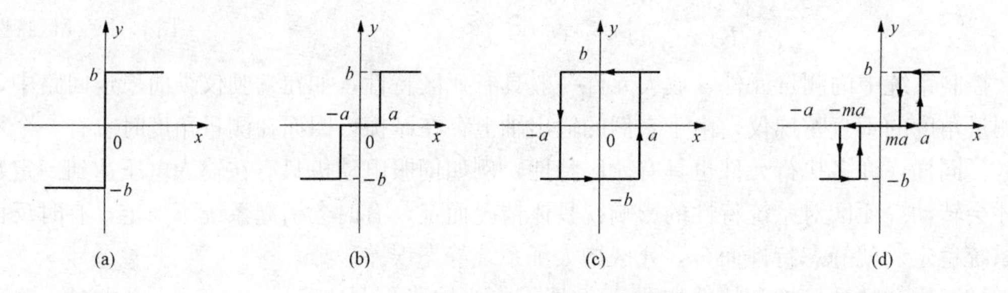

图 7-4　继电器特性

1）理想继电器特性。理想继电特性如图 7-4（a）所示，该特性数学表达式为

$$y=\begin{cases}b & (x\geqslant 0)\\ -b & (x\leqslant 0)\end{cases} \tag{7-4}$$

2）带死区的继电器特性。带死区的继电器特性如图 7-4（b）所示，该数学表达式为

$$y=\begin{cases}0 & (|x|\leqslant a)\\ b & (x>a)\\ -b & (x<-a)\end{cases} \tag{7-5}$$

3）带滞环的继电器特性。带滞环的继电器特性如图 7-4（c）所示，该特性数学表达式为

$$y=\begin{cases}\left.\begin{matrix}b & x>a\\ -b & x<a\end{matrix}\right\}\dot{x}>0\\ \left.\begin{matrix}b & x>-a\\ -b & x<-a\end{matrix}\right\}\dot{x}<0\end{cases} \tag{7-6}$$

4）带死区和滞环的继电器特性。带死区和滞环的继电器特性如图7-4（d）所示，其相应的数学表达式为

$$y=\begin{cases}\left.\begin{matrix}0 & -ma\leqslant x<a\\ b & x\geqslant a\\ -b & x<-a\end{matrix}\right\}\dot{x}>0\\ \left.\begin{matrix}0 & -a\leqslant x\leqslant ma\\ b & x>ma\\ -b & x<-a\end{matrix}\right\}\dot{x}<0\end{cases} \tag{7-7}$$

其中，$0<m<1$。继电器中死区的存在是由于继电器线圈需要一定的电流才能开始吸合，而由于铁磁元件磁滞特性，使继电器的吸上电流与释放电流不同，产生滞环。

继电器特性可以用来改善系统性能，例如采用继电器特性控制执行电动机，使电动机始终工作在最大电压下，充分发挥其调节能力，有利于获得时间最优控制系统。

7.1.2 非线性系统的分析方法

非线性系统涵盖的范围极广，且形式多样，受数学工具限制，一般情况下难以求得非线性方程的解析解，只能采用工程上适用的近似方法。在实际工程问题中，如果不需精确求解输出函数，往往把分析的重点放在以下三个方面：①某一平衡点是否稳定，如果不稳定应如何校正；②系统中是否会产生自持振荡，如何确定其周期和振幅；③如何利用或消除自持振荡以获得需要的性能指标。在工程上针对非线性系统常用以下几种分析方法：

（1）相平面法。相平面法是一种适用于一阶和二阶非线性系统时域分析的图解法。它的原理是通过绘制系统相平面图，分析出各种初始条件下系统的静、动态性能。

（2）描述函数法。描述函数法是一种适用于分析高阶非线性系统的频域分析法。它的基本原理可看成是线性系统频率响应法在非线性系统中的有条件推广应用，有些文献称之为谐波线性化法。

（3）李雅普诺夫第二方法。李雅普诺夫第二方法是一种原理上适用于任何非线性系统稳定性分析的时域分析方法。这种方法是现代控制理论分析非线性系统的一种有效方法，又称为李雅普诺夫直接法。但这种方法在工程实用中受到一定的限制，原因是该方法要求构造李雅普诺夫函数，而对于复杂的非线性系统构造李雅普诺夫函数往往是很困难的，没有统一的方法，需要极高的技巧。

（4）计算机仿真技术。计算机仿真技术可以把将系统中的非线性特性用软件精确地反映出来，解决了用解析法无法解决的问题。

本章主要讨论描述函数法和相平面法。

7.2 描述函数法

描述函数法是分析非线性系统的一种近似方法，这种方法是线性系统理论中的频域分析

法在一定假定条件下针对非线性系统的应用，主要用来分析非线性系统的稳定性，确定非线性系统在正弦函数输入信号作用下的输出响应特性。描述函数法可适用于任意阶的非线性系统。描述函数法的基本思想和原理是用非线性系统输出信号中的基波分量来代替非线性元件在正弦输入信号下的实际输出。

7.2.1 非线性系统的典型结构

非线性系统的典型结构如图 7-5 所示，显然这是一个单位反馈系统，其前向通道由一个非线性环节 N 再串联一个线性环节 $G(s)$。具有上述结构的非线性系统以及可通过框图简化等效变换成此结构的非线性系统，都可以考虑采用描述函数法分析。

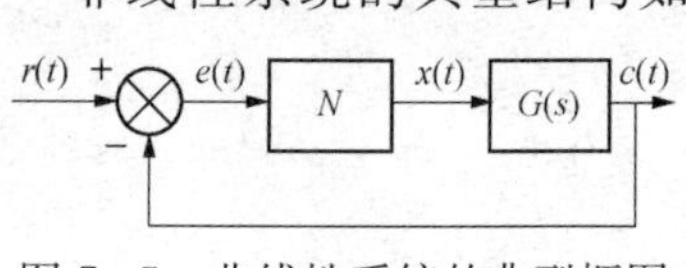

图 7-5 非线性系统的典型框图

7.2.2 描述函数的定义

1. 描述函数法的应用条件

(1) 非线性元件 N 的输入信号为正弦输入，即 $e(t)=A\sin\omega t$。

(2) 非线性元件 N 的输入输出静特性曲线是奇对称的，即 $X(t)=-X(-t)$，以保证非线性元件在正弦输入信号作用下的输出 $x(t)$ 不包含直流分量。而且输出 $x(t)$ 中的基波频率与输入信号 $e(t)$ 的频率相同。

(3) 系统的线性部分 $G(s)$ 具有较好的低通滤波器性能。对于一般的控制系统来说，这个条件是容易满足的，而且线性部分阶次差 $(n-m)$ 越高，低通滤波的性能越好。这样，当非线性元件输入正弦信号 $e(t)$ 时，其输出信号 $x(t)$ 中的高次谐波分量在通过线性部分后将大大衰减，因此可以近似地认为输出信号 $x(t)$ 中只有基波分量。

2. 描述函数的定义

对于图 7-5 所示的非线性系统，设非线性环节 N 的正弦输入信号为 $e(t)=A\sin\omega t$，则非线性环节 N 的输出一般是非正弦周期信号。可以将输出信号展开成傅里叶级数来观察，即

$$x(t)=A_0+\sum_{n=1}^{\infty}(A_n\cos n\omega t+B_n\sin n\omega t) \tag{7-8}$$

若系统满足条件 (2)，则有 $A_0=0$。

$$A_n=\frac{1}{\pi}\int_0^{2\pi}x(t)\cos n\omega t\,\mathrm{d}(\omega t)$$

$$B_n=\frac{1}{\pi}\int_0^{2\pi}x(t)\sin n\omega t\,\mathrm{d}(\omega t)$$

傅里叶级数中 n 越大，谐波分量的频率越高，A_n、B_n 越小，此时若系统又满足条件 (3)，则高次谐波分量又进一步被充分衰减，因此可近似地认为非线性环节的稳态输出只含有基波分量，即

$$x(t)\approx x_1(t)=A_1\cos\omega t+B_1\sin\omega t=X_1\sin(\omega t+\varphi_1) \tag{7-9}$$

式 (7-9) 中

$$A_1=\frac{1}{\pi}\int_0^{2\pi}x(t)\cos\omega t\,\mathrm{d}(\omega t)$$

$$B_1 = \frac{1}{\pi}\int_0^{2\pi} x(t)\sin\omega t\,\mathrm{d}(\omega t)$$

$$X_1 = \sqrt{A_1^2 + B_1^2}$$

$$\varphi_1 = \arctan\frac{A_1}{B_1}$$

在此，定义非线性环节稳态输出的基波分量与正弦输入信号的复数比为非线性环节的描述函数，用 $N(A)$ 来表示，即

$$N(A) = \frac{X_1}{A}\mathrm{e}^{\mathrm{j}\varphi_1} = \frac{\sqrt{A_1^2 + B_1^2}}{A}\mathrm{e}^{\mathrm{j}\arctan\frac{A_1}{B_1}} \tag{7-10}$$

描述函数的物理意义很明显：当非线性环节满足假设条件（1）和（2）时，非线性环节可用一个对正弦信号的幅值和相位进行变换的等效环节来代替，描述函数所描述的就是该等效环节的特性，该函数的模值为输出信号中基波分量与输入正弦信号两者幅值之比，相位为两者之间的相位差。

对于一般非线性环节，其 $N(A)$ 相应地可看成正弦输入信号的非线性复数增益，该复数增益的模和幅角是输入正弦信号幅值 A 的函数，这也是非线性环节等效频率特性区别于线性环节频率特性之处，因为对线性环节而言，其频率特性对于正弦输入信号的幅值是无关的，只与正弦输入信号的频率有关。

实际上线性环节可看成非线性环节的特例，比如当非线性环节退化成放大系数为 k 的线性放大器时，此时描述系数 $N(A)=k$。

一般而言，描述函数是正弦输入信号幅值的复函数。但也有特殊情况，例如，当非线性特性为奇对称且单值，即为奇函数时，有 $A_1=0, N(A)=\frac{B_1}{A}$，描述函数为正弦输入信号幅值的实函数。也就是说，因为奇函数的非线性特性，其基波分量输出相对于正弦输入信号在相位上是同步的，不存在滞后。

7.2.3　描述函数的建立

描述函数可以从定义式（7-10）出发求得，一般步骤如下：

（1）首先由非线性静特性曲线画出正弦输入信号下的输出波形，并写出输出波形 $x(t)$ 的数学表达式。

（2）利用傅里叶级数求出 $x(t)$ 的基波分量。

（3）将求得的基波分量代入定义式（7-10），即可求得描述函数。

下面介绍几个非线性环节描述函数的建立过程。

（1）死区特性的描述函数。

死区特性在正弦输入 $e(t)=A\sin\omega t$ 作用下，输出信号的波形以及其奇波分量如图7-6所示。

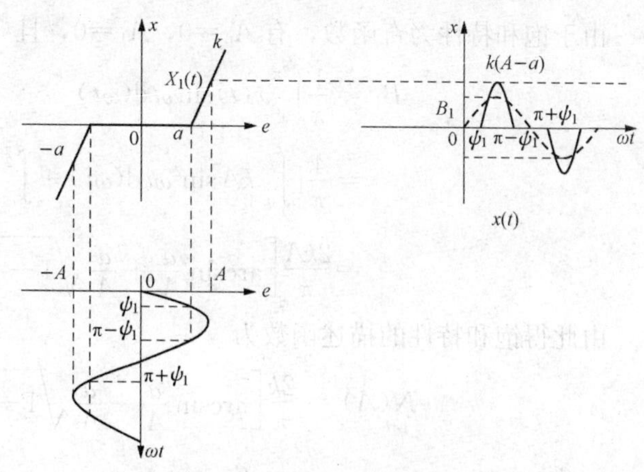

图7-6　死区特性及输入-输出波形

输出信号 $x(t)$ 的数学表达式为

$$x(t)=\begin{cases}0 & (0\leqslant \omega t\leqslant \psi_1)\\ K(A\sin\omega t-a) & (\psi_1\leqslant \omega t\leqslant \dfrac{\pi}{2})\end{cases}$$

式中 $\psi_1=\arcsin\dfrac{a}{A}$，$A\geqslant a$。由于 $x(t)$ 是单值且奇对称的，并且 $x(t)\sin\omega t$ 具有 1/4 波对称性，所以有 $A_0=0$，$A_1=0$。下面计算 B_1：

$$\begin{aligned}B_1&=\frac{1}{\pi}\int_0^{2\pi}x(t)\sin\omega t\,\mathrm{d}(\omega t)\\&=\frac{4}{\pi}\int_{\psi_1}^{\frac{\pi}{2}}k(A\sin\omega t-a)\sin\omega t\,\mathrm{d}(\omega t)\\&=\frac{2kA}{\pi}\left[\frac{\pi}{2}-\arcsin\frac{a}{A}-\frac{a}{A}\sqrt{1-\left(\frac{a}{A}\right)^2}\right]\quad(A\geqslant a)\end{aligned}$$

至此可得死区特性的描述函数为

$$N(A)=\frac{2k}{\pi}\left[\frac{\pi}{2}-\arcsin\frac{a}{A}-\frac{a}{A}\sqrt{1-\left(\frac{a}{A}\right)^2}\right]\quad(A\geqslant a)\tag{7-11}$$

由式（7-11）的简单分析不难得出输入信号幅值、死区特性以及相应描述函数之间的一些关系，如：

当$\dfrac{a}{A}\to 1$ 时，$N(A)\to 0$；当 $\dfrac{a}{A}\to 0$，$N(A)\to k$ 即当死区范围接近输入信号幅值时，增益近似为零；当死区范围相对输入信号幅值大小可以忽略时，死区特性也可忽略，$N(A)$ 近似为放大系数为 k 的线性放大器。

（2）饱和特性的描述函数。饱和特性在正弦信号 $e(t)=A\sin\omega t$ 作用下输出信号的波形及其基波分量的波形如图 7-7 所示。输出信号的数学表达式为

$$x(t)=\begin{cases}kA\sin\omega t & (0\leqslant \omega t<\psi_1)\\ ka & (\psi_1\leqslant \omega t\leqslant \dfrac{\pi}{2})\end{cases}$$

其中 $\psi_1=\arcsin\dfrac{a}{A}$，$A\geqslant a$。

由于饱和特性为奇函数，有 $A_0=0$，$A_1=0$，且

$$\begin{aligned}B_1&=\frac{1}{\pi}\int_0^{2\pi}x(t)\sin\omega t\,\mathrm{d}(\omega t)\\&=\frac{4}{\pi}\left[\int_0^{\psi_1}kA\sin^2\omega t\,\mathrm{d}(\omega t)+\int_{\psi_1}^{\frac{\pi}{2}}ka\sin\omega t\,\mathrm{d}(\omega t)\right]\\&=\frac{2kA}{\pi}\left[\arcsin\frac{a}{A}+\frac{a}{A}\sqrt{1-\left(\frac{a}{A}\right)^2}\right]\quad(A\geqslant a)\end{aligned}$$

由此得饱和特性的描述函数为

$$N(A)=\frac{2k}{\pi}\left[\arcsin\frac{a}{A}+\frac{a}{A}\sqrt{1-\left(\frac{a}{A}\right)^2}\right]\quad(A\geqslant a)\tag{7-12}$$

当$\dfrac{a}{A}\to 0$ 时，$N(A)\to 0$；当$\dfrac{a}{A}\to 1$ 时，$N(A)\to k$。

（3）间隙特性的描述函数。间隙特性在正弦信号 $e(t)=A\sin\omega t$ 作用下输出信号的波形

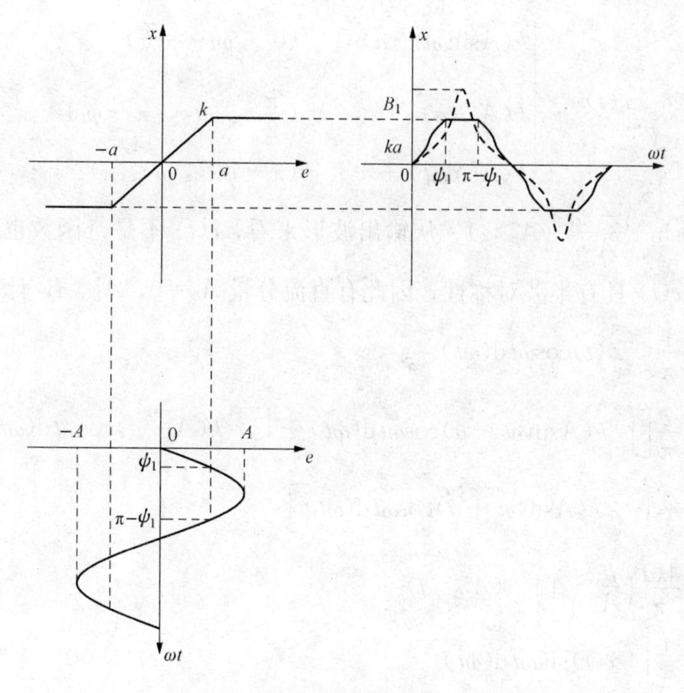

图 7-7 饱和特性及输入-输出波形

如图 7-8 所示。输出信号的数学表达式为

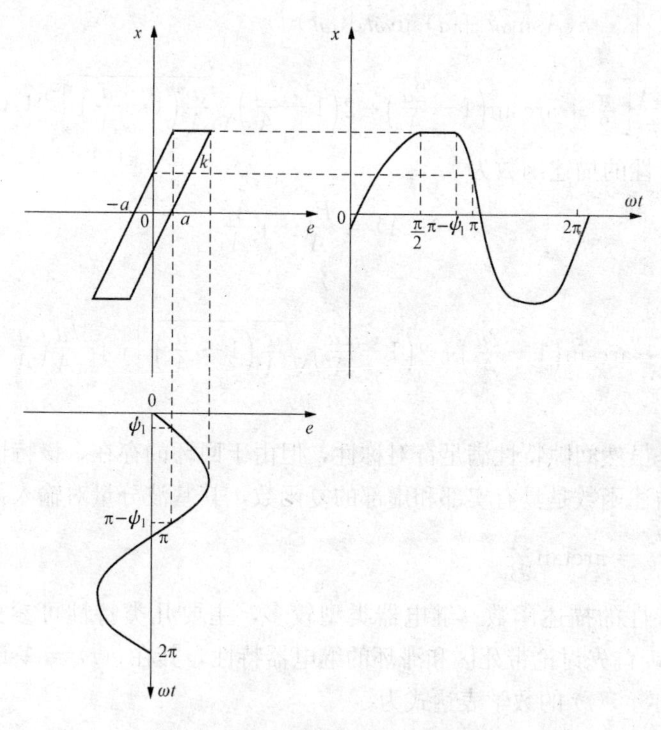

图 7-8 间隙特性及输入-输出波形

$$x(t)=\begin{cases}k(A\sin\omega t-a) & (0\leqslant\omega t<\frac{\pi}{2})\\ k(A-a) & (\frac{\pi}{2}\leqslant\omega t<\pi-\psi_1)\\ k(A\sin\omega t)+a & (\pi-\psi_1\leqslant\omega\leqslant\pi)\end{cases}$$

式中 $\psi_1=\arcsin\dfrac{A-2a}{A}$ $(A\geqslant a)$。从输出波形来看，$x(t)$ 不是奇函数也非偶函数。唯一可利用的信息是 $x(t)$ 具有半波对称性，因此有直流分量 $A_0=0$，A_1、B_1 计算如下

$$\begin{aligned}A_1&=\frac{1}{\pi}\int_0^{2\pi}x(t)\cos\omega t\,\mathrm{d}(\omega t)\\&=\frac{2}{\pi}\Big[\int_0^{\frac{\pi}{2}}k(A\sin\omega t-a)\cos\omega t\,\mathrm{d}(\omega t)+\int_{\frac{\pi}{2}}^{\pi-\psi_1}k(A-a)\cos\omega t\,\mathrm{d}(\omega t)\\&\quad+\int_{\pi-\psi_1}^{\pi}k(A\sin\omega t+a)\cos\omega t\,\mathrm{d}(\omega t)\Big]\\&=\frac{4ka}{\pi}\left(\frac{a}{A}-1\right)\quad(A\geqslant a)\end{aligned}$$

$$\begin{aligned}B_1&=\frac{1}{\pi}\int_0^{2\pi}x(t)\sin\omega t\,\mathrm{d}(\omega t)\\&=\frac{2}{\pi}\Big[\int_0^{\frac{\pi}{2}}k(A\sin\omega t-a)\sin\omega t\,\mathrm{d}(\omega t)+\int_{\frac{\pi}{2}}^{\pi-\psi_1}k(A-a)\sin\omega t\,\mathrm{d}(\omega t)\\&\quad+\int_{\pi-\psi_1}^{\pi}k(A\sin\omega t+a)\sin\omega t\,\mathrm{d}(\omega t)\Big]\\&=\frac{kA}{\pi}\left[\frac{\pi}{2}+\arcsin\left(1-\frac{2a}{A}\right)+2\left(1-\frac{2a}{A}\right)\sqrt{\frac{a}{A}\left(1-\frac{a}{A}\right)}\right]\quad(A\geqslant a)\end{aligned}$$

于是，间隙特性的描述函数为

$$N(A)=\frac{B_1}{A}+\mathrm{j}\frac{A_1}{A}$$

即有

$$N(A)=\frac{k}{\pi}\left[\frac{\pi}{2}+\arcsin\left(1-\frac{2a}{A}\right)+2\left(1-\frac{2a}{A}\right)\sqrt{\frac{a}{A}\left(1-\frac{a}{A}\right)}\right]+\mathrm{j}\frac{4ka}{\pi A}\left(\frac{a}{A}-1\right)\quad(A\geqslant a)\tag{7-13}$$

值得一提的是虽然间隙特性满足奇对称性，但由于回环的存在，该特性是非单值的。这导致间隙特性的描述函数是具有实部和虚部的复函数，其基波分量对输入正弦信号存在相位滞后，滞后角为 $\varphi_1=\arctan\dfrac{A_1}{B_1}$。

(4) 继电器特性的描述函数。继电器类型较多，主要几类特性可参见图 7-4 (a) ~ (d)。不失一般性，首先讨论带死区和滞环的继电器特性，其在 $e(t)=A\sin\omega t$ 输入下的输出波形如图 7-9 所示。$x(t)$ 的数学表达式为

$$x(t)=\begin{cases}0 & (0\leqslant\omega t<\psi_1)\\ b & (\psi_1\leqslant\omega t<\pi-\psi_2)\\ 0 & (\pi-\psi_2\leqslant\omega t\leqslant\pi)\end{cases}$$

其中 $\psi_1=\arcsin\dfrac{a}{A}$，$\psi_2=\arcsin\dfrac{ma}{A}$，$A\geqslant a$。

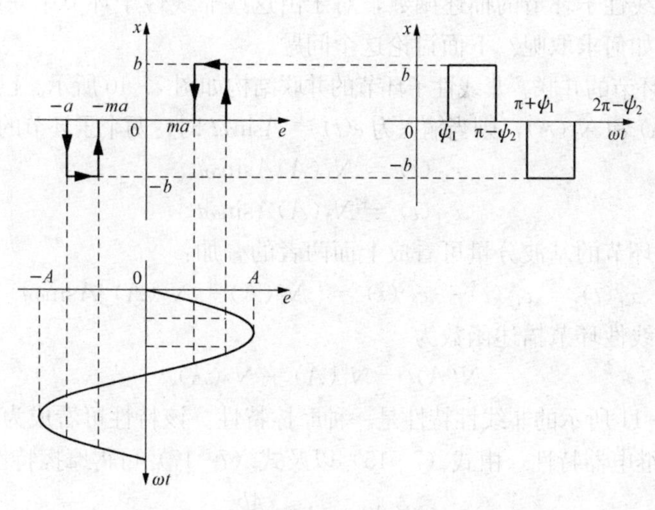

图 7-9 继电器特性及输入-输出波形

由 $x(t)$ 正、负半波对称性知，$A_0=0$。计算 A_1、B_1 值：

$$A_1=\frac{1}{\pi}\int_0^{2\pi}x(t)\cos\omega t\,\mathrm{d}(\omega t)=\frac{1}{\pi}\left[\int_{\psi_1}^{\pi-\psi_2}b\cos\omega t\,\mathrm{d}(\omega t)-\int_{\pi+\psi_1}^{2\pi-\psi_2}b\cos\omega t\,\mathrm{d}(\omega t)\right]$$

$$=\frac{2ab}{\pi A}(m-1)\quad(A\geqslant a)$$

$$B_1=\frac{1}{\pi}\int_0^{2\pi}x(t)\sin\omega t\,\mathrm{d}(\omega t)=\frac{1}{\pi}\left[\int_{\psi_1}^{\pi-\psi_2}b\sin\omega t\,\mathrm{d}(\omega t)-\int_{\pi+\psi_1}^{2\pi-\psi_2}b\sin\omega t\,\mathrm{d}(\omega t)\right]$$

$$=\frac{2b}{\pi}\left[\sqrt{1-\left(\frac{a}{A}\right)^2}+\sqrt{1-\left(\frac{ma}{A}\right)^2}\right]\quad(A\geqslant a)$$

由此得到带死区和滞环特性的描述函数为

$$N(A)=\frac{B_1}{A}+\mathrm{j}\,\frac{A_1}{A}$$

$$=\frac{2b}{\pi}\left[\sqrt{1-\left(\frac{a}{A}\right)^2}+\sqrt{1-\left(\frac{ma}{A}\right)^2}\right]+\mathrm{j}\,\frac{2ab}{\pi A^2}(m-1)\quad(A\geqslant a)\tag{7-14}$$

实际上，由式（7-14）可以很容易推出其他几种继电器特性的描述函数：

当 $a=0$ 时，即理想继电器特性，式（7-14）退化为

$$N(A)=\frac{4b}{\pi A}\tag{7-15}$$

当 $m=1$ 时，即带死区继电器特性，式（7-14）退化为

$$N(A)=\frac{4b}{\pi A}\sqrt{1-\left(\frac{a}{A}\right)^2}\quad(A\geqslant a)\tag{7-16}$$

当 $m=-1$ 时，即带滞环继电器特性，式（7-14）退化为

$$N(A)=\frac{4b}{\pi A}\sqrt{1-\left(\frac{a}{A}\right)^2}-\mathrm{j}\,\frac{4ab}{\pi A^2}\quad(A\geqslant a)$$

以上介绍了几个非线性环节描述函数建立的例子，对于众多的非线性环节其描述函数的

求取也是类似的。

当已知多个非线性子环节的描述函数，对于由这些非线性子环节串联或并联组成的非线性环节的描述函数如何求取呢？下面讨论这个问题。

（1）非线性子环节的并联。非线性子环节的并联结构如图 7-10 所示。已知两个子环节相应的描述函数为 $N_1(A)$ 和 $N_2(A)$，则当输入为 $e(t)=A\sin\omega t$ 时，两个子环节的基波分量分别为

$$x_{11}(t)=N_1(A)A\sin\omega t$$

$$x_{21}(t)=N_2(A)A\sin\omega t$$

显然，非线性环节的基波分量可看成上面两者的叠加：

$$x_1(t)=x_{11}(t)+x_{21}(t)=[N_1(A)+N_2(A)]A\sin\omega t$$

所以，得出非线性环节描述函数为

$$N(A)=N_1(A)+N_2(A) \tag{7-17}$$

例如，如图 7-11 所示的非线性特性是一种摩擦特性。该特性可看成为增益为 k 的线性放大器并联一个理想继电器特性，由式（7-15）以及式（7-17）可得摩擦特性的描述函数为

$$N(A)=k+\frac{4b}{\pi A}$$

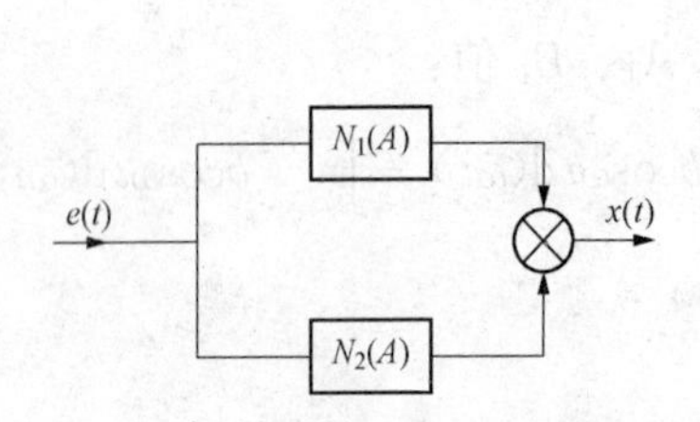

图 7-10 非线性子环节并联

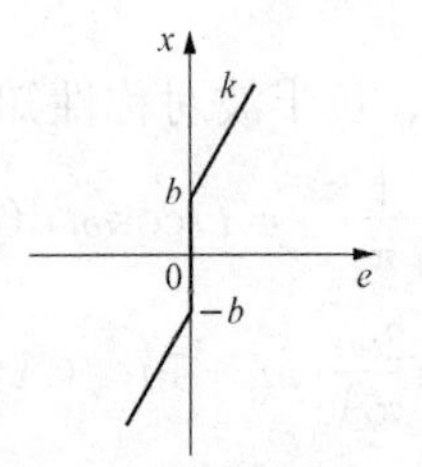

图 7-11 摩擦特性

同理，对于多个子环节并联情况，总描述函数即为每个子环节描述函数之和，这一点与线性环节的并联方法相同。

（2）非线性子环节的串联。当多个线性子环节为串联时，线性环节总传递函数为每个子环节传递函数的乘积。而对于非线性子环节的串联情况，非线性环节总描述函数并不是每个子环节描述函数的乘积。

两个非线性子环节的串联结构如图 7-12 所示。现分析两个环节在 $e(t)=A\sin\omega t$ 作用下的输入输出情况。显然由于 N_1 的输出 $x(t)$ 一般不再是正弦信号，它作为 N_2 的输入使得 N_2 不满足描述函数应用条件（1），不能单独建立描述函数。此时，N_2 不能视为一个独立的非线性子环节了，这种情况下建立总描述函数的正确做法是将 N_1 和 N_2 两个非线性子环节视为一个非线性环节 N，然后对 N 直接求描述函数。推广到多个非线性子环节串联的情形也是如此。

例如，对于图 7-13 所示的两个子环节串联情况，N_1 为死区环节，N_2 为饱和环节，其等效环节既有死区又有饱和的非线性特性，直接求描述函数得

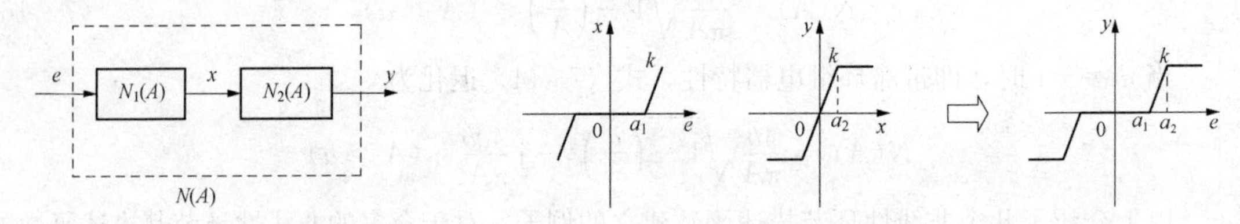

图 7-12 非线性子环节的串联

图 7-13 两个子环节串联及其等效环节

$$N(A)=\frac{2k}{\pi}\left[\arcsin\frac{a_2}{A}-\arcsin\frac{a_1}{A}+\frac{a_2}{A}\sqrt{1-\left(\frac{a_2}{A}\right)^2}-\frac{a_1}{A}\sqrt{1-\left(\frac{a_1}{A}\right)^2}\right]\quad(A\geqslant a_2)$$

(7-18)

表7-1列出了一些常见的非线性特性的描述函数。

表7-1　典型非线性特性的描述函数

名称	非线性特性	描述函数
饱和特性	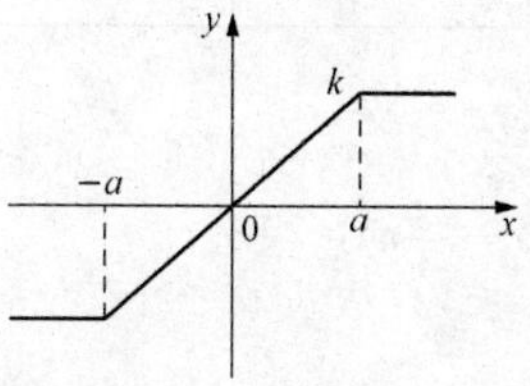	$N(A)=\frac{2k}{\pi}\left[\arcsin\frac{a}{A}+\frac{a}{A}\sqrt{1-\left(\frac{a}{A}\right)^2}\right]\quad(A\geqslant a)$
死区特性	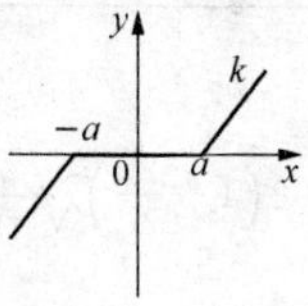	$N(A)=k-\frac{2k}{\pi}\left[\arcsin\frac{a}{A}+\frac{a}{A}\sqrt{1-\left(\frac{a}{A}\right)^2}\right]\quad(A\geqslant a)$
有死区的线性特性	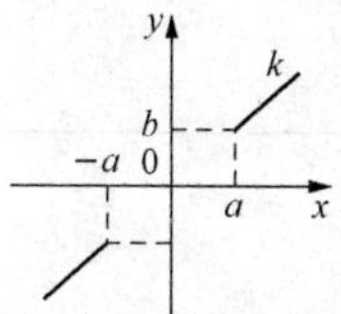	$N(A)=k-\frac{2k}{\pi}\left[\arcsin\frac{a}{A}+\frac{4b-2ka}{\pi A}\sqrt{1-\left(\frac{a}{A}\right)^2}\right]\quad(A\geqslant a)$
有死区的饱和特性	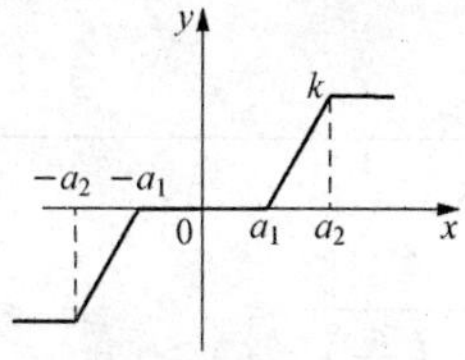	$N(A)=\frac{2k}{\pi}\left[\arcsin\frac{a_2}{A}-\arcsin\frac{a_1}{A}+\frac{a_2}{A}\sqrt{1-\left(\frac{a_2}{A}\right)^2}-\frac{a_1}{A}\sqrt{1-\left(\frac{a_1}{A}\right)^2}\right]\quad(A\geqslant a)$
带死区和滞环的继电器特性	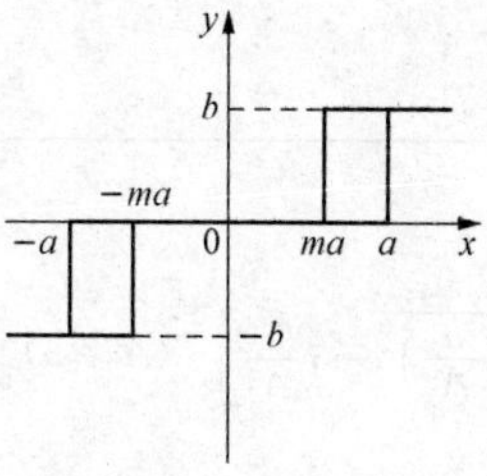	$N(A)=\frac{2b}{\pi A}\left[\sqrt{1-\left(\frac{a}{A}\right)^2}+\sqrt{1-\left(\frac{ma}{A}\right)^2}+\mathrm{j}\,\frac{a(m-1)}{A}\right]\quad(A\geqslant a)$
变增益特性	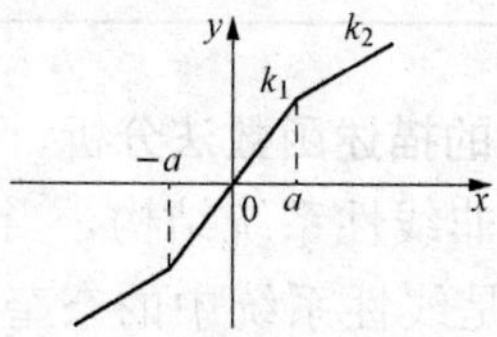	$N(A)=k_2+\frac{2(k_1-k_2)}{\pi}\left[\arcsin\frac{a}{A}+\frac{a}{A}\sqrt{1-\left(\frac{a}{A}\right)^2}\right]\quad(A\geqslant a)$

续表

名称	非线性特性	描述函数
摩擦特性		$N(A)=k+\frac{4b}{\pi A}$
三次曲线		$N(A)=\frac{3}{4}bA^2$
间隙特性		$N(A)=\frac{k}{\pi}\left[\frac{\pi}{2}+\arcsin\left(1-\frac{2a}{A}\right)+2\left(1-\frac{2a}{A}\right)\sqrt{\frac{a}{A}\left(1-\frac{a}{A}\right)}\right]+\mathrm{j}\frac{4ka}{\pi A}\left[\frac{a}{A}-1\right]\quad(A\geqslant a)$
理想继电器特性		$N(A)=\frac{4b}{\pi A}$
带死区继电器特性		$N(A)=\frac{4b}{\pi A}\sqrt{1-\left(\frac{a}{A}\right)^2}\quad(A\geqslant a)$
带滞环继电器特性		$N(A)=\frac{4b}{\pi A}\left[\sqrt{1-\left(\frac{a}{A}\right)^2}-\mathrm{j}\frac{a}{A}\right]\quad(A\geqslant a)$

7.2.4 非线性系统的描述函数法分析

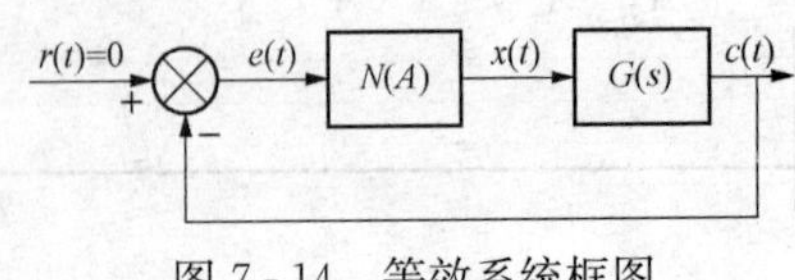

图 7-14 等效系统框图

对于图 7-5 所示的非线性系统结构，当使用描述函数法分析时，实际上是线性系统中的奈奎斯特判据在非线性系统中的推广。将图 7-5 中的非线性环节 N 建立其描述函数 $N(A)$，得到图 7-14。

1. 非线性系统的稳定性分析

对于图 7-14 所示的等效系统，可以看成一个等效线性环节与非线性环节串联组成前向通道的单位反馈系统。因此，类似于线性系统的稳定性分析方法，闭环系统频率特性表达式如下

$$\frac{C(\mathrm{j}\omega)}{R(\mathrm{j}\omega)}=\frac{N(A)G(\mathrm{j}\omega)}{1+N(A)G(\mathrm{j}\omega)} \tag{7-19}$$

相应的特征方程为

$$1+N(A)G(\mathrm{j}\omega)=0 \tag{7-20}$$

或

$$G(\mathrm{j}\omega)=-\frac{1}{N(A)}$$

其中，$-\frac{1}{N(A)}$ 称为非线性特性的负倒描述函数。上式从数学表达式来看，意味着

$$\begin{cases}|G(\mathrm{j}\omega)N(A)|=1\\ \arg[N(A)]+\arg[G(\mathrm{j}\omega)]=-\pi\end{cases} \tag{7-21}$$

其中，arg 表示该环节的相角。设两个参数 A、ω 的解为 A_0、ω_0，从物理意义上看，式（7-20）的成立，意味着系统中存在频率为 ω_0，振幅为 A_0 的等幅振荡。联系线性系统频率特性分析，相当于 $N(A)=1$ 的情况，此时式（7-20）变为

$$G(\mathrm{j}\omega)=-1$$

即线性系统的等幅振荡条件：开环频率特性 $G(\mathrm{j}\omega)$ 穿过临界稳定点（-1，j0）。可以看出，在非线性系统中，判别系统产生等幅振荡的临界信息不再是一个固定点，而是一条随 A 变化的曲线，即非线性环节负倒数描述函数 $-\frac{1}{N(A)}$。因此，可以用 $G(\mathrm{j}\omega)$ 和 $-\frac{1}{N(A)}$ 两者轨迹之间的相对位置判别系统稳定性。设图 7-14 中 $G(s)$ 的极点均在左半 s 平面，可以总结出下面推广到非线性系统的奈奎斯特稳定判据：

（1）若线性环节的频率特性 $G(\mathrm{j}\omega)$ 的轨迹不包围 $-\frac{1}{N(A)}$ 轨迹，如图 7-15（a）所示，则非线性系统是稳定的，并且 $G(\mathrm{j}\omega)$ 轨迹与 $-\frac{1}{N(A)}$ 轨迹相距越远，系统稳定程度越高。

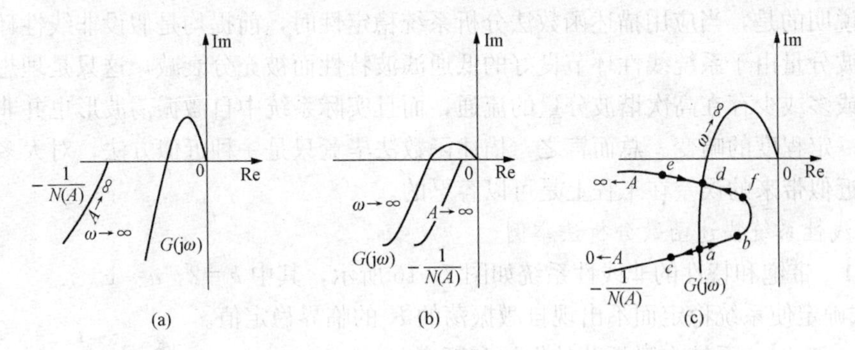

图 7-15　非线性系统的稳定性分析

（2）若 $G(\mathrm{j}\omega)$ 轨迹包围 $-\frac{1}{N(A)}$ 轨迹，如图 7-15（b）所示，则系统是不稳定的，系统

将做发散运动。

（3）若$G(\mathrm{j}\omega)$轨迹与$-\dfrac{1}{N(A)}$轨迹有交点，如图7-15（c）所示，则系统存在着等幅振荡；其振幅和频率对应交点的振幅和频率。该等幅振荡可能是具有一定稳定性的等幅振荡，即自激振荡；也可能是不稳定的等幅振荡，即在一定条件下等幅振荡发散或收敛。

2. 自激振荡的判别

如前所述，$G(\mathrm{j}\omega)$与$-\dfrac{1}{N(A)}$两者的轨迹有交点只是产生自激振荡的必要条件，产生自激振荡要求等幅振荡具有一定稳定性，即系统受到轻微扰动时状态会发生偏离，当扰动消失后，系统又能回到原来振幅和频率的等幅振动状态。

具体分析图7-15（c）中系统等幅振荡运动的稳定性。设系统工作在a点时，受到轻微的外界干扰。一种情况是使得非线性环节的输入振幅A增大，工作点到了b点，由于b点被$G(\mathrm{j}\omega)$轨迹包围，系统不稳定，振荡加剧，导致振幅A继续增大，工作点向d点移动。另一种情况则是干扰使得A减小，工作点到了c点，而c点不被$G(\mathrm{j}\omega)$轨迹包围，因此系统稳定，振荡衰减，A逐渐趋于零。这说明a点产生的等幅振荡是不稳定的，在轻微干扰下缺乏稳定性，因此它不会产生自激振荡。另一个交点d的稳定性则不同：当系统在d点受到轻微扰动时，若该扰动使A增大，工作点从d点移到e点，由于在e点系统的稳定性，振荡衰减，工作点又沿着A减小的方向回到d点；若该扰动使得A减小，工作点相应从d点到f点，由于f点系统的不稳定性，振荡加剧，工作点又沿着A增大的方向回到d点。显然，d点的等幅振荡是具有稳定性的，系统将在d点产生自激振荡，振荡的频率和振幅即d点的频率和振幅，表示为ω_d和A_d。

总之，图7-15（c）所示系统运动情况与正弦输入信号有关，当振幅$A<A_a$时，系统稳定，状态收敛；当$A>A_a$时，系统产生自激振荡，振荡频率振幅为ω_d和A_d。也就是说，系统稳定性与初始条件及输入信号有关，这也验证了非线性系统区别于线性系统的一个特性。

判别自激振荡存在与否，可以归纳如下：在复平面上，将$G(\mathrm{j}\omega)$轨迹包围的区域看作不稳定区，不被其包围的区域看作稳定区，当交点处的$-\dfrac{1}{N(A)}$轨迹是沿A增加方向由不稳定区进入稳定区时，在该交点将产生自激振荡；反之，该交点不会产生自激振荡。

值得说明的是，当应用描述函数法分析系统稳定性时，前提均是假设非线性环节的输出中高次谐波分量由于系统线性环节良好的低通滤波特性而被充分衰减，这只是理想情况。实际系统中或多或少存在高次谐波分量的流通，而且实际系统中自激振荡波形也并非纯粹正弦波，存在一定程度的畸变。总而言之，描述函数法毕竟只是一种近似方法，对大多数实际系统而言，近似带来的误差在工程上是可以容忍的。

3. 非线性系统描述函数分析法举例

例7.1 带饱和特性的非线性系统如图7-16所示，其中$k=2$，$a=1$。

1）试确定使系统稳定而不出现自激振荡的K的临界稳定值。

2）$K=15$时，系统自激振荡的振幅和频率。

解 1）饱和特性描述函数为

$$N(A)=\frac{2k}{\pi}\left[\arcsin\frac{a}{A}+\frac{a}{A}\sqrt{1-\left(\frac{a}{A}\right)^2}\right]\quad(A\geqslant a)$$

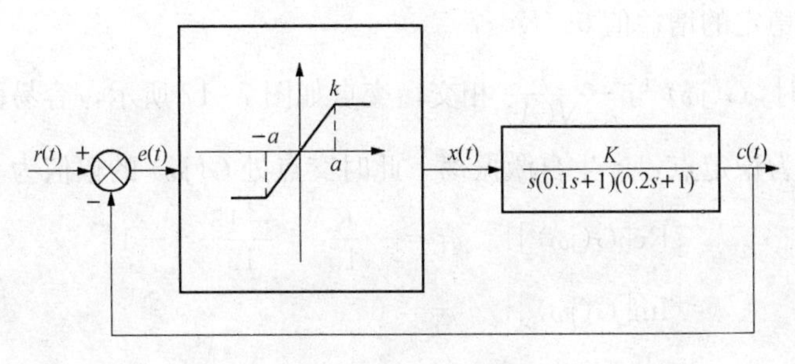

图 7-16 例 7.1 图

将 $k=2$ 和 $a=1$ 代入 $N(A)$ 的负倒数描述函数，得

$$-\frac{1}{N(A)}=-\frac{\pi}{2k\left[\arcsin\frac{a}{A}+\frac{a}{A}\left(1-\frac{a}{A}\right)^{2}\right]}$$

$$=-\frac{\pi}{4\left[\arcsin\frac{1}{A}+\frac{1}{A}\sqrt{\left(1-\frac{a}{A}\right)^{2}}\right]}\quad(1\leqslant A<\infty)$$

由上式，当 $A\to1$ 时，$-\frac{1}{N(A)}\to-\frac{1}{2}$；当 $A\to\infty$ 时，$-\frac{1}{N(A)}\to-\infty$，$-\frac{1}{N(A)}$ 轨迹为负实轴上 $-\frac{1}{2}\sim-\infty$ 的那一段，如图 7-17 所示。

由 $G(j\omega)$ 表达式求得

$$G(j\omega)=\frac{K}{j\omega(0.1j\omega+1)(0.2j\omega+1)}$$

$$=\frac{-K[0.3\omega+j(1-0.02\omega^{2})]}{\omega(1+0.05\omega^{2}+0.0004\omega^{4})}$$

$G(j\omega)$ 相应的实部和虚部分别为

$$\mathrm{Re}[G(j\omega)]=\frac{-0.3K}{1+0.05\omega^{2}+0.0004\omega^{4}}$$

$$\mathrm{Im}[G(j\omega)]=\frac{K(1-0.02\omega^{2})}{\omega(1+0.05\omega^{2}+0.0004\omega^{4})}$$

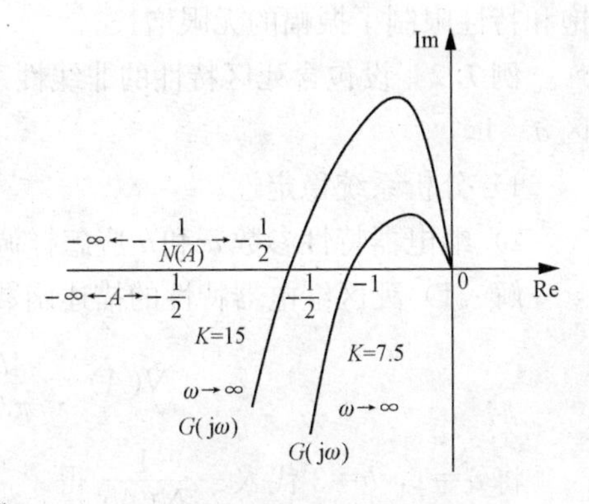

图 7-17 带饱和特性非线性系统的 $G(j\omega)$ 和 $-\frac{1}{N(A)}$ 图

若要使系统稳定，$G(j\omega)$ 轨迹必不能包围 $\left(-\frac{1}{2},-\infty\right)$ 区间。先求 $-\frac{1}{N(A)}$ 与 $G(j\omega)$ 在实轴上的交点。

令 $\mathrm{Im}G(j\omega)=0$，求得交点频率 $\omega=5\sqrt{2}\,\mathrm{rad/s}$。将 $\omega=5\sqrt{2}\,\mathrm{rad/s}$ 代入 $\mathrm{Re}[G(j\omega)]$ 表达式，求得交点幅值为

$$\mathrm{Re}[G(j\omega)]\bigg|_{\omega=5\sqrt{2}}=\frac{-0.3K}{1+0.05\,\omega^{2}+0.0004\,\omega^{4}}\bigg|_{\omega=5\sqrt{2}}=-\frac{K}{15}$$

K 的临界稳定值应满足

$$-\frac{K}{15}=-\frac{1}{2}$$

故临界稳定值 $K=7.5$

显然，使系统稳定的增益值 $0<K\leqslant7.5$。

2）当 $K=15$ 时，$G(\mathrm{j}\omega)$ 与 $-\dfrac{1}{N(A)}$ 相交，交点如图 7-17 所示，容易由推广的奈奎斯特稳定判据得知交点为稳定点，产生自激振荡。此时交点处 $G(\mathrm{j}\omega)$ 的幅值为

$$\begin{cases}\mathrm{Re}[G(\mathrm{j}\omega)]\big|_{\omega=5\sqrt{2}}=-\dfrac{K}{15}=\dfrac{-15}{15}=-1\\ \mathrm{Im}[G(\mathrm{j}\omega)]\big|_{\omega=5\sqrt{2}}=0\end{cases}$$

此时，可得交点处 $-\dfrac{1}{N(A)}$ 值为

$$-\frac{1}{N(A)}=G(\mathrm{j}\omega)=-1$$

即

$$\frac{\pi}{4\left[\arcsin\dfrac{1}{A}+\dfrac{1}{A}\sqrt{1-\left(\dfrac{1}{A}\right)^2}\right]}=-1$$

求得 $A=2.5$。所以，$K=15$ 时系统自激振荡的振幅为 $A=2.5$，频率为 $\omega=5\sqrt{2}\approx7.07\mathrm{rad/s}$。

值得一提的是，当 $K=15$ 时，图 7-16 中饱和特性如果换成放大系数为 2 的线性环节，系统为线性的且是发散的。饱和特性的存在使响应由发散变成自激振荡，究其原因还是因为饱和特性限制了振幅的无限增长。

例 7.2 设包含死区特性的非线性系统如图 7-18 所示。其中，包含特性输出 $b=3$，死区 $a=1$。

1）分析系统稳定性。

2）继电器特性参数 a 和 b 应怎样调整才能使得系统不产生自激振荡？

解 1）死区继电器特性的描述函数为

$$N(A)=\frac{4b}{\pi A}\sqrt{1-\left(\frac{a}{A}\right)^2}\quad(A\geqslant a)$$

将 $a=1$，$b=3$ 代入 $-\dfrac{1}{N(A)}$ 得

$$-\frac{1}{N(A)}=-\frac{\pi A}{12\sqrt{1-\left(\dfrac{1}{A}\right)^2}}\quad(A\geqslant1)$$

注意 $-\dfrac{1}{N(A)}$ 函数值随 A 值的变化趋势。$1\leqslant A<\infty$，当 $A\to1$ 时，$-\dfrac{1}{N(A)}\to\infty$；当 A 从 1 增长到$\sqrt{2}$时，$-\dfrac{1}{N(A)}$ 到达极大值，其值为 $-\dfrac{1}{N(A)}=-\dfrac{\pi\sqrt{2}}{12\sqrt{1-\dfrac{1}{2}}}=-\dfrac{\pi}{6}$。

当 $A\to\infty$时，$-\dfrac{1}{N(A)}\to\infty$，所以 $-\dfrac{1}{N(A)}$ 轨迹的变化趋势如图 7-19 所示，轨迹随 A 增加从 $-\infty$ 沿负实轴从左至右到达 $-\dfrac{\pi}{6}$ 处后，沿负实轴从右至左趋于 $-\infty$。

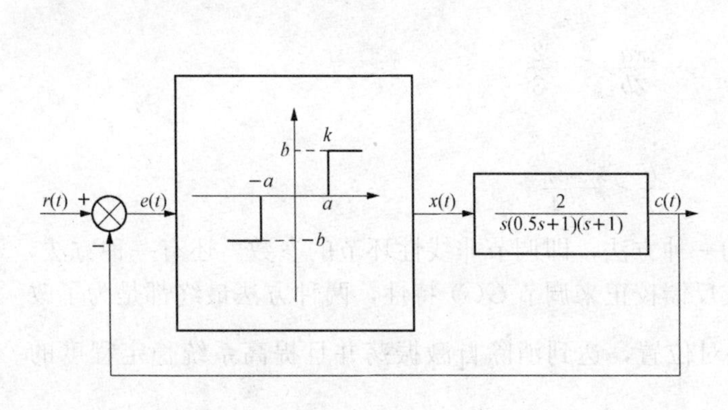

图 7-18　例 7.2 图

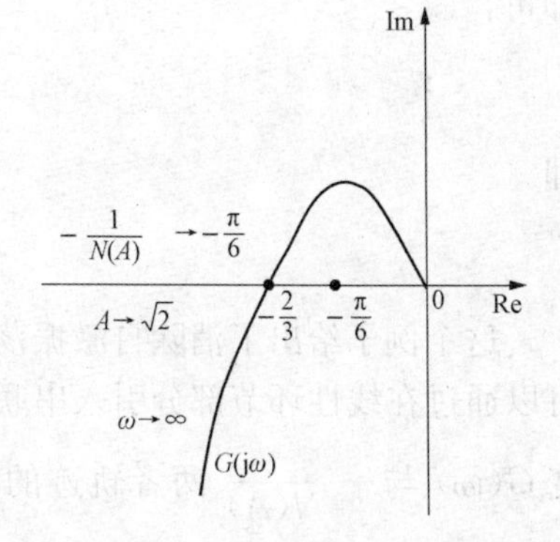

图 7-19　$G(j\omega)$ 与 $-\dfrac{1}{N(A)}$ 轨迹

线性环节

$$G(j\omega)=\frac{2}{j\omega(0.5j\omega+1)(j\omega+1)}=\frac{-4[3\omega+j(2-\omega^2)]}{\omega(\omega^4+5\omega^2+4)}$$

令 $G(j\omega)$ 虚部 $\mathrm{Im}[G(j\omega)]=0$，求取 $G(j\omega)$ 与负实轴交点处的频率：

$$G(j\omega)=\frac{4(2-\omega^2)}{\omega(\omega^4+5\omega^2+4)}=0$$

求得交点处频率为 $\omega=\sqrt{2}\,\mathrm{rad/s}$，将其代入 $\mathrm{Re}[G(j\omega)]$ 求得

$$\mathrm{Re}[G(j\omega)]\Big|\omega=\sqrt{2}=\frac{-12}{\omega^4+5\omega^2+4}\Big|_{\omega=\sqrt{2}}=\frac{-12}{18}=-\frac{2}{3}$$

由于 $-\dfrac{1}{N(A)}$ 轨迹位于 $\left(-\dfrac{\pi}{6},\ -\infty\right)$ 区间，所以 $G(j\omega)$ 与 $-\dfrac{1}{N(A)}$ 必然相交。并且由 $-\dfrac{1}{N(A)}$ 轨迹变化趋势，$-\infty\rightarrow-\dfrac{\pi}{6}\rightarrow-\infty$（$A$ 从 $1\rightarrow\sqrt{2}$）的特殊性，即 $\left(-\dfrac{\pi}{6},\ -\infty\right)$ 中任意一点必然对应两个不同的 A 值，即同时存在两个振幅值。由

$$-\frac{1}{N(A)}=G(j\sqrt{2})=\mathrm{Re}[G(j\sqrt{2})]=-\frac{2}{3}$$

即

$$-\frac{\pi A}{12\sqrt{1-\left(\frac{1}{A}\right)^2}}=-\frac{2}{3}$$

解得 $A_1=1.11$，$A_2=2.3$。仔细分析 A_1 和 A_2，$A_1=1.11$ 对应 A 从 $1\sim\sqrt{2}$ 增加的进程，即 $-\dfrac{1}{N(A)}$ 由稳定区进入不稳定区，因此该等幅振荡是不稳定的；$A_2=2.3$ 对应 A 从 $\sqrt{2}\sim\infty$ 增加的过程，即 $-\dfrac{1}{N(A)}$ 由不稳定区进入稳定区，由推广的奈奎斯特稳定判据，该等幅振荡是稳定的。因此系统存在 $A=2.3$，$\omega=\sqrt{2}\,\mathrm{rad/s}$ 的自激振荡。

2）要使系统不产生自激振荡，只要使得 $G(j\omega)$ 轨迹和 $-\dfrac{1}{N(A)}$ 轨迹不相交即可。$-\dfrac{1}{N(A)}$ 在负实轴上的极值为 $-\dfrac{\pi a}{2b}$，$G(j\omega)$ 与负实轴交点为 $-\dfrac{2}{3}$，因此调整 a 和 b 满足下式

即可：

$$-\frac{\pi a}{2b}<-\frac{2}{3}$$

即

$$\frac{b}{a}<-\frac{3\pi}{4}$$

这个例子给出了消除自激振荡的一种方法，即调节非线性环节的参数。还有一种方法，可以通过在线性环节部分引入串联或反馈校正来调节 $G(s)$ 特性，两种方法最终都是为了改变 $G(\mathrm{j}\omega)$ 与 $-\dfrac{1}{N(A)}$ 两者轨迹的相对位置，达到消除自激振荡并且提高系统稳定程度的目的。

7.3 相 平 面 法

描述函数法虽然很有效，但它对非周期输入、非线性程度严重等情况仍无法适用，这时可以考虑采用相平面法，它也是分析非线性系统的一种常用方法。这种方法适用的对象是一、二阶线性和非线性系统。该方法的特点是将系统运动过程形象地转化成相平面上一个点的移动过程，通过图解研究这个点的运动轨迹特点，以获得平衡状态的稳定性分析和系统运动的直观图像。这种方法可以看作是现代控制理论中的状态空间法在低阶系统情况下的应用，是一种时域分析方法。

7.3.1 相平面法有关概念

考虑采用二阶微分方程描述的一个二阶系统

$$\ddot{x}+f(x,\dot{x})=0 \tag{7-22}$$

其中 $f(x,\dot{x})$ 是 x 和 $\dot{x}$ 的线性或非线性函数。有关概念如下：

(1) 相平面（或状态平面)。由 x 和 $\dot{x}$ 为坐标轴构成的直角坐标平面，称为相平面。

(2) 相轨迹（或相轨线)。对于一定初始条件 $x(0)$ 和 $\dot{x}(0)$，在 x 和 $\dot{x}$ 相平面上绘制 x 和 $\dot{x}$ 之间的曲线，称为相轨迹。

(3) 相平面图。对应 x 和 $\dot{x}$ 所有可能初始条件下绘出的相轨迹簇，称为相平面图。

如图 7-20 (a) 所示开环传递函数为 $G(s)=\dfrac{K}{s(Ts+1)}$ 的单位反馈系统闭环系统自由运动方程为

$$T\ddot{e}+\dot{e}+Ke=0 \quad (e=r-c) \tag{7-23}$$

其中，T、$K>0$，在初始条件 $e(0)>0$ 及 $\dot{e}(0)>0$ 作用下，$e(t)$ 和 $\dot{e}(t)$ 对 t 的时间响应如图 7-20 (b) 和 (c) 所示。另外一种时间响应是 $e(t)$ 和 $\dot{e}(t)$ 中消去 t，直接用 $e(t)$ 和 $\dot{e}(t)$ 的关系来描述系统状态变化过程，如图 7-20 (d) 所示的相平面图。

该图中，实线轨迹对应当前 $e(0)$ 和 $\dot{e}(0)$ 初始条件下的相轨迹，其他虚线描述 $e(0)$，$\dot{e}(0)$ 为其他值时的系统运动相轨迹，这些相轨迹构成了二阶线性系统的相平面图。

对式 (7-22) 系统做变换，可以得到关于相轨迹的一些性质。式 (7-22) 可写成如下形式：

$$\frac{\mathrm{d}\dot{x}}{\mathrm{d}t}=-f(x,\dot{x})$$

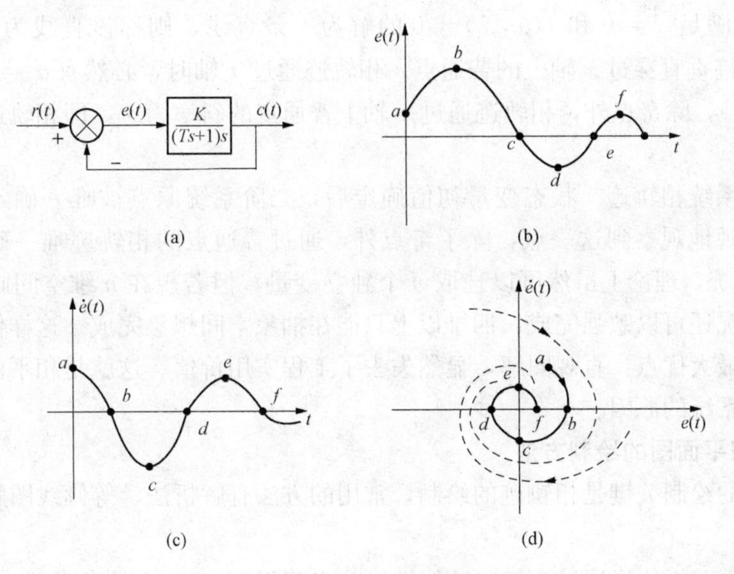

图 7-20 二阶线性系统相平面图

上式两端同时除以 $\dot{x}=\dfrac{\mathrm{d}x}{\mathrm{d}t}$ 有

$$\frac{\mathrm{d}\dot{x}}{\mathrm{d}x}=-\frac{f(x,\dot{x})}{\dot{x}} \tag{7-24}$$

对 $x-\dot{x}$ 相平面而言，$\dfrac{\mathrm{d}\dot{x}}{\mathrm{d}x}$ 表示相轨迹在 $(x,\dot{x})$ 处斜率，因此式（7-24）为相轨迹的斜率方程。由此，从数学分析中可以归纳相轨迹的几个性质如下：

（1）相轨迹对称性条件。由式（7-24），若 $f(x,\dot{x})=f(x,-\dot{x})$，及 $f(x,\dot{x})$ 是 $\dot{x}$ 的偶函数，此时相轨迹对称于 x 轴；若 $f(x,\dot{x})=-f(-x,\dot{x})$，即 $f(x,\dot{x})$ 是 x 的奇函数，则相轨迹对称于 $\dot{x}$ 轴；若 $f(x,\dot{x})=f(-x,-\dot{x})$，则相轨迹关于原点对称。

（2）相轨迹的走向。系统运动状态反映在相平面及相轨迹是很有规律的，在相平面上半部，$\dot{x}>0$，所以 x 从小到大增长，相轨迹从左往右运动；反之，相轨迹从右往左运动。

（3）奇点与普通点。观察相轨迹的斜率方程式（7-24），通过判断相轨迹在 $(x,\dot{x})$ 处的斜率确定与否，可以将相平面上的所有点分为两类：奇点与普通点。

奇点指相轨迹在该点斜率为不确定的点，数学表达即同时满足 $f(x,\dot{x})=0$ 和 $\dot{x}=0$ 的点。奇点处斜率不确定的物理原因很容易理解：奇点是相平面上无穷多条相轨迹的汇合点，每条相轨迹以不同斜率进入该点，而相轨迹到该点后不会再运动，此时 $\dot{x}=0$，系统处于平衡状态，因此，奇点又称平衡点。对于式（7-23）所示系统，系统的奇点即为坐标原点 $(e,\dot{e})=0$。对于非线性系统，奇点（平衡点）可以有多个，唯一可以肯定的是奇点必然出现在 x 轴上。

普通点指相轨迹在该点斜率唯一确定的点，数学表达即不同时满足 $f(x,\dot{x})=0$ 和 $\dot{x}=0$ 的点。在相平面上，除了奇点外，不同初始条件的相轨迹不会相交，也就是说，经过普通点的轨迹只会有一条。

另外，若满足 $\dot{x}=0$ 和 $f(x,\dot{x})=0$ 的解为一条直线，则称该直线为平衡线或奇线。

（4）相轨迹垂直穿过 x 轴上的普通点。相轨迹通过 x 轴时，必然有 $\dot{x}=0$，此时由斜率方程式（7-24），除奇点外，相轨迹通过 x 轴上普通点的斜率为∞，即相轨迹垂直穿过 x 轴上的普通点。

（5）高阶系统相轨迹。状态变量初值确定后，二阶系统原点被唯一确定。通过相平面图，可以很直观地观察到这一点，除了奇点外，通过普通点的相轨迹唯一确定。对于维数 $n\geqslant 3$ 的高阶系统，理论上虽然可以选取 n 个独立变量，但若想在 n 维空间画出直观的相轨迹图，三维情况还可以勉强完成，四维以上只能在抽象空间想象完成。这样做已经完全丧失了相平面法的最大优点：直观图解，显然失去了工程实用价值。这就是相平面法为什么只适用于一、二阶系统的原因。

7.3.2 相平面图的绘制方法

相平面图的绘制关键是相轨迹的绘制，常用的方法有解析法、等倾线图解法。

1. 解析法

简单来讲，解析法指通过求解二阶线性微分方程得到 x 与 $\dot{x}$ 的关系或 x 与 $\dot{x}$ 之间的代数方程，可以不必完全求解 $x(t)$ 和 $\dot{x}(t)$ 关于 t 的表达式。归纳起来，解析法求解相轨迹方程的方法有两种。

（1）直接积分法。即在原微分方程基础上经过推导和积分，得出 $x-\dot{x}$ 相轨迹代数方程。考虑斜率方程

$$\frac{\mathrm{d}\dot{x}}{\mathrm{d}x}=-\frac{f(x,\dot{x})}{\dot{x}} \tag{7-25}$$

若方程可以直接积分求出相轨迹方程，一般要求 $f(x,\dot{x})$ 关于 x 和 $\dot{x}$ 是可以分离的，即

$$f(x,\dot{x})=g(x)h(\dot{x})$$

则式（7-25）改写为

$$\frac{\dot{x}}{h(\dot{x})}\mathrm{d}\dot{x}=-g(x)\mathrm{d}x$$

对上式两边同时积分可得到相轨迹方程。

（2）求出 $x(t)$ 和 $\dot{x}(t)$ 关于 t 的表达式的方法。根据给定二阶微分方程分别求出 $x(t)$ 和 $\dot{x}(t)$ 的显示表达，这时可以有两种处理：直接在 $x(t)$ 和 $\dot{x}(t)$ 之间消去 t 而得到相轨迹方程，或者给出一组 t 的取值，算出对应 $x(t)$ 与 $\dot{x}(t)$ 值，在相平面上绘出曲线。

例 7.3 二阶系统 $\ddot{x}+M=0$，其中 M 为常数，绘制其相平面图。

解 写出平面斜率方程：

$$\frac{\mathrm{d}\dot{x}}{\mathrm{d}x}=-\frac{M}{\dot{x}}$$

即

$$\dot{x}\mathrm{d}\dot{x}=-M\mathrm{d}x$$

上式两边同时积分 $\int_0^t$，得到相轨迹方程

$$\dot{x}^2=2M[x-x(0)]+\dot{x}^2(0)$$

另外一种方法，由 $\ddot{x}=-M$ 解微分方程，得

$$\begin{cases} x(t) = -\dfrac{1}{2}Mt^2 + x(0) + \dot{x}(0)t \\ \dot{x}(t) = -Mt + \dot{x}(0) \end{cases}$$

在以上两式中消去 t，得到同上的相轨迹方程。$M=-1$ 或 1 时，相应的相轨迹如图 7-21 (a)、(b)所示。

2. 等倾线图解法

解析法优点很明显，它通过直接求解二阶微分方程求出 $x-\dot{x}$ 后精确作图。但对于微分方程很复杂的系统，例如 $f(x,\dot{x})$ 对 x 和 $\dot{x}$ 难以分离的情况，或 $f(x,\dot{x})$ 很复杂，这时通过求解微分方程得到相轨迹就相当困难。在这种情况下，可以考虑采用近似的图解法绘制相平面图。

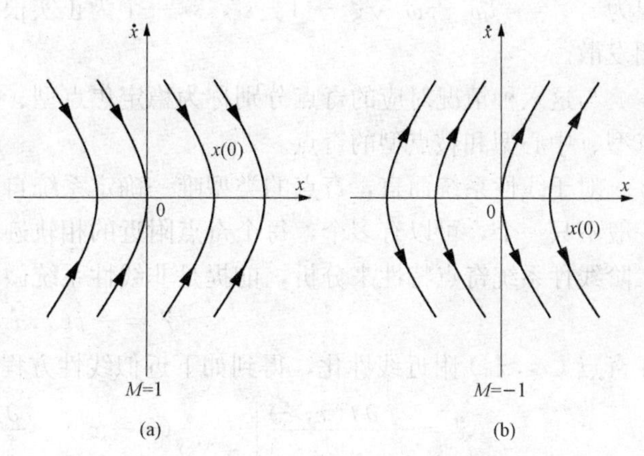

图 7-21 $\ddot{x}=-M$ 的相轨迹图

等倾线图解法的原理比较简单，任意光滑曲线都可以分成许多小段，每一小段可以由短的直线段近似代替，这些短的直线段有不同的斜率。对于相平面而言，除了奇点外，每个普通点的斜率唯一确定，因此可以根据普通点斜率，将斜率相等的点连线，这根连线称为等倾线。由相轨迹性质，这些斜率不同的等倾线除了可能相交于奇点外，不存在其他的交点，因此不同斜率的等倾线布满整个相平面。

给定一组斜率值，在相平面便可以得到一族等倾线。系统运动的相轨迹实际上可看做从一根等倾线出发，连续地穿越其他斜率的等倾线。因此每根等倾线上的普通点上标画出该等倾线对应的短直线段，这些短线段在相平面上形成了相轨迹的切线方向场，将这些短线段用光滑的曲线连接，便得到系统的相轨迹。

对式（7-25）的系统，斜率为 α 的等倾线方程应为

$$\alpha = \frac{\mathrm{d}\dot{x}}{\mathrm{d}x} = -\frac{f(x,\dot{x})}{\dot{x}}$$

即

$$\alpha\dot{x} = -f(x,\dot{x}) \tag{7-26}$$

7.3.3 线性系统的相轨迹

1. 奇点

其实对于式（7-23）所表述的二阶线性系统，特征根为 $s_{1,2}=-\zeta\omega_n \pm \mathrm{j}\omega_n\sqrt{1-\zeta^2}$，随着参数取值不同，其特征根在 s 平面分布情况也不同，反映在相平面上，奇点附近相轨迹的形状各不相同。根据特征根在 s 平面上的位置，系统运动规律存在以下六种情况：

(1) $0<\zeta<1$，特征根为一对负实部的共轭复根，与其相对应的系统自由运动为衰减振荡。

(2) $-1<\zeta<0$，s_1，s_2 一对正实部的共轭复根，系统自由运动为发散振荡。

(3) $\zeta\geqslant 1$，s_1，s_2 为相等或不相等的负实根，系统自由运动为单调衰减。

(4) $\zeta\leqslant -1$，s_1，s_2 为相等或不相等的正实根，系统自由运动为单调发散。

(5) $\zeta=0$，s_1，s_2 为共轭虚根，系统自由运动为等幅振荡。

(6) 图7-20 (a) 所示结构图中，负反馈变为正反馈，方程 $\ddot{x}+2\zeta\omega_n\dot{x}-\omega_n^2x=0$，特征根为 $s_{1,2}=-\zeta\omega_n\pm\omega_n\sqrt{\zeta^2+1}$。$s_1$，$s_2$ 一个为正实根一个为负实根，系统自由运动一般为单调发散。

与这六种情况对应的奇点分别称为稳定焦点型、不稳定焦点型、稳定节点型、不稳定节点型、中心型和鞍点型的奇点。

对于线性系统而言，奇点的类型唯一确定系统自由运动的性质。对于非线性系统，奇点一般不只一个，可以有多个，每个奇点附近的相轨迹比线性系统奇点的复杂，但可以近似由二阶线性系统奇点特性来分析，前提是非线性系统微分方程是解析的。具体做法是将方程

$$\ddot{x}=-f(x,\dot{x})$$

在奇点 $(x_0,\dot{x}_0)$ 附近线性化，得到如下近似线性方程：

$$\ddot{x}=-\left.\frac{\partial f(x,\dot{x})}{\partial x}\right|_{(x_0,\dot{x}_0)}(x-x_0)-\left.\frac{\partial f(x,\dot{x})}{\partial \dot{x}}\right|_{(x_0,\dot{x}_0)}(\dot{x}-\dot{x}_0)$$

因此，只要掌握了线性二阶系统相平面图的特征，便可以确定非线性系统在奇点附近的相平面图。

例 7.4 设非线性系统的微分方程为

$$\ddot{x}+0.5\dot{x}+2x+x^2=0$$

要求绘出该系统的相平面图。

解 1) 首先求出系统的奇点，即求方程组

$$\begin{cases}f(x,\dot{x})x=x^2+2x+0.5\dot{x}=0\\ \dot{x}=0\end{cases}$$

的解。易求得上述方程组的解为 $(x_1,\dot{x}_1)=(0,0)$ 以及 $(x_2,\dot{x}_2)=(-2,0)$，即系统有两个奇点。

2) 写出系统在两个奇点附近的线性化方程，判定奇点类型。在原点附近的线性化方程为

$$\ddot{x}+\left.\frac{\partial f(x,\dot{x})}{\partial \dot{x}}\right|_{(0,0)}\dot{x}+\left.\frac{\partial f(x,\dot{x})}{\partial x}\right|_{(0,0)}x=0$$

即

$$\ddot{x}+0.5\dot{x}+2x=0$$

该方程特征根 $s_{1,2}=-0.25\pm j1.39$，所以该奇点为稳定的焦点。在 (−2，0) 附近的线性化方程为

$$\ddot{x}+\left.\frac{\partial f(x,\dot{x})}{\partial \dot{x}}\right|_{(-2,0)}\dot{x}+\left.\frac{\partial f(x,\dot{x})}{\partial x}\right|_{(-2,0)}(x+2)=0$$

即

$$\ddot{x}+0.5\dot{x}-2(x+2)=0$$

该方程特征根为 $s_1=1.19$，$s_2=-1.69$，因此奇点 (−2，0) 是鞍点型的。

3) 绘制相平面图。确定了奇点及其类型，可以根据奇点的类型绘制奇点附近的相轨迹，因此奇点在 $(x_0,\dot{x}_0)$ 附近，非线性系统相轨迹可以由其线性化系统的相轨迹近似表示。但对于整个系统而言，由于奇点附近是用局部线性化方法进行相轨迹分析，因此每个奇点的类型只能确定系统在奇点（平衡点）局部区域的行为。对于整个相平面的完整相轨迹，还要考虑

远离奇点区域相轨迹的特点。下面讨论的极限环就是要考虑的一个因素。

2. 极限环

极限环，顾名思义，实际上指相平面上的一类独立封闭曲线，这类曲线附近的相轨迹做无限趋近或离开的运动。这种特殊的封闭曲线将相平面划分为具有不同运动特点的区域，相轨迹不能从环外进入环内，也不能从环内穿出环外。极限环实际是等幅振荡现象。

系统中可能存在的各种极限环，根据其相邻相轨迹特点，分为以下几种类型：

（1）稳定的极限环。这种类型实际指的是系统运动为自激振荡形式的极限环特点，即极限环内部和外部的相轨迹都无限趋近该极限环。极限环内部为不稳定区，使得相轨迹发散趋向极限环；而极限环外部为稳定区，使相轨迹收敛趋向极限环。

实际上，相平面上稳定的极限环（时域）对应描述函数法（频域）中 $G(\mathrm{j}\omega)$ 与 $-\dfrac{1}{N(A)}$ 交点为稳定交点的情况，即频域中的稳定交点对应时域中的相平面极限环。$-\dfrac{1}{N(A)}$ 被 $G(\mathrm{j}\omega)$ 包围的部分对应极限环内部的相轨迹，两者均做发散运动；而 $-\dfrac{1}{N(A)}$ 不被 $G(\mathrm{j}\omega)$ 包围的那部分轨迹对应极限环外部的相轨迹，两者均做收敛运动。实际系统设计时，应尽量减小极限环，使自激振荡振幅尽量减少。

（2）不稳定极限环。极限环内部和外部的相轨迹均离开该极限环。这种极限环称为不稳定的极限环。与稳定的极限环相反，不稳定极限环内部为稳定区，外部为不稳定区，导致该极限环表示的等幅振荡是不稳定的，不是自激振荡，对应描述函数分析中 $G(\mathrm{j}\omega)$ 与 $-\dfrac{1}{N(A)}$ 不稳定的交点情况。

对于非线性系统，不稳定极限环意味着小偏差时系统不稳定，设计时应尽量扩大极限环，以扩大稳定区。

（3）半稳定区的极限环。半稳定区的极限环有两种情况。一种情况是极限环的相轨迹收敛于极限环，而内部相轨迹离开极限环，收敛于环内的奇点。从物理意义上看，它反映小偏差时系统稳定，大偏差时系统等幅振荡现象。这种极限环对应描述函数中 $-\dfrac{1}{N(A)}$ 不被 $G(\mathrm{j}\omega)$ 包围且两者轨迹相切的情况。

另一种情况是极限环外部的相轨迹发散离开极限环，而内部轨迹发散趋近极限环。它反映了小偏差时系统等幅振荡，大偏差时不稳定的现象。这种极限环对应描述函数中 $-\dfrac{1}{N(A)}$ 被 $G(\mathrm{j}\omega)$ 包围且两者轨迹相切的情况。

（4）双极限环。非线性系统中可以没有极限环，也可以存在一个或多个极限环。

7.3.4 非线性系统相平面分析

由前面的分析我们了解到，当非线性系统可以用解析的微分方程描述时，可以通过求取奇点附近的线性化方程，得到奇点附近的相平面图特性来绘制整个相平面图。

然而，许多常见非线性系统的微分方程都不是解析的，例如具有继电器特性环节的非线性系统。此时利用奇点附近线性化方程的方法不再适用。值得说明的是，这些不满足解析条件的非线性系统通常是分段线性的，或可以用分段线性来近似，因此可以采用所谓“非线性分段，相平面分区”的方法。即根据非线性特性的特点，将相平面分成多个区域；每个区域由不同的线性微分方程描述，且是解析的。绘出各区的相轨迹，并在各区分界线上将相轨迹接成连线曲线。通常各区的分界线称为开关线或切换线，在切换线上相轨迹的衔接点称为切换点。需要注意的是，对于对应不同线性工作状态的各个分区，都可能有一个奇点，而该奇点位置可以在该区域内，也可以在该区域外。前者称为实奇点。在后一种情况中，由于该区的相轨迹无法到达该奇点，所以称为虚奇点。

7.4 利用非线性特性改善系统的性能

在前面的内容中我们看到了非线性特性，例如死区、滞环等特性的存在往往使得系统性能变坏。其实，非线性特性不只是只有不利的一面，还有有益的一面。在某种情况下，在系统中引入合适的非线性特性能改善系统性能，而这些改变利用线性环节是无法做到的。

例如在实际的控制系统中，为了避免执行机构不必要的频繁动作，设计时在系统前向通路加入死区特性可以很容易达到目的。

对于实际线性系统，要达到理想的过渡过程是比较困难的。原因很简单，若二阶线性系统工作在欠阻尼状态，则系统响应却伴有超调和振荡，而在过阻尼状态，响应平稳无超调振荡，但响应速度慢。此时，引入非线性特性——变增益特性，能很好地解决这个问题。

例 7.5 带变增益的非线性系统如图 7-22（a）所示，其中 $r(t)=1(t)$，讨论 k_1，k_2 的取值以使得系统过渡过程性能最为理想。

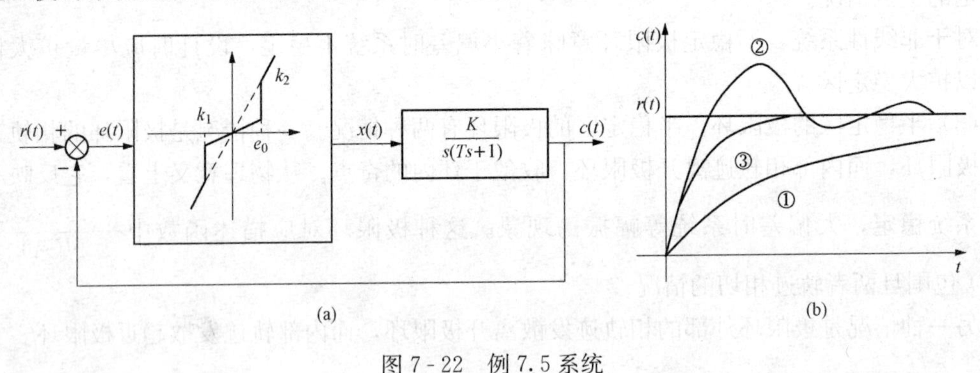

图 7-22 例 7.5 系统

解 系统微分方程为

$$T\ddot{c}+\dot{c}=Kx$$

由变增益特性的数学表达式

$$x(t)=\begin{cases}k_1e(t) & (|e(t)|<e_0)\\ k_2e(t) & (|e(t)|>e_0)\end{cases}$$

并且有 $e=r-c$，$\ddot{r}=\dot{r}=0$，可得当 $|e(t)|<e_0$ 时系统的微分方程为

$$T\ddot{e}+\dot{e}+Kk_1e=0$$

考虑到此时系统处于小偏差阶段，重点是保证响应平稳，因此选择 k_1 使系统处于过阻尼状态，即

$$k_1 < \frac{1}{4KT}$$

同理，当 $|e(t)| > e_0$ 时，系统微分方程为

$$T\ddot{e} + \dot{e} + Kk_2 e = 0$$

系统处于大偏差阶段，应重点保证响应速度，因此 k_2 使系统处于欠阻尼状态，即

$$k_2 > \frac{1}{4KT}$$

因此，选择 $k_1 < \frac{1}{4KT} < k_2$ 可使得系统既兼顾了快响应的要求又保证系统超调小，使系统获得理想的过渡过程，过渡过程比较见图 7-22（b)，其中曲线①为过阻尼情况，②为欠阻尼情况，③为变增益情况 $\left(k_1 < \frac{1}{4KT} < k_2\right)$。

总之，因为非线性特性的复杂性远甚于线性特性，这虽然在一定程度上限制了它的应用，但在许多纯粹依靠线性特性不能处理好的控制系统中，应考虑引入非线性特性来尝试解决，因为复杂性往往意味着灵活性和增加了解决方法的多样性。越来越多的控制系统设计者意识到非线性特性的这一优点，并将它们更多地引入到实际系统的控制中。

7.1　三个非线性控制系统具有相同的非线性特性，但线性部分各不相同，他们的传递函数分别为

$$G_1(s) = \frac{2}{s(0.1s+1)},\quad G_2(s) = \frac{2}{s(s+1)},\quad G_3(s) = \frac{2(1.5s+1)}{s(s+1)(0.1s+1)}$$

试判断应用描述函数分析时，哪个系统分析准确度高？

7.2　非线性系统方框图如图 7-23 所示。问：系统稳定与否？若产生自激振荡，试确定自持振荡的频率 ω 和振幅 A。

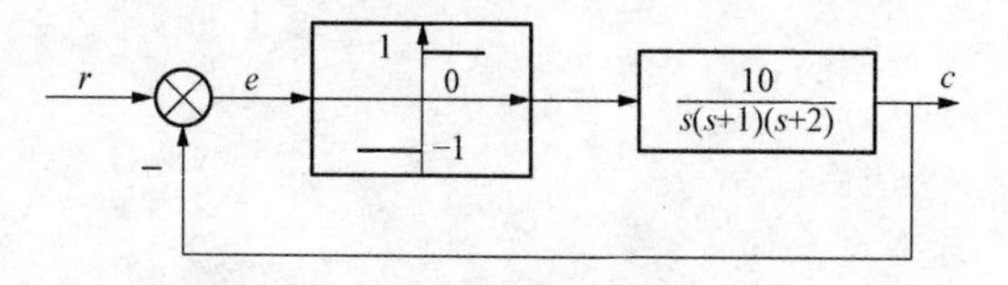

图 7-23　非线性系统框图

7.3　具有饱和非线性的控制系统如图7-24所示，问：(1）试分析系统的稳定性。

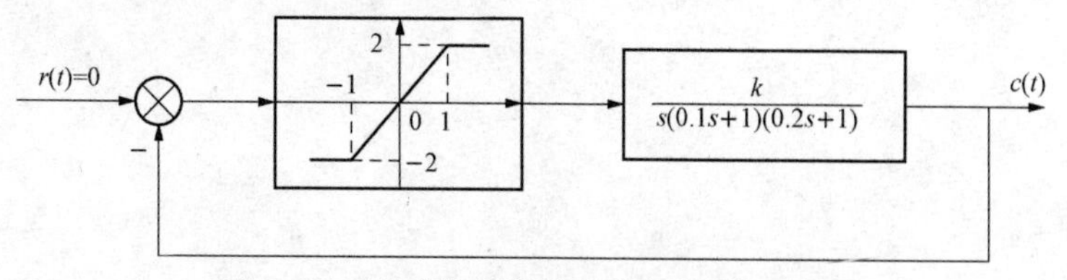

图 7-24　具有饱和非线性的控制系统框图

(2) 为了使系统不产生自激振荡，系统应如何调整？

7.4　系统的微分方程如下：

$$\ddot{x}+2\zeta\omega_n\dot{x}+\omega_n^2x=0$$

其中 $0<\zeta<1$，初始条件 $x(0)=0$，$\dot{x}(0)=1$，试绘制系统的相轨迹。

7.5　设含理想继电器特性的非线性系统框图如图 7-25 所示，试用相平面法对之进行分析。

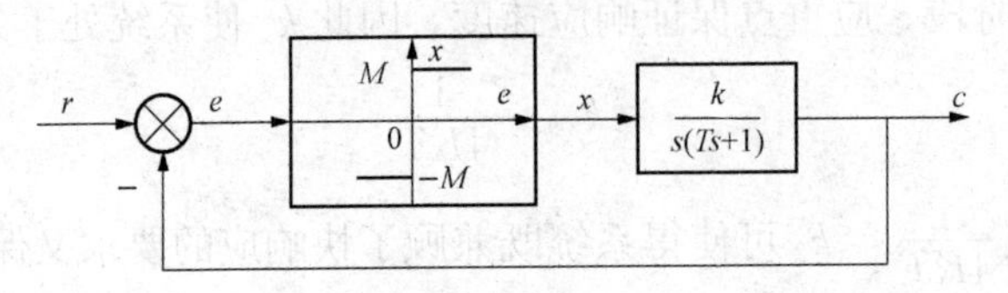

图 7-25　含理想继电器的非线性系统框图

第8章　离散控制系统

8.1　离散系统的基本概念

在前几章所讨论的控制系统中，系统中每一点上的信号都是时间变量的连续函数，这种在时间和幅值上都连续的信号称为连续信号。如果控制系统中的所有信号都是连续信号，则这样的系统称为连续系统。

本章将要介绍的系统中有一处或几处的信号不是时间的连续函数，而是一串脉冲或者数码，也就是说这些信号仅定义在离散时间上，称这类控制系统为离散系统或采样系统。离散系统与连续系统相比，既有本质上的差别，又有分析研究方面的相似性。有关连续系统的理论虽然不能直接用来分析离散系统，但通过Z变换这一数学工具，可以将用于连续系统分析和研究的一些概念和方法，推广应用于线性离散系统之中。

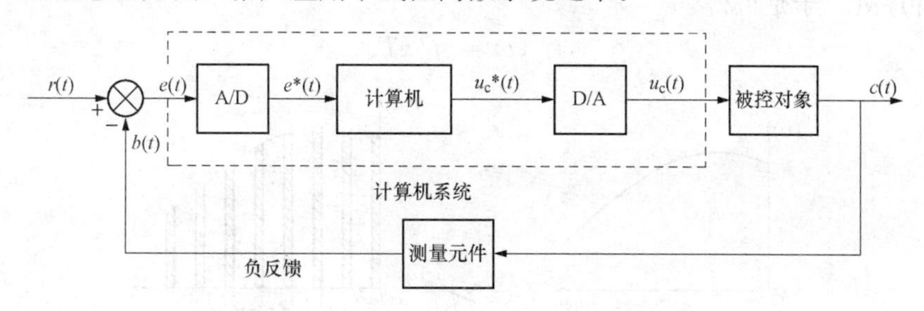

图8-1　典型计算机控制系统基本结构

如图8-1所示的计算机控制系统是一个闭环控制系统，其中计算机作为控制器参与系统的工作。由于计算机处理的是数字量，所以计算机系统一般都包含有数/模（D/A）及模/数（A/D）转换器。计算机系统的任务是实现对被控对象的数据采集和偏差计算，并根据对控制指标的要求做出决策，产生相应的控制信号，对被控对象进行实时控制。显然在计算机控制系统中，除了含有数字信号外，由于被控对象是连续的，因此系统中还包含连续信号。数字信号就是离散的模拟信号。所以，计算机控制系统也就是采样控制系统。

由于在离散控制系统中引入了计算机，所以离散控制系统较连续控制系统有如下的一些优点：

（1）可以实现复杂的控制规律。离散控制系统的控制规律是由软件编程实现的，不仅可以实现常规的PID控制规律，而且可以实现连续控制系统无法实现的复杂控制规律。

（2）可实现高精度控制。采样高灵敏度的检测与控制元件，如采用高分辨率的数字传感器，就可以提高系统的控制精度。

（3）系统具有较好的抗干扰能力。采样信号特别是数字信号的传递可以有效地抑制噪声，提高系统的抗干扰能力。

（4）一台计算机可以分时控制若干系统，同时兼有显示、报警等多种功能，提高了设备的利用率，经济性好。

由于离散控制系统中存在脉冲或数字信号，需要运用Z变换法建立离散系统的数学模型。通过Z变换后的离散系统，可以借鉴在连续系统中应用的那些方法，经过适当的改变后应用于离散系统的分析和设计。本章主要讨论信号的采样与保持、Z变换、脉冲传递函数、离散系统的稳定性分析、稳态误差分析和暂态性能分析。

8.2 信号的采样与保持

把连续信号变为脉冲或数字序列的过程称为采样。按照一定的时间间隔对连续信号进行采样，将其变为在时间上离散的脉冲序列的过程称之为采样过程。实现采样的装置称为采样器，也称采样开关。

8.2.1 采样过程

采样过程如图8-2所示。其特点是开关合上才有输出，其值等于采样时刻的模拟量$f(t)$，开关打开时没有输出。采样开关是一个按照一定周期闭合的开关，其采样周期为T，每次闭合的时间为ε。由于开关闭合的时间ε远小于采样周期T，所以可以略去，则$f_s^*(t)$变成了脉冲序列。于是可得

$$f_s^*(t) = f(kT) \tag{8-1}$$

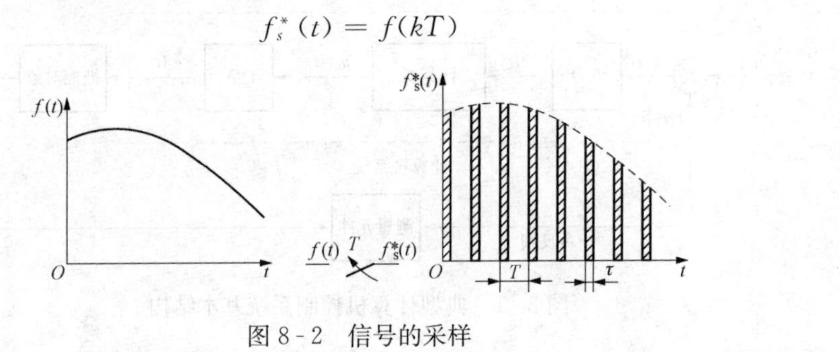

图8-2 信号的采样

采样过程可以看成是一个幅值调制过程。理想的采样开关是一个理想的单位脉冲序列发生器，是由一单位理想脉冲序列$\delta_T(t)$与被采样信号相乘后产生的。由单位脉冲函数$\delta(t)$，可以写出$\delta_T(t)$。

$$\delta_T(t) = \sum_{k=-\infty}^{k=\infty} \delta(t-kT) \tag{8-2}$$

kT为单位理想脉冲出现的时刻，k为整数，T为采样周期。采样开关的输出信号$f_s^*(t)$可表示为

$$f_s^*(t) = f(t)\delta_T(t) = \sum_{k=-\infty}^{k=\infty} f(kT)\delta_T(t-kT) \tag{8-3}$$

在实际物理系统中，通常当$t<0$时，$f(t)=0$。因此上式可改写为

$$f_s^*(t) = \sum_{k=0}^{k=\infty} f(kT)\delta_T(t-kT) \tag{8-4}$$

对采样信号$f_s^*(t)$进行拉普拉斯变换，可得

$$F_s^*(s) = L[f_s^*(t)] = L\left[\sum_{k=0}^{k=\infty} f(kT)\delta_T(t-kT)\right] \tag{8-5}$$

根据拉普拉斯变换的延迟定理，有

$$L[\delta_T(t-kT)] = \mathrm{e}^{-kTs}\int_0^{\infty}\delta(t)\mathrm{e}^{-st}\mathrm{d}t = \mathrm{e}^{-kTs} \tag{8-6}$$

因此，采样信号的拉普拉斯变换为

$$F_s^*(s) = \sum_{k=0}^{k=\infty} f(kT)\mathrm{e}^{-kTs} \tag{8-7}$$

8.2.2 采样定理

采样周期是采样频率的倒数。采样频率太低，信号经过采样之后，输入信号和输出信号之间就存在较大的误差，输出信号就无法较准确地反映输入信号；反之，采样频率越高，信号经过采样之后，输出信号就越接近输入信号。为使离散信号 $f_s^*(t)$ 能不失真地恢复为连续信号 $f(t)$，采样定理给出了从采样的离散信号 $f_s^*(t)$ 恢复到原来的连续信号 $f(t)$ 所必需的最低频率。

采样定理可以表述为：如果系统的连续信号 $f(t)$ 的频谱特性中，最高频率为 $f_{\max}$，那么采样离散信号 $f_s^*(t)$ 能被重建原来的连续信号的最低采样频率 $f_s \geqslant 2f_{\max}$。这一关系式也称为香农（Shamnon）定理。

单位理想脉冲序列 $\delta_T(t)$ 的傅里叶级数为

$$\delta_T(t) = \sum_{k=-\infty}^{k=\infty}\delta(t-kT) = \sum_{k=-\infty}^{k=\infty}C_k\mathrm{e}^{\mathrm{j}\omega_s t} \tag{8-8}$$

其中，ω_s 称为采样频率，$\omega_s = 2\pi f_s$；$C_k = \dfrac{1}{T}\displaystyle\int_{-\frac{T}{2}}^{\frac{T}{2}}\delta_T(t)\mathrm{e}^{-\mathrm{j}\omega_s t}\mathrm{d}t = \dfrac{1}{T}$。

将式（8-8）代入式（8-3），得到

$$f_s^*(t) = \frac{1}{T}\sum_{k=-\infty}^{k=\infty} f(t)\mathrm{e}^{\mathrm{j}k\omega_s t} = f(t)\sum_{k=0}^{k=\infty}\delta(t-kT) \tag{8-9}$$

$f_s^*(t)$ 的拉普拉斯变换式为

$$F_s^*(s) = \frac{1}{T}\sum_{k=-\infty}^{k=\infty} F(s+\mathrm{j}k\omega_s) \tag{8-10}$$

式（8-10）是采样信号 $f_s^*(t)$ 的拉普拉斯变换和连续信号 $f(t)$ 的拉普拉斯变换之间的关系。令式（8-10）中 $s=\mathrm{j}\omega$，得到采样信号的频率特性 $F_s^*(\mathrm{j}\omega)$ 为

$$F_s^*(\mathrm{j}\omega) = \frac{1}{T}\sum_{k=-\infty}^{k=\infty} F(\mathrm{j}\omega+\mathrm{j}k\omega_s) \tag{8-11}$$

图 8-3 表示 $|F_s^*(\mathrm{j}\omega)|$ 与 ω 的关系曲线。由图可知，当 $f_s \geqslant 2f_{\max}$ 即 $\omega_s \geqslant 2\omega_{\max}$ 时，不产生 $|F_s^*(\mathrm{j}\omega)|$ 波形的交叉重叠。因此，$|F_s^*(\mathrm{j}\omega)|$ 的原来波形将被采样过程所保持。当 $f_s < 2f_{\max}$，即 $\omega_s < 2\omega_{\max}$ 时，产生 $|F_s^*(\mathrm{j}\omega)|$ 波形的交叉重叠。因此，$|F_s^*(\mathrm{j}\omega)|$ 的原来波形将不能被采样过程所保持。

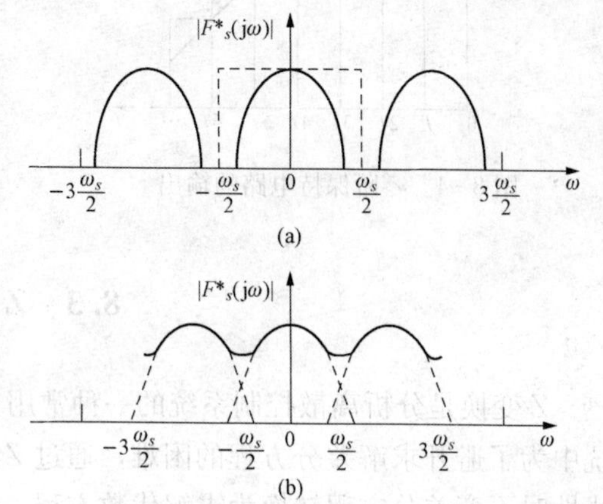

图 8-3 $|F_s^*(\mathrm{j}\omega)|$ 与 ω 的关系曲线

在实际工程应用中，由于考虑其他因素，

所选择的采样频率应大于采样定理所规定的最低值。另外，严格地说，在控制系统中，频带限定在某一值上的物理信号是不存在的，一般都具有较宽的频带范围，最高频率往往高于假定的 $f_{\max}$。因此，采样频率的选择应高于采样定理所规定的值。一般可以取

$$\omega_s \geqslant (5-10)\omega_{\max} \tag{8-12}$$

8.2.3 数据保持与零阶保持器

实现采样遇到的另一个问题是如何把采样信号较准确地恢复为连续信号。连续系统经过采样以后，采用理想滤波器去除各高频分量，保留主频谱，这样就可以无失真地恢复连续信号。使用理想的低通滤波器可以去除其高频分量，如图 8-3（a）中的虚线代表低通滤波器。在实际的物理系统中理想的低通滤波器是很难实现的。因此，需要寻求一种既在特性上接近于理想滤波器，又在物理上可实现的滤波器，具有低通滤波作用的保持电路或保持器就代表这种实际的滤波器。保持电路或保持器的实质是用来解决采样点之间的插值问题。

最简单的保持器是使在两个连续采样瞬时之间保持常量的信号，这种保持电路称为零阶保持电路。图 8-4 表示零阶保持电路的输出。

零阶保持电路的输出信号近似地重现了作用在采样电路上的信号。零阶保持电路的时域特性可以看作两个阶跃函数之和，即

$$G_h(t) = 1(t) - 1(t-T) \tag{8-13}$$

图 8-5 表示零阶保持电路的时域特性。图 8-5（a）的函数可以分解为图 8-5（b）所示的两个函数。由式（8-13）可求得零阶保持电路的传递函数为

$$G_h(s) = \frac{1}{s} - \frac{e^{-Ts}}{s} = \frac{1-e^{-Ts}}{s} \tag{8-14}$$

其中 T 为采样周期。

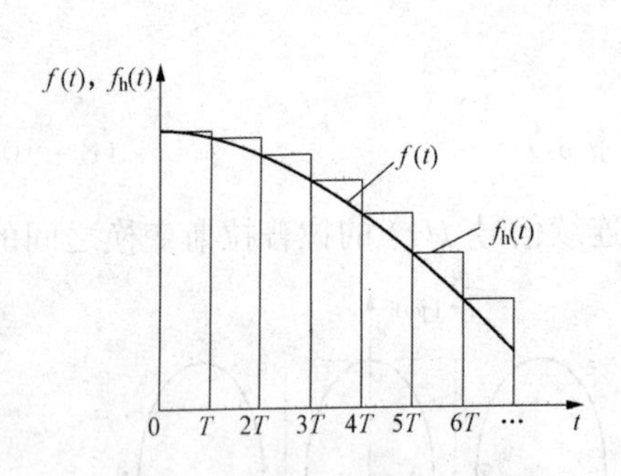

图 8-4 零阶保持电路的输出

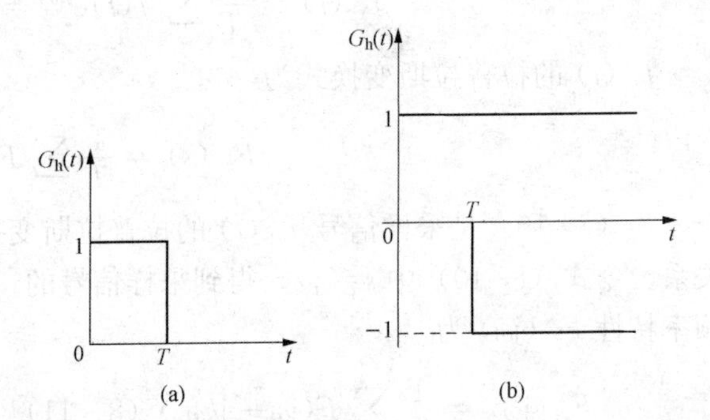

图 8-5 零阶保持电路的时域特性

8.3 Z 变 换

Z 变换是分析离散控制系统的一种常用方法，它是由拉普拉斯变换演变来的。在采样系统中为了避开求解差分方程的困难，通过 Z 变换把问题从离散时间域转换到 z 域中，把求解线性时不变差分方程转换为求解代数方程。

8.3.1 Z 变换定义

当 $t<0$ 时，$x(t)=0$ 或 $x(kT)=x(k)=0$，为了简化起见，$x(kT)$ 常写成 $x(k)$。$x(k)$

或 $x(kT)$ 的 Z 变换定义如下：

$$X(z)=Z[x(t)]=Z[x(kT)]=Z[x(k)]$$
$$=\sum_{k=0}^{\infty}x(kT)z^{-k}=\sum_{k=0}^{\infty}x(k)z^{-k} \tag{8-15}$$

8.3.2 Z 变换的方法

下面介绍两种常用的 Z 变换方法。

1. 级数求和法

如果已知连续函数 $x(t)$ 在各采样时刻的采样值 $x(kT)$，就可以按照式（8-15）写出其 Z 变换的级数展开式。这种级数展开式是开放形式的，有无穷多项。但有一些常用的 Z 变换的级数展开式可以用闭合型函数表示。

例 8.1 求单位阶跃函数的 Z 变换。

解 $x(t)=1(t)$，由 Z 变换定义有

$$X(z)=\sum_{k=0}^{\infty}x(kT)z^{-k}=1+z^{-1}+z^{-2}+\cdots+z^{-k}+\cdots \tag{1}$$

将上式两端同时乘以 z^{-1}，有

$$z^{-1}X(z)=z^{-1}+z^{-2}+z^{-3}+\cdots \tag{2}$$

式（1）减去式（2）得

$$(1-z^{-1})X(z)=1$$

所以 $Z[1(t)]=X(z)=\dfrac{1}{1-z^{-1}}$。

例 8.2 已知 $x(t)=\mathrm{e}^{-at}(a\geqslant 0)$，求 $Z(\mathrm{e}^{-at})$。

解 $x(t)=\mathrm{e}^{-at}$，由 Z 变换的定义有

$$X(z)=\sum_{k=0}^{\infty}x(kT)z^{-k}=\sum_{k=0}^{\infty}\mathrm{e}^{-akT}z^{-k}=1+\mathrm{e}^{-aT}z^{-1}+\mathrm{e}^{-2aT}z^{-2}+\cdots$$

采用例 8.1 的方法，将上式写成闭合形式的 Z 变换，有

$$Z[\mathrm{e}^{-at}]=X(z)=\frac{1}{1-\mathrm{e}^{-aT}z^{-1}}$$

2. 部分分式法

用部分分式法求 $x(t)$ 的 Z 变换，是由 $X(s)$ 开始的。其步骤是首先把 $X(s)$ 分解为部分分式之和，然后对每一部分分式求 Z 变换。

例 8.3 已知 $X(s)=\dfrac{a}{s(s+a)}$，求 $X(z)$。

解 $X(s)=\dfrac{a}{s(s+a)}=\dfrac{1}{s}-\dfrac{1}{s+a}$

由 $X(z)=Z[x(t)]=Z[X(s)]=\sum_{i=1}^{n}\dfrac{A_i}{1-\mathrm{e}^{-s_iT}z^{-1}}$，可得

$$X(z)=Z\left[\frac{1}{s}\right]-Z\left[\frac{1}{s+a}\right]=\frac{1}{1-z^{-1}}-\frac{1}{1-\mathrm{e}^{-at}z^{-1}}$$
$$=\frac{(1-\mathrm{e}^{-aT})z^{-1}}{(1-z^{-1})(1-\mathrm{e}^{-aT}z^{-1})}$$

例 8.4 求 $Z[\sin\omega t]$。

解 因为

$$X(s)=L[\sin\omega t]=\frac{\omega}{s^2+\omega^2}=\frac{-\frac{1}{2\mathrm{j}}}{s+\mathrm{j}\omega}+\frac{\frac{1}{2\mathrm{j}}}{s-\mathrm{j}\omega}$$

所以

$$X(z)=\frac{-\frac{1}{2\mathrm{j}}}{1-\mathrm{e}^{-\mathrm{j}\omega t}z^{-1}}+\frac{\frac{1}{2\mathrm{j}}}{1-\mathrm{e}^{\mathrm{j}\omega t}z^{-1}}=\frac{(\sin\omega t)z^{-1}}{1-(2\cos\omega t)z^{-1}+z^{-2}}$$

8.3.3 Z变换的基本定理

应用Z变换的某些基本性质，能使离散控制系统的描述和分析更加方便、有效。Z变换有以下几种基本性质。

1. 线性定理

$$Z[ax(t)]=aZ[x(t)]=aX(z)$$

$$Z[\alpha f(t)+\beta g(t)]=\alpha F(z)+\beta G(z)$$

2. 时域位移定理

$$Z[x(t-nT)]=Z^{-n}X(z)$$

$$Z[x(t+nT)]=Z^{n}\left[X(z)-\sum_{k=0}^{n-1}x(kT)z^{-k}\right]$$

其中 $n\geqslant 0$。

3. 滞后和超前差分定理

(1) 一阶滞后差分：

$$\nabla x(k)=x(k)-x(k-1)$$

$$Z[\nabla x(k)]=(1-z^{-1})X(z)$$

(2) 二阶滞后差分：

$$\nabla^2 x(k)=\nabla[\nabla x(k)]=x(k)-2x(k-1)+x(k-2)$$

$$Z[\nabla^2 x(k)]=(1-z^{-1})^2X(z)$$

(3) 一阶超前差分：

$$\Delta x(k)=x(k+1)-x(k)$$

$$Z[\Delta x(k)]=(z-1)X(z)-zx(0)$$

4. 复域位移定理

$$Z[\mathrm{e}^{\mp at}x(t)]=X(z\mathrm{e}^{\pm aT})$$

5. 初值定理

$$X(0)=\lim_{z\to 0}X(z)$$

6. 终值定理

$$\lim_{k\to\infty}x(k)=\lim_{z\to 1}[(1-z^{-1})X(z)]$$

7. 偏微分定理

假设

$$Z[x(t,a)]=Z[x(kT,a)]=X(x,a)$$

其中，a 为与时间无关的独立变量或常数。

$$Z\left[\frac{\partial}{\partial a}x(t,a)\right]=Z\left[\frac{\partial}{\partial a}x(kT,a)\right]=\frac{\partial}{\partial a}X(z,a)$$

常用函数的Z变换列于表8-1中。

表 8-1　　常用函数的 Z 变换表

$X(s)$	$x(t)$	$x(kT)$ 或 $x(k)$	$X(z)$
—	—	$\delta_0(k)=\begin{cases}1,k=0\\0,k\neq 0\end{cases}$	1
—	—	$\delta_0(n-k)=\begin{cases}1,n=k\\0,n\neq k\end{cases}$	z^{-k}
$\frac{1}{s}$	$1(t)$	$1(k)$	$\frac{1}{1-z^{-1}}$
$\frac{1}{s+a}$	e^{-at}	e^{-akT}	$\frac{1}{1-e^{-aT}z^{-1}}$
$\frac{1}{s^2}$	t	kT	$\frac{Tz^{-1}}{(1-z^{-1})^2}$
$\frac{2}{s^3}$	t^2	$(kT)^2$	$\frac{T^2z^{-1}(1+z^{-1})}{(1-z^{-1})^3}$
$\frac{a}{s(s+a)}$	$1-e^{-at}$	$1-e^{-akT}$	$\frac{(1-e^{-aT})z^{-1}}{(1-z^{-1})(1-e^{-aT}z^{-1})}$
$\frac{\omega}{s^2+\omega^2}$	$\sin\omega t$	$\sin\omega kT$	$\frac{z^{-1}\sin\omega t}{1-2z^{-1}\cos\omega t+z^{-2}}$
$\frac{s}{s^2+\omega^2}$	$\cos\omega t$	$\cos\omega kT$	$\frac{1-z^{-1}\cos\omega t}{1-2z^{-1}\cos\omega t+z^{-2}}$
$\frac{1}{(s+a)^2}$	te^{-at}	kTe^{-akT}	$\frac{Te^{-aT}z^{-1}}{(1-e^{-aT}z^{-1})^2}$
$\frac{\omega}{(s+a)^2+\omega^2}$	$e^{-at}\sin\omega t$	$e^{-akT}\sin\omega kT$	$\frac{1-e^{-aT}z^{-1}\sin\omega t}{1-2e^{-aT}z^{-1}\cos\omega t+e^{-2aT}z^{-2}}$
$\frac{s+a}{(s+a)^2+\omega^2}$	$e^{-at}\cos\omega t$	$e^{-akT}\cos\omega kT$	$\frac{1-e^{-aT}z^{-1}\cos\omega t}{1-2e^{-aT}z^{-1}\cos\omega t+e^{-2aT}z^{-2}}$

8.3.4　Z反变换

在使用Z变换时，还必须掌握Z反变换。$X(z)$ 的反变换是从 $X(z)$ 中求取相应的时间序列 $x(k)$。必须指出，从Z反变换获得的 $x(k)$ 仅在采样瞬时取值，不包括采样点中间之值。$X(z)$ 的反变换能求得唯一的 $x(k)$，但不能求得唯一的 $x(t)$。常用的求Z反变换有以下三种方法。

1. 部分分式法

部分分式法是求取Z反变换的常用方法。

设

$$X(z)=\frac{b_0z^m+b_1z^{m-1}+\cdots+b_{m-1}z+b_m}{z^n+a_1z^{n-1}+\cdots+a_{n-1}z+a_n}\quad(m\leqslant n)\tag{8-16}$$

对上式分母进行因式分解，并求出 $X(z)$ 的极点，即

$$X(z)=\frac{b_0z^m+b_1z^{m-1}+\cdots+b_{m-1}z+b_m}{(z-p_1)(z-p_2)\cdots(z-p_n)}\quad(m\leqslant n)\tag{8-17}$$

如果式（8-17）有一个位于原点的零点，在这种情况下，需要将式（8-17）等号两边都除以 z。

如果所有的极点都为单极点，这样

$$\frac{X(z)}{z}=\frac{a_1}{z-p_1}+\frac{a_2}{z-p_2}+\cdots+\frac{a_n}{z-p_n}\tag{8-18}$$

其中 $a_i=\left[(z-p_i)\dfrac{X(z)}{z}\right]_{z=p_i}$。

查表 8-1，对式（8-18）右边的每一项求取 Z 反变换，相加后即可获得 $X(z)$ 的反变换 $x(k)$ 的表达式。

如果 $\dfrac{X(z)}{z}$ 中包含双重极点，如在 $z=p_i$，有两个重极点，这样

$$\frac{X(z)}{z}=\frac{c_1}{(z-p_i)^2}+\frac{c_2}{z-p_i}$$

其中

$$c_1=\left[(z-p_i)^2\frac{X(z)}{z}\right]_{z=p_i}$$

$$c_2=\left\{\frac{\mathrm{d}}{\mathrm{d}z}\left[(z-p_i)^2\frac{X(z)}{z}\right]\right\}_{z=p_i}$$

例 8.5 用部分分式法求下述 Z 变换的反变换。

$$X(z)=\frac{10z}{(z-1)(z-0.2)}$$

解 因为 $X(z)$ 中有一个位于原点的零点，需要将上式等号两边都除以 z，即

$$\frac{X(z)}{z}=\frac{10}{(z-1)(z-0.2)}=\frac{12.5}{z-1}-\frac{12.5}{z-0.2}$$

$$X(z)=12.5\left(\frac{1}{1-z^{-1}}-\frac{1}{1-0.2z^{-1}}\right)$$

查表 8-1，得

$$Z^{-1}\left[\frac{1}{1-z^{-1}}\right]=1,\quad Z^{-1}\left[\frac{1}{1-0.2z^{-1}}\right]=(0.2)^k$$

所以

$$x(k)=12.5[1-(0.2)^k]\quad k=0,1,2,\cdots$$

2. 长除法

长除法是将 $X(z)$ 展开为 z^{-1} 的升幂级数。例如：

$$X(z)=\sum_{k=0}^{\infty}x(kT)z^{-k}=x(0)+x(T)z^{-1}+x(2T)z^{-2}+\cdots+x(kT)z^{-k}+\cdots\tag{8-19}$$

如果式（8-19）的级数是收敛的，那么各幂次的系数就是 $x(k)$ 的值。

应用长除法求Z反变换的步骤：首先将 $X(z)$ 的有理函数分子和分母表示为 z^{-1} 的无穷升幂级数形式，然后进行长除法运算将 $X(z)$ 化为 z^{-1} 的无穷升幂级数形式，最后求取 $x(k)$ 的值。

例 8.6 求下述 $X(z)$ 的 $x(k)$

$$X(z)=\frac{z^2+z}{z^2-2z+1}$$

解 把 $X(z)$ 写成 z^{-1} 的升幂形式，即

$$X(z)=\frac{1+z^{-1}}{1-2z^{-1}+z^{-2}}$$

用 $X(z)$ 的分子除以分母，得

$$X(z)=1+3z^{-1}+5z^{-2}+7z^{-3}+9z^{-4}+\cdots$$

由上式可得

$$x(0)=1,\quad x(1)=3,\quad x(2)=5,\quad x(3)=7,\quad x(4)=9,\cdots$$

3. 反演积分法（留数法）

根据Z变换的定义

$$X(z)=\sum_{k=0}^{\infty}x(kT)z^{-k}=x(0)+x(T)z^{-1}+x(2T)z^{-2}+\cdots+x(kT)z^{-k}+\cdots \tag{8-20}$$

上式等号两侧同乘 z^{k-1}，得

$$X(z)z^{k-1}=x(0)z^{k-1}+x(T)z^{k-2}+x(2T)z^{k-3}+\cdots+x(kT)z^{-1}+\cdots \tag{8-21}$$

反演公式：

$$x(kT)=\sum_{i=1}^{n}\mathrm{res}[X(z)z^{k-1}]_{z\to z_i} \tag{8-22}$$

如果 $X(z)z^{k-1}$ 在 $z=z_i$ 处只包含单个极点，那么

$$K_i=\lim_{z\to z_i}[(z-z_i)X(z)z^{k-1}] \tag{8-23}$$

如果 $X(z)z^{k-1}$ 在 $z=z_j$ 处有 q 个重极点，那么

$$K_j=\frac{1}{(q-1)!}\lim_{z\to z_j}\frac{\mathrm{d}^{q-1}}{\mathrm{d}z^{q-1}}[(z-z_i)^qX(z)z^{k-1}] \tag{8-24}$$

其中，K_i、K_j 表示 $X(z)z^{k-1}$ 在极点 z_i、z_j 的留数。

例 8.7 用反演积分法求下述Z变换式的反变换。

$$X(z)=\frac{z^2}{(z-1)^2(z-\mathrm{e}^{-at})}$$

解 应用式（8-21）得

$$X(z)z^{k-1}=\frac{z^{k+1}}{(z-1)^2(z-\mathrm{e}^{-at})}$$

由上式可知，$X(z)z^{k-1}$ 在 $z=z_1=\mathrm{e}^{-aT}$ 处有一个单极点，在 $z=z_2=1$ 处有两个重极点。由式（8-22）可得

$$x(k)=\sum_{i=1}^{2}\left\{\mathrm{res}\left[\frac{z^{k+1}}{(z-1)^2(z-\mathrm{e}^{-at})}\right]\right\}=K_1+K_2$$

其中

$$K_1=\lim_{z\to e^{-aT}}\left[(z-e^{-at})\frac{z^{k+1}}{(z-1)^2(z-e^{-at})}\right]=\frac{e^{-a(k+1)T}}{(1-e^{-aT})^2}$$

$$K_2=\frac{1}{(2-1)!}\lim_{z\to1}\frac{d}{dz}\left[(z-1)^2\frac{z^{k+1}}{(z-1)^2(z-e^{-aT})}\right]$$

$$=\frac{k}{1-e^{-aT}}-\frac{e^{-aT}}{(1-e^{-aT})^2}$$

因此

$$x(k)=K_1+K_2=\frac{e^{-a(k+1)T}}{(1-e^{-aT})^2}+\frac{k}{1-e^{-aT}}-\frac{e^{-aT}}{(1-e^{-aT})^2}$$

$$=\frac{kT}{T(1-e^{-aT})}-\frac{e^{-aT}(1-e^{-akT})}{(1-e^{-aT})^2}$$

8.4 脉冲传递函数

由于离散系统有不同的结构形式，系统的闭环脉冲传递函数没有一般的计算公式，所以系统的闭环脉冲传递函数要根据系统的实际结构来求取。初始状态为静止的条件下，环节或系统的输出Z变换与输入Z变换之比，称为该环节或系统的脉冲传递函数（也称为Z传递函数）。它在分析离散控制系统时具有十分重要的意义。

8.4.1 采样信号的拉普拉斯变换

一个连续信号 $x(t)$，经过采样开关后，得到采样信号 $x^*(t)$，再经过零阶保持器可得连续输出信号 $y(t)$，如图8-6所示。

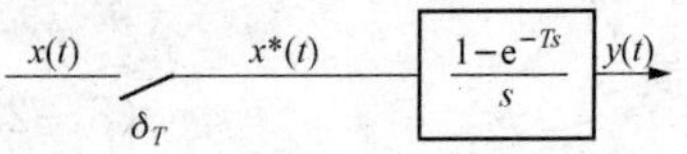

图8-6 具有采样开关和零阶保持器的系统

当 $t<0$ 时，$x(t)=0$，采样信号 $x^*(t)$ 可表示为

$$x^*(t)=\sum_{k=0}^{\infty}x(t)\delta(t-kT) \tag{8-25}$$

因为，当 $t\neq kT$ 时，$\delta(t-kT)=0$，所以式（8-25）又可表示为

$$x^*(t)=\sum_{k=0}^{\infty}x(kT)\delta(t-kT) \tag{8-26}$$

对式（8-26）取拉普拉斯变换，得到

$$X^*(s)=L[x^*(t)]=\sum_{k=0}^{\infty}x(kT)e^{-kTs} \tag{8-27}$$

令 $e^{Ts}=z$，得 $s=\frac{1}{T}\ln z$。这样式（8-27）可写为

$$X^*(s)\big|_{s=\frac{1}{T}\ln z}=\sum_{k=0}^{\infty}x(kT)z^{-k} \tag{8-28}$$

式（8-28）右侧就是 $x(kT)$ 的Z变换 $X(z)$，所以得到

$$X^*(s)\big|_{s=\frac{1}{T}\ln z}=X(z) \tag{8-29}$$

由于零阶保持器的传递函数为

$$G_{ho}(s)=\frac{1-e^{-Ts}}{s} \tag{8-30}$$

所以如图8-6所示系统的输出信号 $y(t)$ 的拉普拉斯变换为

$$Y(s)=\frac{1-e^{-Ts}}{s}\sum_{k=0}^{\infty}x(kT)e^{-kTs} \tag{8-31}$$

或

$$Y(s)=\frac{1-e^{-Ts}}{s}X^{*}(s) \tag{8-32}$$

8.4.2 脉冲传递函数

对于图 8-7 所示的系统，$t<0$ 时，$x(t)=0$。其中连续部分的传递函数 $G(s)$ 为零阶保持器与系统连续部分传递函数 $G_1(s)$ 相串联，即

$$G(s)=\frac{1-e^{-Ts}}{s}G_1(s) \tag{8-33}$$

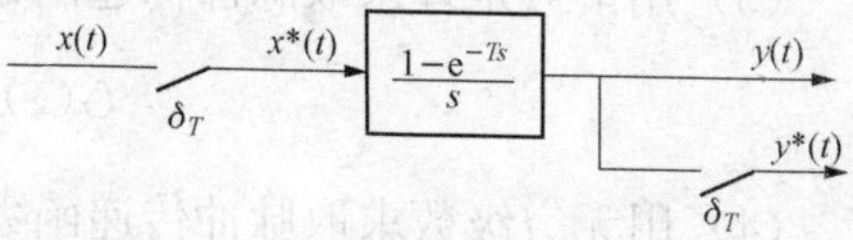

图 8-7 离散控制系统

输出量 $y(t)$ 的 Z 变换可表示为

$$Z[y(t)]=Y(z)=\sum_{k=0}^{\infty}y(kT)z^{-k} \tag{8-34}$$

由于在 Z 变换中，只考虑采样瞬时的信号值，所以不管输出端是否存在采样开关，它们的 Z 变换都可以用式（8-34）来表示。当输出端不存在采样开关时，为了表示 $y(t)$ 的 Z 变换概念的清楚，通常在输出端认为有一个假想的采样开关。输出端的假想采样开关不会对系统产生影响，但当输出信号被反馈到输入端，即构成闭环系统时，闭环系统中是否存在输出采样开关，将导致系统有不同的响应。

因为采样信号 $x^{*}(t)$ 是一系列脉冲信号，所以系统对输入采样信号 $x^{*}(t)$ 的响应，等于对各个脉冲响应之和。

对于实际的物理系统，当 $t<0$ 时，$g(t)=0$，所以

$$\begin{aligned}y(t)&=g(t)x(0)+g(t-T)x(T)+g(t-2T)x(2T)+\cdots+g(t-nT)x(nT)\\&=\sum_{h=0}^{k}g(t-nT)x(nT)\end{aligned}$$

在 $t=kT$ 时刻，输出的脉冲值为

$$\begin{aligned}y(kT)&=g(kT)x(0)+g[(k-1)T]x(T)+g[(k-2)T]x(2T)+\cdots\\&\quad+g[(k-n)T]x(nT)\\&=\sum_{n=0}^{k}g[(k-n)T]x(nT)\end{aligned}$$

由于 kT 时刻以后的输入脉冲，不会对 kT 时刻的输出信号产生影响，因此上式中求和上限可以扩展为无穷大，于是可得

$$y(kT)=\sum_{n=0}^{\infty}g[(k-n)T]x(nT)$$

根据 Z 变换的卷积定理，可得上式的 Z 变换为

$$Y(z)=G(z)X(z) \tag{8-35}$$

式（8-35）中的 $G(z)$ 称为离散系统的脉冲传递函数，表示了系统输出的 Z 变换与输入的 Z 变换之比。

8.4.3 脉冲传递函数的求取方法

有以下 4 种常用的求取脉冲传递函数的方法。

(1) 用部分分式法求取脉冲传递函数。首先用部分分式法将 $G(s)$ 分解为多个 $G_i(s)$，然

后查 Z 变换表，找到每一个 $G_i(s)$ 的 Z 变换式，然后将它们综合起来，就是所求的脉冲传递函数 $G(z)$。即

$$G(z)=\sum_{i}\{Z[G_i(s)]\}$$

（2）根据 Z 变换的定义，求取脉冲传递函数。

$$G(z)=\sum_{k=0}^{\infty}g(kT)z^{-k}$$

（3）用留数定理求取脉冲传递函数。

$$G(z)=\sum\left[\mathrm{Res}\,\frac{G(s)z}{z-\mathrm{e}^{Ts}}\right]$$

（4）用无穷级数求取脉冲传递函数。

$$G(z)=\frac{1}{T}\sum_{k=-\infty}^{\infty}G\left(s+\mathrm{j}\,\frac{2\pi}{T}k\right)\bigg|_{s=\frac{1}{T}\ln z}+\frac{1}{2}x(0^{+})$$

使用这种方法不易求得闭合形式的脉冲传递函数，所以在实际中很少应用。

8.4.4 开环系统的脉冲传递函数

图 8-8 所示为开环离散控制系统，图中 $G(s)$ 为前向通道传递函数，$H(s)$ 为反馈通道传递函数，这两个环节为串联连接。要特别指出的是离散控制系统内部的环节之间有无采样开关会导致其脉冲传递函数有所不同。现以图 8-8（a）、（b）为例，讨论建立两个环节之间有无采样开关时系统的开环脉冲传递函数。

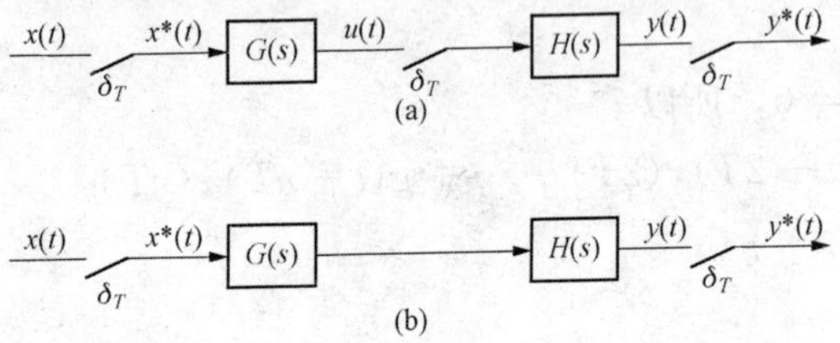

图 8-8 离散控制系统串联环节之间

（a）有采样开关；（b）无采样开关

由图 8-8（a）得

$$U(s)=G(s)X^*(s) \tag{8-36}$$

$$Y(s)=H(s)U^*(s) \tag{8-37}$$

对式（8-36）和式（8-37）取星号拉普拉斯变换，得

$$U^*(s)=G^*(s)X^*(s)$$

$$Y^*(s)=H^*(s)U^*(s)$$

即

$$Y^*(s)=H^*(s)G^*(s)X^*(s) \tag{8-38}$$

将式（8-38）写成 Z 变换的形式，得

$$\frac{Y(z)}{X(z)}=G(z)H(z) \tag{8-39}$$

由图 8-8（b）得

$$Y(s)=G(s)H(s)X^*(s) \tag{8-40}$$

对式（8-40）取星号拉普拉斯变换，得

$$Y^*(s)=[G(s)H(s)]^*X^*(s) \tag{8-41}$$

将式（8-41）写成 Z 变换的形式，得

$$\frac{Y(z)}{X(z)}=GH(z) \tag{8-42}$$

显然，$GH(z)\neq G(z)H(z)$。$GH(z)$ 表示的是 $G(s)$ 与 $H(s)$ 乘积的脉冲传递函数；$G(z)H(z)$ 表示的是 $G(s)$ 与 $H(s)$ 各自的脉冲传递函数的乘积。所以在建立离散系统的脉冲传递函数时，必须注意环节之间有无采样开关。

8.4.5 闭环系统的脉冲传递函数

讨论图 8-9 所示闭环离散控制系统的脉冲传递函数。

由图 8-9 可得

$$E(s) = R(s) - H(s)C(s) \quad (8-43)$$

$$C(s) = G(s)E^*(s) \quad (8-44)$$

从而可得

$$E(s) = R(s) - G(s)H(s)E^*(s) \quad (8-45)$$

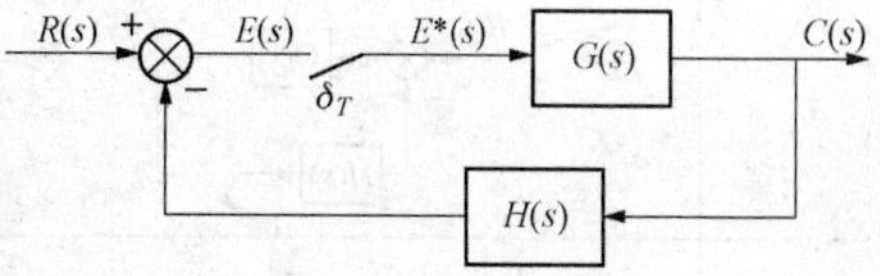

图 8-9 闭环离散控制系统

对式（8-45）取星号拉普拉斯变换，得

$$E^*(s) = R^*(s) - GH^*(s)E^*(s) \quad (8-46)$$

对式（8-44）取星号拉普拉斯变换，得

$$C^*(s) = G^*(s)E^*(s) \quad (8-47)$$

由式（8-46）和式（8-47）消去 $E^*(s)$ 从而可得

$$\frac{C^*(s)}{R^*(s)} = \frac{G^*(s)}{1+GH^*(s)} \quad (8-48)$$

将式（8-48）写成 Z 变换的形式，得闭环离散控制系统的脉冲传递函数为

$$\frac{C(z)}{R(z)} = \frac{G(z)}{1+GH(z)} \quad (8-49)$$

采样开关位置不同的几种典型闭环离散系统方框图及其输出 $C(z)$ 以及相应的闭环脉冲传递函数如表 8-2 所示。从表中可看出，有的闭环离散系统虽然求写不出脉冲传递函数，但仍可由输出 $C(z)$ 的表达式分析系统的性能，或由输出 $C(z)$ 的分母多项式也即系统的特征多项式分析系统的性能。

表 8-2 典型闭环离散系统方框图及其对应的输出 $C(z)$ 以及脉冲传递函数

序号	系统方框图	$C(z)$	$G(z)=\frac{C(z)}{R(z)}$
1	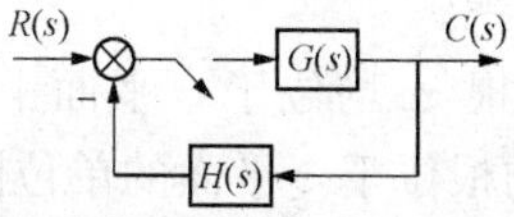	$\frac{G(z)R(z)}{1+GH(z)}$	$\frac{G(z)}{1+GH(z)}$
2	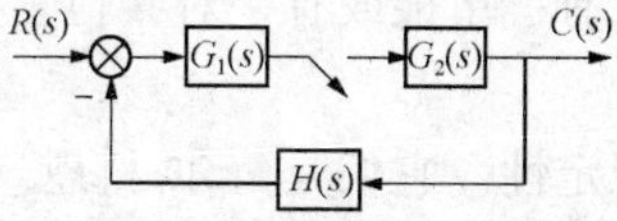	$\frac{G_2(z)G_1R(z)}{1+G_1G_2H(z)}$	—
3	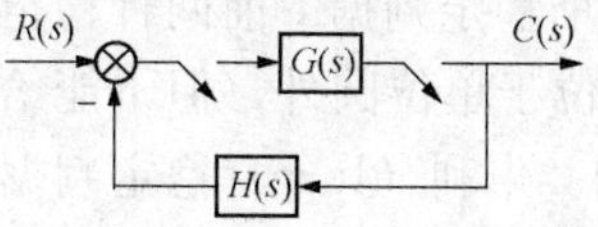	$\frac{G(z)R(z)}{1+G(z)H(z)}$	$\frac{G(z)}{1+G(z)H(z)}$
4	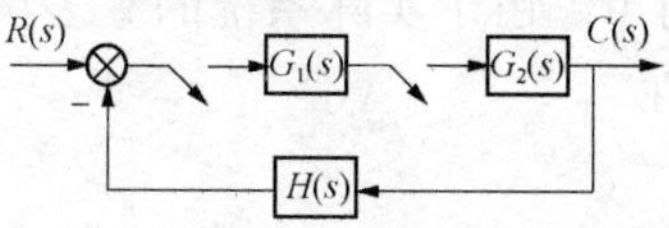	$\frac{G_1(z)G_2(z)R(z)}{1+G_1(z)G_2H(z)}$	$\frac{G_1(z)G_2(z)}{1+G_1(z)G_2H(z)}$
5	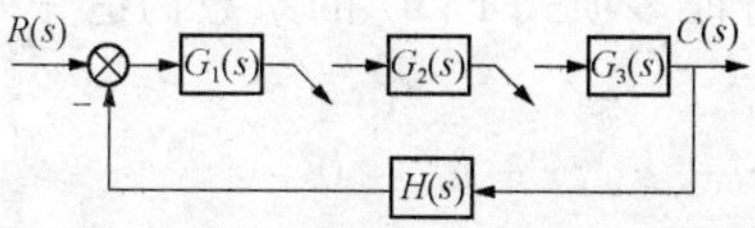	$\frac{G_2(z)G_3(z)G_1R(z)}{1+G_2(z)G_1G_3H(z)}$	—

续表

序　号	系统方框图	$C(z)$	$G(z)=\frac{C(z)}{R(z)}$
6	$R(s)$, $G(s)$, $C(s)$, $H(s)$	$\frac{GR(z)}{1+GH(z)}$	—
7	$R(s)$, $G(s)$, $C(s)$, $H(s)$	$\frac{G(z)R(z)}{1+G(z)H(z)}$	$\frac{G(z)}{1+G(z)H(z)}$
8	$R(s)$, $G_1(s)$, $G_2(s)$, $C(s)$, $H(s)$	$\frac{G_1(z)G_2(z)R(z)}{1+G_1(z)G_2(z)H(z)}$	$\frac{G_1(z)G_2(z)}{1+G_1(z)G_2(z)H(z)}$

8.5　离散控制系统的稳定性分析

和线性连续控制系统一样，只有稳定的离散控制系统才能正常地工作。本节讨论线性定常离散控制系统稳定性分析问题，主要介绍 z 域中的朱利（Jury）稳定判据和劳斯稳定判据。

8.5.1　稳定性分析

对于单输入单输出线性定常离散系统，其闭环脉冲传递函数为

$$\frac{C(z)}{R(z)}=\frac{G(z)}{1+GH(z)} \tag{8-50}$$

由式（8-50）所描述系统的稳定性可由系统的特征方程

$$P(z)=1+GH(z)=0 \tag{8-51}$$

的根的位置来确定。只有当特征方程（8-51）的全部根 z_i 均位于 z 平面中的单位圆内部，才能保证闭环系统的稳定。如果有闭环系统特征方程的根位于 z 平面的单位圆外部，或有重根位于单位圆上，这样的闭环系统是不稳定的。如果有一单根或有一对共轭复数根在 z 平面中的单位圆上，那么闭环系统是临界稳定的。

通常有三种方法可以用来分析离散控制系统的稳定性。它们是舒尔-科恩（Schur-Cohn）稳定判据、朱利（Jury）稳定判据和双线性变换的劳斯稳定判据。前两种稳定判据，不需要求解特征方程 $P(z)=0$ 的根，就可以判断是否有根位于单位圆外，但不能给出不稳定根的具体位置，也不能说明系统参数变换对稳定性的影响。朱利（Jury）稳定判据对于只含有实系数的 z 多项式的计算要比 Schur-Cohn 稳定判据简单。由于实际系统的 z 多项式系数常常是实系数，所以朱利（Jury）稳定判据更具有实用性。

8.5.2　朱利（Jury）稳定判据

在应用朱利（Jury）稳定判据时，首先根据特征多项式 $P(z)$ 的系数构造一个表格。为此将式（8-51）改写为

$$P(z)=a_0z^n+a_1z^{n-1}+\cdots+a_{n-1}z+a_n=0 \tag{8-52}$$

朱利（Jury）稳定判据的规范格式如表 8-3 所示。

表 8-3 **朱利（Jury）稳定判据的规范格式**

行数	z^0	z^1	z^2	z^3	…	z^{n-2}	z^{n-1}	z^n
1	a_n	a_{n-1}	a_{n-2}	a_{n-3}	…	a_2	a_1	a_0
2	a_0	a_1	a_2	a_3	…	a_{n-2}	a_{n-1}	a_n
3	b_{n-1}	b_{n-2}	b_{n-3}	b_{n-4}	…	b_1	b_0	
4	b_0	b_1	b_2	b_3	…	b_{n-2}	b_{n-1}	
5	c_{n-2}	c_{n-3}	c_{n-4}	c_{n-5}	…	c_0		
6	c_0	c_1	c_2	c_3	…	c_{n-2}		
⋮	⋮				⋮			
$2n-5$	p_3	p_2	p_1	p_0				
$2n-4$	p_0	p_1	p_2	p_3				
$2n-3$	q_2	q_1	q_0					

在表 8-3 中，第一、二行的元素是由 z 多项式的各项系数组成的。第一行是按 z 的升幂次序排列，第二行是按 z 的降幂次序排列。其余行的元素由下述行列式给出，即

$$b_k = \begin{vmatrix} a_n & a_{n-1-k} \\ a_0 & a_{k+1} \end{vmatrix} \quad (k=0,1,2,\cdots,n-1)$$

$$c_k = \begin{vmatrix} b_{n-1} & b_{n-2-k} \\ b_0 & b_{k+1} \end{vmatrix} \quad (k=0,1,2,\cdots,n-2) \tag{8-53}$$

$$\vdots$$

$$q_k = \begin{vmatrix} p_3 & p_{2-k} \\ p_0 & p_{k+1} \end{vmatrix} \quad (k=0,1,2)$$

在表 8-3 中，偶数行的各元素是它的前面奇数行的元素按相反次序排列而成的。

朱利（Jury）稳定判据是：当由式（8-52）所示的系统特征方程式满足下述条件时，那么该系统是稳定的，即

1) $|a_n| < |a_0|$

2) $P(z)|_{z=1} > 0$

3) $P(z)|_{z=-1}\begin{cases} >0 & （当 n 为偶数时）\\ <0 & （当 n 为奇数时）\end{cases}$

4) $|b_{n-1}| > |b_0|$

$|c_{n-2}| > |c_0|$

$\vdots$

$|q_2| > |q_0|$

例 8.8 已知系统的特征方程为

$$P(z) = 2z^3 - 1.1z^2 - 0.1z + 0.2 = 0$$

试判别该系统的稳定性。

解 首先列出 z 多项式的系数为

$$a_0 = 2$$

$$a_1 = -1.1$$

$$a_2 = -0.1$$

$$a_3 = 0.2$$

对于 3 阶系统的稳定判据如下：

1) $|a_3| < |a_0|$

2) $P(1) > 0$

3) $P(-1) < 0, \quad n = 3 =$ 奇数

4) $|b_2| > |b_0|$

显然，第 1 个条件 $|a_3| < |a_0|$ 是满足的。现检查第 2 个条件，因为

$$P(1) = 2 - 1.1 - 0.1 + 0.2 = 1 > 0$$

显然，第 2 个条件 $P(1) > 0$ 是满足的。现检查第 3 个条件，因为

$$P(-1) = -2 - 1.1 + 0.1 + 0.2 = -2.8 < 0, \quad n = 3 = \text{奇数}$$

显然，第 3 个条件 $P(-1) < 0(n = 3 =$ 奇数) 是满足的。现检查第 4 个条件，由下式

$$b_k = \begin{vmatrix} a_n & a_{n-1-k} \\ a_0 & a_{k+1} \end{vmatrix} \quad (k = 0,1,2)$$

计算得 $b_2 = -3.96$ 和 $b_0 = -0.02$，因此 $|b_2| > |b_0|$，所以第 4 个条件也是满足的。由上述分析可知，该特征方程的三个根全部位于 z 平面的单位圆内部，所以该系统是稳定的。

8.5.3 劳斯稳定判据

分析离散控制系统稳定性的另一个方法是基于双线性变换的劳斯稳定判据，这种方法简单且易于掌握。

由于针对连续系统的劳斯判据是通过判断连续系统特征方程的根是否均在 s 平面虚轴的左半部来判别连续系统的稳定性，则针对离散系统也可采用某种坐标变换方法，先将离散系统的 z 平面中单位圆内部映射为新平面的左半平面、单位圆映射为新平面坐标系的虚轴、单位圆外部映射为新平面的右半平面，即将 z 平面变换到另一个新的复平面 w 平面中，然后针对 w 平面即可应用劳斯稳定判据进行离散系统的稳定性判别了。这种坐标变换称为双线性变换，简称 w 变换。

定义双线性变换为

$$z = \frac{w+1}{w-1} \tag{8-54}$$

由式（8-54）可得

$$w = \frac{z+1}{z-1} \tag{8-55}$$

其中 z 和 w 均为复数变量。

下面证明，w 变换将 z 平面中的单位圆内、单位圆上、单位圆外映射为对应的 w 平面中的左半平面、虚轴、右半平面。

设复数变量 w 分解为实部 u 和虚部 jv 两部分，即

$$w = u + jv$$

在 z 平面中的单位圆内部，根据式（8-54）可以表示为

$$|z| = \left|\frac{w+1}{w-1}\right| = \left|\frac{u + \mathrm{j}v + 1}{u + \mathrm{j}v - 1}\right| < 1$$

或者

$$\frac{(u+1)^2+v^2}{(u-1)^2+v^2}<1 \tag{8-56}$$

由式（8-56）得

$$(u+1)^2+v^2<(u-1)^2+v^2$$

即

$$u<0 \tag{8-57}$$

式（8-57）表明：在 z 平面中的单位圆内部，映射为 w 平面中的左半平面；同理，在 z 平面中的单位圆上，有 $|z|=1$，可得 $u=0$，即映射为 w 平面中的虚轴上；在 z 平面中的单位圆外部，有 $|z|>1$，可得 $u>0$，即映射为 w 平面中的右半平面。

综上所述，令 $z=\frac{w+1}{w-1}$ 代入闭环离散控制系统的特征方程，进行双线性变换后，就可以用劳斯稳定判据来分析离散系统的稳定性。在此需要特别说明的是，在应用双线性变换的劳斯稳定判据时，也能够明确地指出闭环离散控制系统有多少个根处在 w 平面的右半平面，有多少个根处在虚轴上。

下面举例说明双线性变换劳斯稳定判据的应用。

例 8.9 已知离散控制系统的特征方程为

$$P(z)=z^2+[K(1-\mathrm{e}^{-T})-(1+\mathrm{e}^{-T})]z+\mathrm{e}^{-T}=0$$

试用双线性变换的劳斯稳定判据，分析该离散系统的稳定性。其中，K 为开环增益，T 为采样周期。

解 将特征方程式中的 z 用 $\frac{w+1}{w-1}$ 来代替，得到

$$\left(\frac{w+1}{w-1}\right)^2+[K(1-\mathrm{e}^{-T})-(1+\mathrm{e}^{-T})]\left(\frac{w+1}{w-1}\right)+\mathrm{e}^{-T}=0$$

化简后得

$$Kw^2+2w+\left[\frac{2(1+\mathrm{e}^{-T})}{(1-\mathrm{e}^{-T})}-K\right]=0$$

对上式列出劳斯阵列表为

$$\begin{array}{lll} w^2 & K & \frac{2(1+\mathrm{e}^{-T})}{(1-\mathrm{e}^{-T})}-K \\ w^1 & 2 & 0 \\ w^0 & \frac{2(1+\mathrm{e}^{-T})}{(1-\mathrm{e}^{-T})}-K & \end{array}$$

根据劳斯稳定判据得系统稳定得条件为

$$K>0 \quad 及 \quad K<\frac{2(1+\mathrm{e}^{-T})}{1-\mathrm{e}^{-T}}$$

8.6 稳态误差分析

稳态误差是系统稳态性能的一个重要指标。离散系统的稳态误差和连续系统一样，不仅与输入信号的类型有关，而且和系统本身的特性也有关。因此在分析系统稳态误差时，将从系统的类型和几种典型的输入信号开始，应用 Z 变换的终值定理计算稳态误差。

设离散控制系统的框图如图 8-9 所示。该系统的误差为

$$E(z)=R(z)-C(z)=\frac{1}{1+GH(z)}R(z) \tag{8-58}$$

式中，$R(z)$ 为输入的 Z 变换，$GH(z)$ 为开环脉冲传递函数。对于稳定的闭环系统，由 Z 变换的终值定理可得

$$\begin{aligned}e_{ss}&=\lim_{t\to\infty}e(t)=\lim_{k\to\infty}e(k)=\lim_{z\to1}(z-1)E(z)\\&=\lim_{z\to1}(z-1)\frac{1}{1+GH(z)}R(z)\end{aligned} \tag{8-59}$$

由于开环脉冲传递函数 $z=1$ 的极点与开环传递函数的 $s=0$ 的极点对应，因此，离散系统根据其开环脉冲传递函数所含 $z=1$ 的极点数也可分为 0 型、Ⅰ型和Ⅱ型系统。离散控制系统的开环脉冲传递函数用它的零极点表示时，一般形式为

$$G_K(z)=\frac{K_g\prod_{i=1}^{m}(z+z_i)}{(z-1)^N\prod_{j=1}^{n-N}(z+p_j)} \tag{8-60}$$

式中，$-z_i$、$-p_j$ 分别表示开环脉冲传递函数的零点和极点；$(z-1)^N$ 表示在 $z=1$ 处有 N 个重极点，$N=0$、1、2 分别表示为 0 型、Ⅰ型和Ⅱ型系统。

8.6.1 阶跃函数输入时离散系统的稳态误差

阶跃函数的 Z 变换为 $R(z)=\frac{R_0z}{z-1}$，$R_0=$常量，由式（8-59）得

$$\begin{aligned}e_{ss}&=\lim_{z\to1}(z-1)\frac{1}{1+GH(z)}R(z)\\&=\lim_{z\to1}(z-1)\frac{1}{1+GH(z)}\frac{R_0z}{z-1}\\&=\frac{R_0}{1+\lim_{z\to1}GH(z)}\\&=\frac{R_0}{1+K_p}\end{aligned} \tag{8-61}$$

$K_p=\lim_{z\to1}GH(z)$ 为系统的稳态位置误差系数。由此可知，在阶跃信号的作用下，离散系统的稳态误差 e_{ss} 与稳态位置误差系数 K_p 成反比。当离散系统为Ⅰ型系统，即 $G_K(s)$ 中包含一个积分环节时，$G_K(z)$ 具有一个 $z=1$ 的极点，这时 $K_p=\infty$，$e_{ss}=0$。

8.6.2 斜坡函数输入时离散系统的稳态误差

斜坡函数的 Z 变换为 $R(z)=\frac{R_0Tz}{(z-1)^2}$，$R_0=$常量，由式（8-59）得

$$\begin{aligned}e_{ss}&=\lim_{z\to1}(z-1)\frac{1}{1+GH(z)}R(z)\\&=\lim_{z\to1}(z-1)\frac{1}{1+GH(z)}\frac{R_0Tz}{(z-1)^2}\\&=\frac{R_0}{\frac{1}{T}\lim_{z\to1}[(z-1)GH(z)]}\\&=\frac{R_0}{K_v}\end{aligned} \tag{8-62}$$

$K_v = \frac{1}{T}\lim\limits_{z\to1}[(z-1)GH(z)]$ 为系统的稳态速度误差系数。由此可知，在斜坡信号的作用下，离散系统的稳态误差 e_{ss} 与稳态速度误差系数 K_v 成反比。当离散系统为Ⅱ型系统，即 $G_K(s)$ 中包含两个积分环节时，$G_K(z)$ 具有两个 $z=1$ 的极点，这时 $K_p=\infty$，$e_{ss}=0$。

8.6.3 抛物线函数输入时离散系统的稳态误差

抛物线函数的 Z 变换为 $R(z)=\frac{R_0T^2(z+1)}{2(z-1)^3}$，$R_0$=常量，由式（8-59）得

$$\begin{aligned} e_{ss} &= \lim_{z\to1}(z-1)\frac{1}{1+GH(z)}R(z) \\ &= \lim_{z\to1}(z-1)\frac{1}{1+GH(z)}\frac{R_0T^2(z+1)}{2(z-1)^3} \\ &= \frac{R_0}{\frac{1}{T^2}\lim\limits_{z\to1}[(z-1)^2GH(z)]} \\ &= \frac{R_0}{K_a} \end{aligned} \tag{8-63}$$

$K_a = \frac{1}{T^2}\lim\limits_{z\to1}[(z-1)^2GH(z)]$ 为系统的稳态加速度误差系数。由此可知，在抛物线函数信号的作用下，离散系统的稳态误差 e_{ss} 与稳态加速度误差系数 K_a 成反比。

表 8-4 列出了以上三种输入信号作用之下稳态误差终值。

表 8-4 三种输入信号作用下的稳态误差终值

给定输入	稳态误差的终值		
	0 型系统	Ⅰ型系统	Ⅱ型系统
$r(t)=R_0 1(t)$	$\frac{R_0}{1+K_p}$	0	0
$r(t)=R_0 t$	∞	$\frac{R_0}{K_v}$	0
$r(t)=\frac{1}{2}R_0t^2$	∞	∞	$\frac{R_0}{K_a}$

8.7 暂态性能分析

类似连续系统闭环传递函数的零点和极点在 s 平面的位置唯一地决定了系统的输出响应，闭环离散控制系统的暂态响应与闭环脉冲传递函数的零点和极点在 z 平面上的分布也有密切的关系。

设离散系统的脉冲传递函数为

$$\frac{C(z)}{R(z)}=\frac{M(z)}{D(z)}=\frac{b_0z^m+b_1z^{m-1}+\cdots+b_{m-1}z+b_m}{a_0z^n+a_1z^{n-1}+\cdots+a_{n-1}z+a_n} \tag{8-64}$$

在单位阶跃输入 $R(z)=\frac{z}{z-1}$ 作用下，系统的输出为

$$C(z)=\frac{M(z)}{D(z)}\frac{z}{z-1}=\frac{A_0}{z-1}+\sum_{i=1}^{n}\frac{A_i z}{z-p_i} \tag{8-65}$$

其中 p_i 为闭环脉冲传递函数的极点，$A_0=\left(\frac{M(z)}{D(z)}\right)_{z=1}$，$A_i=\frac{M(p_i)}{(p_i-1)D(p_i)}$。

对上式进行 Z 反变换，得

$$c(k)=A_0+\sum_{i=1}^{n}A_i(p_i)^k \tag{8-66}$$

式中，A_0 为系统的稳态响应分量；$\sum_{i=1}^{n}A_i(p_i)^k$ 为系统的瞬态响应分量。

(1) 正实轴上的闭环单极点。当 p_i 为正实数时，对应的瞬态分量为

$$c_i(k)=A_i(p_i)^k \tag{8-67}$$

为一指数函数。

当 $p_i>1$ 时，瞬态响应 $c_i(k)$ 是按指数规律发散的脉冲序列；

当 $p_i=1$ 时，瞬态响应 $c_i(k)$ 是等幅的脉冲序列；

当 $0<p_i<1$ 时，瞬态响应 $c_i(k)$ 是按指数规律收敛的脉冲序列，极点 p_i 距离 z 平面坐标原点越近，$(p_i)^k$ 的收敛速度就越快。

(2) 负实轴上的闭环单极点。当 p_i 为负实数时，由式 (8-67) 可知，$(p_i)^k$ 可以为正数，也可以为负数。当 k 为偶数时，$(p_i)^k$ 为正数；当 k 为奇数时，$(p_i)^k$ 为负数。因此，负实数极点对应的瞬态响应 $c_i(k)$ 是符号交替变化的双向脉冲序列。

当 $p_i<-1$ 时，瞬态响应 $c_i(k)$ 是符号交替变化发散的脉冲序列；

当 $p_i=-1$ 时，瞬态响应 $c_i(k)$ 是符号交替变化等幅的脉冲序列；

当 $-1<p_i<0$ 时，瞬态响应 $c_i(k)$ 是符号交替变化的衰减的脉冲序列，极点 p_i 距离 z 平面坐标原点越近，$(p_i)^k$ 的收敛速度就越快。

(3) 存在一对共轭复数极点 p_i 和 $\bar{p}_i$。设一对共轭复数极点为 p_i 和 $\bar{p}_i$，用极坐标表示为

$$p_i=|p_i|e^{j\theta_i},\quad \bar{p}_i=|\bar{p}_i|e^{-j\theta_i}$$

其中 θ_i 为共轭复数极点 p_i 的相角。显然由式 (8-65) 可知，一对共轭复数极点对应的瞬态分量为

$$c_i(k)=A_i(p_i)^k+\bar{A}_i(\bar{p}_i)^k=A_i|p_i|^k e^{jk\theta}+\bar{A}_i|p_i|^k e^{-jk\theta}$$

由于闭环脉冲传递函数的分子多项式和分母多项式的系数均为实数，所以系数 A_i 和 $\bar{A}_i$ 也是共轭的。这时

$$c_i(k)=A_i|p_i|^k e^{jk\theta}+\bar{A}_i|p_i|^k e^{-jk\theta}=2A_i|p_i|^k\cos(k\theta_i+\varphi_i) \tag{8-68}$$

由式 (8-68) 可知，一对共轭复数极点所产生的瞬态分量呈振荡形式；当这对共轭复数极点位于 z 平面的单位圆内，即 $|p_i|<1$，则对应的瞬态分量为一衰减的振荡函数。这对共轭复数极点距坐标原点越近，瞬态分量衰减的越快。当这对共轭复数极点位于 z 平面的单位圆外，即 $|p_i|>1$，则对应的瞬态分量为一发散的振荡函数，即瞬态分量呈发散状态，此时系统不稳定。

综上所述，闭环传递函数的极点在 z 平面上的位置决定相应暂态分量的性质与特点。闭环极点位于单位圆内部其阶跃响应是衰减的，并且极点越靠近原点暂态分量衰减越快，反之越靠近单位圆则衰减越慢；当极点在单位圆外部时，暂态分量为发散的序列，此时系统不稳定；当极点位于单位圆上时，暂态分量为等幅序列，此时系统为临界稳定。当极点在单位圆

内部的左半平面时，虽然输出分量为衰减的序列，但输出正负交替，这样可能导致系统振荡频率过高，系统性能下降。因此，在设计离散控制系统时，为得到较好的控制性能，首先应使得所有闭环极点都在单位圆内部，其次使闭环极点尽量靠近原点右端的附近，这样设计的离散控制系统就具有较好的暂态性能。

8.1 求下列函数的Z变换。

(1) $x(t)=\cos\omega t$　　(2) $x(t)=te^{-at}$

(3) $X(s)=\dfrac{s+3}{(s+1)(s+2)}$　　(4) $X(s)=\dfrac{a}{s(s+a)}$

8.2 若 $Z[x(t)]=X(z)$，证明

$$Z[\mathrm{e}^{\mp at}x(t)]=X(\mathrm{e}^{\pm aT}z)\quad \text{其中 } T \text{ 是采样周期}$$

8.3 求下列函数的Z反变换。

$$X(z)=\frac{0.6z^{-1}}{1-1.4z^{-1}+0.4z^{-2}}$$

8.4 用长除法求下列函数的Z反变换。

$$X(z)=\frac{(1-\mathrm{e}^{-T})z}{(z-1)(z-\mathrm{e}^{-T})}$$

8.5 设在图8-8中 $G(s)=\dfrac{1}{s}$，$H(s)=\dfrac{a}{s+a}$，求(a)、(b)两个系统的开环脉冲传递函数 $\dfrac{Y(z)}{X(z)}$。

8.6 已知 $X(z)=\dfrac{1}{1-1.5z^{-1}+0.5z^{-2}}$，求终值 $X(\infty)$

8.7 采样系统的框图如图8-10所示。其中 $G(s)=\dfrac{k}{s(s+4)}$，$H(s)=1$，采样周期 $T=0.25\text{s}$，求能使系统稳定的 k 值范围。

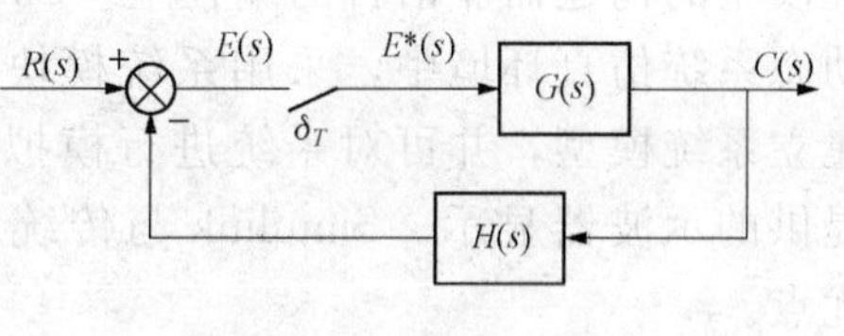

图8-10 题8.7图

8.8 一闭环控制系统如图8-11所示。已知 $T=0.5\text{s}$。试求：(1)判别系统的稳定性；(2)求 $r(t)=t$ 时系统的稳态误差。

8.9 已知离散系统如图8-12所示。其中 $T=0.25\text{s}$。当 $r(t)=2+t$ 时，欲使稳态误差小于0.1，试求 K 值。

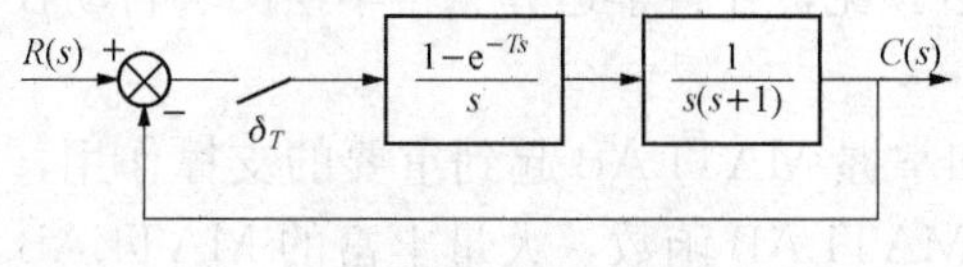

图8-11 题8.8图

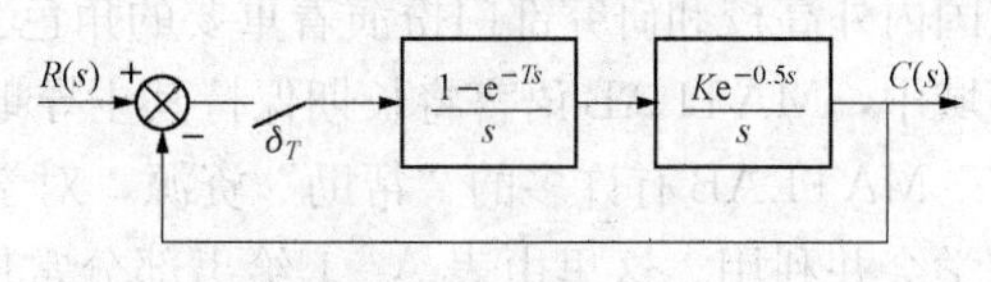

图8-12 题8.9图

附录A MATLAB软件工具在控制系统分析和综合中的应用

A.1 MATLAB简介

MATLAB是MathWorks公司在1982年推出的一套高性能的数值计算、符号计算和图形可视化软件，它集数值分析、信号处理、系统控制和图形处理于一体，构成了一个方便的界面友好的用户环境，并且由于MATLAB本身的开放性使得其功能日益强大，在生物医学工程、语音处理、图像信号处理、信号分析、计算机技术、自动控制工程等各行各业中都有广泛的应用。尤其是在MATLAB基础上开发的一系列具有特殊功能的工具箱（Toolbox）以及Simulink仿真工具，为自动控制工程计算与仿真提供了强有力的工具，大大简化和方便了控制系统的建模、分析和设计，使控制系统的计算分析与设计仿真的传统方法发生了革命性的变化。MATLAB现已成为国内外自动控制领域使用最广泛的软件工具。

工具箱（Toolbox）是MATLAB的关键部分，它是MATLAB强大功能得以实现的载体和手段，是对MATLAB基本功能的重要扩充。MATLAB的工具箱随着各个领域的应用在不断发展充实中，现较为常见的MATLAB工具箱有控制类工具箱、应用数学类工具箱、信号处理类工具箱等。在自动控制领域主要使用的是控制类工具箱。

MathWorks公司于1992年推出了交互式模型输入与模拟环境的Simulink软件包，Simulink是MATLAB软件的扩展，它与MATLAB语言的主要区别在于它与用户交互接口是基于Windows的模型化图形输入的，从而使得用户可以把更多的精力投入到系统模型的构建而非语言的编程上。Simulink是面向结构的系统仿真软件，它在可视化的动态系统仿真环境中，采用系统模块直观地描述系统典型环节，可十分方便地用框图建立系统模型，并可对系统进行模拟或线性化处理，信号模拟波形可通过Simulink所提供的示波器显示。Simulink与传统的仿真软件包相比，具有更直观、方便、灵活的优点。

可见，MATLAB现已具有并不断扩充的强大功能，使得它与自动控制领域密切联系在一起，为控制系统的仿真实现以及自动控制理论的教学提供了强有力的支持。

目前，MATLAB已是国际上流行的科学与工程计算的软件工具之一，它已经成为一种具有广泛应用前景的全新的计算机高级编程语言，并被人们称为“第四代”计算机语言，正在国内外高校和研究部门扮演着重要的角色。可以预见，在科学运算、科学绘图、自动控制领域中，MATLAB语言将长期保持其主导地位。

MATLAB有许多的“帮助”资源，对学习和掌握MATLAB起到重要的支撑作用，应该学会并利用。这里由表A-1给出部分常用的MATLAB函数，大量丰富的MATLAB语言及应用的内容请参阅有关专著的介绍。

表 A-1　常用的 MATLAB 函数

函数名	功 能 说 明	函数名	功 能 说 明
abs	计算绝对值	else	与 if 语句一起使用的转移语句
acker	根据极点计算反馈增益阵	elseif	条件转移语句
arccos	计算反余弦	end	结束控制语句
arcsin	计算反正弦	esort	连续系统按实部分类的特征值
arctan	计算反正切	exp	以 e 为底的指数函数
arccot	计算反余切	expm	计算矩阵指数
axis	坐标轴的刻度设定	eye	生成单位矩阵
bode	连续系统伯德图	fbode	连续系统快速伯德图
break	中断循环执行的语句	feedback	两个系统反馈连接计算
c2d	将状态空间模型由连续形式转化为离散形式	feof	测试文件是否结束
c2dm	连续形式到离散形式的转换	feval	执行字符串指定的文件
c2dt	连续形式到离散形式的对输入纯时间延迟转换	flose	关闭文件
clear	删除内存中的变量和函数	fopen	打开数据文件
clf	清屏	for	循环控制语句
comb	画离散顺序数据图	fprintf	按格式向文件中写入数据
cloop	形成闭环系统	freqs	拉普拉斯变换
conv	求卷积	fscanf	按格式向文件中读入数据
cos	计算余弦	global	定义全局函数
ctrb	计算可控性矩阵	gram	求系统的可控或可观 GRAM 矩阵
ctrbf	对系统进行可控性分解	grid	在图形上加网格线
damp	求系统的阻尼系数和自然频率	help	打开帮助主题上的清单
dbode	离散系统伯德图	hold	将图保留在屏幕上
dcgain	求控制系统的增益	if	条件转移语句
ddamp	求离散系统的阻尼系数和自然频率	imag	计算复数的虚部
ddcgain	求离散控制系统的增益	impulse	计算系统的脉冲响应
dsort	离散系统按尺度分类的特征值	initial	连续系统的零输入响应
dgram	求离散系统的可控或可观 GRAM 矩阵	inv	矩阵求逆
dimpulse	离散系统的脉冲响应	linspace	构造线性分布的向量
dinitial	离散系统的零输入响应	load	从文件中读入变量
d2c	将状态空间模型由离散到连续的转换	log	求自然对数
d2cm	离散形式到连续形式的转换	Log10	求常用对数
dlsim	离散系统对任意输入的响应	loglog	全对数坐标图形绘制
dnichols	离散系统 Nichols 曲线	logspace	构造按对数分布的向量
dnyquist	离散系统的奈奎斯特图	lsim	计算系统在任意输入及初始条件下的响应
dsigma	离散奇异值频率图	margin	从频率特性中求增益裕度、相角裕度和其对应的频率
dstep	计算离散系统的单位阶跃响应	max	求向量中的最大元素

续表

函数名	功能说明	函数名	功能说明
mesh	三维网格图形绘制	semilogy	绘制 y 轴半对数坐标图形
min	求向量中的最小元素	series	两个系统串联计算
minreal	求系统的最小阶实现或对消零、极点后的传递函数	sgrid	连续系统的 ω_n、ζ 网格根轨迹
nargin	函数中实际输入变量的个数	sigma	连续奇异值频率图
ngrid	尼柯尔斯方格图	stairs	画离散顺序数据的梯形图
nichols	绘制 Nichols 频率特性图	subplot	分割图形窗口
nyquist	连续系统的奈奎斯特图	sin	计算正弦
obsv	计算系统可观测性矩阵	size	查询矩阵的维数
obsvf	对系统进行可观性分解	sprintf	按格式在屏幕上显示字符串
ode23	微分方程低阶数值解法	sqrt	计算平方根
ode45	微分方程高阶数值解法	ss2ss	相似变换
ones	产生元素全部为 1 的矩阵	ss2tf	由状态空间形式转化为传递函数形式
ord2	求二阶系统的状态空间表示	ss2zp	由状态空间形式转化为零极点形式
parallel	两个系统并联计算	step	计算系统的单位阶跃响应
pi	圆周率 π	subplot	将图形窗口分成若干区域
place	根据闭环极点计算状态反馈增益阵	sum	对向量中各元素求和
plot	绘制线性坐标图形	tan	计算正切
poly	求矩阵特征多项式	text	在图形上加文字说明
polyval	多项式求值	tf2ss	由传递函数形式转化为状态空间形式
printsys	在屏幕上输出线性系统的状态变量或传递函数	tf2zp	由传递函数形式转化为零极点形式
pzmap	绘制线性系统的零极点图	title	在图形上加标题
randn	产生正态分布的随机阵	tzero	求传输零点
rank	求矩阵的轶	while	循环语句
real	计算复数的实部	xlabel	给图形加 x 坐标说明
residue	由传递函数形式转化为部分分式形式	ylabel	给图形加 y 坐标说明
rlocfind	由根轨迹的一组根确定相应的增益	zeros	产生全零矩阵
rlocus	计算根轨迹	zgrid	离散系统的 ω_n、ζ 网格根轨迹
roots	求多项式的根	zp2ss	由零极点形式转化为状态空间形式
semilogx	绘制 x 轴半对数坐标图形	zp2tf	由零极点形式转化为传递函数形式

A.1.1 数学模型的 MATLAB 表示

由 2.3.2 可知，单输入单输出线性定常系统可由下述 n 阶线性常微分方程描述：

$$a_0\frac{\mathrm{d}^n}{\mathrm{d}t^n}c(t)+a_1\frac{\mathrm{d}^{n-1}}{\mathrm{d}t^{n-1}}c(t)+\cdots+a_{n-1}\frac{\mathrm{d}}{\mathrm{d}t}c(t)+a_nc(t)$$

$$=b_0\frac{\mathrm{d}^m}{\mathrm{d}t^m}r(t)+b_1\frac{\mathrm{d}^{m-1}}{\mathrm{d}t^{m-1}}r(t)+\cdots+b_{m-1}\frac{\mathrm{d}}{\mathrm{d}t}r(t)+b_mr(t)\quad(m\leqslant n)$$

其传递函数模型可表示为

$$G(s)=\frac{b_0s^m+b_1s^{m-1}+\cdots+b_{m-1}s+b_m}{a_0s^n+a_1s^{n-1}+\cdots+a_{n-1}s+a_n}=\frac{b_0(s+z_1)(s+z_2)\cdots(s+z_m)}{a_0(s+p_1)(s+p_2)\cdots(s+p_n)}$$

在 MATLAB 中，上述系统可由其分子和分母多项式的系数所构成的两个向量唯一地确定，即

$$num = [b0, b1, \cdots, bm-1, bm]$$
$$den = [a0, a1, \cdots, an-1, an]$$

用函数 tf 可以建立一个系统传递函数的模型，其调用格式为

$$sys = tf(num, den) \tag{A-1}$$

上述系统也可由其零点、极点和增益所构成的三个向量唯一地确定下来，即

零点：$Z=[-z1, -z2, \cdots -zm]$；极点：$P=[-p1, -p2, \cdots -pn]$；增益：$K=b0/a0$。

用函数 zpk 可以建立一个系统传递函数的零极点模型，其调用格式为

$$sys = zpk([Z],[P],[K]) \tag{A-2}$$

例 A.1 若给定系统的传递函数为

$$G(s)=\frac{5(s+3)}{(s+10)(s+8)(s+0.5)}$$

试用 MATLAB 建立该系统的传递函数模型。

解 用 MATLAB 建立系统的传递函数模型如下：

```
%MATLAB PROGRAMA.1                              %说明语句
num=[5,15]
den=conv(conv([1,10],[1,8]),[1,0.5])
sys=tf(num,den)
```

运行结果：

```
num=[5,15]
num =
     5    15
>>  den=conv(conv([1,10],[1,8]),[1,0.5])
den =
    1.0000   18.5000   89.0000   40.0000
>> sys=tf(num,den)
Transfer function:
         5 s + 15
-------------------------------                         (A-3)
s^3 + 18.5 s^2 + 89 s + 40
```

也可用式（A-2）建立系统传递函数的零极点模型，建立过程如下：

```
Z= [-3]; P= [-10, -8, -0.5]; K= [5];
sys=zpk ( [Z], [P], [K])
```

运行结果：

```
Z=[-3];
>>P=[-10,-8,-0.5];
>>K=[5];
>>sys=zpk([Z],[P],[K])
```

```
Zero/pole/gain:
     5(s+3)
-------------------
(s+10)(s+8)(s+0.5)
```

A.1.2 数学模型的 MATLAB 变换

MATLAB 控制系统工具箱提供了系统模型之间相互转换的函数，利用 MATLAB 可以方便地进行各种数学模型的转换，例如：

1）将非传递函数形式的系统模型 sys1 转换成传递函数模型 sys2，调用格式为

$$sys2 = tf(sys1) \tag{A-4}$$

2）将非零极点形式的系统模型 sys1 转换成零极点模型 sys2，调用格式为

$$sys2 = zpk(sys1) \tag{A-5}$$

例 A.2 将例 A.1 中的式（A.3）转换成零极点模型。

解 用 MATLAB 编程如下：

```
%MATLAB PROGRAMA.2                           %说明语句
   num=[5,15];
   den=[1,18.5.89,40];
   sys1=tf(num,den);                         %得到传递函数模型
   sys2=zpk(sys1)                            %转换成零极点形式
```

运行结果：

```
Zero/pole/gain:
     5(s+3)
-------------------
(s+10)(s+8)(s+0.5)
```

A.2 应用 MATLAB 分析控制系统的性能

A.2.1 时域特性的 MATLAB 分析

step（）：系统单位阶跃响应，其调用格式为

$$y = step(num, den, t)$$

num 和 den 分别为系统传递函数描述中的分子和分母多项式系数，t 为选定的仿真时间向量。

impulse（）：系统单位脉冲响应，其调用格式为

$$impulse(num, den, t)$$

lsim（）：求任意输入下的时域响应，其调用格式为

$$lsim(num, den, u, t)$$

其中，u 为输入信号。

例 A.3 某系统的传递函数 $G(s) = \dfrac{1}{0.5s+1}$，试求该系统的单位阶跃响应、单位脉冲响应、单位斜坡响应、单位加速度响应。

解　MATLAB 程序如下：

```
% MATLAB PROGRAMA.3                                    % 说明语句
num = [1];    den = [0.5,1];t = (0 : 0.1 : 20);
figure(1);
step(num,den,t); % Step Response
figure(2);
impulse(num,den,t); %  Impulse Response
figure(3);
u1 = (t); % Ramp Input
hold on;plot(t,u1);
gtext('r(t) = t');
lsim(num,den,u1,t); % 1sim Response
figure(4);
u2 = (t. * t/2);   % Acce Input
hold on;plot(t,u2);
lsim(num,den,u2,t); %  Acce Response
gtext('t. * t/2');
```

运行结果如附图 A-1 所示。

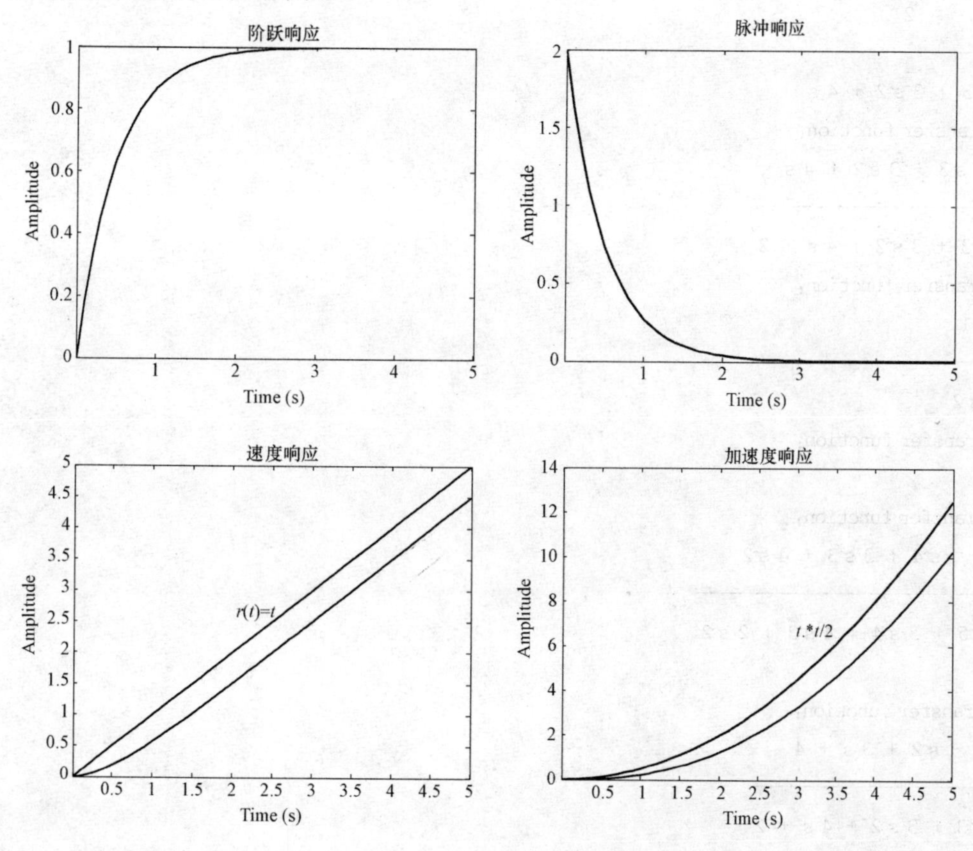

附图 A-1　例 A.3 的响应

例 A.4 一单位反馈控制系统，其开环传递函数：

$$G(s)=\frac{2}{s(s^2+3s+4)}$$

求跟踪单位斜坡输入时系统的稳态误差。

解 用 MATLAB 编程如下：

```
% MATLAB PROGRAM A.4                          %说明语句
G=tf(2,[1 3 4 0])
H=1;
sys=feedback(1,G*H)
xi=tf(1,[1 0 0])
si=tf([1 0],1)
sys1=si*sys*xi
sys2=minreal(sys1)
[num,den]=tfdata(sys2,'v');
ess=polyval(num,0)/polyval(den,0)
```

运行结果：

```
Transfer function:
      2
-----------------
s^3 + 3 s^2 + 4 s
Transfer function:
  s^3 + 3 s^2 + 4 s
---------------------
s^3 + 3 s^2 + 4 s + 2
Transfer function:
 1
---
s^2
Transfer function:
s
Transfer function:
    s^4 + 3 s^3 + 4 s^2
---------------------------
s^5 + 3 s^4 + 4 s^3 + 2 s^2

Transfer function:
    s^2 + 3 s + 4
---------------------
s^3 + 3 s^2 + 4 s + 2
ess =
    2.0000
```

A. 2. 2　频域特性的 MATLAB 分析

频域分析法中主要包括三种图形：Bode 图、Nyquist 图及 Nichols 图。在第五章中重点讨论了常用的 Bode 图与 Nyquist 图，这些图形由人工绘制比较烦琐并且容易出错，而 MATLAB 软件工具提供了 bode 函数和 nyquist 函数可自动进行图形绘制，大大简化了作图过程，图形准确性高，便于分析。

1. 求连续系统的 Bode 图

指令：bode

调用格式：bode（num，den，w）

说明：bode 函数可计算绘制出线性定常连续系统（LTI 系统）的幅频和相频特性曲线（即 Bode 图）。Bode 图可用于分析系统的增益裕度、相位裕度、直接增益、带宽、扰动抑制及其稳定性等特性。当省略输出变量时，bode 函数可在当前图形窗口中直接绘制出 LTI 系统的 Bode 图。

2. 求连续系统的 Nyquist 图

指令：nyquist

格式：nyquist（num，den，w）

说明：nyquist 函数可计算绘制出 LTI 系统的 Nyquist 频率曲线，Nyquist 曲线可用来分析包括增益裕度、相位裕度及稳定性在内的系统特性，当不带输出变量引用函数时，nyquist 函数会在当前图形窗口中直接绘制出 LTI 系统的 Nyquist 曲线。

A. 2. 2. 1　开环频域特性的 MATLAB 分析

例 A. 5　某系统的开环传递函数为

$$G(s)=\frac{1}{s(s+1)(s+2)}$$

试绘制该系统的 Bode 图。

解　将该开环传递函数写作

$$G(s)=\frac{1}{s^3+3s^2+2s}$$

绘制该系统的 Bode 图的 MATLAB 程序如下：

```
% MATLAB Program A.5
num = 1;
den = [1,3,2,0];
bode(num,den)
```

运行结果如附图 A-2 所示。

例 A. 6　某系统的开环传递函数为

$$G(s)=\frac{50}{s^2+3s-10}$$

试绘制该系统的 Nyquist 图。

解　绘制该系统的 Nyquist 图的 MATLAB 程序如下：

```
% MATLAB Program A.6
num = [50];
```

```
den = [1,3, - 10];
nyquist(num,den)
```

运行结果如附图 A-3 所示。

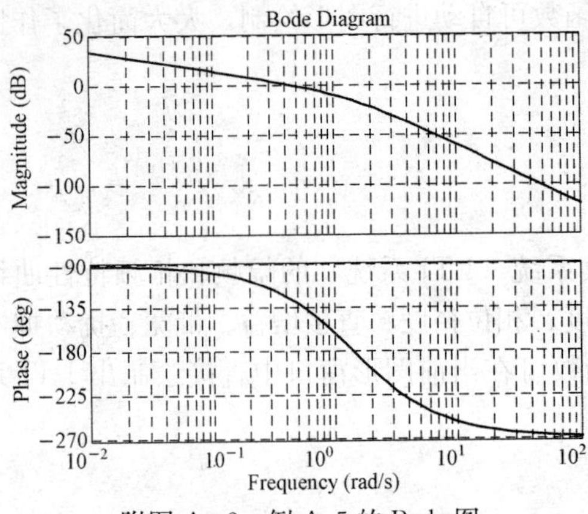

附图 A-2 例 A.5 的 Bode 图

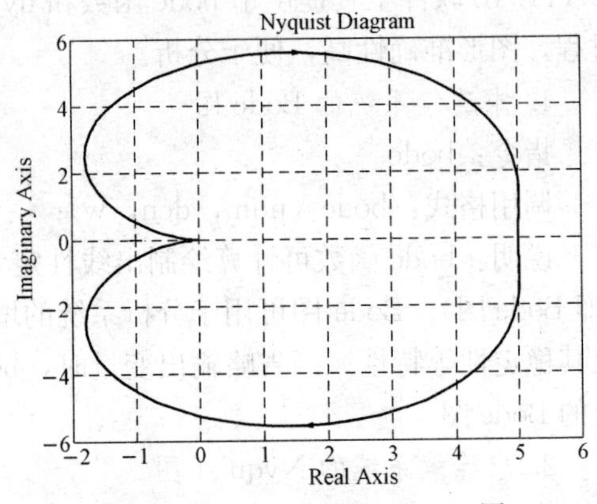

附图 A-3 例 A.6 的 nyquist 图

A.2.2.2 闭环频域特性的 MATLAB 分析

例 A.7 某单位反馈系统的开环传递函数为

$$G(s)=\frac{10s+2}{s^3+0.1s^2}$$

试绘制该系统的 Bode 图。

解 绘制该系统的 Bode 图的 MATLAB 程序如下：

```
% MATLAB Program A.7
num = [10,2];
den = [1,0.1,0,0];
g = tf(num,den);              %求系统的开环传递函数
b = feedback(g,1);            %求系统的闭环传递函数
bode(b)
```

运行结果如附图 A-4 所示。

例 A.8 典型二阶系统开环传递函数为

$$G(s)=\frac{\omega_n^2}{s^2+2\zeta\omega_n s+\omega_n^2}$$

试绘制阻尼比 ζ 取不同值时的 Bode 图。

解 取 $\omega_n=6$，ζ 取 ［0.1：0.1：1.0］ 时，二阶系统的 Bode 图可直接采用 Bode 图函数得到。其 MATLAB 程序如下：

```
% MATLAB Program A.8                         %说明语句
wn = 6;
kesi = [0.1 : 0.1 : 1.0];
w = logspace( - 1,1,100);
figure(1);
num = [wn.^2];
```

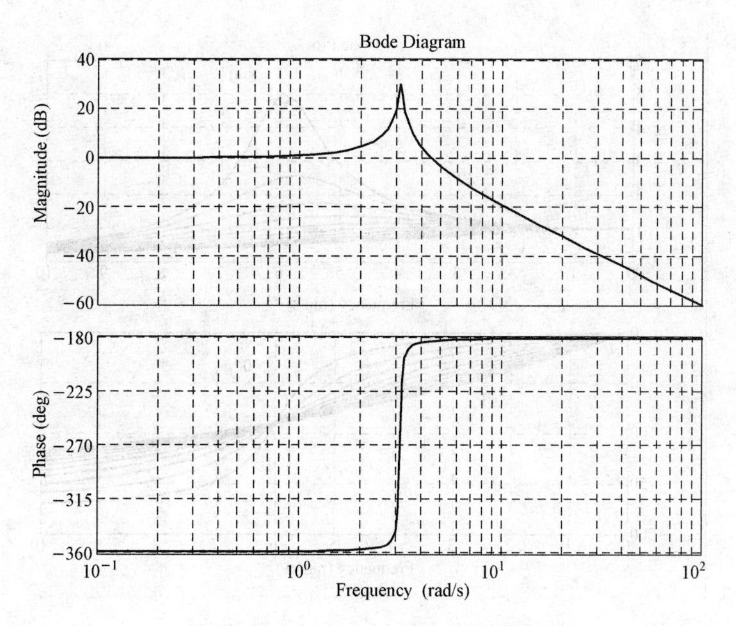

附图 A-4 例 A.7 的 Bode 图

```
for kes = kesi
den = [1 2 * kes * wn wn.^2];
[mag,pha,w1] = bode(num,den,w);
subplot(2,1,1);hold on
semilogx(w1,mag);
subplot(2,1,2);hold on
semilogx(w1,pha);
end
subplot(2,1,1);grid on
title('Bode Plot');
xlabel('Frequency (rad/sec)');
ylabel('Gain dB');
subplot(2,1,2);grid on
xlabel('Frequency(rad/sec)');
ylabel('phase deg');
hold off
```

执行上述程序后得到附图 A-5 所示的 Bode 图。从图中看出：当 $\omega \to 0$ 时，相频特性趋向 0°；当 $\omega \to \infty$ 时，相频特性趋向 −180°；当 $\omega = \omega_n$ 时，相频特性等于 −90°，此时，频率响应的幅值最大。

A.2.2.3 系统稳定性的 MATLAB 分析

1. 系统的绝对稳定性

例 A.9 已知一单位反馈控制系统的开环传递函数为

$$G(s) = \frac{5(s-2)}{s(s+1)(s^2+3)}$$

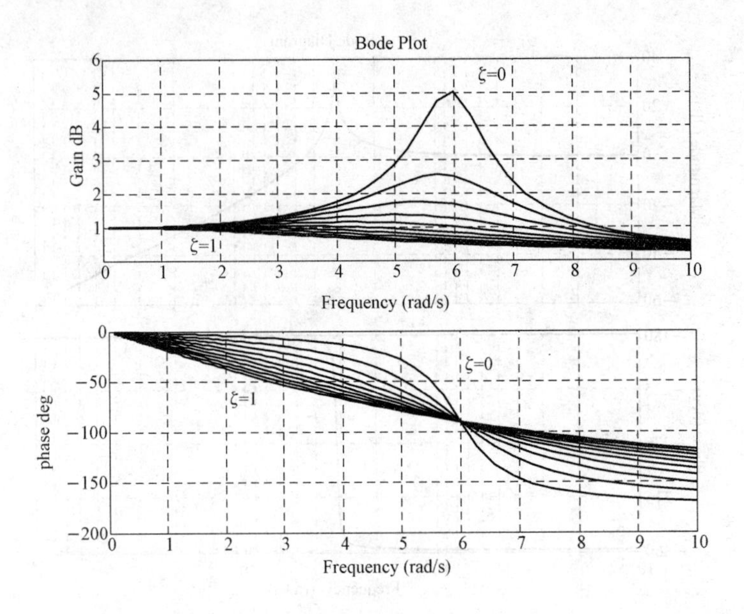

附图 A-5 例 A.8 的 Bode 图

试用 MATLAB 分析该系统的稳定性。

解 MATLAB 程序如下：

```
% MATLAB Program A.9                                    %说明语句
Go=zpk([2],[0,sqrt(-3),-sqrt(-3),-1],[5]);
Gb=feedback(Go,1);
[z,p,k]=zpkdata(Gb,'v');
i=find real(p)>0);
L=length(i);
if(L>0)disp('The system is unstable')
else disp('The system is stable')
end
```

运行结果：

```
The system is unstable
```

2. 系统的相对稳定性

求取系统幅值裕度和相位裕度 margin ( )，

[Gm, Pm, Wcg, Wcp] = margin (G)

[Gm, Pm, Wcg, Wcp] = margin (mag, phase, w)

例 A.10 已知一单位反馈控制系统的开环传递函数为

$$G(s)=\frac{K}{s(s+1)(s+2)}$$

试用 MATLAB 分析当 K 分别为 2 和 5 时该系统的稳定性，并求系统的幅值裕度、相位裕度。

解 $K=2$ 时 MATLAB 程序如下：

```
Go = zpk([],[0, -1, -2],[2]);
margin(Go);
[Gm,Pm] = margin(Go);
```

运行结果：

```
Gm = 3.0000
Pm = 32.6133
```

$K=5$ 时 MATLAB 程序如下：

```
Go = zpk([],[0, -1, -2],[5]);
margin(Go);
[Gm,Pm] = margin(Go);
```

运行结果：

```
Gm = 1.2000
Pm = 5.0239
```

该题对应的 Bode 图如附图 A-6 所示。

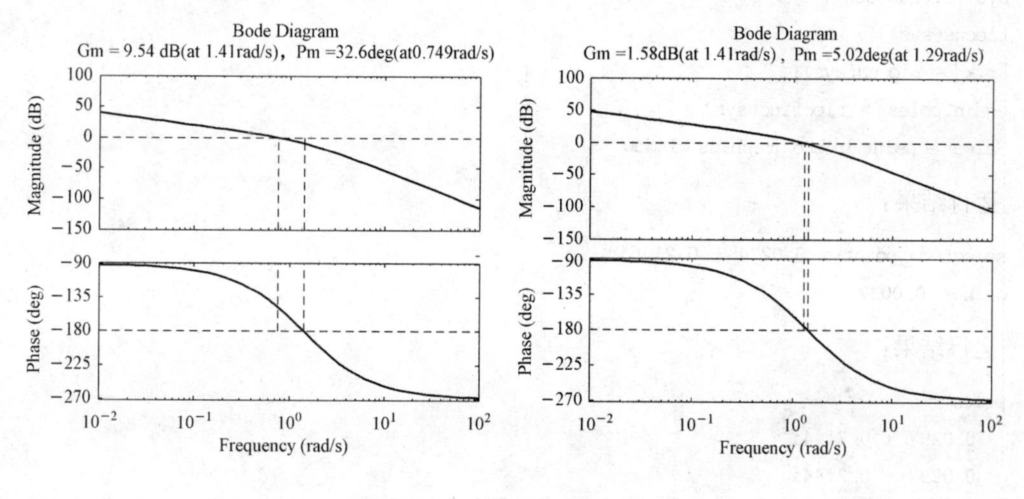

附图 A-6　例 A.10 的 Bode 图

上述系统在 $K=2$ 和 $K=5$ 时的幅值裕度、相位裕度均为正值，故系统稳定。但 $K=2$ 时的幅值裕度是 20lg3＝9.54dB 、相位裕度 Pm＝32.6133，而 $K=5$ 时的幅值裕度是 20lg1.2＝1.58dB 、相位裕度 Pm＝5.0239，故可知，K 增大时，系统的相对稳定性变差。随着 K 的增大，系统有可能变得不稳定。

A.2.3　系统根轨迹的 MATLAB 实现

MATLAB 控制系统工具箱中主要有三个函数用于根轨迹图的绘制和分析：

（1）pzmap：绘制线性系统的零极点图。

（2）rlocus：用于计算或绘制单输入单输出（SISO）系统的根轨迹。其调用格式为 rlocus（sys），运行后，自动绘制系统的根轨迹；

R= rlocus（sys），运行后，返回系统闭环特征根值 R；

[R, K] = rlocus (sys)，运行后，返回系统增益 K 和闭环特征根值 R。

(3) rlocfind：计算给定一组闭环特征根求解对应的根轨迹增益。其调用格式为

$$[\mathrm{k,poles}] = \mathrm{rlocfind(sys)}$$

$$[\mathrm{k,poles}] = \mathrm{rlocfind(sys,p)}$$

用户可用鼠标选定极点 P，函数返回极点的实际值 poles 和开环增益 K。sgrid：在连续系统根轨迹图和零极点图中绘制出阻尼系数和自然频率栅格线。

例 A.11 某单位反馈系统的开环传递函数为

$$G(s) = \frac{10s+2}{s^3+0.1s^2}$$

试绘制该系统的根轨迹，并求系统在任意给定极点的增益。

解 MATLAB 程序如下：

```
% MATLAB Program A.11                                 %说明语句
num=[10 2];
den=[1 0.1 0 0];
subplot(221);
sys=tf(num,den);
rlocus(sys)
[r,k]= rlocus(sys);
[gain,poles]= rlocfind(sys)
Select a point in the graphics window
```

运行结果：

```
selected_point = 0.0274 + 0.2146i
gain = 0.0037
```

运行结果：

```
poles =
   0.0297 + 0.2144i
   0.0297 - 0.2144i
  -0.1595
```

根轨迹如附图 A-7 所示。图中 x 为开环极点；o 为开环零点；+为选定的闭环极点。

A.2.4 应用 MATLAB 设计校正控制系统

第 6 章介绍的校正装置的各种设计方法实际上均为试凑法，设计质量的高低具有不确定性。随着控制理论和计算机技术的迅速发展，尤其是 MATLAB 等先进的自动控制系统分析和计算软件工具的运用，大大提高了控制系统设计的效率和质量。

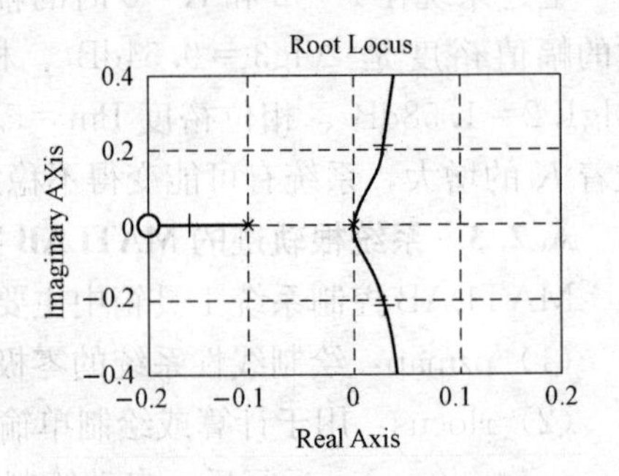

附图 A-7 例 A.11 的根轨迹图

例 A.12 设单位负反馈系统的开环传递函数为

$$G_o(s) = \frac{k}{s(s+5)(s+20)}$$

指标要求：①开环增益 $K_v \geqslant 12$；②单位阶跃响

应的特征量：$\sigma_p \leqslant 25\%$，$t_s \leqslant 0.7\text{s}$（$\Delta = 0.02$）。试确定带惯性的PD控制器的串联超前校正参数。

解　MATLAB程序如下：

```
% MATLAB Program A.12
K = 1200; bp = 0.25; ts = 0.7; delta = 0.02;
ng0 = [1]; dg0 = conv([1,0],conv([1,5],[1,20]));
g0 = tf(K * ng0,dg0);
s = bpts2s(bp,ts,delta)
[ngc,dgc] = lead1(K * ng0,dg0,s);
gc = tf(ngc,dgc); zpk(gc), g0c = tf(g0 * gc);
b1 = feedback(g0,1);   b2 = feedback(g0c,1);
step(b1,'r - - '),hold on,grid on
step(b2),   hold off
axis([0,1.2,0,1.8]);
[pos,tr,ts,tp] = stepchar(b2,delta)
Lead1:
function [ngc,dgc] = lead1(ng0,dg0,s1)
ngv = polyval(ng0,s1);   dgv = polyval(dg0,s1);
g = ngv/dgv;   theta = angle(g);   phi = angle(s1);
if theta>0
   phi_c = pi - theta;
end
if   theta<0;
     phi_c = - theta
end
theta_z = (phi + phi_c)/2;   theta_p = (phi - phi_c)/2;
z_c = real(s1) - imag(s1)/tan(theta_z);
p_c = real(s1) - imag(s1)/tan(theta_p);
nk = [1 - z_c];   dgc = [1 - p_c];   kc = abs(p_c/z_c);
 if theta<0
   kc = - kc
end
ngc = kc * nk;
bpts2s:
function s = bpts2s(bp,ts,delta)
kosi = sqrt(1 - (1/(1 + ((1/pi) * log(1/bp)).^
2)));
wn = log(1/delta * sqrt(1 - kosi.^2))/(kosi *
ts);
s = - kosi * wn + j * wn * sqrt(1 - kosi.^2);
```

系统校正前、后的阶跃响应曲线如附图A-8所示。

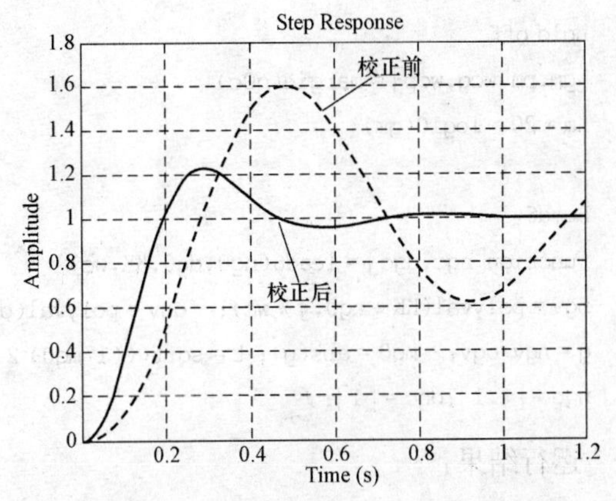

附图A-8　例A.12的校正前、后的阶跃响应曲线

例 A. 13 设被控对象的传递函数为

$$G_0(s)=\frac{K}{s(0.001s+1)(0.1s+1)}$$

其设计要求：

$$K_v=1000,\quad \gamma=45^\circ,\quad \omega_c=165\text{rad/s},\quad 20\log Kg\geqslant 15\text{dB}。$$

解 MATLAB程序如下：

```
% MATLAB Program A.13
ng0=[1];
dg0=conv([1,0],conv([0.001,1],[0.1,1]));
g0=tf(ng0,dg0);
t=[0:0.001:0.07];
w=logspace(0,4);
KK=1000;
Pm=45;
wc=165;
%[ngc,dgc]=lead6(ng0,dg0,KK,Pm,wc,w);
[ngc,dgc]=lead6(ng0,dg0,KK,wc);
gc=tf(ngc,dgc)
g0c=tf(KK*g0*gc);
b1=feedback(KK*g0,1);
b2=feedback(g0c,1);
step(b1,t)
grid on
hold on
step(b2,t)
hold off
figure
bode(KK*g0,w)
grid on
hold on,
bode(g0c,w),
hold off
[gm,pm,wcg,wcp]=margin(g0c)
Km=20*log10(gm)

Lead6:
function[ngc,dgc]=lead6(ng0,dg0,KK,wc)
ngv=polyval(KK*ng0,j*wc);   dgv=polyval(dg0,j*wc);
g=ngv/dgv;  mg0=abs(g); t=sqrt(((1/mg0)^2-1)/(wc^2));   %幅值相加为零
ngc=[t,1];dgc=[1];
```

运行结果：

```
a =10.6985,wgc =179.2905,T=0.0017
```

```
Transfer function:

                  0.01824 s + 1
                  -------------
                  0.001705 s + 1
gm = 7.6360,pm = 49.0278,wcg = 717.9149,wcp = 179.2904,Km = 17.6574
```

经校验可见系统的性能指标完全达到设计要求，即 $\gamma=49.0278°>45°$，$\omega_c=179\approx 165\text{rad/s}$，$20\log Kg=17.6574>15\text{dB}$，系统校正前后的 Bode 图与阶跃响应曲线如附图 A-9（a）、（b）所示。

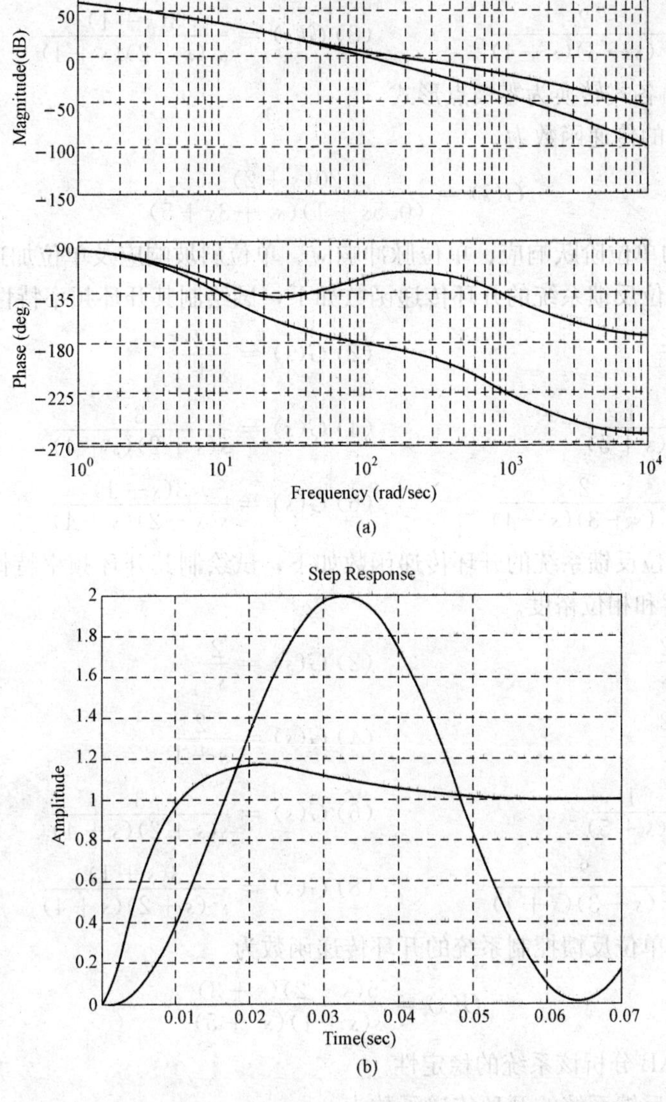

附图 A-9　例 A.13 的系统校正前后的 Bode 图和阶跃响应曲线

（a）系统校正前后的 Bode 图；（b）系统校正前后的阶跃响应图

习 题

A.1 将下列传递函数模型用MATLAB语言表达出来。

(1) $G(s)=\frac{2}{s}$ (2) $G(s)=\frac{2}{s^2}$

(3) $G(s)=\frac{2}{s^3}$ (4) $G(s)=\frac{2}{s+1}$

(5) $G(s)=\frac{1}{s(s+5)}$ (6) $G(s)=\frac{3}{s(s+2)(s+4)}$

(7) $G(s)=\frac{2}{s^2(s+3)(s+4)}$ (8) $G(s)=\frac{3(s+1)}{s^2(s+2)(s+4)}$

A.2 将A.1各式转换为零极点形式。

A.3 某系统的传递函数为

$$G(s)=\frac{20(s+2)}{(0.5s+1)(s^2+3s+5)}$$

试求该系统的单位阶跃响应、单位脉冲响应、单位斜坡响应及单位加速度响应。

A.4 已知单位反馈系统的开环传递函数如下，试绘制其开环频率特性的奈氏图：

(1) $G(s)=\frac{2}{s^3}$ (2) $G(s)=\frac{2}{s+1}$

(3) $G(s)=\frac{1}{s(s+5)}$ (4) $G(s)=\frac{3}{s(s+2)(s+4)}$

(5) $G(s)=\frac{2}{s^2(s+3)(s+4)}$ (6) $G(s)=\frac{3(s+1)}{s(s-2)(s+4)}$

A.5 已知单位反馈系统的开环传递函数如下，试绘制其开环频率特性的伯德图，并求出系统的幅值裕度和相位裕度。

(1) $G(s)=\frac{2}{s}$ (2) $G(s)=\frac{2}{s^2}$

(3) $G(s)=\frac{2}{s^3}$ (4) $G(s)=\frac{2}{s+1}$

(5) $G(s)=\frac{1}{s(s+5)}$ (6) $G(s)=\frac{3}{s(s+2)(s+4)}$

(7) $G(s)=\frac{2}{s^2(s+3)(s+4)}$ (8) $G(s)=\frac{3(s+1)}{s^2(s+2)(s+4)}$

A.6 已知一单位反馈控制系统的开环传递函数为

$$G(s)=\frac{5(s-2)(s+3)}{s(s+1)(s^2+5)}$$

试用MATLAB分析该系统的稳定性。

A.7 某单位反馈系统的开环传递函数为

$$G(s)=\frac{k}{s^2+3s+2}$$

试绘制该系统的根轨迹，并分析系统的稳定性。

A. 8　某单位反馈系统的开环传递函数为

$$G(s)=\frac{s+2}{s^3+2s^2+3s+4}$$

试绘制该系统的根轨迹，并求系统在任意给定极点的增益。

A. 9　某单位反馈系统的开环传递函数为

$$G(s)=\frac{k}{s(s+2)(s+5)}$$

试用 MATLAB 软件工具设计一串联超前校正装置，使校正后的系统在单位斜坡输入时，稳态误差小于或等于 1%，相位裕度 $\gamma\geqslant45^\circ$。

A. 10　对于习题 A. 9 中的系统，试用 MATLAB 软件工具设计一串联滞后校正装置，使其满足相同的性能指标。并比较设计结果，说明串联超前校正和串联滞后校正方法的适用范围和特点。

附录B 习题参考答案

第1章

1.4

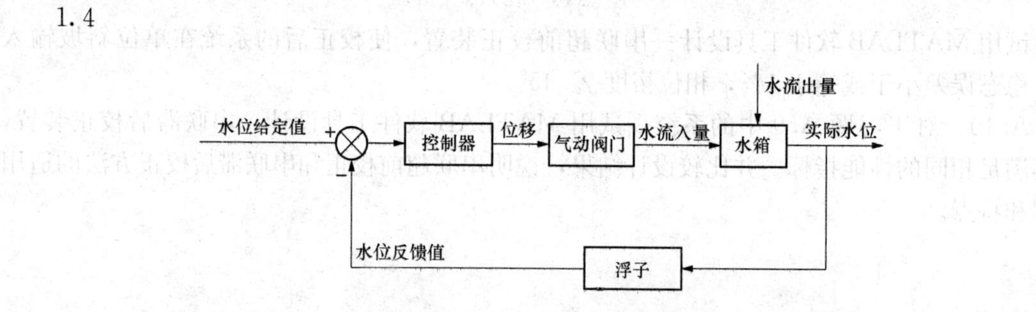

附图B-1 习题1.4原理框图

是闭环控制系统；输入量是水位给定值；输出量是水箱实际水位；干扰输入量是水流出量；控制量是位移，广义控制量是水流入量。

第2章

2.1 $R_1CL\dfrac{d^2u_2}{dt^2}+(R_1R_2C+L)\dfrac{du_2}{dt}+(R_1+R_2)u_2=L\dfrac{du_1}{dt}+R_2u_1$

2.2 (a) $m\dfrac{d^2x_o}{dt^2}+(f_1+f_2)\dfrac{dx_o}{dt}=f_1\dfrac{dx_i}{dt}$

(b) $f(k_1+k_2)\dfrac{dx_o}{dt}+k_1k_2x_o=k_1f\dfrac{dx_i}{dt}$

(c) $f\dfrac{dx_o}{dt}+(k_1+k_2)x_o=f\dfrac{dx_i}{dt}+k_1x_i$

2.3 (1) $F(s)=\dfrac{s^2+5s+2}{s^3}$

(2) $F(s)=5\left[\dfrac{7s^2+4s+52}{s^2(s^2+2s+26)}\right]$

(3) $F(s)=\dfrac{\sqrt{2}(s+5)}{2(s^2+25)}$

(4) $F(s)=\dfrac{(1+e^2)s+3}{s(s+3)}$

2.4 (1) $f(t)=\cos 2t$

(2) $f(t)=-3e^{-4t}+4e^{-5t}$

(3) $f(t)=1-e^{-\frac{t}{2}}\cos\dfrac{\sqrt{3}}{2}t+0.57e^{-\frac{t}{2}}\sin\dfrac{\sqrt{3}}{2}t$

(4) $f(t)=-t^2e^{-2t}-3te^{-2t}-3e^{-2t}+3e^{-t}$

2.5 $G(s)=\dfrac{R_1C_1R_2C_2S^2+(R_1C_1+R_2C_2)S+1}{R_1C_1R_2C_2S^2+(R_1C_1+R_2C_2+R_1C_2)S+1}$

2.6 $X_1(s)=\dfrac{(m_2s^2+k)F}{(m_1m_2s^2+km_1+km_2)s^3}$

$X_2(s)=\dfrac{kF}{(m_1m_2s^2+km_1+km_2)s^3}$

2.7 (a) $G(s)=\dfrac{R_2}{R_1}$ 为比例环节

(b) $G(s)=\dfrac{R_2/R_1}{R_2Cs+1}$ 为一阶惯性环节

2.8 $G(s)=\dfrac{K}{s}$ 是一个积分环节

$\omega(t)=Ku_a(t)$ $G(s)=K$ 是一个比例环节

2.9 $C=\left[\dfrac{G_1G_2G_3}{1-G_1G_2H_1+G_2G_3H_2+G_2H_1}+G_4\right]R$

2.10 $C=\dfrac{G_1G_2}{1+G_1G_2H_1+G_2H_2}R_1+\dfrac{G_2}{1+G_1G_2H_1+G_2H_2}R_2-\dfrac{G_2}{1+G_1G_2H_1+G_2H_2}$

$R_3-\dfrac{G_1G_2H_1}{1+G_1G_2H_1+G_2H_2}R_4$

2.11 $G_{C_1R}=\dfrac{C_1}{R}=\dfrac{G_1G_2G_3G_4}{1+G_1G_2G_3H_2+G_2G_3H_3+G_3G_4H_4-G_1G_2G_3G_4H_1}$

$G_{C_2R}=\dfrac{C_2}{R}=\dfrac{G_1G_2G_3}{1+G_1G_2G_3H_2+G_2G_3H_3+G_3G_4H_4-G_1G_2G_3G_4H_1}$

2.12 $C=\dfrac{G_1G_2G_3G_4}{1+G_1G_2H_1+G_2G_3H_3+G_3G_4H_2+G_1G_2H_1G_3G_4H_2}R$

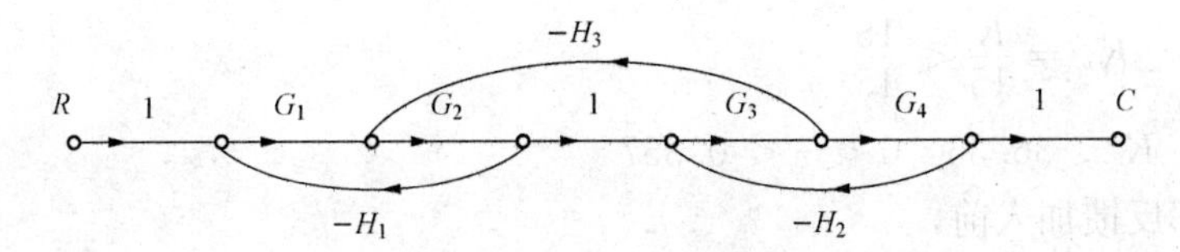

附图 B-2 习题 2.12 信号流图

2.13 $U_G(s)=\dfrac{K_2K_pK_G}{T'_{d_0}s+K_2K_pK_bK_G-K_1K_G+1}U_r(s)-\dfrac{x'_dT'_{d_0}s+x_d}{T'_{d_0}s+K_2K_pK_bK_G-K_1K_G+1}I_r(s)$

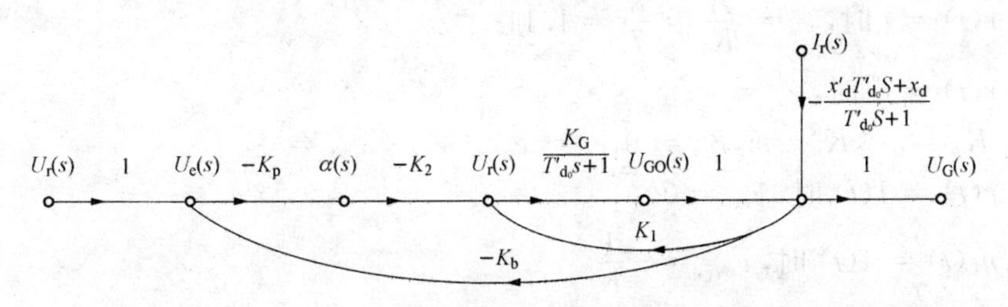

附图 B-3 习题 2.13 信号流图

2.14 不相同。因为从信号流图中可以看出，系统（a）有回环相互接触的情况，系统（b）没有回环相互接触的情况。

第3章

3.1 0.25min

3.2 $\dfrac{6}{3.2s+1}$

3.3 $\Phi(s)=L[k(t)]=0.0125/(s+1.25)$

3.4 $G(s)=\dfrac{\omega_n^2}{s(s+2\zeta\omega_n)}=\dfrac{1246.1}{s(s+32.2)}$

$$\Phi(s)=\frac{\omega_n^2}{s^2+2\zeta\omega_n s+\omega_n^2}=\frac{1246.1}{s^2+32.2s+1246.1}$$

3.5 $K_1\geqslant 15 \quad K_2=0.5$

3.6 $h(t)=1-\dfrac{4}{3}\mathrm{e}^{-t}+\dfrac{1}{3}\mathrm{e}^{-4t}$

$$T_1=1, T_2=0.25, t_s=\left(\frac{t_s}{T_1}\right)T_1=3.3T_1=3.3$$

3.7 $K=2.5 \quad t_s=0.95$

3.8 $\Phi(s)=\dfrac{5.9}{s^2+1.39s+2.95}$

3.9 $\begin{cases}\zeta=0.78\\ \omega_n=10\end{cases}$

3.10 （1）不稳定，有两个正根；（2）临界稳定，一对虚根。

3.11 $c(t)=-10.6\mathrm{e}^{-2.5t}\sin(7.5t+70.8°)$

3.12 $\dfrac{8}{15}<K_k=\dfrac{K}{15}<\dfrac{18}{15}$

3.13 $0<K<36.36 \quad 0<\tau<0.357$

3.14 局部反馈加入前，

$K_p=\lim\limits_{s\to 0}G(s)=\infty$，$K_v=\lim\limits_{s\to 0}sG(s)=\infty$，$K_a=\lim\limits_{s\to 0}s^2G(s)=10$

局部反馈加入后，

$K_p=\lim\limits_{s\to 0}G(s)=\infty$，$K_v=\lim\limits_{s\to 0}sG(s)=0.5$，$K_a=\lim\limits_{s\to 0}s^2G(s)=0$

3.15 $r(t)=1(t)$ 时，$e_{ss}=0$

$r(t)=t$ 时，$e_{ss}=\dfrac{A}{K}=\dfrac{8}{7}=1.14$

$r(t)=t^2$ 时，$e_{ss}=\infty$

3.16 $K_p=\infty, K_v=5, K_a=0, e_{ss}=e_{ss1}+e_{ss2}+e_{ss3}=\infty$

3.17 $r(t)=1(t)$ 时，$e_{ssr}=0$

$n_1(t)=1(t)$ 时，$e_{ssn_1}=-\dfrac{1}{K}$

$n_2(t)=1(t)$ 时，$e_{ssn_2}=0$

在反馈比较点到干扰作用点之间的前向通路中设置积分环节，可以同时减小由输入和干扰因引起的稳态误差。

第4章

4.1 $G(s)=\dfrac{K_g(s^2+2s+5)}{s(s+5)}$

其中，$A(-3.25,\ j1.23)$、$B(-1.65,\ -j0.35)$ 不在该系统的根轨迹上，$C(-1.22,\ j1.66)$ 在根轨迹上，此时 $K_g=5.77$

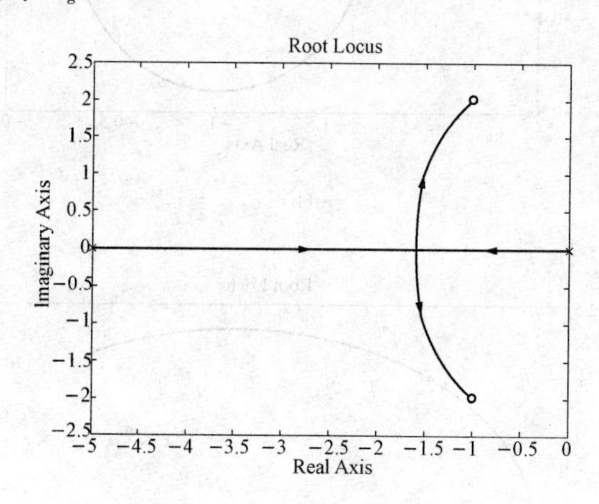

附图 B-4 习题 4.1 根轨迹图

4.2 （1）根轨迹图如下：

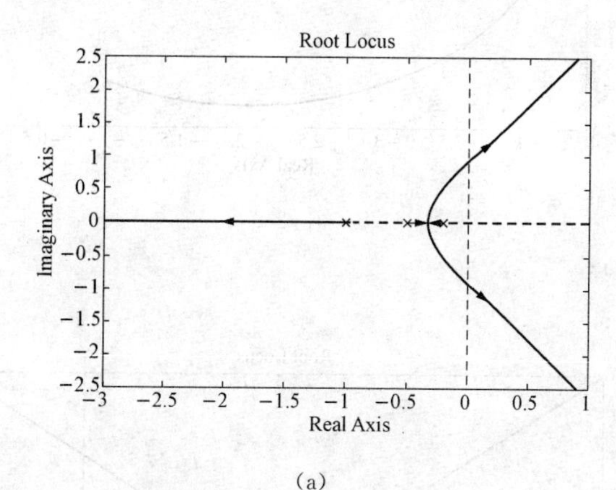

(a)

附图 B-5 习题 4.2 根轨迹图

（2）根轨迹图如下：

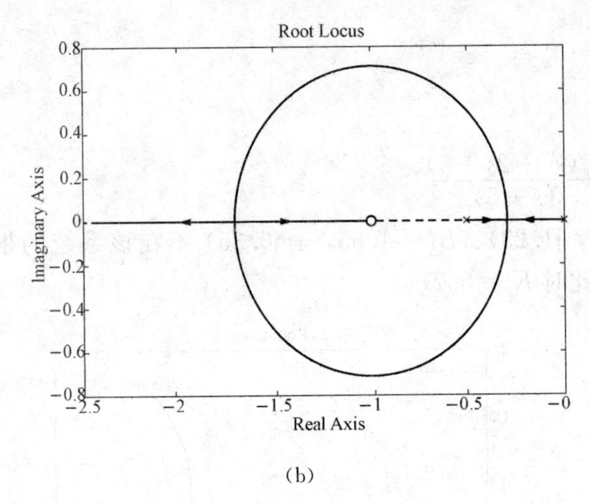

(b)

(3) 根轨迹图如下：

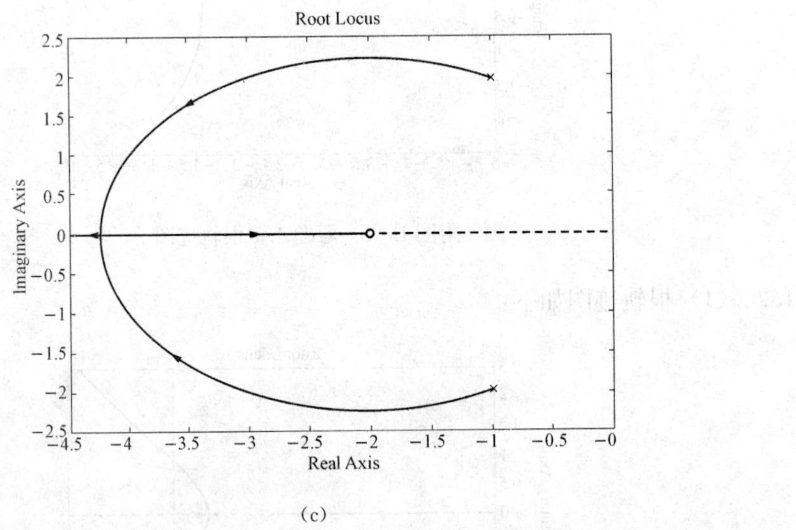

(c)

(4) 根轨迹图如下：

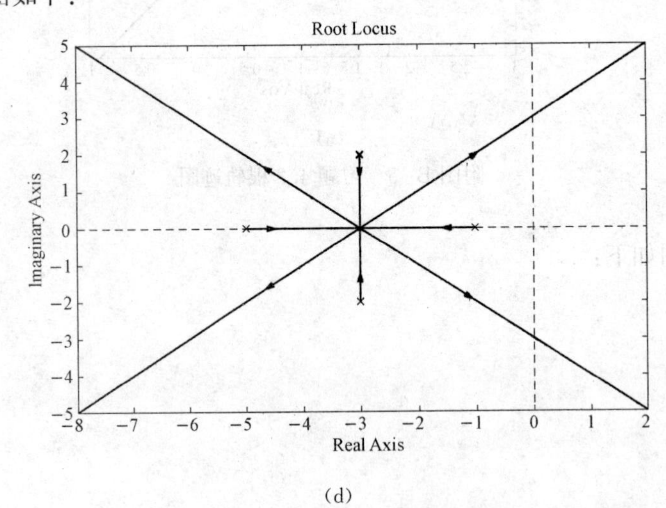

(d)

附图 B-5 习题 4.2 根轨迹图

4.3 根轨迹图如下：

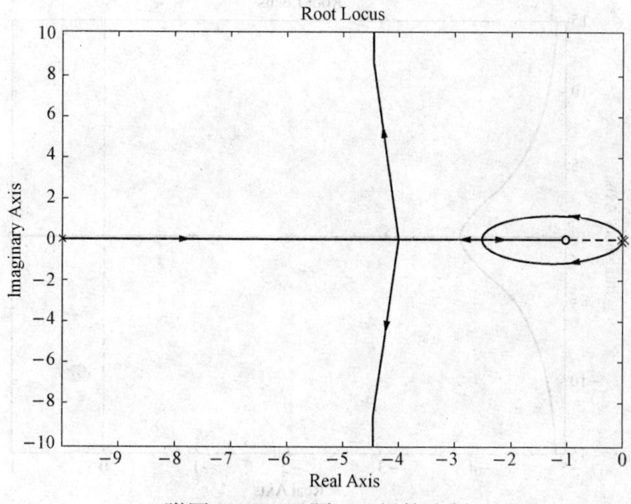

附图 B-6 习题 4.3 根轨迹图

4.4 （1）由系统的框图可得系统的开环传递函数 $G(s)=\dfrac{K_g(s^2-2s+5)}{(s+2)(s-0.5)}$

因此可求得系统的根轨迹图如下：

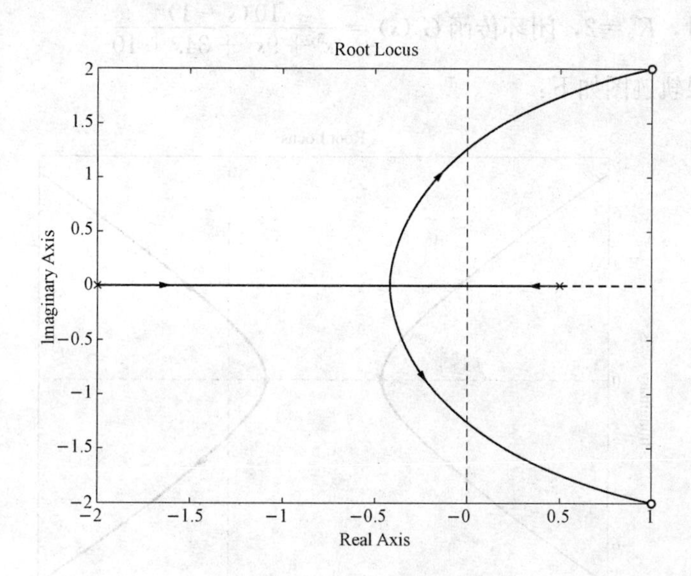

附图 B-7 习题 4.4 根轨迹图

（2）$0<K_g<0.75$ 时系统稳定。

（3）不出现超调的 K_g 的最大值 $K_g=0.24$。

4.5 （1）$G(s)H(s)=\dfrac{5K_g(s-1)}{(s+5)(s^2+4s+4)}$

根轨迹图如下：

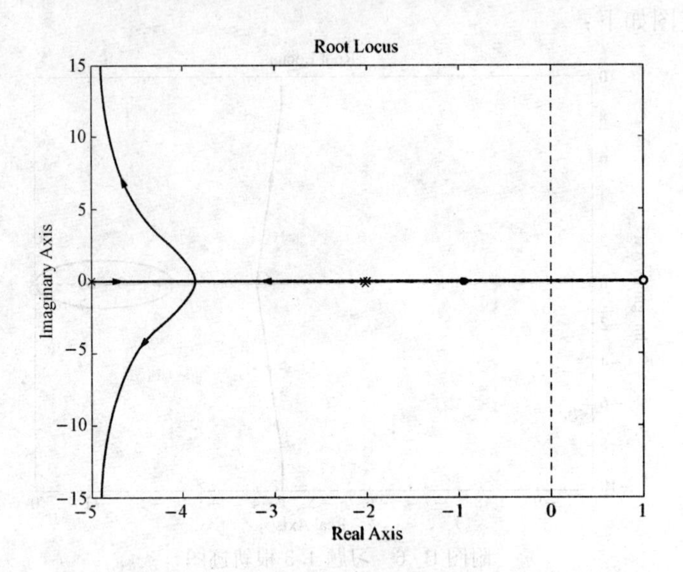

附图 B-8　**习题 4.5 根轨迹图**

使系统闭环稳定的 K_g 取值范围 $0<K_g<4$

(2) $s_1=1$ 时，$K_g=2$，闭环传函 $G_c(s)=\dfrac{10(s-1)}{s^3+9s^2+34s+10}$

4.6 (1) 根轨迹图如下：

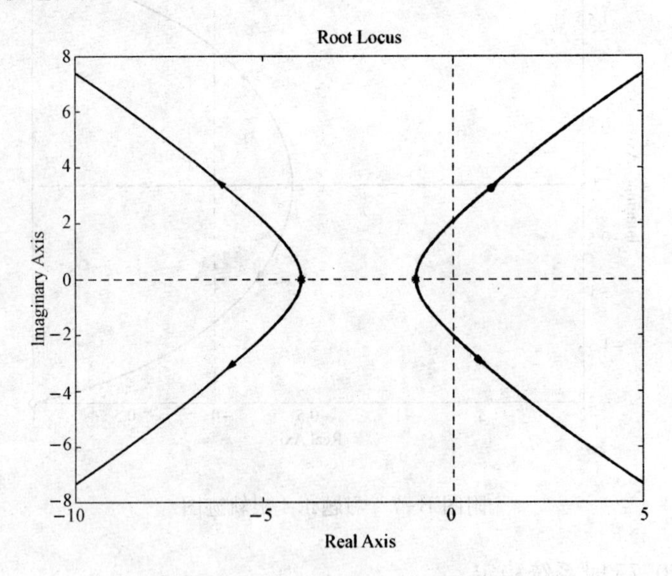

附图 B-9　**习题 4.6 根轨迹图**

(2) $0<K_g<98$

4.7 (1) 根轨迹图如下：

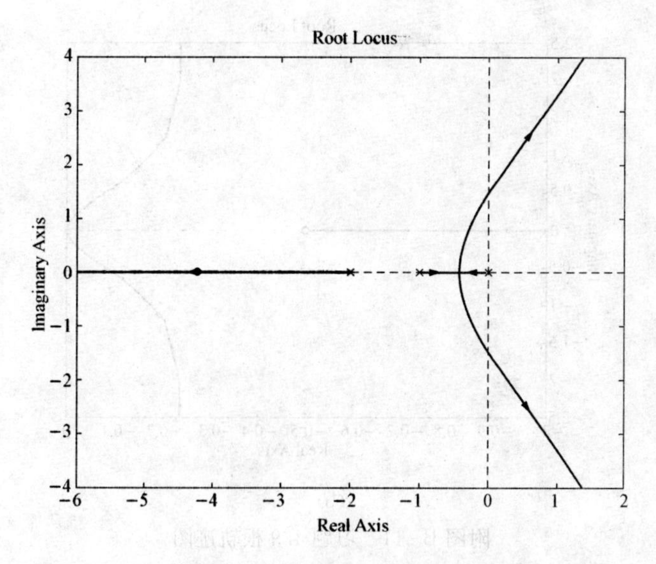

附图 B-10　习题 4.7 根轨迹图

（2）$0<K_{g}<0.19$

4.9　（1）**根轨迹图如下：**

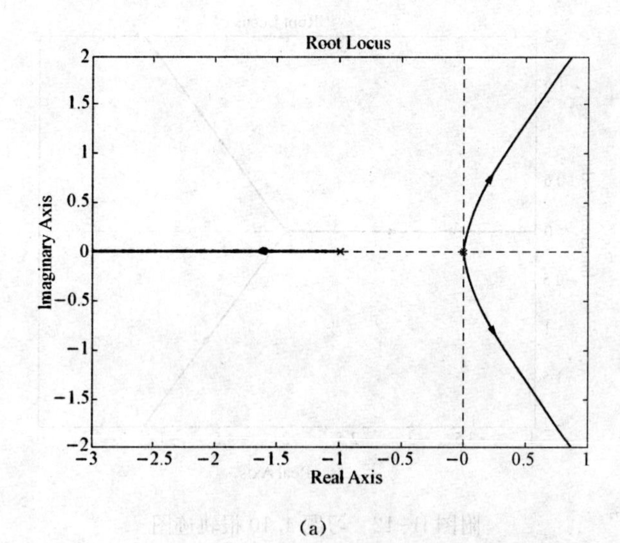

(a)

附图 B-11　习题 4.9 根轨迹图

系统不稳定。

（2）增加一个零点 $-a(0\leqslant a<1)$ 后，系统稳定。根轨迹图如下：

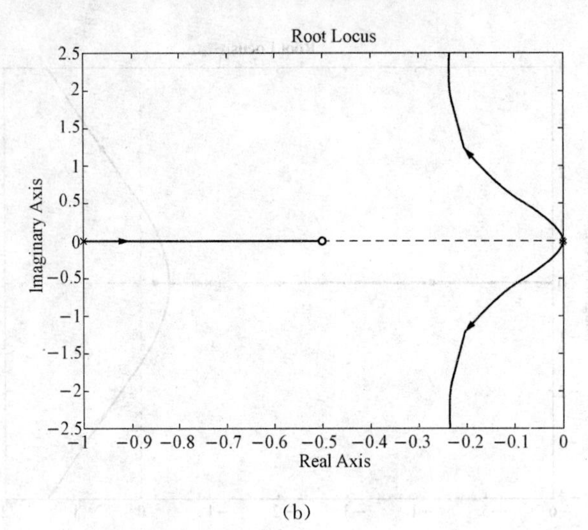

(b)

附图 B-11 习题 4.9 根轨迹图

4.10 (1) 系统开环传函 $G_k(s)=\dfrac{K_g}{(0.5s+1)^3}$

根轨迹图如下：

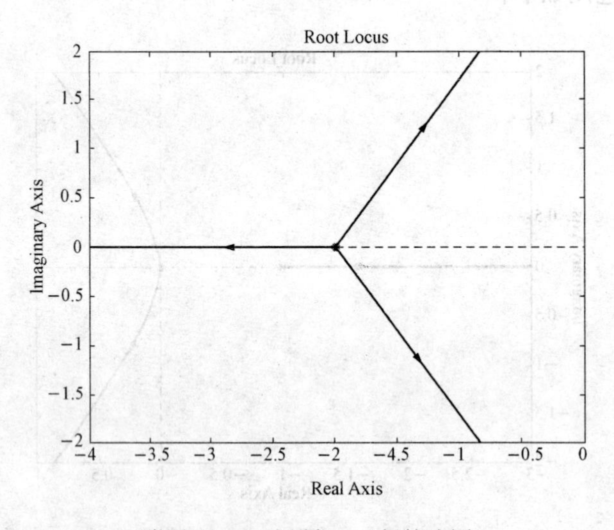

附图 B-12 习题 4.10 根轨迹图

(2) $\zeta=0.5$ 时，求得 $K_g=1$，闭环传函 $G(s)=\dfrac{8}{(s+4)(s^2+2s+4)}$，闭环极点 $s1=-4$，$s2=-1+\mathrm{j}\sqrt{3}$，$s3=-1-\mathrm{j}\sqrt{3}$。

(3) $e_{ssr}=\lim\limits_{s\to 0}s\dfrac{1}{1+G_k(s)}\dfrac{1}{s}=\dfrac{1}{1+K_g}$

4.11 (1) 开环传递函数 $G_o(s)=\dfrac{as}{s^2+16}$

根轨迹图如下：

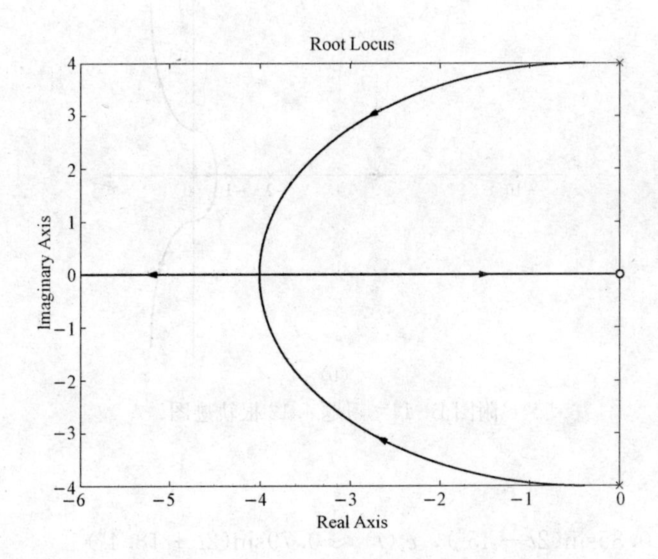

附图 B-13 习题 4.11 根轨迹图

(2) $(-\sqrt{3},\mathrm{j})$ 不在根轨迹上。

(3) $a=4$

4.12 (1) 系统开环传递函数 $G_k(s)=\dfrac{K(s+3)(s+1)}{s^2(s-1.8)}$

根轨迹图如下：

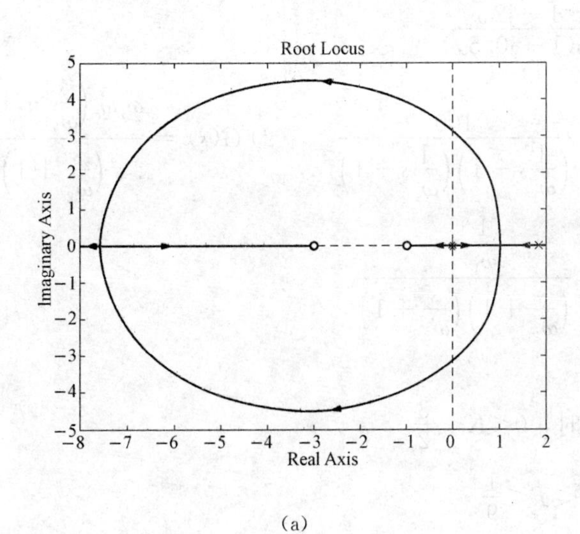

(a)

附图 B-14 习题 4.12 根轨迹图

(2) 系统开环传递函数 $G_k(s)=\dfrac{K(s+10)}{s(s+2)(s+1)}$

根轨迹图如下：

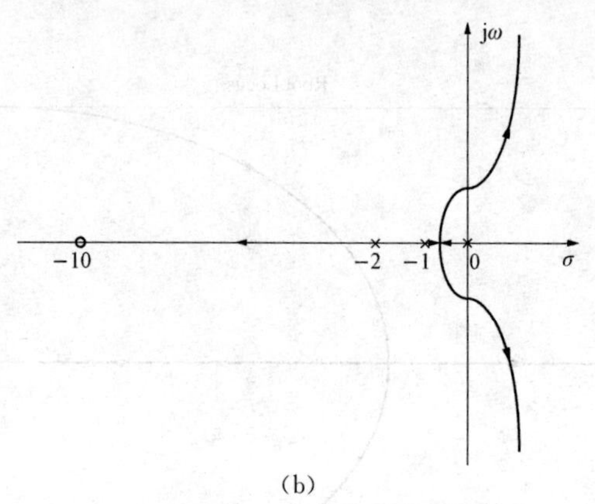

(b)

附图 B-14　习题 4.12 根轨迹图

第 5 章

5.1　$c_s(t) \approx 0.35\sin(2t-45°)$，$e_s(t) \approx 0.79\sin(2t+18.4°)$

5.2　$G(\mathrm{j}\omega)=\dfrac{36}{(\mathrm{j}\omega+4)(\mathrm{j}\omega+9)}$

5.3　略。

5.4　略。

5.5　略。

5.6　$\begin{cases}A(0.5)\approx 17.8885\\ \varphi(0.5)\approx -153.435°\end{cases}$　$\begin{cases}A(2)\approx 0.3835\\ \varphi(2)\approx -327.53°\end{cases}$

5.7　$G(\mathrm{j}\omega)=\dfrac{1-\mathrm{j}2\omega}{\mathrm{j}\omega(1+\mathrm{j}0.5\omega)}$

5.8　(1) $G(s)=\dfrac{100}{\left(\dfrac{1}{\omega_1}s+1\right)\left(\dfrac{1}{\omega_2}s+1\right)}$　　(2) $G(s)=\dfrac{\omega_1\omega_c\left(\dfrac{s}{\omega_1}+1\right)}{s^2\left(\dfrac{s}{\omega_2}+1\right)}$

(3) $G(s)=\dfrac{\dfrac{1}{\omega_1}\cdot s}{\left(\dfrac{s}{\omega_2}+1\right)\left(\dfrac{s}{\omega_3}+1\right)}$

5.9　略。

5.10　(1) $T=2$ 时，$0<K<\dfrac{3}{2}$

(2) $K=10$ 时，$0<T<\dfrac{1}{9}$

5.11

题号	开环传递函数	P	N	$Z=P+N$	闭环稳定性	备注
a	$G(s)=\dfrac{K}{(T_1s+1)(T_2s+1)(T_3s+1)}$	0	2	2	不稳定	

续表

题号	开环传递函数	P	N	$Z=P+N$	闭环稳定性	备注
b	$G(s)=\dfrac{K}{s(T_1s+1)(T_2s+1)}$	0	0	0	稳定	
c	$G(s)=\dfrac{K}{s^2(Ts+1)}$	0	2	2	不稳定	
d	$G(s)=\dfrac{K(T_1s+1)}{s^2(T_2s+1)}\quad(T_1>T_2)$	0	0	0	稳定	
e	$G(s)=\dfrac{K}{s^3}$	0	2	2	不稳定	
f	$G(s)=\dfrac{K(T_1s+1)(T_2s+1)}{s^3}$	0	0	0	稳定	
g	$G(s)=\dfrac{K(T_5s+1)(T_6s+1)}{s(T_1s+1)(T_2s+1)(T_3s+1)(T_4s+1)}$	0	0	0	稳定	
h	$G(s)=\dfrac{K}{T_1s-1}\quad(K>1)$	1	−1	0	稳定	
i	$G(s)=\dfrac{K}{T_1s-1}\quad(K<1)$	1	0	1	不稳定	
j	$G(s)=\dfrac{K}{s(Ts-1)}$	1	1	2	不稳定	

5.12 闭环系统不稳定，图略。

5.13 闭环系统不稳定。

5.14 (1) 闭环系统稳定：

$$\gamma\approx 12.6°,\ h=\frac{1}{|G(\omega_g)|}=\infty$$

(2) 闭环系统不稳定：

$$\gamma\approx -29.4°,\ h\approx 0.391$$

(3) 系统临界稳定：

$$\gamma=0°,\ h=1$$

(4) 闭环系统不稳定：

$$\gamma\approx -24.8°,\ h\approx 0.343$$

5.15 $K_h\approx 0.1$

5.16 $K\approx 2.65$

5.17 (1) $G(s)=\dfrac{10}{s\left(\dfrac{s}{0.1}+1\right)\left(\dfrac{s}{20}+1\right)}$

(2) 系统稳定。

(3) 系统稳定性不变，系统的超调量不变，调节时间缩短，动态响应加快。

第6章

6.1 略。

6.2 4.04

6.3 (1) $K = K_v = \dfrac{C_{Max}}{e_{ss}} \geqslant 6(1/s)$

$\gamma' = 90° - \arctan 0.2\omega_c' - \arctan 0.5\omega_c' \approx -3.8°, 20\lg h' = -1(\mathrm{dB})$

(2) $\gamma'' = 90° + \arctan 0.4\omega_c'' - \arctan 0.2\omega_c'' - \arctan 0.08\omega_c'' - \arctan 0.5\omega_c'' \approx 22.5°$

$20\lg h'' = 7.5(\mathrm{dB})$。

说明超前校正可以增加相角裕度，从而减小超调量，提高系统稳定性；同时增大了截止频率，缩短调节时间，提高了系统的快速性。

6.4 校正后系统开环传递函数为

$$G_c(s) \cdot G(s) = \frac{\dfrac{s}{2}+1}{\dfrac{s}{28.125}+1} \cdot \frac{15}{s(s+1)}$$

6.5 校正装置的传递函数为

$$G_c(s) = \frac{\dfrac{s}{\omega_D}+1}{\dfrac{s}{\omega_E}+1} = \frac{\dfrac{s}{0.06}+1}{\dfrac{s}{0.0072}+1}$$

校正后系统开环传递函数为

$$G_c(s) \cdot G(s) = \frac{5\left(\dfrac{s}{0.06}+1\right)}{s(s+1)\left(\dfrac{s}{4}+1\right)\left(\dfrac{s}{0.0072}+1\right)}$$

6.6 (1) 超前校正后截止频率 ω_c'' 大于原系统 $\omega_c = 12.12$，而原系统在 $\omega = 16$ 之后相角下降很快，用一级超前网络无法满足要求。满足要求的二级超前校正装置传递函数：

$$G_c(s) = \frac{0.0625s+1}{0.005s+1} \cdot \frac{0.091s+1}{0.056s+1}$$

$$= \frac{0.0056875s^2 + 0.1535s + 1}{0.00028s^2 + 0.061s + 1}$$

(2) 滞后校正装置传递函数：

$$G_c(s) = \frac{\dfrac{s}{0.28}+1}{\dfrac{s}{0.0028}+1} \approx \frac{3.57s+1}{357s+1}$$

6.7 串联校正装置

$$G_c(s) = \frac{\left(\dfrac{s}{0.2}+1\right)\left(\dfrac{s}{0.67}+1\right)}{\left(\dfrac{s}{0.0536}+1\right)\left(\dfrac{s}{6}+1\right)}$$

6.8 (a) 滞后校正后系统的开环传递函数为

$$G(s)=G_{c(a)}(s)\cdot G_0(s)=\frac{20(s+1)}{s\left(\frac{s}{10}+1\right)\left(\frac{s}{0.1}+1\right)}$$

$$\begin{cases}\gamma_a=55^\circ>\gamma_0=35.26^\circ & \text{（稳定性增强，}\sigma\%\text{ 减小）}\\ \omega_{ca}=2<\omega_{c0}=14.14 & \text{（响应变慢）}\\ \text{高频段被压低} & \text{（抗高频干扰能力增强）}\end{cases}$$

（b）超前校正后系统的开环传递函数为

$$G(s)=G_{c(b)}(s)\cdot G_0(s)=\frac{\frac{s}{10}+1}{\frac{s}{100}+1}\cdot\frac{20}{s\left(\frac{s}{10}+1\right)}=\frac{20}{s\left(\frac{s}{100}+1\right)}$$

$$\begin{cases}\omega_{cb}=20>\omega_{c0}\approx 14.14 & \text{（响应速度加快）}\\ \gamma_b=180^\circ+\varphi_b(\omega_{cb})\approx 78.7^\circ>\gamma_0\approx 35.26^\circ & \text{（}\sigma\%\text{ 减小）}\\ \text{高频段被抬高} & \text{（抗高频干扰能力下降）}\end{cases}$$

（c）串联滞后-超前校正后系统的开环传递函数为

$$G_{(c)}(s)=G_{C(s)}(s)\cdot G_0(s)=\frac{10^{\frac{K_0+K_c}{20}}(T_2s+1)(T_3s+1)}{(T_1s+1)(T_4s+1)\left(\frac{s}{\omega_1}+1\right)\left(\frac{s}{\omega_2}+1\right)\left(\frac{s}{\omega_3}+1\right)}$$

$$\begin{cases}\text{低频段被抬高} & \text{（阶跃作用下的稳态误差减小）}\\ \text{中频段 }\omega_{cc}\uparrow,\gamma\uparrow & \text{（动态性能得到改善）}\\ \text{高频段被抬高} & \text{（抗高频干扰的能力下降）}\end{cases}$$

6.9 （a）采用滞后校正时，

截止频率 $\omega_{ca}=\sqrt{4\times 10}\approx 6.32$

相角裕度 $\gamma_a=180^\circ+\varphi_a(\omega_{ca})\approx -11.7^\circ$ （系统不稳定）

（b）采用超前校正时，

截止频率 $\omega_{cb}=\frac{\omega_0^2}{10}=\frac{20^2}{10}=40$

相角裕度 $\gamma_b=180^\circ+\varphi_b(\omega_{cb})\approx 32.36^\circ$

（c）采用滞后-超前校正时，

截止频率 $\omega_{cc}=\frac{\omega_0^2}{\omega_{cb}}=\frac{20^2}{40}=10$

相角裕度 $\gamma_c=180^\circ+\varphi_c(\omega_{cc})\approx 48.21^\circ$

可见，采用滞后校正时系统不稳定；采用滞后-超前校正时稳定程度最好，但响应速度比超前校正差一些。

6.10 （1）所用的是串联滞后-超前校正方式，校正装置的传递函数为

$$G_c(s)=\frac{(s+1)^2}{(10s+1)(0.1s+1)}$$

（2）$0<K<110$

（3）$\begin{cases}\gamma=180^\circ+\varphi(\omega_c)\approx 83.72^\circ\\ h=1/|G(\mathrm{j}\omega_g)|\approx 109.8\end{cases}$

第7章

7.1 由线性部分的伯德图可知其低通滤波性能，$G_2(s)$ 所在系统分析准确度高，$G_1(s)$ 所在系统分析准确度次高，$G_3(s)$ 所在系统分析准确度较低。

7.2 系统产生稳定的自持振荡，振荡频率为 $\omega=\sqrt{2}\text{rad/s}$，振幅为 $A\approx 2.1$。

7.3 （1）当 $k=15$ 时系统处于自激振荡状态，其振幅 $A=2.5$，振荡频率为 $\omega\approx 7.07\text{rad/s}$。

（2）为了使系统不产生自激振荡而稳定工作，系统的 k 值最大调整到 7.5。

7.4 由 $0<\zeta<1$ 可知该系统的奇点为稳定焦点。可以画出相轨迹如附图 B-15 所示。

7.5 其分析过程如下：

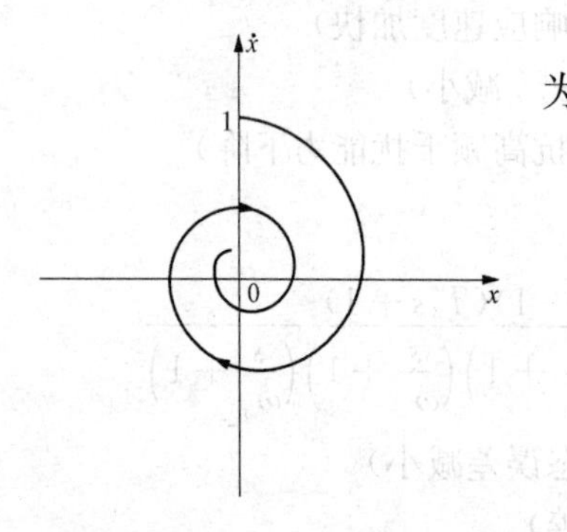

附图 B-15 习题 7.4 相轨迹图

由正文图 7-25 写出以误差 e 为输出变量的系统运动方程为

$$T\ddot{e}+\dot{e}+kx=T\ddot{r}+\dot{r}$$

又由于理想继电器的数学表达式为

$$x=\begin{cases}M & (e>0)\\ -M & (e<0)\end{cases}$$

代入上式，得

$$\begin{cases}T\ddot{e}+\dot{e}+kM=T\ddot{r}+\dot{r} & (e>0)(\text{Ⅰ})\\ T\ddot{e}+\dot{e}-kM=T\ddot{r}+\dot{r} & (e<0)(\text{Ⅱ})\end{cases}$$

因此分界线为直线 $e=0$，它把相平面分成两个线性区（Ⅰ），（Ⅱ）如附图 B-16 所示。

在阶跃输入信号 $r(t)=R\cdot 1(t)$ 作用下，根据 $e=r-c$ 及线性部分的传递函数 $k/s(Ts+1)$，可求得各线性区系统的微分方程。

在区域（Ⅰ）内，$e>0$，$x=M$，系统方程为

$$T\ddot{e}+\dot{e}+kM=0 \tag{1}$$

由上式可得等倾线方程为

$$\dot{e}=\frac{-kM/T}{\alpha+\dfrac{1}{T}}$$

等倾线是平行于 e 轴的直线。因此相轨迹是一平行移动的曲线，全部相轨迹曲线都趋近于直线 $\dot{e}=-kM$。相轨迹曲线①如附图 B-16 右半平面中实线所示。

在区域（Ⅱ）内，$e<0$，$x=-M$，系统方程为

$$T\ddot{e}+\dot{e}-kM=0 \tag{2}$$

由上式可得等倾线方程为

$$\dot{e}=\frac{kM/T}{\alpha+\dfrac{1}{T}}$$

比较方程（1）、（2）可知，其相平面图对称于原点。据相平面特点可求得相轨迹曲线如附图 B-16 左半平面中实线②所示。

始于初始点 A，描述含理想继电器特性的非线性系统响应阶跃输入时输出误差变化的完

整相轨迹，如附图 B-16 中实线 $ABCDE$ 所示。从图可见，（Ⅰ）、（Ⅱ）两区的相轨迹经切换线 $e=0$（纵轴）的若干次切换，最终趋向平衡状态（0，0）。这说明，系统的稳态误差为零。

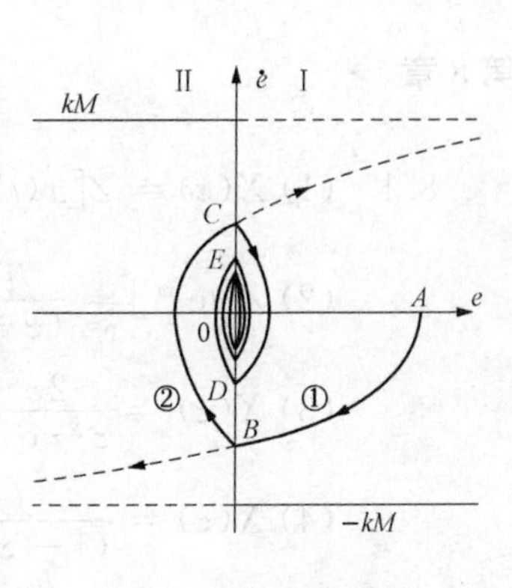

附图 B-16 含理想继电器系统的相平面图

若为斜坡输入 $r(t)=R+Vt$，R、V 为常值，则在 $t>0$ 时有 $\dot{r}=V$ 及 $\ddot{r}=0$。在这种情况下，（Ⅰ）、（Ⅱ）两区的相轨迹方程分别为

$$T\ddot{e}+\dot{e}+kM=V \quad (e>0) \tag{3}$$

$$T\ddot{e}+\dot{e}-kM=V \quad (e<0) \tag{4}$$

分别由式（3）及式（4）求出（Ⅰ）区、（Ⅱ）区的等倾线方程为

$$\dot{e}=\frac{V-kM}{1+\alpha T} \quad (e>0,\text{Ⅰ 区})$$

$$\dot{e}=\frac{V+kM}{1+\alpha T} \quad (e<0,\text{Ⅱ 区})$$

由分析知，本系统在这种情况下不存在奇点。取 $\alpha=0$，可得渐近线方程为

$$\dot{e}=V-kM \quad (e>0,\text{Ⅰ 区})$$

$$\dot{e}=V+kM \quad (e<0,\text{Ⅱ 区})$$

附图 B-17（a）所示为 $V>kM$ 时给定非线性系统的相平面图。从图中看到，始于初始点 A 的（Ⅱ）区相轨迹在向其渐近线 $\dot{e}=V+kM$ 逼近过程中，经切换线 $e=0$ 切换到向渐近线 $\dot{e}=V-kM$ 逼近的（Ⅰ）区相轨迹，从而使系统响应输入信号 $R+Vt$ 的稳态误差趋于无穷大，这说明，在 $V>kM$ 情况下，给定非线性系统不可能跟踪斜坡输入信号 $R+Vt$。

附图 B-17（b）所示为 $V<kM$ 时的相平面图。在这种情况下，始于初始点 A 的相轨迹经若干次切换最终趋向相平面原点（0，0）。这说明，给定非线性系统响应匀速输入 Vt 的误差 e 具有衰减振荡特性，其稳态值为零。附图 B-17（c）所示 $V=kM$ 时的相平面图。在这种情况下，始于初始点 A 的（Ⅱ）区相轨迹向其渐近线 $\dot{e}=V+kM$ 逼近，而（Ⅰ）区的相轨迹为斜率等于 $-1/T$ 的直线，当 $t\to\infty$ 时，该直线终止于横轴 0～∞ 区段上的一点。这说明，在 $V=kM$ 情况下，给定非线性系统响应匀速输入的稳态误差介于 0～∞ 之间，其值取决于系统的初始条件及输入信号的参数。

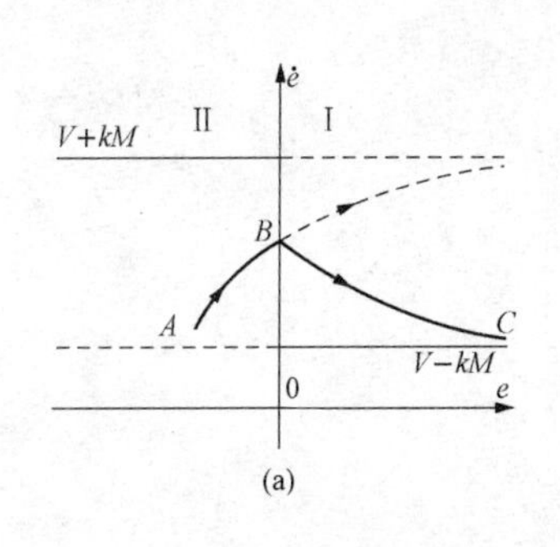

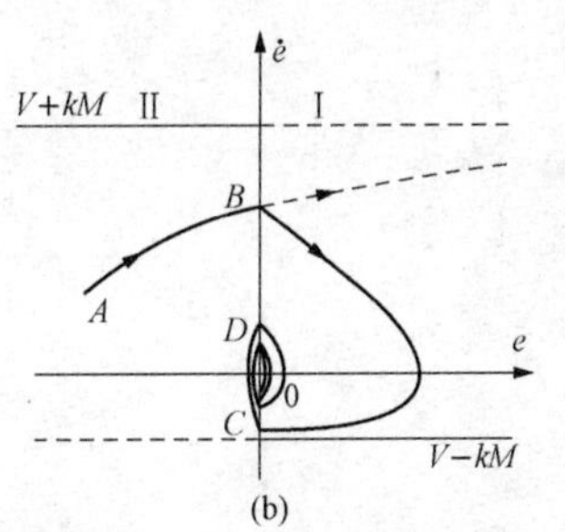

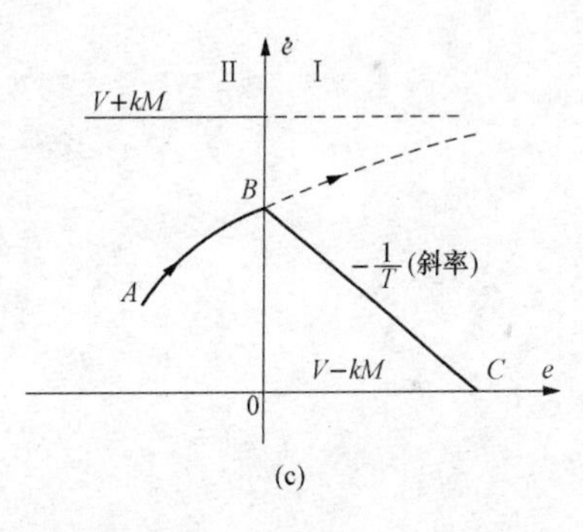

附图 B-17 非线性系统相平面图

第 8 章

8.1 (1) $X(z)=Z[x(t)]=Z[\cos\omega t]=\dfrac{z(z-\cos\omega t)}{z^2-2z\cos\omega t+1}$

(2) $Z[te^{-at}]=\dfrac{Tze^{-aT}}{(z-e^{-aT})^2}$

(3) $X(z)=\dfrac{2z}{z-e^{-T}}+\dfrac{z}{z-e^{-2T}}$

(4) $X(z)=\dfrac{(1-e^{-aT})z^{-1}}{(1-z^{-1})(1-e^{-aT}z^{-1})}$

8.2 略。

8.3 $X(kT)=Z^{-1}[X(z)]=1-(0.4)^k$

8.4 $X(kT)=\sum\limits_{k=0}^{\infty}(1-e^{-kT})\delta(t-kT)$

8.5 (a) $\dfrac{Y(z)}{X(z)}=G(z)H(z)=\dfrac{z}{z-1}\cdot\dfrac{az}{z-e^{aT}}$

(b) $\dfrac{Y(z)}{X(z)}=Z[G(s)H(s)]=GH(z)=\dfrac{z(1-e^{-aT})}{(z-1)(z-e^{-aT})}$

显然 $G(z)H(z)\neq GH(z)$

8.6 $X(\infty)=2$

8.7 $0<k<17.3$

8.8 (1) 该系统是稳定的

(2) $e_{ss}=1$

8.9 $K>10$

参 考 文 献

[1] 程鹏．自动控制原理．2版．北京：高等教育出版社，2010.
[2] 张希周．自动控制原理．2版．重庆：重庆大学出版社，2003.
[3] 王万良．自动控制原理．北京：高等教育出版社，2008.
[4] 胡寿松．自动控制原理．6版．北京：科学出版社，2016.
[5] 黄家英．自动控制原理（上册/下册）．2版．北京：高等教育出版社，2010.
[6] 邹伯敏．自动控制理论．2版．北京：机械工业出版社，2002.
[7] 冯巧玲．自动控制原理．北京：北京航空航天大学出版社，2007.
[8] 黄坚．自动控制原理及其应用．北京：高等教育出版社，2006.
[9] 吴麒．自动控制原理（上册/下册）．北京：清华大学出版社，1990.
[10] 薛安克．自动控制原理．西安：西安电子科技大学出版社，2004.
[11] 田玉平．自动控制原理．北京：电子工业出版社，2002.
[12] 李友善．自动控制原理．北京：国防工业出版社，2005.
[13] 王华一．自动控制原理．北京：国防工业出版社，2007.
[14] 杨平，等．自动控制原理-理论篇．3版．北京：中国电力出版社，2016.
[15] 孙志毅．自动控制原理．北京：国防工业出版社，2003.
[16] 王积伟，吴振顺．控制工程基础．北京：高等教育出版社，2001.
[17] 尤小军．自动控制理论．北京：学苑出版社，1993.
[18] 董景新，赵长德，熊沈蜀，郭美凤．控制工程基础．2版．北京：清华大学出版社，2003.
[19] 王正林，王胜开，陈国顺，等．MATLAB/Simulink与控制系统仿真．2版．北京：电子工业出版社，2008.
[20] 黄忠霖．自动控制原理的MATLAB实现．北京：国防工业出版社，2007.